"十四五"职业教育国家规划教材

高等职业教育计算机类课程新形态一体化教材

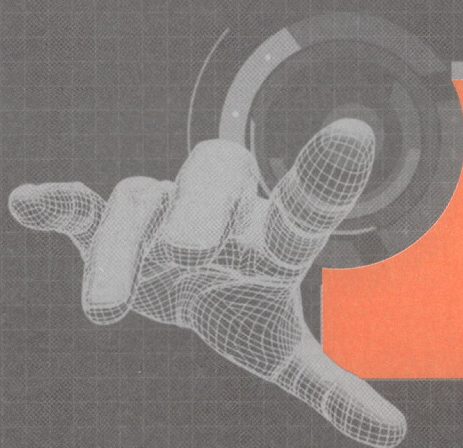

信息技术应用基础
（WPS Office）
（第2版）

肖　静　全丽莉　主编

胡文鹏　张红秀　周　珣　李芙蓉

陈明智　魏　芬　雷　菁　参编

中国教育出版传媒集团

高等教育出版社·北京

内容提要

本书为"十四五"职业教育国家规划教材。

本书依据《高等职业教育专科信息技术课程标准（2021年版）》以及全国计算机等级考试（WPS Office）的最新考试大纲的要求组织编写，以国产办公软件"教育考试专用版 WPS Office"为载体，围绕其新功能，在掌握办公软件基本应用的基础上，通过任务方式侧重对 WPS 文字处理、电子表格、演示文档 3 个模块的高级功能进行详细深入地讲解和应用，阐述各模块之间的相互配合与共享，并充分展示 WPS 在团队协作方面的强大功能。全书共 5 章，分别为计算机基础知识、WPS 综合应用基础、WPS 文字文档、WPS 电子表格、WPS 演示文稿。

本书采用"任务引领"方式，每个任务设置了 6 个教学环节：任务描述→考点分析→最终效果（除个别任务）→任务实现→背景知识→课后练习，教学实例采用任务驱动方式，将全国计算机等级考试（WPS Office）科目的知识点和考点融入案例的分析和操作过程，使学生在学习过程中不仅掌握单独的知识，而且提高综合分析问题和解决问题的能力。全书结构新颖，每个任务都配有课后习题，帮助学生巩固知识，具有较强的针对性和实用性。

本书配有微课视频、教学计划、授课用 PPT、单元设计、案例素材、习题答案等数字化学习资源。与本书配套的数字课程"信息技术应用基础"在"智慧职教"平台（www.icve.com.cn）上线，学习者可登录平台进行在线学习，授课教师可调用本课程构建符合自身教学特色的 SPOC 课程，详见"智慧职教"服务指南。本书同时配有 MOOC 课程，学习者可登录"智慧职教 MOOC 学院"（mooc.icve.com.cn）进行在线开放课程学习。教师也可发邮件至编辑邮箱 1548103297@qq.com 获取相关资源。

本书可作为高职高专、中职及应用型本科院校各专业的信息技术基础课程教材，也可作为全国计算机等级考试（WPS Office）的备考用书，以及 WPS 办公应用 1+X 职业技能等级证书的培训教材及自学参考书。

图书在版编目（CIP）数据

信息技术应用基础：WPS Office / 肖静，全丽莉主编. --2 版. --北京：高等教育出版社，2021.10（2024.12重印）

ISBN 978-7-04-056699-4

Ⅰ. ①信… Ⅱ. ①肖… ②全… Ⅲ. ①办公自动化-应用软件-高等职业教育-教材 Ⅳ. ①TP317.1

中国版本图书馆 CIP 数据核字（2021）第 159711 号

Xinxi Jishu Yingyong Jichu（WPS Office）

策划编辑	刘子峰	责任编辑	许兴瑜	封面设计	张 志	版式设计	张 杰
插图绘制	黄云燕	责任校对	刘 莉	责任印制	张益豪		

出版发行	高等教育出版社	网　址	http://www.hep.edu.cn
社　址	北京市西城区德外大街 4 号		http://www.hep.com.cn
邮政编码	100120	网上订购	http://www.hepmall.com.cn
印　刷	三河市宏图印务有限公司		http://www.hepmall.com
开　本	850 mm×1168 mm　1/16		http://www.hepmall.cn
印　张	19.25	版　次	2014 年 9 月第 1 版
字　数	580 千字		2021 年 10 月第 2 版
购书热线	010-58581118	印　次	2024 年 12 月第 8 次印刷
咨询电话	400-810-0598	定　价	53.50 元

本书如有缺页、倒页、脱页等质量问题，请到所购图书销售部门联系调换

版权所有　侵权必究

物料号　56699-A0

"智慧职教"服务指南

"智慧职教"（www.icve.com.cn）是由高等教育出版社建设和运营的职业教育数字教学资源共建共享平台和在线课程教学服务平台，与教材配套课程相关的部分包括资源库平台、职教云平台和 App 等。用户通过平台注册，登录即可使用该平台。

● **资源库平台：为学习者提供本教材配套课程及资源的浏览服务。**

登录"智慧职教"平台，在首页搜索框中搜索"信息技术应用基础"，找到对应作者主持的课程，加入课程参加学习，即可浏览课程资源。

● **职教云平台：帮助任课教师对本教材配套课程进行引用、修改，再发布为个性化课程（SPOC）。**

1. 登录职教云平台，在首页单击"新增课程"按钮，根据提示设置要构建的个性化课程的基本信息。

2. 进入课程编辑页面设置教学班级后，在"教学管理"的"教学设计"中"导入"教材配套课程，可根据教学需要进行修改，再发布为个性化课程。

● **App：帮助任课教师和学生基于新构建的个性化课程开展线上线下混合式、智能化教与学。**

1. 在应用市场搜索"智慧职教 icve" App，下载安装。

2. 登录 App，任课教师指导学生加入个性化课程，并利用 App 提供的各类功能，开展课前、课中、课后的教学互动，构建智慧课堂。

"智慧职教"使用帮助及常见问题解答请访问 help.icve.com.cn。

Ⅲ 前言

随着计算机技术的迅猛发展，其应用已渗透到全社会各行各业，信息技术基础教育也得到了普遍的重视，相关教学方法的研究成果层出不穷，教学方法和教学模式不断更新换代。任务驱动教学模式以培养学生操作技能为目标，以生动、真实、直观的效果为特色，在高等职业教育信息技术基础知识教学及全国计算机等级考试备考中都取得了良好的效果。

本书为"十四五"职业教育国家规划教材，根据教育部《高等职业教育专科信息技术课程标准（2021年版）》以及全国计算机等级考试（WPS Office）的最新考试大纲编写而成，以真实的校园任务规划教学内容，将计算机等级考试（WPS Office）的考点融入具体任务，力求学以致用，提高学生的学习兴趣和学习积极性。结合具体任务介绍详细的操作步骤，不仅可以让学生掌握基本的理论知识，更重要的是学会运用理论知识解决生活中遇到的实际问题，实现知识能力向职业能力的转化。每一个具体任务中的背景知识和课后练习都是针对计算机等级考试（WPS Office）中考点的延伸和拓展，其目的是强化训练，培养学生的实践能力和创新能力。

本书的特色主要体现在以下几方面：其一，根据高职高专信息技术课程的教学目标，重新组织教学内容和知识结构，以实际应用为主线，做到科学、全面、先进、合理；其二，针对全国计算机等级考试（WPS Office），循序渐进、由浅入深地讲解考试中的重点和难点；其三，校企"双元"合作开发，教材的编写得到金山办公编委会的大力支持，符合 WPS Office 书籍编写标准化规范并对接 WPS 办公应用 1+X 职业技能等级证书，结构紧凑、概念准确、重点突出；其四，实用性强，大量案例来源于真实的校园情境，实训内容和操作步骤的详细讲解与学生实际生活紧密结合，易于教师的讲授和学生的自主学习。

课程介绍

本书共 5 章，主要内容包括计算机基础知识、WPS 综合应用基础、WPS 文字文档、WPS 电子表格、WPS 演示文稿。各任务均配有习题，以及相关教学资源（包含学习过程中用到的案例文件、素材文件），旨在帮助学生（尤其是非计算机专业的初学者）在掌握最新的信息技术的同时，顺利通过全国计算机等级考试。

智慧职教数字课程

本书于 2021 年 9 月出版后，作者基于广大院校师生的教学应用反馈并结合最新的信息技术课程教学改革成果，不断优化、更新教材内容。本次修订加印，为加快推进党的二十大精神进教材、进课堂、进头脑，首先在第 1 章计算机基础知识部分，通过拓展阅读的形式补充了量子计算机、信息检索、智能家居、智慧城市、虚拟现实等新一代信息技术的相关知识，突出展示以高科技为代表的高质量创新驱动发展在现代化建设中的基础性、战略性支撑作用，贯彻"科技是第一生产力、创新是第一动力"指导思想；其次，以培养新时代高素质信息技术人才为出发点，通过提炼与归纳每章中对知识、能力和素质的要求，在章节开篇处以二维码的形式给出了学习目标，并在计算机网络部分新增了信息安全法律法规和网络道德规范等拓展阅读内容，重点强调创新意识、协作意识、精益求精的质量意识、法律意识以及社会责任意识，加强行为规范与思想意识的引领作用，落实以人才为第一资源的科教兴国和人才强国战略。此外，为方便广大读者通过线上线下混合式学习将知识、技能融会贯通并拓展所学，编者持续在"智慧职教"平台（www.icve.com.cn）更新与本书配套的数字课程及 MOOC 课程，体现现代信息技术与教育教学的深度融合，进一步推动教育数字化发展。有兴趣的读者可扫描课程二维码登录平台进行在线学习。

智慧职教 MOOC 课程

本书由武汉城市职业学院的肖静、全丽莉任主编，胡文鹏、张红秀、周珣、李芙蓉、陈明智、魏芬、雷菁等多位老师参与了教学案例的设计和部分章节的编写、校对和整理工作。全书由北京金山办公软件股份有限公司金山办公编委会审定。

由于编者水平有限，书中难免存在疏漏之处，敬请各位专家和读者批评指正。

编　者

2023 年 6 月

▥ 目录

第1章　计算机基础知识

随着计算机技术的高速发展及其在全球范围的广泛应用，人类的生产方式、生活方式和思维方式都发生了深刻的变化。如今，计算机几乎成为人类学习、工作和生活的重要组成部分。

计算机是一种工具，也是一种文化，工具是可选的，文化却是必备的。通过学习计算机文化知识，能激发学生对先进科学技术的向往，启发学生对新知识的学习热情，培养学生的创新意识，锻炼学生的实践能力。因此，了解和掌握相关的计算机知识已经成为新世纪大学生的必要能力之一。

1.1　任务 1　了解计算机

【任务描述】

今年 9 月，刘晓华同学考上了某大学的数字媒体技术专业。为了帮助自己的学习，刘晓华同学决定买一台计算机。但他觉得自己对计算机还不够了解，担心买不到合适的计算机。因此，刘晓华同学决定从基础出发，一点一点地了解关于计算机的相关知识。

【考点分析】

① 了解计算机的发展历程。
② 熟悉计算机的特点和分类。
③ 知道计算机的应用领域。

【任务实现】

1.1.1　计算机的发展

计算机也叫电子计算机，是用于存储和处理信息的机器，是由硬件系统和软件系统组成的一个完整系统。1946 年 2 月，在宾夕法尼亚大学诞生了世界上第一台计算机，其英文名称为 The Electronic Numerical Integrator and Computer（ENIAC），即电子数字积分计算机。ENIAC 是一个庞然大物，重 30 t，占地面积 170 m²，每小时耗电 150 kW，使用了 18 000 多个电子管、1 500 多个继电器，每秒可计算 5 000 多次，虽然和今天的计算机无法相比，但比人工计算已快了 20 万倍，如图 1.1.1 所示。ENIAC 奠定了计算机的发展基础，在计算机发展史上具有划时代的意义，它的问世标志着计算机时代的到来。

1946 年 6 月，数学家冯·诺依曼博士提出了基于"存储程序控制"原理的通用计算机方案，并于 1952 年成功研制出世界上第一台现代计算机，此计算机结构又称冯·诺依曼型计算机。冯·诺依曼型计算机主要有两个特点：一是计算机应该以二进制为运算基础，二是计算机应采用"存储程序"方式工作。此外，还进一步明确指出了整个计算机的结构应由 5 个部分组成：运算器、控制器、存储器、输入装置和输出装置。这些理论的提出，解决了计算机运算自动化的问题和速度配合问题，对后来计算机的发展起到了决定性的作用。直至今天，绝大部分计算机还是采用冯·诺依曼方式工作。

图 1.1.1
ENIAC

根据使用的电子元器件不同，计算机的发展过程可分成四代，具体见表 1.1.1。

表 1.1.1　计算机的发展年代

阶段	起止时间	主要元器件	存储器	运算速度/（次/s）	应用领域
第一代	1946—1958 年	电子管	磁芯、磁鼓	5 000～30 000	● 科学计算 ● 工程计算
第二代	1958—1964 年	晶体管	磁芯、磁鼓	十万～几十万	● 科学计算 ● 数据处理 ● 工程控制
第三代	1965—1970 年	中、小规模集成电路	磁芯、磁鼓、半导体存储器	百万～几百万	● 科学计算 ● 系统设计 ● 文字处理
第四代	1970 年至今	大规模、超大规模集成电路	半导体存储器	几千万～千亿	广泛应用于各行各业

1.1.2　计算机的特点

1. 具有高速处理的能力

计算机具有神奇的运算速度，这是以往其他一些计算工具所无法做到的。现在最快的巨型计算机每秒钟可以进行上千亿次运算，许多以前用人工无法完成的定量分析工作现在都能借助计算机来实现。

2. 具有较高的计算精度与可靠的判断能力

由于计算机采用二进制数字运算，因而计算精度随着表示数字设备的增加而提高，加上先进的算法，可得到较高的计算精度。计算机不但具有计算能力，还具有逻辑判断能力。由于能进行逻辑判断，计算机能解决各种不同的问题。可靠的判断能力也有利于实现计算机工作的自动化，从而保证计算机控制的判断可靠、反应迅速、控制灵敏。

3. 具有超强的记忆能力

在计算机中拥有容量很大的存储装置，它不仅可以存储所需要的原始数据信息、处理的中间结果与最后结果，还可以存储指挥计算机工作的程序。计算机不仅能保存大量的文字、图像、声音等信息资料，还能对这些信息加以处理、分析和重新组合，以便满足在各种应用中对这些信息的需求。

4．具有自动进行各种操作的能力

计算机是由程序控制其操作过程的。只要根据应用的需要，事先编制好程序并输入计算机，计算机就能自动、连续地工作，完成预定的处理任务。计算机可以存储大量的程序和数据，存储程序是计算机工作的一个重要原则，这是计算机能自动处理的基础。

•1.1.3　计算机的分类

计算机的分类有很多方法，可以按照计算机的速度、存储容量、价格、体积、功能等进行分类。一般情况下，人们通常将计算机分为巨型机、大型机、小型机、微型机、工作站和服务器等6类。

微课 1-2
计算机的
分类

1．巨型机（Super Computer）

巨型机通常是指最大、最快、最贵的计算机也叫超级计算机。目前，巨型机的运算速度可达每秒千万亿次运算。这种巨型机一秒内所做的计算量相当于一个人用袖珍计算器每秒做一次运算、一天24小时、一年365天连续不停地工作31 709年。这种计算机使人们可以研究以前无法研究的问题，例如，研究更先进的国防尖端技术、估算100年以后的天气、更详尽地分析地震数据以及帮助科学家计算毒素对人体的作用等。世界上只有少数国家能生产巨型机，著名巨型机有中国的"神威•太湖之光"与"天河二号"、美国的"顶点（Summit）"和"山脊（Sierra）"。以我国第一台全部采用国产构建的"神威•太湖之光"为例，它的持续性能为9.3亿亿次/秒，峰值性能可以达12.5亿亿次/秒。

2．大型机（Mainframe）

大型机也叫大型通用机，其特点为通用性强、综合处理能力强、性能覆盖面广等，主要应用于公司、银行、政府部门、社会管理机构和制造厂家等，因此，人们也称大型机为"企业级"计算机。大型机研制周期长，设计技术与制造技术非常复杂，耗资巨大，需要相当数量的设计师协同工作。大型机在体系结构、软件、外部设备等方面有极强的继承性，因此，世界上只有少数公司能够从事大型机的研制、生产和销售工作。

3．小型机（Minicomputer）

小型机机器规模小、结构简单、设计试制周期短，便于及时采用先进工艺。这类机器可靠性高，对运行环境要求低，易于操作且便于维护，用户使用机器不必经过长期的专门训练。因此，小型机对广大用户具有吸引力，加速了计算机的推广普及。

小型机应用范围广泛，如用在工业自动控制、大型分析仪器、测量仪器、医疗设备中的数据采集、分析计算等，也用作大型、巨型计算机系统的辅助机，广泛运用于企业管理以及大学和研究所的科学计算等。

4．微型机（Personal Computer）

微型机也叫PC机，是目前发展最快的计算机类型。PC机的特点是轻、小、价廉、易用。在过去20多年中，PC机使用的CPU芯片平均每两年集成度增加一倍，处理速度提高一倍，价格却降低一半。随着芯片性能的提高，PC机的功能越来越强大。今天，PC机的应用已遍及各个领域，从工厂的生产控制到政府的办公自动化，从商店的数据处理到个人的学习娱乐，几乎无处不在，无所不用。目前，PC机占整个计算机装机量的95%以上。

5．工作站（Workstation）

工作站是介于PC机和小型计算机之间的一种高档微型机。1980年，Apollo公司推出世界上第一台工作站DN-100。工作站发展迅速，现已成长为专门处理某类特殊事务的一种独立的计算机系统。著名的 Sun、HP 和 SGI 等公司，是目前最大的几个生产工作站的厂家。工作站通常配有高档 CPU、高分辨率的大屏幕显示器和大容量的内外存储器，具有较强的数据处理能力和高性能的图形功能，主要用于图像处理、计算机辅助设计等领域。

6. 服务器（Server）

随着计算机网络的日益推广和普及，一种可供网络用户共享的、高性能的计算机应运而生，这就是服务器。服务器一般具有大容量的存储设备和丰富的外部设备，运行网络操作系统，要求较高的运行速度，对此很多服务器都配置了双 CPU。服务器上的资源可供网络用户共享。

1.1.4　计算机的应用领域

在 21 世纪信息社会不断发展的形势下，计算机应用是计算机、通信、网络和多媒体技术融于一体的综合应用，已经渗透到现代社会的方方面面，如办公自动化、生产自动化、人工智能、数据模拟、教育与设计、金融与经济、医疗卫生等。

1. 科学计算（或称数值计算）

在数学、物理、化学、天文、地理、生物等自然科学领域中，在飞机、船舶、建筑设计、导弹控制、天气预报等工程技术方面，计算机担负着许多计算量大、难度高、时间紧迫的计算任务，这对一般的计算工具来说是无法胜任的。据估计，现在世界上由计算机完成的工作量，10 000 亿人都无法完成。

2. 数据处理和信息加工

利用计算机可以对大量数据进行加工、分析和处理，即数据处理。数据处理和数值计算不同，数值计算的主要特点是对大量的，以及很复杂的数学问题进行准确的数值运算，得到一个或多个数值解。数据处理中虽然也可能涉及一些数值计算问题，但其任务是对大量的信息进行迅速而有效的分类、排序、判别、制表等，如金融业务管理中的汇总、分类制表、存货结算等。工作由人工处理，不仅效率低而且容易出错，采用计算机管理，就大大提高了工作效率，也不易出错。

3. 计算机辅助系统

利用计算机可以辅助完成一些系统任务。目前，人们使用的辅助系统主要有 3 方面。

（1）计算机辅助设计

计算机辅助设计（Computer Aided Design，CAD）就是利用计算机帮助人们进行各种设计工作，使人们摆脱设计工作中那些单调、冗繁、易错的任务，实现半自动化或自动化。CAD 的范围已远远超出汽车、造船、电力、机械、建筑、集成电路等领域，还被用来进行艺术品的复制、服装设计等。

（2）计算机辅助制造

计算机辅助制造（Computer Aided Manufaturing，CAM）就是利用计算机控制系统直接进行无图纸加工。人们只要将数据输入计算机，计算机就可以按指令控制机床或生产线直接加工出各种特殊的零件。计算机还可以创造性地绘制神奇的多维画面。

（3）计算机辅助教学

计算机辅助教学（Computer Aided Instruction，CAI）就是通过学生与计算机之间的交流进行辅助教学。它可以模拟某一物理过程，使教学过程形象化，大大提高学生的学习兴趣；也可以把课程内容编成计算机软件，不同水平的学生可以选择不同的内容和进度，改变了教学的统一模式，有利于因材施教；还可以利用计算机辅导学生、解答问题、批改作业、编制考题等。

4. 自动化控制

利用计算机建立的自动化控制系统广泛用于工业及通信，为生产管理实现高速化、大型化、综合化、自动化创造了有利条件。计算机能及时采集数据，按最优方案自动控制。火箭发射就完全是计算机控制的，没有计算机，人类"上九天，揽明月"的梦想就无法实现。

计算机用于通信，使世界各地的人们之间的交流更方便、快捷。目前，世界上许多国家的计算机已相互携手建立起计算机网络，人们可以相互交流，信息共享，可以坐在家里和远在天边的友人一起打牌或游戏。

5．人工智能

人工智能是计算机应用的另一个重要领域，主要包括专家系统、自然语言处理、图像识别、语音识别、机器人等。计算机能理解运用人类的自然语言，这是计算机应用的重大突破。目前，我国已独立研制成功计算机英汉翻译系统。专家系统是使计算机具有某一方面专家的专业知识，利用这些知识来分析处理所遇到的问题如模拟医生工作的计算机辅助诊断系统。

拓展阅读：
量子计算机

【课后练习】

文本：
参考答案

1. 个人计算机属于_____。
   A. 小巨型机　　　B. 小型机　　　　　C. 中型机　　　　D. 微机
2. 微型计算机的发展是以_____的发展为特征。
   A. 主机　　　　　B. 软件　　　　　　C. 微处理器　　　D. 控制器
3. 人们把以_____为硬件基本部件的计算机称为第四代计算机。
   A. 大规模和超大规模集成电路　　　B. 小规模集成电路
   C. ROM 和 RAM　　　　　　　　　D. 磁带与磁盘
4. 计算机之所以能实现自动连续运算，是由于采用了_____原理。
   A. 布尔逻辑　　　B. 存储程序控制　　C. 集成电路　　　D. 数字电路
5. 第一台电子计算机是 1946 年研制的，该机的英文缩写名是_____。
   A. ENIAC　　　　B. EDVAC　　　　　C. MARK-II　　　D. EDIAC
6. 在计算机中采用二进制，是因为_____。
   A. 可降低硬件成本　　　　　　　　B. 两个状态的系统具有稳定性
   C. 二进制的运算法则简单　　　　　D. 上述 3 个原因
7. 最早的计算机是用于_____。
   A. 科学计算　　　B. 系统仿真　　　　C. 自动控制　　　D. 辅助设计
8. CAD 指的是_____。
   A. 计算机辅助设计　　　　　　　　B. 计算机辅助制造
   C. 计算机辅助测试　　　　　　　　D. 计算机辅助教学
9. 计算机目前已经发展到_____阶段。
   A. 晶体管计算机　　　　　　　　　B. 集成电路计算机
   C. 超大规模集成电路计算机　　　　D. 人工智能计算机
10. "存储程序"的概念是由_____提出来的。
    A. 冯·诺依曼　　　　　　　　　　B. 图灵
    C. 牛顿　　　　　　　　　　　　　D. 布尔

1.2　任务 2　了解计算机系统的组成

【任务描述】

了解计算机的一些基础知识后，刘晓华同学就开始准备购买计算机了。但是高年级的同学告诉他，只了解计算机的发展和特点还不够，还需要知道计算机是由哪些部件组成、这些部件都有什么功能、哪些部件档次高、哪些部件档次低等。于是，刘晓华同学决定学习和了解计算机的组成结构。

PPT：任务 2 了解计算机系统的组成

PPT

【考点分析】

① 了解计算机系统的概念。
② 了解计算机的工作原理。
③ 了解组成一台计算机的基本硬件及其技术指标。
④ 掌握计算机软件系统的分类及特点。
⑤ 熟悉计算机的主要技术指标。

【任务实现】

1.2.1　计算机系统的概念

一个完整的计算机系统包括硬件（Hardware）系统和软件（Software）系统两大部分，如图 1.2.1 所示。硬件系统是指组成一台计算机系统的各种物理装置的总称，它是计算机进行工作的物质基础，包括 CPU、主板、内存、硬盘、显示器、光驱、键盘、鼠标、打印机等。软件系统是指在计算机硬件设备上运行的各种数据、程序及文档资料等，主要分为两类：一类是系统软件（如操作系统），用来控制计算机的工作；另一类是应用软件（如文字处理软件、图像处理软件以及视频播放软件等），用来完成计算机用户的任务。通常将没有安装任何软件的计算机系统称为"裸机"。

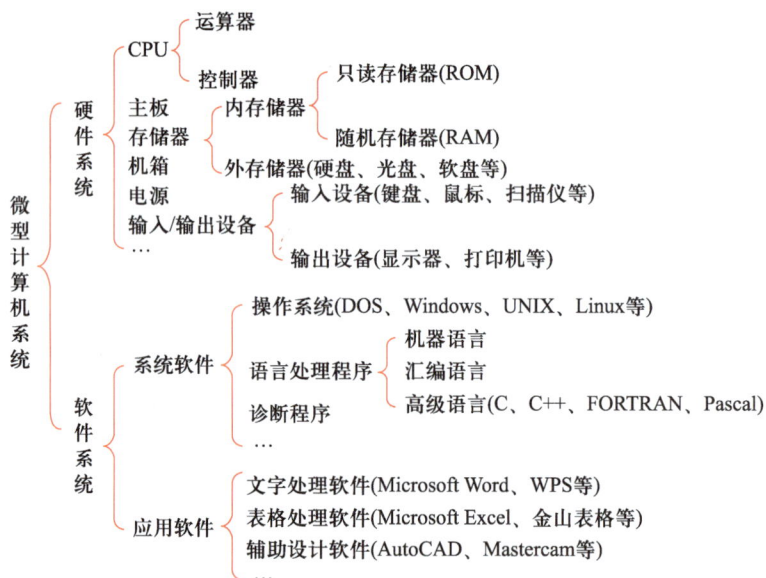

图 1.2.1
计算机系统组成

计算机的工作过程是在软件的控制下，通过硬件系统各部件的协调运行，来完成程序预定的工作目标。而软件的编制和运行又必须在硬件系统性能允许的前提下进行，硬件和软件相互配合才能使计算机正常工作。因此，计算机中的硬件系统和软件系统是相辅相成的关系，二者缺一不可。

1.2.2　计算机的工作原理

微课 1-3
计算机的
工作原理

现代计算机的种类很多，不同种类计算机的性能和应用领域也各不相同。无论是巨型计算机，还是微型计算机，它们都遵循"存储程序控制"原理。由于该原理是由冯·诺依曼博士提出的，所以又称为"冯·诺依曼原理"。

1．计算机的工作过程

根据冯·诺依曼博士的设计，计算机应该能够自动执行程序，而执行程序又归结为逐条执行指令。执行一条指令又可以分为以下基本步骤。

① 取指令：从存储器某个地址单元中取出要执行的指令送到 CPU 内部的指令寄存器暂存。

② 分析指令：或称指令译码，把保存在指令寄存器中的指令送到指令译码器，译出该指令对应的微操作信号，控制各部件的操作。

③ 取操作数：如果需要，发出取数据命令，到存储器取出所需的操作数。

④ 执行指令：根据指令译码，向各部件发出相应控制信号，完成指令规定的各种操作。

⑤ 保存结果：如果需要保存计算结果，则把结果保存到指定的存储器单元中。

2．计算机硬件系统的构成

计算机的硬件通常由运算器、控制器、存储器、输入设备、输出设备五大功能部件组成，如图 1.2.2 所示。这五大部件通过总线有机地连接在一起，组成计算机的硬件系统。

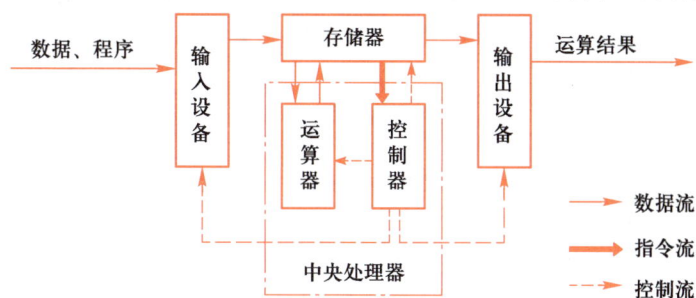

图 1.2.2 计算机硬件系统的组成结构图

（1）运算器

运算器又称算术逻辑部件（Arithmetic and Login Unit，ALU），其主要任务是执行各种算术运算和逻辑运算。算术运算是指各种数值运算，如加、减、乘、除等。逻辑运算是进行逻辑判断的非数值运算，如与、或、非、比较、移位等。

（2）控制器

控制器是对输入的指令进行分析，并统一控制和指挥计算机的各部件完成一定任务的部件。在控制器的控制下，计算机能够自动、连续地按照编制好的程序，实现一系列指定的操作，完成一定的任务。

（3）存储器

存储器是计算机存储数据的部件，根据存储器的组成介质、存取速度的不同又可分为内存储器（简称内存或主存）和外存储器（简称外存或辅存）。

内存储器直接与 CPU 相连接，是计算机中的工作存储器，即当前正在运行的程序与数据都必须存放在其中。外存储器一般存储容量很大，用来存放计算机系统中所有的信息，有时外存储器也可作为输入/输出设备。

存储器中能够存放的最大信息数量称为存储器容量。在存储器中含有大量的存储单元，每个存储单元可以存放 8 位（bit，b）的二进制信息，这样的存储单元称为字节（Byte，B），因此，1 字节包含 8 位，即 1 Byte=8 bit。存储器的容量是以字节为基本单位，通常用 KB、MB、GB、TB 作为存储器容量的单位。它们之间的换算关系如下。

$$1\ KB = 1024\ B，1\ MB = 1024\ KB，1\ GB = 1024\ MB，1\ TB = 1024\ GB$$

（4）输入/输出设备（Input/Output Device）

计算机的输入/输出设备是指能把信息输入计算机或将计算机的处理结果以人们或其他系统能接受的信息形式输送出来的设备。输入设备的功能是将外界的数据、指令、标志信息、语音、文字、符号、图形和图像等，变换为计算机所能识别和处理的信息形式输送到计算机中去运算处理。输出设备的功能是把计算机处理的结果（或中间结果）变换为人们所能识别的数字、符号、文字、语音、图形和图像等信息形式，或变换为其他系统所能接受的信息形式输送出来。常见的输入设备有键盘、鼠标、麦克风、扫描仪等，常见的输出设备有打印机、音箱、显示器、绘图仪等。

1.2.3　微型计算机的基本硬件

微课 1-4
微型计算机
的基本硬件

一台微型计算机的硬件组成包括主机、显示器、键盘和鼠标。在主机箱内装有主板、中央处理器、硬盘、内存条、显卡、声卡、网卡等部件。微机的核心部件就安装在主机箱的主板上。

1. 中央处理器

中央处理器（Central Processing Unit，CPU）是整台计算机的核心部件，主要由控制器和运算器组成。CPU 是采用超大规模集成电路工艺，把计算机的 CPU 部件集成在一小块芯片上，从而形成独立的部件，因此，又称为微处理器。CPU 是计算机的核心，计算机的所有工作都要通过 CPU 来协调处理，而 CPU 芯片的性能直接决定计算机档次的高低。

按照 CPU 处理信息的字长，可以分为 8 位、16 位、32 位和 64 位的 CPU。CPU 的字长越长，其处理信息的能力越强，因此，字长是衡量 CPU 性能的重要指标。目前，生产 CPU 芯片的厂家主要有 Intel 公司和 AMD 公司。

2. 主板

主板又叫主机板（mainboard）、系统板（systemboard）或母版（motherboard），位于主机箱内部，是微型计算机的主要部件之一。主板是一块矩形印刷电路板，上面一般有 CPU 插槽、内存条插槽、扩展总线插槽、高速缓存、BIOS 芯片、外存储器接口、控制开关接口等元件。

主板结构分为 AT、ATX、EATX、WATX 以及 BTX 等。AT 属于早期的主板结构，已经淘汰；EATX 和 WATX 则多用于服务器或工作站；ATX 是市场上最常见的主板结构，扩展插槽较多，PCI 插槽数量为 4~6 个，大多数主板都采用此结构。主板的类型和档次决定整个微机系统的类型和档次，主板的性能影响整个微机系统的性能。目前，主要的主板品牌有华硕、微星、技嘉等。

3. 内存储器

内存储器简称内存，是计算机中的主要部件之一。内存储器包括寄存器、高速缓冲存储器（Cache）和主存储器。寄存器和高速缓冲存储器都被集成在 CPU 芯片内部，主存储器则由插在主板内存插槽中的若干内存条组成。内存的质量好坏与容量大小会影响计算机的运行速度。

微型计算机的内存都采用半导体存储器制作而成。半导体存储器分为随机存储器（Random Access Memory，RAM）和只读存储器（Read Only Memory，ROM）。随机存储器是一种可以随机读/写数据的存储器，读出时并不损坏原来存储的内容，只有写入时才修改原来所存储的内容。随机存储器只能用于暂时存放信息，一旦断电，存储内容立即消失。只读存储器的特点是只能读出原有的内容，不能由用户写入新内容，而且，一旦写入数据后，无须外加电源来保存数据，不会因断电而丢失。因此，只读存储器一般用来存放专用的、固定的程序和数据。

4. 外存储器

外存储器是指除计算机内存及 CPU 缓存以外的存储器，一般而言，此类存储器断电后仍然能保存数据。和内存储器相比，外存储器的特点是容量大、价格低，存取速度慢，因此主要用于存放暂时不用的程序和数据。常见的外存储器有软盘、硬盘、光盘、U 盘等。

（1）软盘存储器

软盘是微型计算机中最早使用的可移动介质，其读写通过软盘驱动器完成。常用的是容量为 1.44 MB 的 3.5 英寸软盘。软盘存取速度慢，容量也小，但可装可卸、携带方便，通常用于保存那些需要经常被移动的小文件。目前，软盘的使用已经越来越少。

（2）硬盘存储器

硬盘是微型计算机的主要存储介质之一，它由一个或多个铝制或玻璃制的碟片组成，这些碟片外覆盖有铁磁性材料。绝大多数硬盘都是固定硬盘，被永久性地密封固定在硬盘驱动器中。主要的硬盘生产厂家有希捷、西部数据、东芝、三星等。

存储容量是硬盘最主要的参数，一般以兆字节（MB）、千兆字节（GB）或百万兆字节（TB）为单位。为了方便，硬盘厂商在标识硬盘容量时通常取 1 GB=1 000 MB，而操作系统中依然会以 GB 字样来表示硬盘容量。因此，在 BIOS 中或在格式化硬盘时看到的容量往往和厂家的标称值有差异。

根据硬盘的体积，可以分为 3.5 英寸硬盘、2.5 英寸硬盘、1.8 英寸硬盘、1.0 英寸硬盘。3.5 英寸硬盘主要用于台式机，2.5 英寸硬盘主要用于笔记本电脑，1.8 英寸硬盘主要作为移动硬盘、超薄笔记本硬盘或者 MP4 播放器的硬盘，1.0 英寸硬盘广泛使用于单反数码相机。

根据硬盘的接口，可以分为 IDE、SATA、SCSI、光纤通道和 SAS 这 5 种。其中 IDE 接口硬盘多用于个人计算机；SCSI 接口硬盘主要应用于服务器；光纤通道接口的硬盘只在高端服务器上使用，且价格昂贵；SATA 是新一代的硬盘接口类型，在家用计算机市场中有着广泛的前景。

（3）光盘存储器

光盘存储器由光盘驱动器（简称光驱）和光盘组成。光驱的核心部件是由半导体激光器和光路系统组成的光学头，主要负责读取光盘上保存的数据信息。光驱的主要技术指标是数据传输速率，以 150 kb/s 为单位，分为 40 倍速、50 倍速等。光盘是利用激光原理进行读、写的设备，是迅速发展的一种辅助存储器，可以存放各种文字、声音、图形、图像和动画等多媒体数字信息。

光盘片采用激光材料，数据信息存放在光盘片中连续的螺旋轨道上。根据性能的不同，光盘分为只读型光盘（CD-ROM）、一次性写入光盘（CD-R）、可擦写光盘（CD-RW）、数字多功能光盘（DVD）、蓝光光盘（BD）等。一般情况下，CD 光盘的容量在 700 MB 左右，DVD 光盘的容量有 4.7 GB、8.5 GB、9.4 GB 和 17 GB 这 4 种规格，BD 光盘的容量更大，单层 BD 光盘容量为 25 GB 或 27 GB，双重 BD 光盘可达到 46 GB 或 54 GB。

（4）移动存储器

常用的移动存储器有移动硬盘和 U 盘（也称闪存）。

移动硬盘由硬盘和硬盘盒组成。移动硬盘分为 3.5 英寸和 5.25 英寸两种规格，分别用作笔记本电脑和台式计算机的硬盘。移动硬盘一般采用 USB 接口，以保证较高的数据传输速率。移动硬盘也可以支持热插拔，但要注意 USB 接口必须确保关闭才能拔下 USB 连线，否则处于高速运转的硬盘突然断电，可能会导致硬盘损坏。

U 盘一般由外壳和机芯组成。外壳可以分为塑料外壳、金属外壳和硅胶外壳等，机芯是一张小的印刷电路板，上面集成了主控芯片、电容、电阻和 USB 接口等，是 U 盘的核心部件。U 盘最大的优点就是小巧便于携带、存储容量大、价格便宜、性能可靠。根据功能的不同，U 盘可以分为数据 U 盘、加密 U 盘、启动 U 盘、杀毒 U 盘及音乐 U 盘等。

5. 输入设备

微机上使用的输入设备有键盘、鼠标、扫描仪、摄像头、触摸屏等。

（1）键盘

键盘是最常用也是最主要的输入设备，通过键盘可以将英文字母、数字、标点符号等输入计算机，从而向计算机发出命令、输入数据等。

按照键盘功能的不同，可以分为标准键盘、多媒体键盘、手写键盘和笔记本键盘。按照接口类型的不同，可以分为 AT 接口键盘、PS/2 接口键盘、USB 接口键盘和无线接口键盘 4 类。按照按键数的不同，可以分为 83 键、93 键、96 键、101 键、102 键、104 键、107 键等。目前市场上使用较多的是 101 键盘、104 键盘、107 键盘。

在初学键盘操作时，必须注意打字的姿势。如果打字姿势不正确，就不能准确快速地输入，也容易疲劳。正确的姿势应做到如下几点。

① 坐姿要端正，腰要挺直，肩部放松，两脚自然平放于地面。

② 手腕平直，两肘微垂，轻轻贴于腋下，手指弯曲自然适度，轻放在基本键上。

③ 原稿放在键盘左侧，显示器放在打字键的正后方，视线要投注在显示器上，不可常看键盘，以免视线一往一返，增加眼睛的疲劳。

④ 坐椅的高低应调至适合的位置，以便于手指击键。

使用键盘还要运用正确的击键方法。初学者可以按照以下方法来进行练习。

① 平时各手指要放在基本键上。打字时，每个手指只负责相应的几个键，不可混淆。

② 打字时，一手击键，另一手必须放在基本键上处于预备状态。

③ 手腕平直，手指弯曲自然，击键只限于手指指关节，身体其他部分不得接触工作台或键盘。

④ 击键时，手抬起，只有要击键的手指才可伸出击键，不可压键或按键。击键之后手指要立刻回到基本键上，不可停留在已击的键上。

⑤ 击键速度要均匀，用力要轻，有节奏感，不可用力过猛。

⑥ 初学打字时，要讲求击键准确，其次再求速度，开始时可用每秒钟打一下的速度。

（2）鼠标

随着 Windows 图形操作界面的流行，很多命令和要求已不需要用键盘输入，只要操作鼠标的左键或右键即可。鼠标移动方便、定位准确，这使人们操作计算机变得更加轻松自如。因此，鼠标也是计算机不可缺少的输入设备。

目前使用的鼠标，根据其工作原理可分为机械鼠标、光学鼠标和光学机械鼠标。根据按键数目可分为两键鼠标、三键鼠标、滚轴鼠标和感应鼠标。根据接口类型可分为 PS/2 接口鼠标、串口鼠标、USB 接口鼠标。随着科学技术的发展，又出现了无线鼠标和 3D 振动鼠标。

鼠标最重要的参数是分辨率。它以 dpi（像素/英寸）为单位，表示鼠标移动 1 英寸所通过的像素数。一般鼠标的分辨率为 150～200 dpi，高的可达 300～400 dpi，若屏幕分辨率为 640 像素×480 像素时，鼠标移动 1 英寸，则对应屏幕 300～400 像素的位置，基本遍历屏幕的 2/3。因此鼠标的分辨率越高，鼠标移动距离就越短。

常用的鼠标是带滚轮的二键光电鼠标，其基本操作包括移动、单击、双击、右击和拖动 5 种。

- 移动：通过移动鼠标使屏幕上的光标做同步移动。
- 单击：移动鼠标指针指向对象，然后快速按下鼠标左键并弹起的过程。
- 双击：移动鼠标指针指向对象，连续两次单击鼠标左键并弹起的过程。
- 右击：也称为右键单击，移动鼠标指针指向对象，快速按下鼠标右键并弹起的过程。
- 拖动：移动鼠标指针指向对象，按住鼠标左键的同时移动鼠标指针到其他位置，然后释放鼠标左键的过程。

（3）扫描仪

扫描仪是一种常用的计算机输入设备，利用它可以将图形、图像、照片、文本从外部环境输入计算机。扫描仪有很多种类，按扫描版面大小，可分为 A3 幅面和 A4 幅面；按扫描速度，可分为高速、中速和低速；按结构特点，可分为手持式、平板式、滚筒式、笔式扫描仪等；按应用范围，可分为底片扫描仪、3D 扫描仪、工程图纸扫描仪、实物扫描仪、条形码扫描仪等。

一般来说，扫描仪的性能指标主要有以下 5 个。

① 分辨率：也叫扫描精度。它主要是表示扫描仪对图像细节表现的能力，常用 dpi 来表示，即每英寸长度上扫描图像所含有像素点的个数。一般扫描仪的分辨率为 300～2 400 dpi，常见的为 600～1 200 dpi。

② 灰度级：反映了扫描仪从纯黑到纯白之间平滑过渡的能力。灰度级位数越大，相对来说扫描所得结果的层次越丰富，效果就越好。常见扫描仪的灰度级一般为 256 级（8 位）、1024 级（10 位）各 4096（12 位）。

③ 色彩位数：是衡量一台扫描仪质量的重要技术指标，体现了彩色扫描仪所能产生的颜色范围，能够反映出扫描图像的色彩逼真度，色彩位数越多，图像表达越真实。色彩位数一般采用 RGB 三通道的数值总和来表达，常见的有 24 bit、32 bit、36 bit 等。

④ 扫描速度：即扫描一定的图像所需要的时间。通常将扫描文件速度达每分钟 100 页的称为高速扫描仪，60～100 页的称为中速扫描仪，20～60 页的称为低速扫描仪。

⑤ 扫描幅面：即扫描对象的最大尺寸，主要为 A3 和 A4 两种。

6. 输出设备

可以输出程序、数据、图形、图像、声音等的设备统称为输出设备。常用的输出设备是显示器、打印机和音箱。

（1）显示器

显示器通常也被称为监视器，是一种将用户需要的程序、数据、图形等信息通过特定的传输设备显示到电子屏幕上的工具，是计算机必不可少的输出设备。

① 显示器的分类。

显示器按工作原理分类，可分为 CRT（Cathode Ray Tube，阴极射线管）显示器和 LCD（Liquid Crystal Display，液晶显示器）；按用途分类，可分为实用型、绘图型、专业型和多媒体型等；按照屏幕显示尺寸分类，可分为 9 英寸、14 英寸、17 英寸、19 英寸等；按照显示色彩分类，可分为单色显示器和彩色显示器。

② 显示器的性能指标。

- 点距：即屏幕上相邻两个同色点的距离，常见点距规格有 0.31 mm、0.28 mm、0.25 mm 等。显示器点距越小，在高分辨率下越容易获得清晰的显示效果。
- 分辨率：指屏幕上像素的数目，分辨率数值越大，图形越清晰。常见的分辨率有 640 像素×480 像素、800 像素×600 像素、1024 像素×768 像素。
- 带宽：是显示器的一个综合指标，指显示器每秒钟所扫描的像素数量，单位是 Hz。计算公式为带宽 ＝ 水平分辨率×垂直分辨率×刷新率（实际应用中应乘系数 1.3）。
- 显示色素：几乎所有 15 英寸 LCD 都只能显示高彩（256 K），因此许多厂商使用了所谓的帧速率控制（Frame Rate Control，FRC）技术以仿真方式来表现全彩画面。

（2）打印机

打印机是计算机主要的输出设备之一，用于将计算机处理结果打印在相关介质上。按照打印技术的不同，可以分为针式打印机、喷墨打印机和激光打印机。

① 针式打印机。

针式打印机主要由走纸机构、打印头和色带等组成，通过打印头中的一部分针击打复写纸，从而形成字体。针式打印机通常应用于窗口行业用户，如银行、财务、税务、邮政等，工作时噪音比较大，其使用的耗材是色带，通常售价在千元以上，后期使用成本很低。

② 喷墨打印机。

喷墨打印机由喷墨代替针打，采用热气泡喷墨技术，通过墨水在短时间内的加热、膨胀、压缩，将墨水喷射到打印纸上形成墨点。喷墨打印机可以打印黑白文档、彩色文档、彩色照片，更适合小型办公用户、个人用户、家庭用户和照片打印用户。

③ 激光打印机。

激光打印机是由激光器、声光调制器、高频驱动、扫描器、同步器及光偏转器等组成，其使用的耗材是硒鼓和墨粉，通过将墨粉附着在纸张上，然后加热形成图形和文字。激光打印机分为黑白激光打印机和彩色激光打印机，适用于输出文档的办公用户，特点是打印质量好、速度快、噪音低、处理能力强。

•1.2.4　计算机的软件系统

计算机软件系统是计算机系统中不可缺少的一个重要部分，它与硬件配合才会使计算机正常工作，以完成某个特定的任务。

1．软件的概念

软件是一系列按照特定顺序组织的计算机数据和指令的集合。一般而言，软件可分为系统软件和应用软件两大类。

- 系统软件为计算机使用提供最基本的功能，可分为操作系统和支撑软件。其中，操作系统是最基本的软件。系统软件负责管理计算机系统中各种独立的硬件，使它们可以协调工作。系统软件使计算机用户和其他软件将计算机作为一个整体而不需要顾及底层每个硬件是如何工作的。
- 应用软件是为了某种特定用途而被开发的软件。它可以是一个特定的程序，如一个图像浏览器，也可以是一组功能联系紧密、可以互相协作的程序集合，如微软的 Office 软件。

2．系统软件

目前常见的系统软件主要有操作系统、程序语言、数据库管理系统以及各种工具软件等。

（1）操作系统

操作系统是底层的系统软件，它是对硬件系统功能的首次扩充，也是其他系统软件和应用软件能够在计算机上运行的基础。操作系统实际上是一组程序，用于统一管理计算机中的各种软、硬件资源，合理组织计算机的工作流程，协调计算机系统各部分之间、系统与用户之间、用户与用户之间的关系。由此可见，操作系统在计算机系统中占有特殊的地位。

目前使用较广泛的操作系统有 DOS 操作系统、Windows 操作系统和 UNIX 操作系统。其中，Windows 操作系统是世界上最为流行的操作系统之一。UNIX 操作系统是世界上应用比较广泛的一种多用户多任务操作系统，大多用于工作站以及 32 位高档微机的操作系统。多窗口操作系统 Windows 为用户提供了友好的界面，目前已在各种微机上得到了广泛应用，对计算机的普及与应用起到了明显的促进作用。

（2）程序设计语言与语言处理程序

人们要利用计算机解决实际问题，一般首先要编制程序。程序设计语言就是用来编写程序的语言，它是计算机之间交换信息的工具。

程序设计语言是软件系统的重要组成部分，而相应的各种语言处理程序属于系统软件。程序设计语言一般分为机器语言、汇编语言和高级语言 3 类。

- 机器语言是用二进制代码表示的计算机能直接识别和执行的一种机器指令的集合。它是计算机设计者通过计算机硬件结构赋予计算机的操作功能。机器语言具有灵活、直接执行和速度快等特点。
- 汇编语言是面向机器的程序设计语言。在汇编语言中，用助记符代替机器指令的操作码，用地址符号或标号代替指令或操作数的地址，这样就增强了程序的可读性且降低了编写难度，像这样符号化的程序设计语言就是汇编语言，因此也称为符号语言。使用汇编语言编写的程序，机器不能直接识别，需要由汇编程序（或称汇编语言）编译器转换成机器指令。
- 高级语言主要相对汇编语言而言，它是较接近自然语言和数学公式的编程，基本脱离了机器的硬件系统，用人们更易理解的方式编写程序。高级语言并不是特指某一种具体的语言，如 Java、C、C++、C#等都属于高级语言。高级语言与计算机的硬件结构及指令系统无关，它有更强的表达能力，可方便地表示数据的运算和程序的控制结构，能更好地描述各种算法，而且容易学习掌握。但高级语言的缺点是程序代码长、执行速度慢。

（3）数据库管理系统

数据库是指长期存储在计算机内、具有组织性和可共享性的数据集合。数据库具有冗余度小、数据独立、数据集中控制、数据共享等特点。数据库管理系统（Database Management System，DBMS）是一种操纵和管理数据库的大型软件，用于建立、使用和维护数据库。它对数据库进行统一管理和控制，以保证数据库的安全性和完整性。用户通过 DBMS 访问数据库中的数据，数据库管理员也通过 DBMS 进行数据库的维护工作。它可使多个应用程序和用户用不同的方法同时或在不同时刻去建立、修改和询问数据库。常见的数据库管理系统有 SQL Server、MySQL、Access、Oracle 等。

（4）工具软件

工具软件又称服务软件，它是开发和研制各种软件的工具。常见的工具软件有诊断程序、调试程序、编辑程序等。这些工具软件为用户编制计算机程序及使用计算机提供了方便。

3. 应用软件

应用软件是为满足用户不同领域、不同问题的应用需求而提供的软件。它可以拓宽计算机系统的应用领域，放大硬件的功能。常见的应用软件如下。

- 办公软件：Microsoft Office、WPS。
- 图像处理软件：Photoshop、CorelDRAW、Illustrator。
- 媒体播放软件：Windows Media Player、暴风影音、千千静听。
- 输入法软件：紫光输入法、智能 ABC、五笔字型输入法、搜狗输入法。
- 下载软件：Thunder、eMule、FlashGet。

拓展阅读：
信息检索
及应用

1.2.5 计算机的主要技术指标

对于大多数普通用户而言，可以从以下几个指标来评价计算机的性能。

1. CPU 字长

计算机中运算和处理二进制信息时使用的单位除了比特（1 个二进位）和字节（8 个二进位）外，CPU 还经常使用字（Word）作为单位。必须注意，不同的计算机，字的长度和组成不完全相同，有的由 2 字节组成，有的由 4、8 甚至 16 字节组成。

CPU 字长是指参与算术逻辑运算的操作数的二进位数目。由于现在的处理器能够对多种类型（不同长度）的操作数进行处理，因此，CPU 的字长实际上指的是处理器内寄存器、运算器、内部数据总线等部件的宽度（位数）。通常，CPU 字长是字节的整数倍，如 8 位、16 位、32 位、64 位等。

2. CPU 速度

CPU 速度指计算机每秒钟所能执行的指令条数。由于不同类型的指令所需的执行时间不同，因而运算速度的计算就有许多种方法。例如，可以用单字长定点指令的平均执行时间来计算，单位是 MIPS（Million Instructions per Second），也可以用单字长浮点指令的平均执行速度来衡量，单位是 MFLOPS（Million Floating-point Operations per Second）。

3. 系统总线的传输速率

系统总线的传输速率直接影响到计算机输入/输出的性能，它与总线中的数据线宽度及总线周期有关，以 MB/s 为单位。早期的 ISA 总线速率仅 5 MB/s，扩充的 32 位总线 EISA 速率为 20 MB/s，现在广泛使用的 PCI 局部总线速率高达 133 MB/s 或 267 MB/s（64 位数据线）。

4. 系统的可靠性

系统的可靠性常用平均无故障时间（Mean Time Between Failures，MTBF）和平均故障修复时间（Mean Time To Repair，MTTR）来表示，它们的单位是小时（h）。若 MTBF 值很高，且 MTTR 很低，则称该计算机具有高的可靠性（Availability）。

【课后练习】

1. 一个完整的微型计算机系统应包括_____。
   A. 硬件系统和软件系统　　　　　B. 主机箱、键盘、显示器和打印机

C．计算机及外部设备　　　　　　　　D．系统软件和系统硬件

2．计算机系统的开机顺序是_____。

　　A．先开主机再开外部设备　　　　　　B．先开显示器再开打印机

　　C．先开主机再打开显示器　　　　　　D．先开外部设备再开主机

3．在计算机中，Bit 的中文含义是_____。

　　A．双字　　　　　　B．字　　　　　　C．字节　　　　　　D．二进制位

4．某单位的财务管理软件属于_____。

　　A．系统软件　　　　B．工具软件　　　C．编辑软件　　　D．应用软件

5．计算机唯一能够直接识别和处理的语言是_____。

　　A．汇编语言　　　　B．高级语言　　　C．一般语言　　　D．机器语言

6．计算机软件系统应包括_____。

　　A．编辑软件和连接程序　　　　　　　B．数据软件和管理软件

　　C．程序和数据　　　　　　　　　　　D．系统软件和应用软件

7．反映计算机存储容量的基本单位是_____。

　　A．二进制位　　　　B．字节　　　　　C．双字　　　　　D．字

8．在计算机中，存储容量为 1 MB，指的是_____。

　　A．1 024×1 024 字　　　　　　　　　B．1 024×1 024 字节

　　C．1 000×1 000 字　　　　　　　　　D．1 000×1 000 字节

9．一般操作系统的主要功能是_____。

　　A．管理用各种语言编写的源程序　　　B．对汇编语言、高级语言和甚至高级语言进行编译

　　C．管理数据库文件　　　　　　　　　D．控制和管理计算机系统软、硬件资源

10．下列叙述正确的是_____。

　　A．裸机配置应用软件是可运行的

　　B．系统软件好坏决定计算机性能

　　C．硬件配置要尽量满足机器的可扩充性

　　D．裸机的第一次扩充要安装数据库管理系统

1.3　任务 3　了解计算机中信息的表现形式

【任务描述】

经过不断地了解和刻苦地学习后，刘晓华同学终于买回了一台自己中意的计算机。在学习之余，他有时也在计算机上看电影、玩游戏、听音乐。面对计算机中丰富的内容，刘晓华同学觉得很神奇，他想知道为什么能在屏幕上看到图像和文字？这些图像和文字是如何保存在计算机中的？在屏幕背后又隐藏着什么？带着这一连串的问题，刘晓华又开始了新的学习。

【考点分析】

① 了解数制的基本知识。

② 掌握十进制和二进制、十六进制之间的转换方法。

③ 了解计算机信息编码的基础知识。

【任务实现】

1.3.1　常用数制及其转换

数制（也称计数制），是指用一组固定的符号和统一的规则来表示数值的方法。数制可分为

非进位计数制和进位计数制。非进位计数制的数码表示的数值大小与它在数中的位置无关，而进位计数制的数码所表示的数值大小与它在数中所处的位置有关。这里讨论的数制指的都是进位计数制。

微课1-6
常用数制
及其转换

1. 计算机中的数制

计算机内部采用二进制来保存数据和信息。无论是指令还是数据，若想存入计算机中，都必须采用二进制数编码形式，即使是图形、图像、声音等信息，也必须转换成二进制，才能存入计算机中。计算机中采用二进制的原因如下。

- 易于物理实现：因为具有两种稳定状态的物理器件很多，如电路的导通与截止、电压的高与低、磁性材料的正向极化与反向极化等，它们恰好对应表示 1 和 0 两个符号。
- 机器可靠性高：由于电压的高低、电流的有无等都是一种跃变，两种状态分明，所以 0 和 1 两个数的传输和处理抗干扰性强，不易出错，鉴别信息的可靠性好。
- 运算规则简单：二进制数的运算法则比较简单，使计算机运算器的硬件结构大大简化，控制也就变得简单。

虽然在计算机内部都使用二进制数来表示各种信息，但计算机仍采用人们熟悉和便于阅读的形式与外部联系，如十进制数、文字、图形、图像、音视频信息等。

2. 进位计数制的规则

在采用进位计数的数字系统中，如果用 r 个基本符号（如 0，1，2，…，$r-1$）表示数值，则称其为基 r 数制，r 称为该数制的基。例如，日常生活中常用的十进制数，就是 $r=10$，即基本符号为 0，1，2，…，9。如取 $r=2$，即基本符号为 0、1，则为二进制数。

对于不同的数制，它们的共同特点如下。

① 每一种数制都有固定的符号集。例如，十进制数制，其符号有 10 个，分别为 0，1，2，…，9；二进制数制，其符号有两个，分别为 0 和 1。

② 都是用位置表示法，即处于不同位置的数符所代表的值不同，与所在位置的权值有关。

例如，十进制可表示如下。

$$5555.555 = 5 \times 10^3 + 5 \times 10^2 + 5 \times 10 + 5 \times 10^0 + 5 \times 10^{-1} + 5 \times 10^{-2} + 5 \times 10^{-3}$$

可以看出，各种进位计数制中权的值恰好是基数的某次幂。因此，对任何一种进位计数制表示的数，都可以写出按其权展开的多项式之和，任意一个 r 进制数 N 可表示如下。

$$N = d_{m-1}r^{m-1} + d_{m-2}r^{m-2} + \cdots + d_1 r + d_0 r^0 + d_{-1}r^{-1} + d_{-2}r^{-2} + \cdots + d_{k-1}r^{k-1} + d_k r^k$$

式中的 d_i 为该数制采用的基本数符，r^i 是位权（权），r 是基数，表示不同的进制数，m 为整数部分的位数，k 为小数部分的位数。

在十进位计数制中，是根据"逢十进一"的原则进行计数的。一般而言，在基数为 r 的进位计数制中，是根据"逢 r 进一"的原则进行计数。

在日常生活中采用的是十进制计数法，在计算机中，常用的是二进制、八进制和十六进制，见表 1.3.1。

表 1.3.1 计算机中常用的几种进制数的表示

进位制	二进制	八进制	十进制	十六进制
规则	逢二进一	逢八进一	逢十进一	逢十六进一
基数	$r=2$	$r=8$	$r=10$	$r=16$
符号	0,1	0,1,…,7	0,1,…,9	0,1, …,9,A, …,F
位权	$2i$	$8i$	$10i$	$16i$
表示形式	B（Binary System）	O（Octal System）	D（Decimal System）	H（Hexadecimal System）

3．十进制数和 r 进制数之间的转换方法

（1）r 进制数转换为十进制数

r 进制数转换为十进制数，只要将各位数码乘以各自的权值累加即可。例如：

$$(1100.11)_2 = 1\times2^3 + 1\times2^2 + 0\times2^1 + 0\times2^0 + 1\times2^{-1} + 1\times2^{-2} = 8+4+0+0.5+0.25 = (12.75)_{10}$$

$$(50.6)_8 = 5\times8^1 + 0\times8^0 + 6\times8^{-1} = (40.75)_{10}$$

$$(4B.A)_{16} = 4\times16^1 + B\times16^0 + A\times16^{-1} = (75.625)_{10}$$

（2）十进制数转换为 r 进制数

转换步骤如下。

① 十进制整数转换为 r 进制整数——除 r 取余法。

将十进制整数不断除以 r 取余数，直到商为 0，余数从右到左排列，首次取得的余数放在最右边。

② 十进制小数转换为 r 进制小数——乘 r 取整法。

将十进制小数不断乘以 r 取整数，直到小数部分为 0 或达到所求的精度为止（小数部分可能永远不会得到 0），所得整数从小数点自左向右排列，首次取得的整数在最左边。

③ 如果一个数既有整数又有小数，可以分别转换后再合并。

例如，把十进制数 101.6875 转换成二进制数。

整数部分		小数部分	
$101 \div 2 = 50$　余数为 1			
$50 \div 2 = 25$　余数为 0		$0.6875 \times 2 = 1.3750$　整数位为 1	
$25 \div 2 = 12$　余数为 1		$0.3750 \times 2 = 0.7500$　整数位为 0	
$12 \div 2 = 6$　余数为 0		$0.7500 \times 2 = 1.5000$　整数位为 1	
$6 \div 2 = 3$　余数为 0		$0.5000 \times 2 = 1.0000$　整数位为 1	
$3 \div 2 = 1$　余数为 1			
$1 \div 2 = 0$　余数为 1			

转换结果如下。

$$(101.6875)_{10} = (1100101.1011)_2$$

1.3.2　数字化信息编码

数字化信息编码是把少量二进制符号（代码），根据一定规则组合起来，以表示大量复杂多样的信息的一种编码。一般来说，根据描述信息的不同可分为数字编码、字符编码、汉字编码等。

1．数字编码

数字编码是用二进制数码按照某种规律来描述十进制数的一种编码。最简单最常用的是 8421 码，或称 BCD 码（Binary Coded Decimal）。它利用 4 位二进制代码进行编码，这 4 位二进制代码，从高位至低位的位权分别为 2^3、2^2、2^1、2^0，即 8、4、2、1，并用来表示一位十进制数。下面列出十进制数符与 8421 码的对应关系。

十进制数	0	1	2	3	4	5	6	7	8	9
8421 码	0000	0001	0010	0011	0100	0101	0110	0111	1000	1001

根据这种对应关系，任何十进制数都可以转换为 8421 码。

如 $(52)_{10}=(0101\ 0010)_{BCD}$　　$(1001\ 0100\ 1000\ 0101)_{BCD}=(9485)_{10}$

2．字符编码

在计算机系统中，除了处理数字外，还需要把符号、文字等用二进制表示，这样的二进制数称为字符编码。

ASCII 码（American Standard Code of Information Interchange）是"美国标准信息交换代码"的缩写。该编码后来被国际标准化组织（ISO）采纳，作为国际通用的字符信息编码方案。ASCII 码用 7 位二进制数的不同编码来表示 128 个不同的字符（$2^7=128$），它包含十进制数 0～9、大小写英文字母及专用符号等 95 种可打印字符，还有 33 种通用控制字符（如回车、换行等），共 128 个。ASCII 码表见表 1.3.2，如 A 的 ASCII 码为 1000001。ASCII 码中，每一个编码转换为十进制数的值被称为该字符的 ASCII 码值。

表 1.3.2　ASCII 码

b4b3b2b1 \ b7b6b5	000	001	010	011	100	101	110	111
0000	NUL	DLE	SP	0	@	P	、	p
0001	SOH	DC	!	1	A	Q	a	q
0010	STX	DC	"	2	B	R	b	r
0011	ETX	DC	#	3	C	S	c	s
0100	EOT	DC	$	4	D	T	d	t
0101	ENQ	NAK	%	5	E	U	e	u
0110	ACK	SYN	&	6	F	V	f	v
0111	BEL	ETB	'	7	G	W	g	w
1000	BS	CAN	(	8	H	X	h	x
1001	HT	EM	)	9	I	Y	i	y
1010	LF	SUB	*	:	J	Z	j	z
1011	VT	ESC	+	;	K	[	k	{
1100	FF	FS	,	<	L	\	l	|
1101	CR	GS	—	=	M	]	m	}
1110	SO	RS	.	>	M	^	n	~
1111	SI	US	/	?	O	_	o	DEL

3．汉字编码

汉字在计算机内也采用二进制的数字化信息编码。由于汉字的数量大，常用的也有几千个之多，显然汉字编码比 ASCII 码表要复杂得多，用一字节（8 bit）是不够的。目前的汉字编码方案有二字节、三字节甚至四字节的。在一个汉字处理系统中，输入、内部处理、输出对汉字的要求不同，所用代码也不尽相同。汉字信息处理系统在处理汉字词语时，要进行输入码、国标码、机内码、字形码等一系列的汉字代码转换。

（1）国标码

1981 年我国制定了《中华人民共和国国家标准信息交换汉字编码》（GB 2312—1980），这种编码称为国标码。在国标码字符集中共收录了汉字和图形符号 7 445 个，其中一级汉字 3 755 个，二级汉字 3 008 个，西文和图形符号 682 个。

国标 GB 2312—1980 规定，所有的国标汉字与符号组成一个 94 594 的矩阵。在该方阵中，每一行称为一个区（区号分别为 1～94）、每个区内有 94 个位（位号分别为 1～94）的汉字字符集。

汉字与符号在方阵中的分布情况如下。

● 1～15 区为图形符号区。

● 16～55 区为一级常用二级汉字区。

- 56～87 区为不常用的二级汉字区。
- 88～94 区为自定义汉字区。

（2）汉字输入码与机内码

计算机处理时，由于汉字具有特殊性，因此汉字输入、存储、处理及输出过程所使用的代码均不相同。其中包含用于汉字输入的输入码、机内存储和处理的机内码、用于显示及打印的字模点阵码（字形码）。

1）输入码（外码）

汉字由各种输入设备以不同方式输入计算机所用到的编码。每一种输入码都与相应的输入方案有关。根据输入编码方案的不同，一般可分类为数字编码（如区位码）、音码（如拼音编码）、字形码（如五笔字型编码）及音形混合码等。

2）机内码

汉字系统中对汉字的存储和处理使用了统一编码，即汉字机内码（机内码、内码）。机内码与国标码稍有区别，如果直接用国标码作内码，就会与 ASCII 码冲突。在汉字输入时，根据输入码通过计算或查找输入码表完成输入码到机内码的转换，如汉字国标码(H)+8080(H)=汉字机内码（H）。

（3）汉字库与汉字字形码

汉字在显示和打印输出时，是以汉字字形信息表示的，即以点阵的方式形成汉字图形。汉

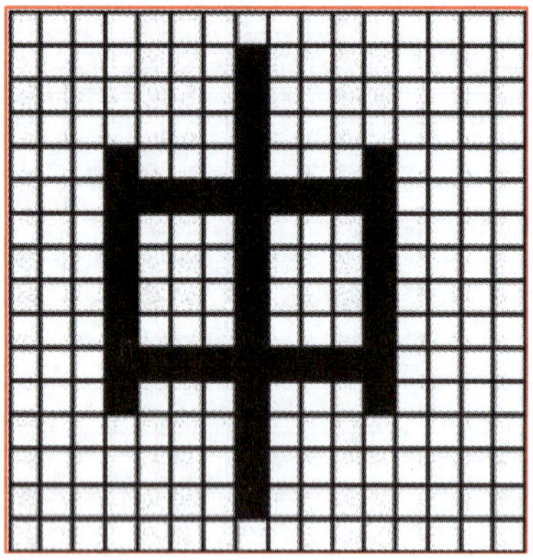

图 1.3.1
16×16 汉字
点阵 "中"

字字形码是指确定一个汉字字形点阵的代码（汉字字模），一般采用点阵表示字形。如图 1.3.1 所示，是一个 16×16 点阵的汉字 "中"，用 1 表示黑点、0 表示白点，则黑白信息就可以用二进制数来表示。每一个点用一位二进制数表示，则一个 16×16 的汉字字模要用 32 字节来存储。国标码中的 6 763 个汉字及符号码要用 261 696 字节存储。以这种形式存储所有汉字字形信息的集合称为汉字字库。可以看出，随着点阵的增大，所需存储容量也很快变大，其字形质量也越好，但成本也越高。目前汉字信息处理系统中，屏幕显示一般用 16×16 点阵，打印输出时采用 32×32 点阵，在质量要求较高时可以采用更高的点阵。

【课后练习】

文本：
参考答案

1. 十六进制 1000 转换成十进制数是_____。

　　A．2048　　　　　　B．1024　　　　　　C．4096　　　　　　D．8192

2. 汉字国标码（GB 2312—1980）规定的汉字编码，每个汉字用_____。

　　A．一字节表示　　B．四字节表示　　C．三字节表示　　D．二字节表示

3．十进制数 15 对应的二进制数是_____。

　　A．1111　　　　　　B．1110　　　　　　C．1010　　　　　　D．1100

4．二进制数 110101 转换成八进制数是_____。

　　A．(71)8　　　　　　B．(65)8　　　　　　C．(56)8　　　　　　D．(51)8

5．二进制数 11011101 转换成十进制数是_____。

　　A．220　　　　　　B．221　　　　　　C．251　　　　　　D．321

6．在计算机内部，用机内码而不用国标码表示汉字的原因是_____。

　　A．有些汉字的国标码不唯一，而机内码唯一

　　B．在有些情况下，国标码有可能造成误解

　　C．机内码比国标码容易表示

　　D．国标码是国家标准，而机内码是国际标准

7. 汉字系统中的汉字字库里存放的是汉字的_____。
   A．机内码　　　　B．国标码　　　　　　C．字形码　　　　D．输入码
8. 下列有关二进制的叙述，错误的是_____。
   A．二进制数只有 0 和 1 两个数码
   B．二进制运算逢二进一
   C．二进制数各位上的权分别为 0，2，4，…
   D．二进制数只由二位数组成
9. 下列字符中 ASCII 码值最小的是_____。
   A．A　　　　　　B．M　　　　　　　　C．k　　　　　　　D．a
10. 微型计算机中普遍使用的字符编码是_____。
    A．BCD 码　　　　B．机内码　　　　　　C．输入码　　　　D．ASCII 码

1.4　任务 4　掌握多媒体技术基础知识

【任务描述】

　　经过一段时间的学习，刘晓华同学知道自己的计算机其实也是一台多媒体计算机，可以呈现文字、视频、音频、图片等信息，也知道电视、广播、报纸都叫做媒体，但对于什么是多媒体，他还不是太明白。现在，自己手边就是一台多媒体计算机，刘晓华同学决定了解关于多媒体的知识。

PPT：任务 4
掌握多媒体技术基础知识

PPT

【考点分析】

　　① 了解多媒体技术的概念和关键特征。
　　② 了解媒体的分类。
　　③ 了解多媒体系统的组成及基本硬件配置。
　　④ 了解多媒体技术的应用领域。

【任务实现】

1.4.1　多媒体技术的概念

　　多媒体技术形成于 20 世纪 80 年代，是计算机、广播电视和通信这三大原来各自独立的领域，相互渗透，相互融合，进而迅速发展的一门新兴技术。多媒体技术的一个典型代表就是多媒体计算机，它一出现，就很快在世界范围内，特别是在家庭教育和娱乐方面得到了广泛应用。

　　媒体即媒介、媒质，是信息的载体。在计算机领域中，多媒体有两种含义：一是指用以存储信息的实体，如磁带、磁盘、光盘和半导体存储器等；另一种是指信息的载体，即信息的表现形式，如数字、文字、声音、图像和视频等。多媒体技术中的媒体就是指后者，因此，多媒体技术就是利用计算机获取、处理、编辑、存储和显示多种媒体信息，实现通过图形、图像、声音、视频、文本的组合交互进行沟通、交流、传递信息的一整套技术。

微课 1-7
多媒体技术
的概念

　　多媒体技术具有集成性、控制性、交互性、非线性、实时性和互动性等关键特征。
　　① 集成性：能够对信息进行多通道统一获取、存储、组织与合成。
　　② 控制性：多媒体技术是以计算机为中心，综合处理和控制多媒体信息，并按人们的要求以多种媒体形式表现出来，同时作用于多种感官。
　　③ 交互性：交互性是多媒体应用有别于传统信息交流媒体的主要特点之一。传统信息交流媒体只能单向、被动地传播信息，而多媒体技术可以实现人对信息的主动选择和控制。
　　④ 非线性：多媒体技术的非线性特点将改变人们传统循环性的读写模式。以往人们的读写

方式大都采用章、节、页的框架，循序渐进地获取知识，而多媒体技术将借助超文本链接，将内容以一种更灵活、更具变化的方式呈现给读者。

⑤ 实时性：当用户给出操作命令时，相应的多媒体信息都能够得到实时控制。

⑥ 互动性：它可以形成人与机器、人与人及机器间的互动，互相交流的操作环境及身临其境的场景，人们根据需要进行控制。人机相互交流是多媒体最大的特点。

1.4.2　媒体的分类

根据信息被人们感觉、加以表示、使之呈现、实现存储或进行传送的载体的不同，基本媒体可分为以下 5 类。

① 感知媒体：指人的感觉器官所能感觉到的信息的自然种类，如声音、图形、图像和文本等。人的感觉器官包括视觉、听觉、触觉、嗅觉、味觉等。感知媒体帮助人们来感知环境。目前，人们主要靠视觉和听觉来感知环境的信息，触觉作为一种感知方式也慢慢引入计算机。

② 表示媒体：指被交换的数据类型，它们定义了信息的特性。表示媒体的特性用信息的计算机内部编码表示，如语音 PCM 编码、图像 JPEG 编码、文本 ASCII 编码和乐谱等。

③ 呈现媒体：指为人们再现信息的物理工具和设备（输出设备），或者指获取信息的工具和设备（输入设备），如显示器、扬声器、打印机等输出类显现媒体，以及键盘、鼠标器、扫描器等输入类呈现媒体。

④ 存储媒体：指存储数据的物理介质，如磁盘、光盘和磁带等。

⑤ 传输媒体：指传输数据的物理媒介，如双绞线、同轴电缆、光缆和无线电链路等传输媒体。

1.4.3　多媒体系统

微课 1-8
多媒体系统

多媒体系统是指多媒体终端设备、多媒体网络设备、多媒体服务系统、多媒体软件及有关的媒体数据组成的有机整体。具体地讲，多媒体系统是以计算机为中心，能对多媒体信息进行逻辑互联、获取、编辑、存储和播放等功能的一个复杂的、软硬件结合的综合系统。

一般的多媒体系统主要由 4 个部分组成，分别为多媒体硬件系统、多媒体操作系统、媒体处理系统工具和用户应用软件。

① 多媒体硬件系统：包括计算机硬件、声音/视频处理器、多种媒体输入/输出设备及信号转换装置、通信传输设备及接口装置等。其中，最重要的是根据多媒体技术标准而研制生成的多媒体信息处理芯片、光盘驱动器等。

② 多媒体操作系统：也称为多媒体核心系统，具有实时任务调度、多媒体数据转换和同步控制对多媒体设备的驱动和控制，以及图形用户界面管理等。

③ 媒体处理系统工具：或称为多媒体系统开发工具软件，是多媒体系统重要组成部分。

④ 用户应用软件：根据多媒体系统终端用户要求而定制的应用软件或面向某一领域的用户应用软件系统，它是面向大规模用户的系统产品。

多媒体个人计算机的基本硬件结构可以归纳为以下 7 部分。

- 至少一个功能强大、速度快的中央处理器（CPU）。
- 可管理、控制各种接口与设备的配置。
- 具有一定容量（尽可能大）的存储空间。
- 高分辨率显示接口与设备。
- 可处理音响的接口与设备。
- 可处理图像的接口设备。
- 可存放大量数据的配置等。

以上是多媒体个人计算机的基本硬件配置，它们构成了多媒体个人计算机的主机。此外，多媒体个人计算机能扩充的配置还可能包括如下几方面。

- 光盘驱动器：包括可重写光盘驱动器（CD-R）、WORM 光盘驱动器和 CD-ROM 驱动器。其中 CD-ROM 驱动器为计算机带来了价格便宜的 650 MB 存储设备，存有图形、动画、图像、声音、文本、数字音频、程序等资源的 CD-ROM 早已广泛使用，因此对广大用户来说，光盘驱动器是必须配置的。
- 音频卡：又称声卡，用于处理音频信息。它可以将话筒、唱机（包括激光唱机）、录音机、电子乐器等输入的声音信息进行模数转换、压缩处理，也可以将经过计算机处理的数字化的声音信号通过还原（解压缩）、数模转换后用扬声器放出或记录下来。声卡和多媒体计算机中所处理的数字化声音信息通常有多种不同的采样频率和量化精度可以选择，以适应不同应用场合的质量要求。采样频率越高，量化位数越多，质量越高。
- 图形加速卡：图文并茂的多媒体表现需要分辨率高且同屏显示色彩丰富的显示卡的支持，同时还要求具有 Windows 的显示驱动程序，并在 Windows 中的像素运算速度要快。所以现在带有图形用户接口（GUI）加速器的局部总线显示适配器使得 Windows 的显示速度大大加快。
- 视频卡：可细分为视频捕捉卡、视频处理卡、视频播放卡及 TV 编码器等专用卡，其功能是连接摄像机、VCR 影碟机、TV 等设备，以便获取、处理和表现各种动画和数字化视频媒体。
- 扫描卡：用来连接各种图形扫描仪，是常用的静态照片、文字、工程图输入设备。
- 打印机接口：用来连接各种打印机，包括普通打印机、激光打印机、彩色打印机等，打印机现在已经是最常用的多媒体输出设备之一。
- 交互控制接口：用来连接触摸屏、鼠标、光笔等人机交互设备，这些设备将大大方便用户对计算机的使用。
- 网络接口：是实现多媒体通信的重要扩充部件。计算机和通信技术相结合的时代已经来临，这就需要专门的多媒体外部设备将数据量庞大的多媒体信息进行传送或接收，通过网络接口相接的设备包括视频电话机、传真机、LAN 和 ISDN 等。

1.4.4　多媒体技术的应用领域

1. 教育培训

多媒体能够产生出一种新的图文并茂、丰富多彩的人机交互方式，而且可以立即反馈。采用这种交互，学习者可按自己的学习基础、兴趣来选择自己所要学习的内容，主动参与。此外，以互联网络为基础的远程教学，使得在不同地方的学生、教师和科研人员突破时空的限制，及时地交流信息、共享资源。多媒体具有图、文、声并茂甚至有活动影像这样的特点，所以能提供最理想的教学环境，它必然会对教育、教学过程产生深刻的影响。

2. 电子商务

通过网络，客户能够浏览商家在网上展示的各种产品，并获得价格表、产品说明书等其他信息，据此可以定购自己喜爱的商品。电子商务能够大大缩短销售周期，提高销售人员的工作效率，改善客户服务，降低上市、销售、管理和发货的费用，因此是未来社会一种重要的销售手段。

3. 信息发布

各公司、企业、学校、甚至政府部门都可以建立自己的信息网站，用各种媒体资料详细介绍本部门的历史、实力、成果、需求等信息，以进行自我展示并提供信息服务。另一方面，信息的发布并不是大的组织机构的特权，每一个人都可以建立自己的信息主页或网站。

4. 游戏娱乐

计算机和网络游戏由于具有多媒体感官刺激并使游戏者通过与计算机的交互或互动身临其境、进入角色，真正达到娱乐的效果，故受到广大用户的欢迎。此外，数字照相机、数字摄像机、数字摄影机和 DVD 光碟的投放市场，直至数字电视的到来，都为人类的娱乐生活开创了一个新的局面。

5. 电子出版

电子出版是多媒体传播应用的一个重要方面。多媒体大容量存储技术以及信息高速公路为人们提供了方便、快捷的信息处理、存储和传递方式，它是解决信息爆炸的一条出路。利用多媒体技术制作的光盘出版物，在音像娱乐、电子图书、游戏及产品广告的光盘市场上，呈现出迅速发展的销售趋势。

6. 虚拟现实

拓展阅读：
虚拟现实
技术的发展
和分类

虚拟现实是一项与多媒体技术密切相关的边缘技术，它通过综合应用计算机图像、模拟与仿真、传感器、显示系统等技术和设备，以模拟仿真的方式，给用户提供一个真实反映操纵对象变化与相互作用的三维图像环境所构成的虚拟世界，并通过特殊设备（如头盔和数据手套）提供给用户一个与该虚拟世界相互作用的三维交互式用户界面。利用多媒体系统生成逼真的视觉、听觉、触觉及嗅觉的模拟真实环境，受众可以用人的自然技能与这一虚拟现实进行交互体验，犹如在真实现实中的体验一样。

【课后练习】

文本：
参考答案

1. 下列属于多媒体技术发展方向的是_____。
   A. 简单化，便于操作 　　　　　　　　B. 高速度化，缩短处理时间
   C. 高分辨率，提高显示质量 　　　　　D. 智能化，提高信息识别能力
2. 多媒体技术的主要特性有_____。
   （1）多样性　　（2）集成性　　（3）交互性　　（4）实时性
   A. 仅（1）　　　B.（1）（2）　　　C.（1）（2）（3）　　　D. 全部
3. 根据多媒体的特性，以下_____属于多媒体的范畴。
   （1）交互式视频游戏　（2）有声图书　（3）彩色画报　（4）彩色电视
   A. 仅（1）　　　B.（1）（2）　　　C.（1）（2）（3）　　　D. 全部
4. 多媒体计算机系统的两大组成部分是_____。
   A. 多媒体器件和多媒体主机
   B. 音箱和声卡
   C. 多媒体输入设备和多媒体输出设备
   D. 多媒体计算机硬件系统和多媒体计算机软件系统
5. _____类型的图像文件是没有经过压缩的，所占存储空间极大。
   A. JPG　　　　　B. BMP　　　　　C. GIF　　　　　D. TIF
6. 以下_____文件是视频影像文件。
   A. MPG　　　　　B. MP3　　　　　C. MID　　　　　D. GIF
7. 多媒体信息不包括_____。
   A. 音频、视频　　B. 动画、图像　　C. 声卡、光盘　　D. 文字、图像
8. 下列叙述中，错误的是_____。
   A. 媒体是指信息表示和传播的载体，它向人们传递各种信息
   B. 多媒体计算机系统就是有声卡的计算机系统
   C. 多媒体技术是指用计算机技术把多媒体综合一体化，并进行加工处理的技术
   D. 多媒体技术要求各种媒体都必须数字化
9. 下列应用不是多媒体技术应用的是_____。
   A. 计算机辅助教学　B. 电子邮件　C. 远程医疗　　D. 视频会议

10．常用的多媒体输入设备是_____。

　　A．显示器　　　　　B．扫描仪　　　　　C．打印机　　　　　D．内存

1.5　任务 5　认识计算机病毒

【任务描述】

一段时间以来，刘晓华同学发现自己的计算机开机速度越来越慢，程序运行速度也明显变慢，硬盘中经常出现一些莫名其妙的文件或文件夹。问了高年级同学后才知道，自己的计算机可能中毒了。如何除掉这些病毒呢？如何使自己的计算机速度加快呢？刘晓华觉得自己需要了解一下关于计算机病毒的有关知识。

PPT：任务 5 认识计算机病毒

PPT

【考点分析】

① 了解计算机病毒的概念和特征。
② 了解计算机病毒的分类。
③ 掌握计算机病毒的常用防治方法。

【任务实现】

1.5.1　计算机病毒的概念和特征

计算机病毒是计算机技术和网络技术发展到一定阶段的必然产物。所谓计算机病毒，是借用生物学领域的术语来表示的一种计算机干扰程序，这种干扰程序一旦进入计算机，在一定条件下就会反复进行自我复制和扩散，破坏计算机系统内存储的数据，危及计算机系统正常工作。简单地讲，计算机病毒本质上就是一组计算机指令或者程序代码。

计算机病毒也不是天然存在的，是某些人利用计算机软件和硬件所固有的脆弱性编制的一组指令集或程序代码。它能通过某种途径潜伏在计算机的存储介质（或程序）中，当满足某种条件时即被激活，通过修改其他程序的方法将自己精确复制或者以可能演化的形式放入其他程序中，从而感染其他程序，对计算机资源进行破坏。

计算机病毒具有寄生性、传染性、隐蔽性、潜伏性、破坏性、可触发性等特征，一般有以下 4 种传播方式。

微课 1-9 计算机病毒的概念和特征

- 通过不可移动的计算机硬件设备进行传播。
- 通过移动存储设备来传播，这些设备包括软盘、磁带等。
- 通过计算机网络进行传播。
- 通过点对点通信系统和无线通道传播。

1.5.2　计算机病毒的分类

计算机病毒种类繁多，其分类方法也有多种。

① 按照病毒的存在媒体分类：可以划分为网络病毒、文件病毒和引导型病毒。网络病毒通过计算机网络传播感染网络中的可执行文件，文件病毒感染计算机中的文件（如 COM、EXE、DOC 等），引导型病毒感染启动扇区（Boot）和硬盘的系统引导扇区。

② 按照病毒的传染渠道分类：可以分为驻留型病毒和非驻留型病毒。驻留型病毒感染计算机后，把自身的内存驻留部分放在内存中，它处于激活状态，一直到关机或重新启动。非驻留型病毒在得到机会激活时并不感染计算机内存。

③ 按照病毒的破坏能力分类：可以分为无害型、无危险型、危险型、非常危险型 4 种。无害型病毒除了传染时减少磁盘的可用空间外，对系统没有其他影响。无危险型病毒仅仅是减少

内存、显示图像、发出声音及同类音响。危险型病毒在计算机系统操作中造成严重的错误。非常危险型病毒会删除程序、破坏数据、清除系统内存区和操作系统中重要的信息。

④ 按照编制病毒的算法分类：可以分为伴随型病毒、"蠕虫"型病毒、诡秘型病毒以及变型病毒（又称幽灵病毒）。

1.5.3　计算机病毒的防治

1. 计算机中毒的"症状"

微课 1-10
计算机病毒
的防治

要知道自己的计算机是否感染病毒，可以根据以下几种情况来做简单判断。

① 计算机执行速度越来越慢。

② 系统出现莫名其妙的死机或重启。

③ 网络速度变慢或出现一些陌生的网络连接。

④ 文件夹无缘无故多了一些文件。

⑤ 突然出现蓝屏或黑屏等。

2. 计算机病毒的防范

可以说，计算机病毒是"防不胜防"，只要使用计算机就有可能中毒。那么，如何才能更好地防范计算机病毒呢？这里有几种常见的办法。

① 安装防病毒产品，并至少每周更新一次病毒定义码。常用的杀毒软件有 360 杀毒、诺顿、金山毒霸等。

② 不接收来历不明的电子邮件，很多时候附件也是病毒的掩护。例如，看到的邮件附件名称是 wow.jpg，而它的全名实际是 wow.jpg.vbs，打开这个附件意味着运行一个恶意的 VBScript 病毒，而不是一个图像文件。

③ 首次安装防病毒软件时，一定要对计算机做一次彻底的病毒扫描。

④ 不要从任何不可靠的渠道下载任何软件。比较保险的办法是对安全下载的软件在安装前先做病毒扫描。

⑤ 使用基于客户端的防火墙或过滤措施。

⑥ 插入 U 盘、移动硬盘、光盘和其他可插拔介质前，一定对它们进行病毒扫描。

⑦ 禁用 Windows Scripting Host 文件。Windows Scripting Host（WSH）运行各种类型的文本，但基本都是 VBScript 或 JScript。许多蠕虫病毒（如 Bubbleboy 和 KAK.worm）都能使用 WSH，无须用户单击附件，就可自动打开一个被感染的附件。

【课后练习】

文本：
参考答案

1. 下面是关于计算机病毒的两种论断，经判断_____。

（1）计算机病毒也是一种程序，它在某些条件上激活，起干扰破坏作用，并能传染到其他程序中去；（2）计算机病毒只会破坏磁盘上的数据

　　A. 只有（1）正确　　　　　　　　B. 只有（2）正确

　　C.（1）和（2）都正确　　　　　　D.（1）和（2）都不正确

2. 通常所说的"计算机病毒"是指_____。

　　A. 细菌感染　　　　　　　　　　B. 生物病毒感染

　　C. 被损坏的程序　　　　　　　　D. 特制的具有破坏性的程序

3. 对于已感染了病毒的 U 盘，最彻底的清除病毒的方法是_____。

　　A. 用酒精将 U 盘消毒　　　　　　B. 放在高压锅里煮

　　C. 将感染病毒的程序删除　　　　D. 对 U 盘进行格式化

4．计算机病毒造成的危害是_____。
 A．使磁盘发霉
 B．破坏计算机系统
 C．使计算机内存芯片损坏
 D．使计算机系统突然掉电

5．计算机病毒的危害性表现在_____。
 A．能造成计算机器件永久性失效
 B．影响程序的执行，破坏用户数据与程序
 C．不影响计算机的运行速度
 D．不影响计算机的运算结果，不必采取措施

6．计算机病毒对于操作计算机的人_____。
 A．只会感染，不会致病
 B．会感染致病
 C．不会感染
 D．会有厄运

7．以下措施不能防止计算机病毒的是_____。
 A．保持计算机清洁
 B．先用杀病毒软件将从别人机器上复制的文件清查病毒
 C．不用来历不明的 U 盘
 D．经常关注防病毒软件的版本升级情况，并尽量取得最高版本的防毒软件

8．下列选项中，不属于计算机病毒特征的是_____。
 A．潜伏性　　　 B．传染性　　　 C．激发性　　　 D．免疫性

9．下列关于计算机病毒的叙述中，正确的是_____。
 A．反病毒软件可以查、杀任何种类的病毒
 B．计算机病毒是一种被破坏了的程序
 C．反病毒软件必须随着新病毒的出现而升级，提高查、杀病毒的功能
 D．感染过计算机病毒的计算机具有对该病毒的免疫性

10．下列计算机安全防护措施，_____是最重要的。
 A．提高管理水平和技术水平
 B．提高硬件设备运行的可靠性
 C．预防计算机病毒的传染和传播
 D．尽量防止自然因素的损害

1.6 任务 6 了解计算机网络及网络安全

【任务描述】

在机房上了几周《计算机基础》课程之后，刘晓华同学发现老师能通过教师机给每个学生发送学习资料，每个同学之间的计算机也能互相传送文件。老师告诉他们，这是因为教室中的每台计算机都进行了互连，形成了一个小型局域网，局域网的一个重要功能就是资源共享。于是，刘晓华和他的 3 个室友决定将他们的计算机也连接成一个小型网络。于是，他们决定了解计算机网络及网络连接。

【考点分析】

① 了解计算机网络的概念。
② 了解计算机网络的分类。
③ 了解网络信息安全的概念及其特征。
④ 了解威胁网络安全的常见因素。

PPT：任务 6 了解计算机网络及网络安全

PPT

【任务实现】

1.6.1 计算机网络的概念

世界上最早出现的计算机网络的雏形是美国 1952 年建立的一套半自动地面防空系统，它使

用了远距离通信线路将 1 000 多台终端连接到一台旋风计算机上，实现了计算机远距离的集中控制。这种由一台计算机经过通信线路与若干台终端直接连接的方式被称为主机-终端系统或面向终端的计算机网络。

但是，这种面向终端的计算机网络还不能代表计算机网络，首先因为在这种方式中的主机兼顾了通信控制工作和数据处理工作，负担较重，其次因为通信线路的利用率很低。1970 年美国信息处理学会联合会从共享的角度出发，把计算机网络定义为：“以能够相互共享资源的方式连接起来，并各自具备独立功能的计算机系统的集合。”若从物理结构看，可把计算机网络定义为：在协议控制下，由若干计算机、终端设备、数据传输设备和通信控制处理机等组成的系统集合。现在普遍认为是：计算机网络是地理上分散的、具有独立功能的多个计算机系统通过通信设备和线路连接起来，且以功能完善的网络软件（网络协议、信息交换方式及网络操作系统等）实现网络资源共享的系统。

计算机网络主要由网络硬件系统和网络软件系统组成。其中，网络硬件系统主要包括网络服务器、网络工作站、网络适配器、传输介质等，网络软件系统主要包括网络操作系统软件、网络通信协议、网络工具软件、网络应用软件等。

1.6.2　计算机网络的分类

由于计算机网络的复杂性，人们可以从多个角度来对计算机网络进行分类，但比较常见的是根据计算机网络所覆盖的物理范围来分类，可以分为局域网、城域网和广域网。

1. 局域网（Local Area Network，LAN）

局域网是指范围在十几千米内的计算机网络，一般建设在一栋办公楼或楼群、校园、工厂或一个事业单位内。一般情况下，局域网由某个单位单独拥有、使用和维护。局域网的数据传输速率一般较高，结构相对简单，延迟比较小。

2. 城域网（Metropolitan Area Network，MAN）

城域网是指在一个城市范围内建立的计算机网络。城域网的一个重要用途是作为城市骨干网，通过它将位于同一城市不同地点的局域网或各种主机和服务器连接起来。MAN 与 LAN 的区别首先是网络覆盖范围的不同，其次是两者的归属和管理不同。LAN 通常专属于某个单位，属于专用网；而 MAN 是面向公众开放的，属于公用网，这点与广域网一致；最后是两者的业务不同，LAN 主要是用于单位内部的数据通信；而 MAN 可用于单位之间的数据、话音、图像及视频通信等。

3. 广域网（Wide Area Network，WAN）

顾名思义，广域网是指覆盖范围广（通常可以覆盖一个省甚至一个国家）的网络，有时也称为远程网。广域网具有覆盖范围广、通信距离远、组网结构相对复杂等特点。

1.6.3　网络信息安全

网络信息安全是指利用网络管理、控制或用技术措施保障一个网络环境中信息数据的保密性、完整性和可用性。具体来说，网络信息安全就是计算机网络中的数据不会因偶然的或恶意的原因而遭到破坏、更改、泄露，系统能连续、可靠、正常地运行，网络服务不中断。

网络信息安全具有 5 个特征，具体如下。

① 完整性：数据信息在传输、交换、存储和处理过程保持非修改、非破坏和非丢失的特性，即保持信息原样性，使信息能正确生成、存储、传输，这是最基本的安全特征。

② 保密性：数据信息按规定要求没有泄漏给非授权的个人、实体或过程，或提供其利用的特性，强调有用信息只被授权对象使用的特征。

③ 可用性：数据信息可被授权实体正确访问，并按要求能正常使用，当系统遭受攻击或破

坏时，能迅速恢复并能投入使用。

④ 可控性：对信息的传播及内容具有控制能力。

⑤ 可审查性：通信双方在信息交互过程中，确信参与者本身，以及参与者所提供信息的真实同一性，即所有参与者都不可能否认或抵赖本人的真实身份，以及提供信息的原样性和完成的操作与承诺。

• 1.6.4 威胁网络安全的因素

一般来讲，威胁网络安全主要是利用几个途径，分别为系统存在的漏洞、系统安全体系的缺陷、使用人员的安全意识薄弱、管理制度的薄弱。因此，威胁网络安全的因素主要有以下几方面。

① 内部窃密和破坏，有意或无意泄密、更改记录信息；由于管理人员对核心设备的配置资料的不慎管理，致使非授权人员有意无意偷窃机密信息、更改网络配置和记录信息。

② 攻击者通过安装截收装置等方式，截获机密信息，或通过对信息流的流向、通信频度和长度等参数的分析，推出有用信息。它不破坏传输信息的内容，具有很高的隐蔽性，很难被察觉。

③ 非法访问指未经授权使用网络资源或以未授权的方式使用网络资源，它包括非法用户（如黑客）进入网络或系统，进行违法操作；合法用户以未授权的方式进行操作。

④ 非法访问者通过篡改信息内容、删除部分信息和插入错误信息来破坏信息的完整性。

⑤ 破坏系统的可用性，使合法用户不能正常访问网络资源；使有严格时间要求的服务不能及时得到响应；摧毁系统。

拓展阅读：
信息安全
法律法规

【课后练习】

1. 计算机网络最突出的特点是_____。
   A．精度高 　　　　 B．内存容量大 　 C．共享资源 　　　　　 D．运算速度快

2. 计算机网络是计算机技术和_____结合的产物。
   A．多媒体技术 　 B．网卡 　　　　 C．调制解调器 　　　　 D．通信技术

3. 计算机网络的主要功能有_____。
   A．数据通信 　　　 B．资源共享 　　 C．提高系统处理能力 　 D．以上都是

4. 计算机网络分为总线型、星状、环状和树状是根据网络的_____进行分类。
   A．规模 　　　　　 B．物理拓扑 　　 C．逻辑拓扑 　　　　　 D．交换方式

5. WLAN 是_____的简写。
   A．宽带局域网 　　 B．无线局域网 　 C．全球局域网 　　　　 D．广义局域网

6. 表示商业公司的一级域名是_____。
   A．com 　　　　　 B．edu 　　　　　 C．org 　　　　　　　 D．net

7. 在计算机网络中，LAN 网指的是_____。
   A．局域网 　　　　 B．广域网 　　　 C．城域网 　　　　　　 D．以太网

8. 计算机系统的物理安全是指保证_____。
   A．安装的操作系统安全 　　　　　　 B．操作人员安全
   C．计算机系统各种设备安全 　　　　 D．计算机硬盘中的数据安全

9. 破坏网络的所有行为都应称为_____。
   A．攻击 　　　　　 B．黑客 　　　　 C．扫描 　　　　　　　 D．防护

10. 下列描述不正确的是_____。
    A．特洛伊木马是指将有预谋的功能藏在公开功能中，掩盖其真实企图的程序
    B．特洛伊木马与计算机病毒的工作原理不同，因此它不是计算机病毒
    C．端口扫描仅对目标主机的端口进行扫描，因此不会对目标主机产生任何危害
    D．IP 欺骗是依靠其他计算机的 IP 地址来欺骗第三者

文本：
参考答案

1.7　任务 7　认识 Internet 及常见的网络服务

【任务描述】

在高年级同学的帮助下，刘晓华同学申请了一个上网账号，并成功将自己的计算机连上了 Internet。但是，除了在网上看新闻、看在线电影以及使用 QQ 外，他就什么也不懂了。为了更好地使用 Internet，刘晓华需要了解更多相关知识。

【考点分析】

① 了解 Internet 的概念及其起源。
② 了解 Internet 的主要工作原理。
③ 了解地址、协议、域名及统一资源定位器等重要概念的涵义。
④ 了解 Internet 服务的种类及其特点。

PPT：任务 7 认识 Internet 及常见的网络服务

PPT

【任务实现】

1.7.1　Internet 的概念

Internet 是通过通信设备和线路将世界不同地区、规模大小不一、类型不同的网络互相连接起来的网络，是一个全球性的计算机互联网络。Internet 音译为"因特网"，也称"国际互联网"。它是一个信息资源极其丰富的、世界上最大的计算机网络，也是目前最流行、最受欢迎的传媒之一。

Internet 最早起源于 ARPANet，该网络是将 UCLA（加利福尼亚大学洛杉矶分校）、Stanford Research Institute（斯坦福大学研究学院）、UCSB（加利福尼亚大学）和 University of Utah（犹他州大学）的四台主要的计算机连接起来构成的。1969 年 12 月开始联机运行。

20 世纪 70 年代初，一种新的通信协议（TCP/IP）在 ARPANet 中取代了原来的网络控制程序（NCP），后来 TCP/IP 免费向全世界公开，从而解决了计算机网络之间通信的核心技术问题，TCP/IP 的公开最终也促使了今天 Internet 遍及天下。

20 世纪 80 年代初，世界上既有使用 TCP/IP 的 ARPANet，又有很多使用其他通信协议的网络。为了使这些网络能互联，有人提出：在网络内部各自使用自己的协议，在和其他网络通信时使用 TCP/IP，这个设想促使了 Internet 的诞生，并确立了 TCP/IP 在 Internet 中不可动摇的地位。

Internet 的第一次快速发展是 NSFNet 的建立，很多大学、研究机构纷纷把自己的局域网并入 NSFNet 中。从 1986 年到 1991 年，并入 Internet 的计算机子网从 100 个增加到 3 000 多个，几乎每年都以 100% 的速度增长。Internet 在 20 世纪 80 年代的扩张不仅带来了量的改变，同时也带来了质的变化，许多用户逐步把 Internet 当作一种交流与通信的工具。

Internet 的第二次飞跃应归功于 Internet 的商业化，商业机构一进入 Internet 就发现它在通信、资料档案、客户服务等方面具有很大的潜力，世界各地无数企业及个人纷纷连入 Internet，从而使 Internet 产生了一个新的飞跃。目前，Internet 的用户已上亿，连接的主机超过数千万台。NSFNet 于 1995 年 4 月正式宣布停止运作，至此，Internet 的商业化已全部完成。

Internet 的发展历史造就了当前由数十万个子网自愿互联起来的全球性计算机网络。目前并没有全面管理 Internet 的权威机构，也没有任何机构完全拥有 Internet。它依赖于所有互联的各网络之间的协调工作。Internet 是未来信息高速公路的雏形，是通往未来信息高速公路的必由之路。

1.7.2　Internet 的工作原理

1. 了解几个重要概念

（1）地址和协议

Internet 的本质是计算机与计算机之间互相通信并交换信息，只不过大多是小计算机从大计算机

微课 1-13 Internet 的工作原理

获取各类信息。这种通信跟人与人之间的信息交流一样必须具备一些条件，例如，给一位外国朋友写信，首先必须使用一种对方能看懂的语言，然后还需知道对方的通信地址，才能将信发出去。同样，计算机与计算机之间通信，首先也得使用一种双方都能接受的"语言"——通信协议，然后还需知道彼此计算机的地址，通过协议和地址，计算机与计算机之间就能交流信息，这就形成了网络。

（2）TCP/IP

Internet 就是由许多小网络构成的国际性大网络，在各个小网络内部使用不同的协议，正如不同的国家使用不同的语言，那如何使它们之间能进行信息交流呢？这就要靠网络上的世界语——TCP/IP。TCP/IP 中译名为传输控制协议/因特网互联协议，又名网络通信协议，是 Internet 最基本的协议。TCP/IP 定义了计算机如何连入 Internet，以及数据如何在它们之间传输的标准。

（3）IP 地址

语言（协议）已经有了，那地址怎么办呢？用网际协议地址（即 IP 地址）即可解决这个问题。它是为标识 Internet 上主机位置而设置的。Internet 上每一台计算机都被赋予一个世界上唯一的 32 位 Internet 地址（Internet Protocol Address，IP Address），这一地址可用于与该计算机有关的全部通信。为了方便起见，在应用上以 8 bit 为单位，组成 4 组十进制数来表示每一台主机的位置。

一般的 IP 地址由 4 组数字组成，每组数字范围为 0～255，如某一台计算机的 IP 地址可为 202.206.65.115，但不能为 202.206.259.3。

（4）域名地址

尽管 IP 地址能够唯一地标识网络上的计算机，但 IP 地址是数字型的，用户记忆这类数字十分不方便，于是人们又发明了另一套字符型的地址方案，即所谓的域名地址。IP 地址和域名一一对应，来看一个 IP 地址对应域名地址的例子。例如，中国地图出版社的 IP 地址是 210.51.12.25，对应域名地址为 www.sinomaps.com。这份域名地址的信息存放在一个叫域名服务器（Domain Name Server，DNS）的主机内，用户只需了解易记的域名地址，其对应转换工作就留给 DNS。DNS 就是提供 IP 地址和域名之间的转换服务的服务器。

域名地址是从右至左来表述其意义的，最右边为顶层域，最左边是这台主机的机器名称。一般域名地址可表示为：主机机器名.单位名.网络名.顶层域名。例如，dns.hebust.edu.cn，这里的 dns 是河北科技大学一个主机的机器名，hebust 代表河北科技大学，edu 代表中国教育科研网，cn 代表中国，顶层域一般是网络机构或所在国家地区的名称缩写。

常见的按机构性质命名的域名见表 1.7.1。

表 1.7.1 按机构性质命名的域名

域名	含义	域名	含义
com	商业机构	net	网络组织
edu	教育机构	int	国际机构（主要指北约）
gov	政府部门	org	其他非营利组织
mil	军事机构		

常见的按国家或地区命名的域名见表 1.7.2。

表 1.7.2 按国家或地区命名的域名

域名	国家或地区	域名	国家或地区
cn	中国	us	美国
it	意大利	gb	英国
de	德国	jp	日本

（5）统一资源定位器

统一资源定位器，又称 URL，是专为标识 Internet 网上资源位置而设的一种编址方式，通常所说的网页地址指的即是 URL，它一般由 3 部分组成，即传输协议：//主机 IP 地址或域名地址/资源所在路径和文件名。例如，今日上海联线的 URL 为 http://china-window.com/shanghai/news/wnw.html，这里 http 指超文本传输协议，china-window.com 是其 Web 服务器域名地址，shanghai/news 是网页所在路径，wnw.html 是相应的网页文件。

2. Internet 的工作原理

有了 TCP/IP 和 IP 地址的概念，就能很好理解 Internet 的工作原理。当一个用户想给其他用户发送一个文件时，TCP 先把该文件分成一个个小数据包，并加上一些特定的信息（可以看成是装箱单），以便接收方的计算机确认传输是正确无误的，这称为分组交换技术。然后，IP 再在数据包上标上地址信息，形成可在 Internet 上传输的 TCP/IP 数据包。

分组交换技术是 Internet 的基本工作原理之一，它交换的数据不是连续传输，而是分割成一定大小的信息包分时进行传输。这样在网络中，每台计算机每次只能传送一定的数据量，而不会独占通信线路，因此一条通信线路就可让许多用户共享。对用户来讲，由于分组传输得很快，如典型的局域网一秒钟可在两台计算机之间传输 1 000 个大的分组，小的分组传输得更快，对用户来讲，在千分之几秒内发生的事情，可认为是立即。由于每一个分组开始都包括一个头，它指明该分组是哪一台计算机发送来的、该由哪一台计算机接收，这样，即使在某些通信线路中断时，只要还有迂回的通信线路可用，分组仍能准确传输。

3. 使用 TCP/IP 传送数据

当 TCP/IP 数据包到达目的地后，计算机首先去掉地址标志，利用 TCP 的装箱单检查数据在传输中是否有损失，如果接收方发现有损坏的数据包，就要求发送端重新发送被损坏的数据包，确认无误后再将各个数据包重新组合成原文件。

这样，Internet 通过 TCP/IP 这一网上的"世界语"和 IP 地址实现了其全球通信的功能。

1.7.3　Internet 提供的服务

微课 1-14
Internet 提供
的服务

1. 全球信息网

全球信息网（World Wide Web，WWW）也被称为万维网，简写为 Web。WWW 是近年来在 Internet 上发展最快的一种服务，它通过超级文本（Hypertext）向用户提供全方位的多媒体信息，从而为全世界的 Internet 用户提供了一种获取信息、共享资源的，革命性的全新途径。

实际上，WWW 是一个由遍及全球的"超文本"文档所组成的系统。这种超文本文件所包含的内容不仅可以是文本，还可以是图像、声音甚至是电影。

超文本还能与其他超文本链接，这种特性使用户很容易从正在阅读的文本进入另一个有关的文本。这种与其他文本的链接叫做超链接（Hyperlinks）。超链接可以是文件的一个词、一个词组、一幅图像或图像中的某一部分。与某个超链接相对应的可能是一段文字、一幅图像、一段声音、一个动画或另一个超文本。只要激活超链接（通常是在超链接处单击），它所对应的内容即可在屏幕上显示出来。这个被链接的文件有可能和阅读的文件在同一台计算机中，也有可能位于世界上的某一个地方。

WWW 中的超文本文件是用超文本标识语言（HyperText Markup Language，HTML）来书写的，因此也将超文本文件称为 HTML 文件。HTML 是一组简单的命令，它用来描述当 WWW 浏览器在显示文本时应当对文本做怎样的处理。

WWW 系统和 Internet 的其他服务一样也是采用客户机/服务器结构，WWW 服务器的作用是整理、存储各种 WWW 资源，并响应客户端软件的请求，把客户所需的资源传送到客户端。目前 WWW 服务器大多数运行在 Windows NT 或 UNIX 平台上。

2. 电子邮件

电子邮件（E-mail）是 Internet 用户中使用最多的一种服务，已逐渐取代邮政通信而成为主要通信手段。其实质就是利用 Internet 来收发电子形式的信件。电子邮件还可以随信件同时发送一些计算机文件，如图像文件、声音文件、文本文件、可执行文件等，这些文件称为电子邮件的附件。

在 Internet 上，电子邮件通常需要经过多个电子邮件服务器的中转处理才能从出发点到达目的地。电子邮件服务器为每个用户设立了一个电子邮件信箱，用户的信件到达后就一直存放在邮箱中，用户可以随时打开邮箱查看信件，也可以删除或存储这些信件，还可以转发给其他用户或书写回信。

通常，用户的电子邮件信箱名就是用户申请入网时所获得的账号名或用户名。每个用户的 Internet 电子邮件地址的标准格式是：用户名@主机域名，如 jsjwhjc@public.km.yn.cn。

3. 文件传输协议

文件传输协议（File Transfer Protocol，FTP）是 Internet 中最常用的文件传输协议之一。其作用是让用户连接一个远程计算机，在这个远程计算机上运行 FTP 服务器程序，并且存储着成千上万个各种有用的文件，包括计算机软件、声音文件、图像文件等，用户在客户机上可查看远程计算机上的文件，然后把需要的文件从远程计算机复制到本地客户机，或把本地客户机上的文件传送到远程计算机上。

FTP 传输的文件一般较大，因此在 Internet 上近三分之一的通信量用于 FTP，占 Internet 各种服务之首，在 Internet 的匿名服务器上存有大量的共享软件和各类文件，它们是 Internet 上的宝贵资源。

4. 远程登录协议

远程登录协议（Telnet）使用户能够通过 Internet 将自己的低性能主机连接到远程的另一台高性能主机上。一旦登录成功，本地主机就成为远程主机的一个远程终端，用户就可以用自己的计算机直接操纵远程计算机，拥有与远程计算机本地终端同样的权力，共享远程计算机上所有的软、硬件资源。用户可以启动远程计算机上的程序查看远程计算机的目录、显示文件内容、检查远程计算机上的某个数据库，还可以利用远程计算机强大的运算能力执行复杂的科学计算。

5. 电子公告牌

电子公共牌（Bwlletin Board System，BBS）是消息和文本的存放之处，一般用于特定的主题。BBS 一般是用 Telnet 与之相连，然后再从一组菜单中进行选择。

拓展阅读：
网络道德规范

【课后练习】

1. 表示商业公司的一级域名是_____。
   A. com   B. edu   C. org   D. net
2. TCP/IP 的含义是_____。
   A. 局域网的传输协议   B. 拨号入网的传输协议
   C. 传输控制协议和网际协议   D. OSI 协议集
3. 下列表示统一资源定位器的是_____。
   A. HTTP   B. WWW   C. HTML   D. URL
4. WLAN 是_____的简写。
   A. 宽带局域网   B. 无线局域网   C. 全球局域网   D. 广义局域网
5. 正确的 Internet 地址是_____。
   A. 32.230.100.6.15   B. 10.89.20.5   C. 192.112.36.256   D. 128.174.5
6. Telnet 服务器起的作用是_____。
   A. 一个新闻组服务器   B. 一个聊天服务器
   C. 一个远程登录服务器   D. 一般常用的服务器
7. Internet 采用的基础协议是_____。
   A. HTML   B. OSMA   C. SMTP   D. TCP/IP

文本：
参考答案

8. 互联网上的服务都是基于一种协议，WWW 服务是基于＿＿＿＿＿协议。

    A．SMTP　　　　　　B．TELNET　　　　　　C．HTTP　　　　　　D．FTP

9. IP 地址是由一组长度为＿＿＿＿＿的二进制数字组成。

    A．8 位　　　　　　B．16 位　　　　　　C．32 位　　　　　　D．20 位

10. E-mail 地址格式表示正确的是＿＿＿＿＿。

    A．主机地址@用户名　　　　　　B．用户名，用户地址

    C．电子邮箱号，用户密码　　　　　D．用户名@主机域名

1.8　任务 8　了解计算机的发展趋势

【任务描述】

在深入了解计算机之后，刘晓华同学逐渐发现计算机的发展已经非常迅速，很多新的技术层出不穷，这些新技术也越来越多地应用到生活中。例如，人工智能技术、大数据技术、云计算技术等概念，经常出现在各种媒介上。刘晓华很想知道这些概念的真正含义是什么，这些技术和计算机技术有什么关系，这些技术是如何对人们的生活产生影响的。带着这些问题，他要继续学习了。

PPT：任务 8 了解计算机的发展趋势

PPT

【考点分析】

① 了解人工智能技术的概念及其发展历程。

② 了解大数据技术概念及其应用领域。

③ 了解云计算技术的内涵及其特点。

【任务实现】

1.8.1　人工智能技术

微课 1-15 人工智能技术

人工智能（Artificial Intelligence，AI）是一门由计算机科学、控制论、信息论、语言学、神经生理学、心理学、数学、哲学等多种学科相互渗透而发展起来的综合性新学科，主要研究如何用人工的方法和技术，使用各种自动化机器或智能机器（主要指计算机）模仿、延伸和扩展人的智能，实现某些机器思维或脑力劳动自动化。

19 世纪，英国数学家布尔和德·摩尔根提出了"思维定律"，这被认为是人工智能的开端。19 世纪 20 年代，英国科学家巴贝奇设计了第一架"计算机器"，它被认为是计算机硬件，也是人工智能硬件的前身。1956 年，美国学者麦卡锡组织一批对机器智能感兴趣的数学家、信息学家、心理学家、神经生理学家、计算机科学家和专家学者在达特矛斯学院开了一个"夏季讨论班"，在这次活动中首次提出了"人工智能"的概念。之后一段时期虽然出现了一批显著的成果，如机器定理证明、跳棋程序、通用问题求解程序、LISP 表处理语言等，但由于消解法推理能力的有限，以及机器翻译等的失败，人工智能的发展比较缓慢。从 20 世纪 60 年代末到 20 世纪 70 年代，专家系统的出现使人工智能研究出现新高潮，化学质谱分析系统 DENDRAL、疾病诊断和治疗系统 MYCIN、探矿系统 PROSPECTIOR、语音理解系统 Hearsay-II 等专家系统的研究和开发，将人工智能引向了实用化。进入 20 世纪 80 年代后，计算机技术和神经网络技术的飞速发展使人工智能的研究形成一股热潮，更多面向社会生活领域的人工智能技术纷纷出现。例如，商业网站上的语音助理可以协助人们搜索网络和人们购物，购物网站内的人工智能交易引擎可以将一件商品与过去展示的另一件商品进行对比分析以促进销售，在销售和客服电话中的人工智能可以通过实时分析客户的对话来增强与客户的情感联系等。

人工智能应用的优势是巨大的，可以彻底改变任何专业领域。它可以根据收集到的信息进行决策，从而减少人为错误，也可以为人类做危险的事情，还可以有效完成大量重复性工作。

但是，也应该看到它存在的缺陷。首先，人工智能系统还无法超出场景或语境理解行为，虽然在下棋或游戏等有固定规则的范围内不会暴露出这一弱点，但是一旦场景发生变化或这种变化超出一定范围，人工智能可能就立刻无法"思考"；其次，人们无法预测人工智能会做出何种决策，这既是一种优势，也会带来风险，因为系统可能会做出不符合设计者初衷的决策；最后，使用人工智能技术可能会带来未知的安全问题和系统漏洞。

在我国，人工智能技术的研究与应用起步虽然较晚，但是近年来，党中央、国务院高度重视并大力支持发展人工智能，党的二十大报告中提出推动战略性新兴产业融合集群发展，构建新一代信息技术、人工智能等一批新的增长引擎。2017 年 7 月，国务院发布《新一代人工智能发展规划》，将新一代人工智能放在国家战略层面进行部署，描绘了面向 2030 年的我国人工智能发展路线图。据清华大学发布的《中国人工智能发展报告 2018》统计，我国已成为全球人工智能投融资规模最大的国家，我国人工智能企业在人脸识别、语音识别、安防监控、智能音箱、智能家居等人工智能应用领域处于国际前列。根据 2017 年相关文献数据库统计结果，我国在人工智能领域发表的论文数量已居世界第一。因此，我国具有国家政策支持、市场规模扩大、资金投入加大、人力资源增加等多方面的综合优势，人工智能发展前景看好。2017 年发布的《人工智能：助力中国经济增长》报告显示，到 2035 年，人工智能有望推动中国劳动生产率提高 27%。我国发布的《新一代人工智能发展规划》提出，到 2030 年人工智能核心产业规模超过 1 万亿元，带动相关产业规模超过 10 万亿元。

拓展阅读：
智能家居

1.8.2 大数据技术

随着信息技术的不断发展，大数据技术成为继互联网之后又一项对人类生活工作方式产生巨大影响的信息技术。大数据技术的出现，使人们可以较为方便、快速地对当前信息化社会中存在的各种海量数据信息进行分析处理，并且依靠这些数据分析结果来辅助进行各种工作，甚至可以依靠数据分析结果来辅助进行重要事情的决策。

微课 1-16
大数据技术

大数据是指运用传统的一些信息处理工具无法处理的巨量数据，用发展的眼光来看，大数据是一个永远存在的问题。大数据技术一般包括大数据采集、大数据预处理、大数据存储及管理、大数据分析及挖掘、大数据展现和应用等几类。大数据采集是指通过传感器、社交网络交互等方式获得海量目标数据，它是运用大数据技术获取数据中潜在价值的基础。大数据预处理技术是指应用一定的工具对已经采集的大数据进行辨析、抽取、清洗等操作，其目的是为后续大数据分析做准备。大数据存储及管理技术主要是使用专业存储器将收集的数据存储起来，建立相应的数据库，方便后期的数据管理和调取。大数据分析及挖掘技术就是应用相关工具将已经采集处理好的数据进行进一步分析与处理，挖掘出其中隐藏的有价值的信息。大数据展现与应用技术就是人们运用大数据技术将隐藏的各种价值信息挖掘出来，服务于人们的工作和生活，从而提高人们生活的便利性和工作效率。

随着 5G 时代的到来，大数据技术已经逐渐成熟并广泛应用到各个领域。以数据为基础的企业运营已成为企业优化产业结构、提高服务质量的基础，在数据时代，数据量迅速膨胀，数据维度不断提高，数据分析的指导作用更加明显。在电商领域，京东、淘宝等电商平台利用大数据技术，对用户信息进行分析，从而为用户推送感兴趣的产品，刺激消费。政府部门可以通过大数据可以感知社会的发展变化需求，从而更加科学化、精准化、合理化地为市民提供相应的公共服务及配置资源。医疗行业可以通过临床数据对比、实时统计分析、远程病人数据分析、就诊行为分析等，辅助医生进行临床决策，规范诊疗路径，提高医生的工作效率。在安防领域，可以实现视频图像模糊查询、快速检索、精准定位，并能够进一步挖掘出海量视频监控数据背后的价值信息，反馈内涵指示，辅助决策判断。在教育领域，可以通过大数据进行学习分析，为每位学生创设一个量身定做的个性化课程，为学生的多年学习提供一个富有挑战性而非逐渐厌倦的学习计划。

• 1.8.3　云计算技术

　　云计算（Cloud Computing）是当今 IT 界的热门技术，借助云计算，网络服务提供者可以在瞬息之间，处理数以千万计甚至亿计的信息，实现和超级计算机同样强大的效能。同时，用户可以按需弹性地使用这些资源和服务，从而实现将计算作为一种公用设施的梦想。

　　那么，什么是云计算呢？从狭义上讲，"云"就是指网络，云计算就是一种提供资源的网络，用户可以随时获取"云"上的资源，按需求量使用，并且可以看成是无限扩展的，只要按使用量付费即可。从广义上讲，云计算是与信息技术、软件、互联网相关的一种服务，这种计算资源共享池称为"云"，云计算把许多计算资源集合起来，通过软件实现自动化管理，只需要很少人参与，就能让资源被快速提供。也就是说，计算能力作为一种商品，可以在互联网上流通，就像水、电、煤气一样，可以方便地取用，且价格较为低廉。总之，云计算不是一种全新的网络技术，而是一种全新的网络应用概念，云计算的核心概念就是以互联网为中心，在网站上提供快速且安全的云计算服务与数据存储，让每一个使用互联网的用户都可以使用网络上的庞大计算资源与数据中心。

　　云计算技术具有以下特点。

　　① 可靠性较强。云计算技术主要是通过冗余方式进行数据处理服务，在大量计算机机组存在的情况下，会让系统中所出现的错误越来越多，而通过采取冗余方式能够降低错误出现的概率，同时保证数据的可靠性。

　　② 服务性好。云计算本质上是一种数字化服务，同时这种服务较以往的计算机服务更具有便捷性，用户在不清楚云计算具体机制的情况下，就能够得到相应的服务。

　　③ 可用性高。云计算技术具有很高的可用性，在存储和计算能力上，云计算技术相比以往的计算机技术具有更高的服务质量，同时在结点检测上也能做到智能检测，在排除问题的同时不会对系统带来任何影响。

　　④ 费用低。云计算平台的构建费用与超级计算机的构建费用相比要低很多，但是在性能上基本持平，这使得开发成本能够得到极大的节约。

　　⑤ 能提供多样性服务。用户在服务选择上将具有更大的空间，通过缴纳不同的费用来获取不同层次的服务。

　　⑥ 编程便利性。云计算平台能够提供良好的编程模型，用户可以根据自己的需要进行程序制作，这样便为用户提供了巨大的便利，同时也节约了相应的开发资源。

【课后练习】

1. 下列不属于计算机发展新兴技术的是_____。
   A．人工智能技术　　　B．大数据技术　　　C．云计算技术　　　　D．多媒体技术
2. 首次提出了"人工智能"的概念是在_____年。
   A．1946　　　　　　　B．1956　　　　　　C．1966　　　　　　　D．1976
3. 下列选项不属于专家系统的是_____。
   A．DENDRAL 化学质谱分析系统　　　　B．MYCIN 疾病诊断和治疗系统
   C．Hearsay-II 语音理解系统　　　　　　D．Windows 操作系统
4. 下列选项不属于大数据技术的是_____。
   A．大数据采集　　　　　　　　　　　　B．大数据分析与挖掘
   C．大数据预处理　　　　　　　　　　　D．大数据买卖
5. 云计算技术的特点有_____（多选）。
   A．可靠性较强　　　B．服务性好　　　C．可用性高　　　D．不方便编程

第2章　WPS 综合应用基础

WPS Office（简称 WPS）是由金山软件股份有限公司自主研发的一款具有 30 多年历史、具有完全自主知识产权的国产办公软件套装，可以实现办公软件最常用的文字、表格、演示、PDF 阅读等多种功能。同时具有内存占用低、运行速度快、云功能多、强大插件平台支持、免费提供海量在线存储空间及文档模板的优点。

学习目标

WPS Office 个人版对个人用户永久免费，包含 WPS 文字、WPS 表格、WPS 演示三大功能模块，及 PDF 阅读功能。与 Microsoft Office 中的 Word、Excel、PowerPoint 一一对应，应用 XML 数据交换技术，无障碍兼容 DOCX、XLSX、PPTX、PDF 等文件格式，可以直接保存和打开 Microsoft Word、Excel 和 PowerPoint 文件，也可以用 Microsoft Office 轻松编辑 WPS 系列文档。

WPS Office 的设计充分适配了各种操作系统的交互规范和设备的交互习惯，确保用户在不同设备、不同屏幕尺寸、不同操作方式下也能获得一致的文档处理体验。WPS Office 支持桌面和移动办公，WPS 移动版已覆盖 50 多个国家和地区。

WPS Office 在保证功能完整性的同时，依然保持较同类软件体积小，下载安装快速便捷的优点，且拥有大量的精美模板、在线图片素材、在线字体等资源，为用户轻松打造优秀的文档。秉承着跨设备多系统的一站式融合办公理念，WPS Office 中集成了大量适应新时代办公需要的云服务，内部无缝集成的 WPS 云文档服务，为用户提供了跨笔记本电脑和手机等设备的文档同步和备份功能，方便用户在不同的平台和设备中快速访问同一文档。同时，用户还可以追溯同一文档的不同历史版本，以私有、公共等群主模式协同工作、云端同步数据的方式，满足不同协同办公的需求，使团队合作办公更高效、轻松。另外，新增的在线多人文档编辑和会议服务，也是在线远程办公的协作利器。

2020 年 12 月，教育部考试中心宣布 WPS Office 作为全国计算机等级考试（National Computer Rank Examination，NCRE）的二级考试科目之一，于 2021 年在全国实施。

目前，WPS Office 已完整覆盖了桌面和移动两大终端领域，支持 Windows、Linux、Mac OS、Android 和 iOS 操作系统，用户只需通过浏览器访问网站（www.wps.cn），下载并安装相应版本即可。本章将以 Windows 端的 WPS Office 为主要讲解对象。

2.1　任务 9　掌握 WPS 一站式融合办公

【任务描述】

晓华同学是一名刚刚进入大学校园的新生，她通过自己的努力加入学生会，需要经常进行一些文字、表格、演示文稿的制作。老师和学长都建议她使用 WPS Office 办公软件。晓华需要全面了解 WPS 一站式融合办公的基本概念，了解 WPS Office 套件和金山文档的区别和联系，并熟悉界面和文件操作。

PPT：任务 9 掌握 WPS 一站式融合办公

PPT

【考点分析】

① 了解 WPS 一站式融合办公的基本概念。
② 熟悉 WPS 应用界面的使用和功能设置。
③ 能够在 WPS 中进行文档、文档标签和工作窗口的管理。

【任务实现】

2.1.1　WPS 一站式融合办公环境

WPS 一站式融合办公将文字、表格、PDF、脑图等内容合而为一，通过一个软件+一个账号就可以操作所有文档、PPT 等内容。WPS 文档操作入口多元化，可实现多人实时讨论、共同编辑及分享，做到云端协作 Office 与传统 Office 无缝衔接。

WPS 一站式融合办公环境从"WPS 首页"开始。WPS 首页是为用户准备的工作起始页。用户可以从首页开始和延续各类工作任务，如新建文档、访问最近使用过的文档和查看日程等。

WPS 首页分为 6 个主要区域，如图 2.1.1 所示。

图 2.1.1
WPS 首页

- 全局搜索框：提供文档、办公技巧和模板等搜索服务。
- 设置和账号：包括服务中心、皮肤设置、全局设置按钮和个人头像。
- 导航栏：帮助用户快速新建和打开，以及在文档管理和日程管理视图间切换。
- 应用栏：用于放置常用的扩展办公工具和服务入口。
- 文档列表：位于首页中间的是文档列表，帮助快速访问和管理文档。
- 消息中心：消息中心主要用于展示与账号相关的状态变更、协作等消息，以及推送一些办公技巧。

1.　全局搜索框

全局搜索框位于 WPS 首页顶部，如图 2.1.2 所示。利用全局搜索框，可以搜索本地文档、云文档、办公技巧和帮助、模板资源，也可以打开 WPS 云文档分享的网址链接。

图 2.1.2
全局搜索框

在全局搜索框中输入要搜索的关键字后，会打开搜索结果面板，默认显示 WPS 云文档的搜索结果和相关模板。

（1）全文检索

单击搜索面板中的"全文检索"标签页，可以对 WPS 云文档中的文件根据文本内容进行搜索，搜索到的关键词会在结果条目中以高亮显示。

（2）搜索云文档中的文件

搜索云文档中的文件时，首先需要登录 WPS 账号。搜索后会显示账号对应的云文档文件。当鼠标悬停在云文档搜索结果项时，条目最右侧将显示该文档的"历史版本"，单击可查看云文档的历史版本详情。

（3）搜索当前计算机上的文件

单击搜索面板中的"这台电脑"标签页，将切换为搜索当前计算机上的本地文档。

（4）搜索办公技巧和帮助

单击搜索面板中的"Office 技巧"标签页，可以快速找到各类实用 Office 技巧和教程，如图 2.1.3 所示。

图 2.1.3
搜索 Office 技巧

2. 设置和账号

这个区域提供了"服务中心""皮肤""设置菜单"和"账号头像"按钮，如图 2.1.4 所示。

图 2.1.4
设置和账号–登录后

- 服务中心：可以帮助用户查找和解决使用中遇到的问题。
- 皮肤中心：打开皮肤中心窗口，可以切换 WPS 的界面皮肤。
- 设置菜单：可以进入 WPS 的设置中心，启动配置、诊断工具和查看 WPS 的版本号。
- 账号头像：未登录账号时，单击此处会打开 WPS 的账号登录框。登录后，此处显示用户的名称和头像，以及用户的会员状态，单击可打开个人中心进行账号管理。

3. 导航栏

用于执行新建、打开命令和切换首页中部的文档、日历视图，如图 2.1.5 所示。

- 新建：显示新建界面供用户选择要新建的项目。
- 从模板新建：从 WPS 的海量模板中选择一个模板新建文档。
- 打开：调用"打开"对话框。
- 文档：默认激活，在首页中部显示文档列表。
- 日历：单击后，首页中部将切换到日历视图。

图 2.1.5
导航栏

4．应用栏和应用中心

WPS 的应用中心里提供了多种实用办公软件和服务，可以加强 WPS 的各项办公能力，以便更快速、高效地完成特定任务。

（1）应用栏和应用中心的基本界面

WPS 首页左侧下部是应用栏，单击最底部的"应用"按钮即可打开"应用中心"窗口，如图 2.1.6 所示。

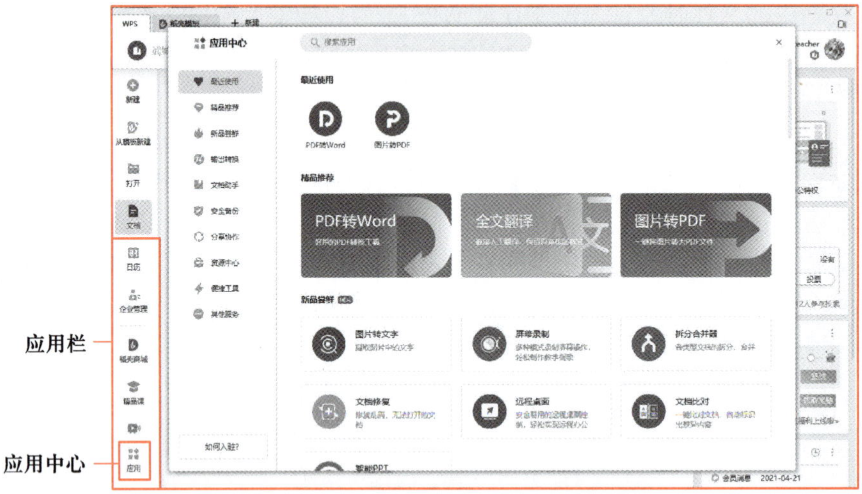

图 2.1.6
应用栏和应用中心

（2）应用中心目前提供的工具软件和服务

- 创作工具：图片设计 H5、流程图、思维导图、智能写诗、屏幕录制等。
- 输出转换：PDF 转 Word、图片转文字、图片转 PDF 等，如图 2.1.7 所示。

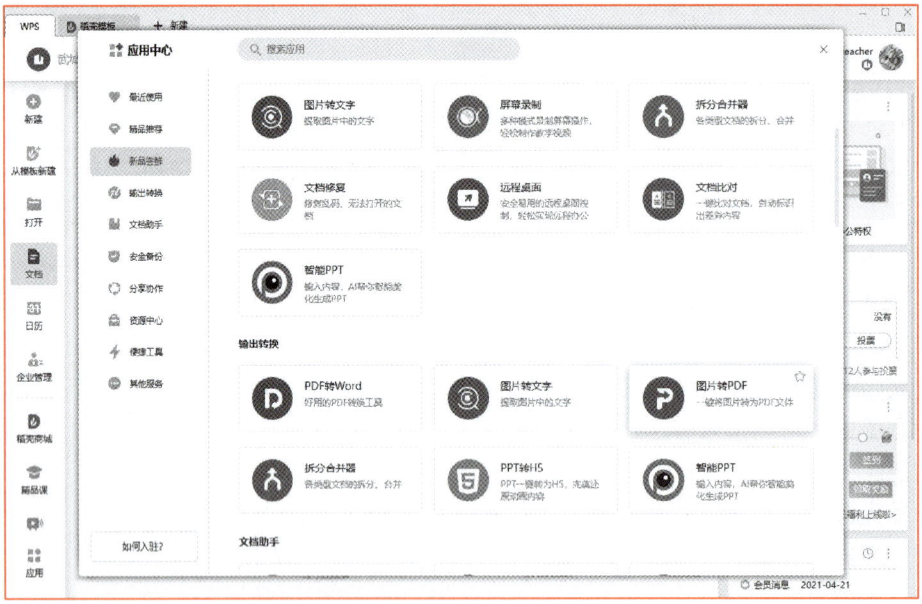

图 2.1.7
应用中心

- 文档助手：全文翻译、论文查重等。
- 安全备份：备份中心、数据恢复、文档恢复等。
- 分享协作：WPS 会议、金山文档、统计表单、WPS+企业等。
- 资源中心：稻壳商城、简历编辑器、WPS 学院、精品课等。

（3）从应用栏添加和移除应用图标

在"应用中心"窗口中，单击某个应用右上方的星号，即可将该应用添加到 WPS 首页左侧的应用栏中。已添加的应用右上角星号会以黄色显示，再次单击即可从应用栏中移除此应用。

5. 文档列表

在 WPS 启动后，首页中部默认显示的是文档列表，可以由此快速打开和管理文档。

6. 消息中心

消息中心用于显示账号相关的状态变更信息和协作消息，同时推送一些办公相关的技巧和资讯。通过消息中心的设置菜单，可以刷新消息列表和设置要接收的信息类型。通过每个卡片右上角的设置菜单，可以选择是否继续接收此类卡片推送。

2.1.2 在 WPS 中新建、访问和管理文档

1. 新建文档

WPS 提供了多个新建文档的入口，如图 2.1.8 所示。

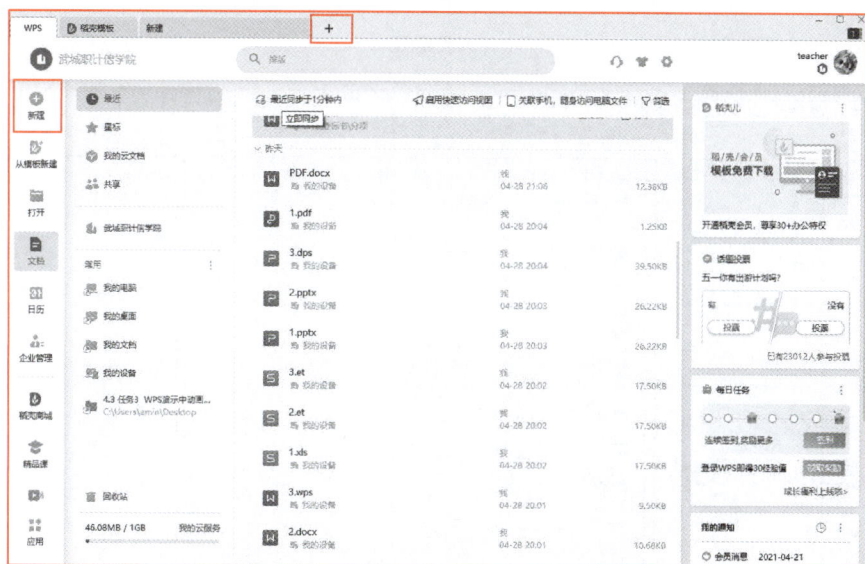

微课 2-2
在 WPS 中
新建、访问和
管理文档

图 2.1.8
新建入口

- 顶部标签栏的 + 按钮。
- WPS 首页左侧导航栏的"新建"按钮。

单击"新建"按钮后，进入新建界面。WPS 的新建界面以标签页的形式，可以创建多种办公文档类型，其结构如图 2.1.9 所示。

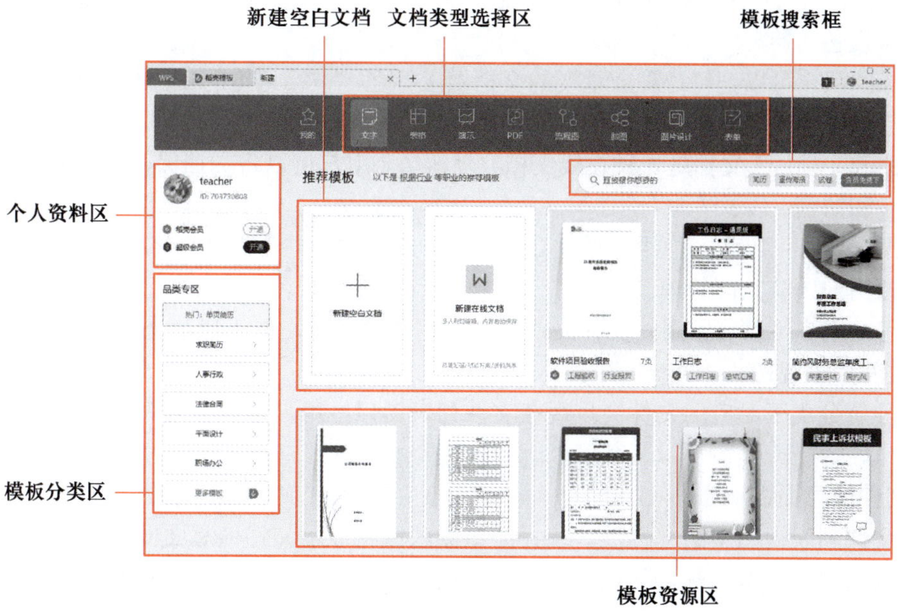

新建空白文档　文档类型选择区　　　　模板搜索框

个人资料区

模板分类区

模板资源区

图 2.1.9
新建界面

- 文档类型选择区。单击可创建文字、表格、演示、PDF、流程图、脑图等多种格式的文档。
- 新建空白文档。单击此按钮即可新建所选格式的空白文档。
- 模板资源区。可以选择一个模板创建文档，提高工作效率。
- 模板搜索框。可通过此搜索框快速查找想要的模板。
- 模板分类区。用户可以按分类，浏览、查找所需的模板。

2. 访问文档

WPS 首页的文档列表区域提供了多个文档访问入口，其基本操作与 Windows 系统中的资源管理器类似，但增加了更多的辅助功能。

（1）首页文档列表区的基本结构

单击 WPS 首页左侧文档标签可以进入文档列表区。文档列表区分为文件导航栏和文件列表视图两大区域，如图 2.1.10 所示。在选定了文件时，还会展示对应的文件信息面板。

文件导航栏　　　　　文件列表视图　　　　　文件信息面板

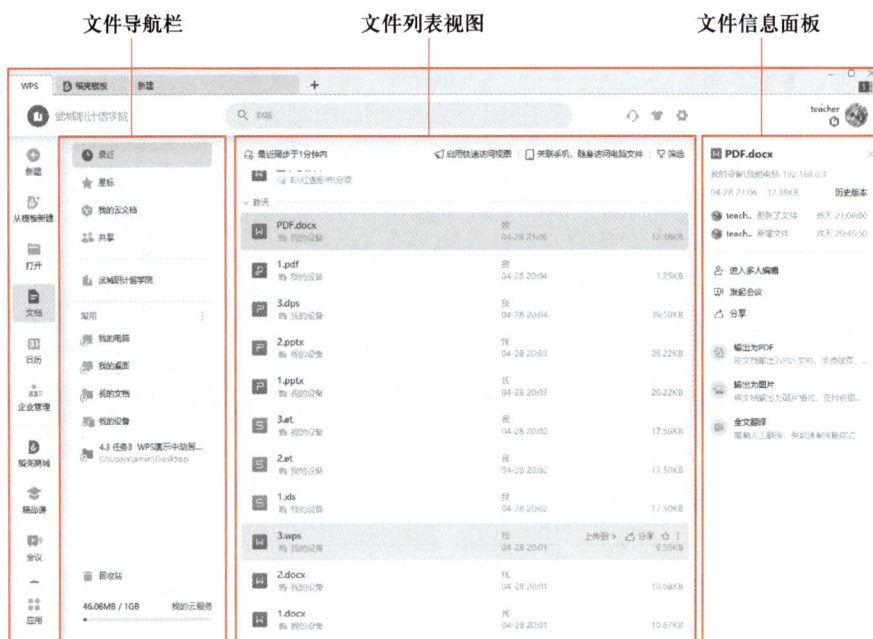

图 2.1.10
文档列表区

1）文件导航栏

- 最近：显示用户最近打开过的文档。在登录账号并启用文档云同步后，最近列表中的文档可跨设备访问。
- 星标：用户可以把待处理或重要的文档做上标记，被标记过的文档会归纳到星标列表中，便于快速查找和访问。
- 我的云文档：云文档是一种在线文档存储服务，用户可以将文档保存在云端，便于跨设备同步和访问。
- 共享：用户可以和其他用户通过云文档来分享文件，共享的文档将会显示在共享列表中，方便用户团队共同管理。
- 常用：用户可以将常用的文件夹或团队固定到此区域，便于快速进入。

2）文件列表视图

不同导航分类下对应的文件会呈现在文件列表窗口，用户可以在列表视图中进行各类常规的文档操作。

3）文件信息面板

选定文件列表视图中的文档后，在界面右侧区域将显示文件信息面板。用户可以通过此面板快速查询文档的完整名称、路径、大小、历史版本（仅限云文档）等基本属性，还可以快速执行发起协作、分享和移动等操作。

（2）最近

打开 WPS 首页-文档时，文档列表区域默认展示的便是最近列表，如图 2.1.11 所示。

用户可直接从最近列表找到打开过的文档，快速延续上次未完成的文档处理工作。在开启文档云同步后，可在所有登录了同一账号的设备上无缝同步和访问打开过的文档。

最近列表中访问过的文件会以访问时间倒序排列在列表中，并按日期分组。

最近列表提供多种筛选方式来帮助检索文档，如按文档类型和按设备筛选。

最近列表的访问记录与用户账号相关，退出账号后其他人不可查看和访问。用户也可通过右键快捷菜单手动删除特定文档，以确保个人隐私不被泄露。

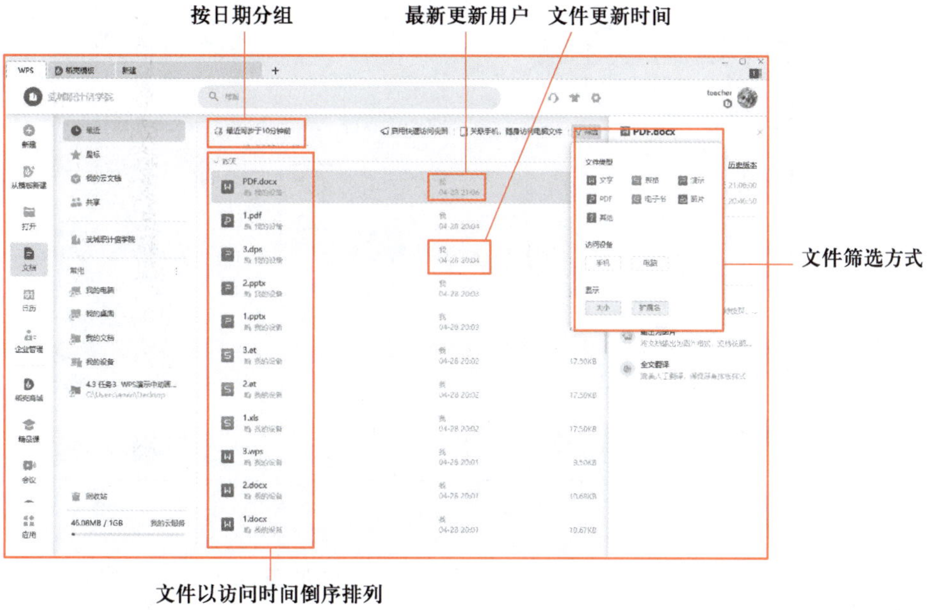

图 2.1.11
最近列表的主要功能

（3）快速访问

快速访问允许用户将常用的文档置顶显示，提高频繁使用文件的检索效率，如图 2.1.12 所示。

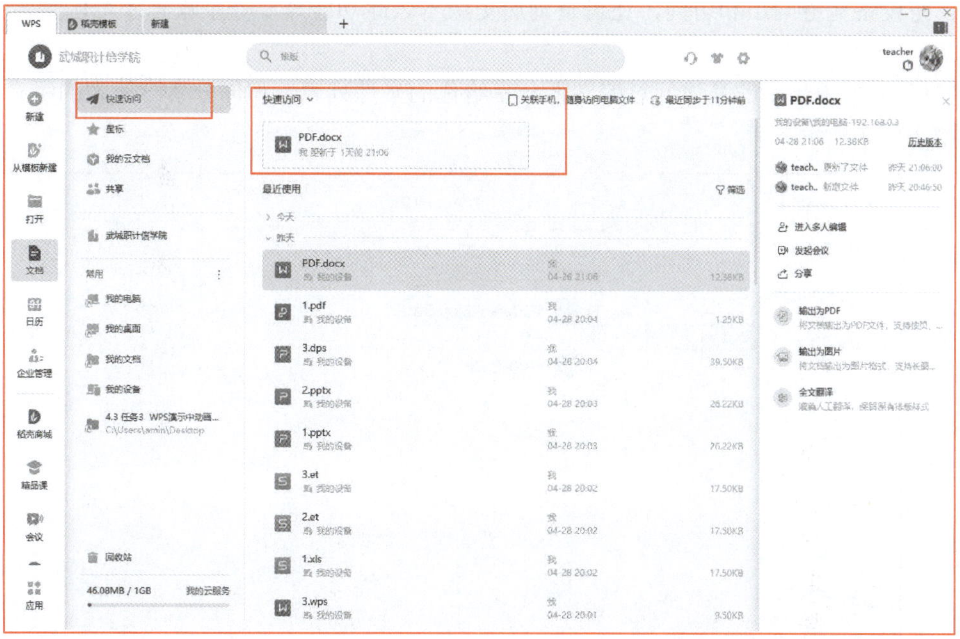

图 2.1.12
快速访问列表视图

用户可将常用文件添加到快速访问中，文件会固定在最近列表顶部，打开 WPS 首页时默认可见。目前可将包括云文档、文件夹、共享文件夹和网址在内的多种内容添加到快速访问中，添加到快速访问的文件内容可在多个设备之间同步。

单击最近列表顶部右侧的"快速访问"按钮，确认后即可从最近列表切换到快速访问。单击还原选项，便可从快速访问还原到最近列表。

在 WPS 首页的任意文件列表视图中右击已保存到 WPS 云文档的文档或文件夹，在弹出的快捷菜单中选择"添加到'快速访问'"命令，如图 2.1.13 所示，可以添加内容到快速访问。选择"添加网址或云文档链接"选项，在打开的对话框中输入链接与名称，再单击"添加"按钮即可添加网址到快速访问。

图 2.1.13
添加到"快速访问"

（4）星标

单击文件导航栏的"星标"，即可进入"星标列表"，在此视图中会展示出云文档中所有添加过星标的文件和文件夹。

（5）我的云文档

"我的云文档"是 WPS 云文档服务在 WPS 首页中的访问入口。用户可以将文档保存和备份在其中，跨设备无缝同步和访问，还可查询历史版本。此功能需要登录账号才可使用。

（6）共享

"共享"列表中显示的是访问过的别人分享给你的文件列表，和你分享给他人的所有文件列表，如图 2.1.14 所示。

图 2.1.14
共享列表

（7）常用

"常用"区域用于放置常用的文件位置，快速定位和访问其中的内容。在登录账号后，还可跨设备同步云文档中的位置，如图 2.1.15 所示。

图 2.1.15
常用位置

可以通过"常用"右侧的菜单，增删"我的电脑""我的桌面""我的文档"等本地文件夹或其他自定义位置，以及 WPS 云文档"我的设备"文件夹，将特定位置添加到"常用"区域，如图 2.1.16 所示。

还可以在文档列表中，右击本地计算机和云文档中的文件夹，在弹出的快捷菜单中选择"固定到'常用'"命令，将特定位置添加到"常用"区域，如图 2.1.17 所示。

图 2.1.16
添加特殊位置
和自定义位置

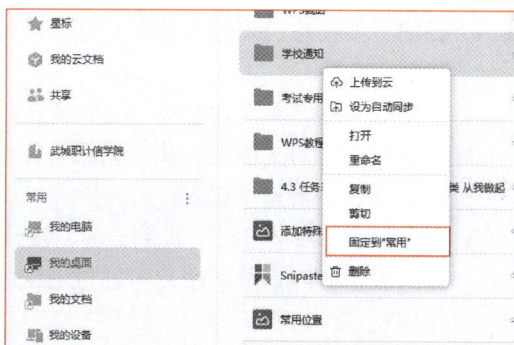

图 2.1.17
将文件夹固定
到常用位置

要移除"常用"区域中的条目，只需右击该条目，在弹出的快捷菜单中选择"移除"命令即可，如图 2.1.18 所示。

3. 管理文档

WPS 首页的文档列表支持大部分的常规文件管理操作，操作方式与系统资源管理器相似，如常用的 Ctrl+C、Ctrl+V 组合键复制、粘贴操作，单击文件名以重命名文件等。

（1）快捷操作按钮

在任意文档列表中，将光标悬停到文件（文件夹）条目上时，在该文件（文件夹）的右侧会出现如图 2.1.19 所示的快捷操作按钮。

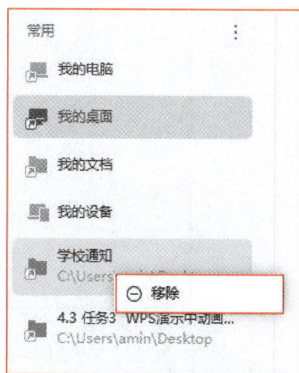

图 2.1.18
从常用位置
移除

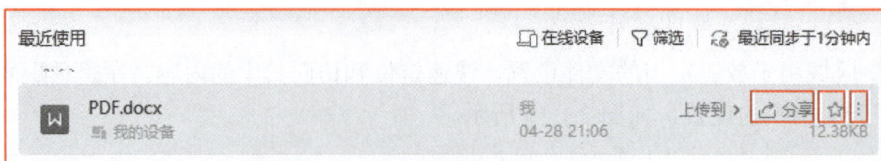

图 2.1.19
文档管理快捷操作按钮

- 分享：单击后将弹出分享弹窗，用户快速发起文件共享。
- 星标：点亮星标后，可为对应文件或文件夹添加星标。添加星标后的项目将在"星标"界面中展示。再次单击已点亮的星标，可以将该文件或文件夹从"星标"列表中移除。
- "…"按钮：单击后将展开该项目的右键快捷菜单。

（2）文件和文件夹的右键快捷菜单

在任意文档列表中，右击文件或文件夹上，即可弹出如图 2.1.20 和图 2.1.21 所示的右键快捷菜单。用户可通过选择菜单上的命令执行所需的操作。

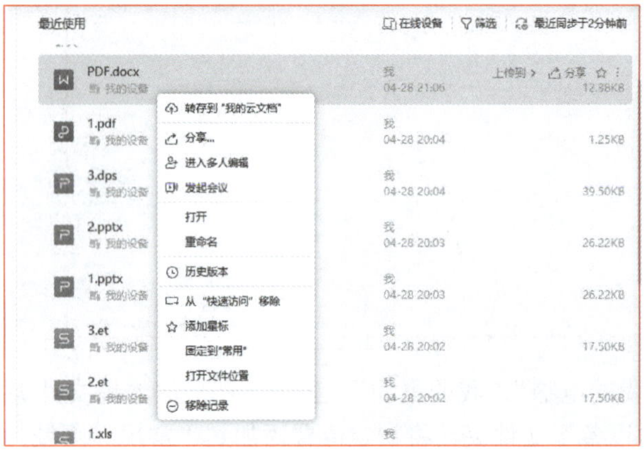

图 2.1.20
文件右键
快捷菜单 1

图 2.1.21
文件夹右键
快捷菜单 2

对于不同类型的条目和不同的列表，可用的菜单项会略有不同。

（3）文件信息面板

在任意文档列表选中文件或文件夹后，会在视图最右侧展示对应的信息面板。该面板中提供了文件的主要信息历史版本信息（仅限云文档）、常用操作命令和可用的特色功能，如图 2.1.22 所示。

- 文件信息：展示文件名称与文件所在位置的路径。
- 共享状态：当文件处于共享状态时才会展示对应共享信息，用户可通过右侧按钮退出/取消共享、编辑共享权限。
- 历史版本：当文件已上传到云时，将开启历史版本功能，记录用户每次的改动，并展示最新的版本修改记录。用户可通过右侧按钮查看更多版本，并对历史版本进行更多操作。

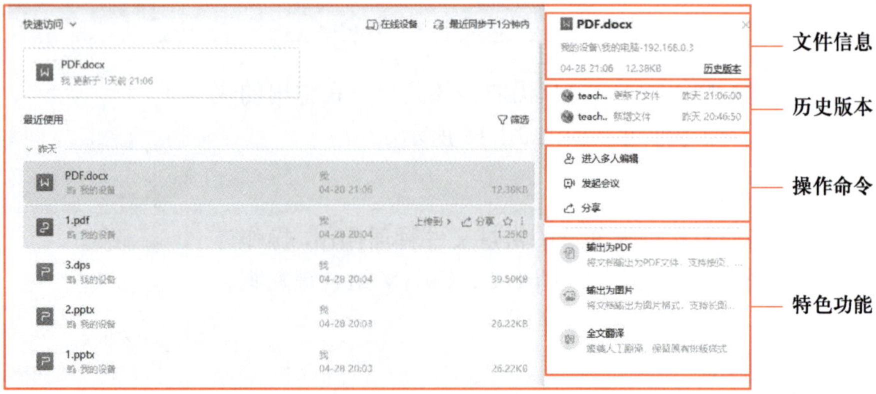

图 2.1.22
文件信息面板

- 操作命令：放置一些常用的操作命令，如多人编辑、发起会议、分享等。

● 特色功能：针对不同的文件类型展示不同的特色应用，如将文件输出为 PDF/图片、拆分/合并文件、文档瘦身、PDF 转 Word/Excel 等。

2.1.3 WPS 的文档标签和工作窗口管理

1. 用标签管理打开的文档

（1）标签

文档标签是 WPS 特有的文档管理方式，所有文档都默认以标签形式打开，WPS 的文档标签在 WPS 界面上方的文档标签栏中显示，如图 2.1.23 所示。

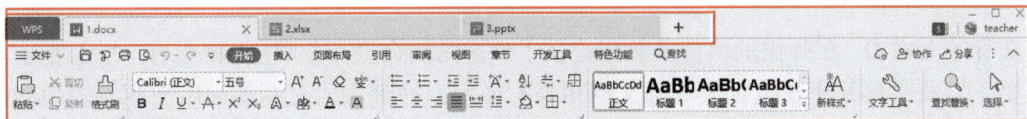

微课 2-3
WPS 的文档
标签和工作
窗口管理

图 2.1.23
WPS 的标签栏

使用文档标签，可以将文档以标签形式打开，可以在一个窗口内快速切换而不需要在任务栏中寻找对应文档；同时也方便文档归类放置，可以通过调整位置或放入若干窗口的方式，将相关的文档标签放在一起，方便管理和切换。

（2）标签的基本操作

① 切换标签：目前 WPS 支持 3 种切换文档标签的方法。

● 直接单击 WPS 标签栏的对应标签进行切换。

● 通过 Ctrl+Tab 组合键快捷切换。其中，单次触发（只按一次组合键）可以在最近的两个标签间切换，连续触发（按住组合键不放）可以在当前窗口所有标签间轮流切换。

● 通过系统任务栏按钮悬停时展开的缩略图进行切换。

② 关闭标签。

● 单击标签右侧的"关闭"按钮。

● 右击标签，在弹出的快捷菜单中选择"关闭"命令，效果与直接单击标签上的"关闭"按钮相同。

③ 移动标签位置。

在标签上按住鼠标左键并左右移动，可拖动调整文档标签的位置。

（3）固定文档标签

重要文档可以通过右键快捷菜单中的"固定标签"命令固定在标签栏左侧，如图 2.1.24 所示。被固定的标签不会显示"关闭"按钮，可避免因不小心误操作而关闭，如图 2.1.25 所示。

图 2.1.24
固定标签

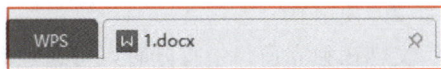

图 2.1.25
固定后的标签

（4）标签信息面板

光标在文档标签上停留片刻，便会显示该标签的信息面板，如图 2.1.26 所示。通过标签信息面板可以快速检视文档名称、存放路径、更新状态和时间等文档的基本信息。

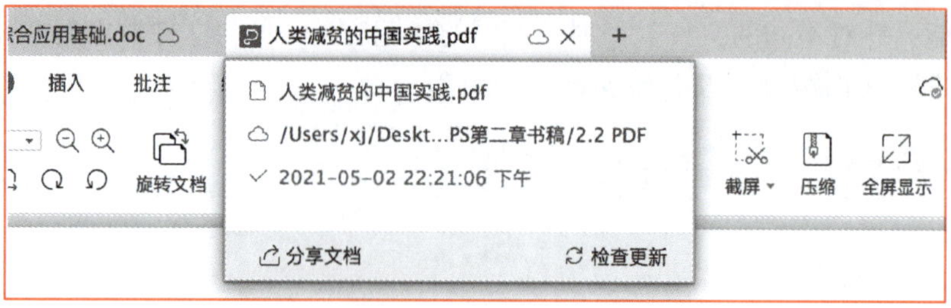

图 2.1.26
标签信息面板

在标签信息面板中还可以对相应文档进行快速操作，如打开文档所在位置、查看云文档的历史版本、分享文档、检查云文档是否有更新等。

（5）标签右键菜单

在标签上右击，在弹出的快捷菜单中提供了许多常用命令，主要包括"保存""另存为""分享文档"以及"打开所在位置"等与文档相关的命令，底部为所有标签通用的标签控制命令，如图 2.1.27 所示。

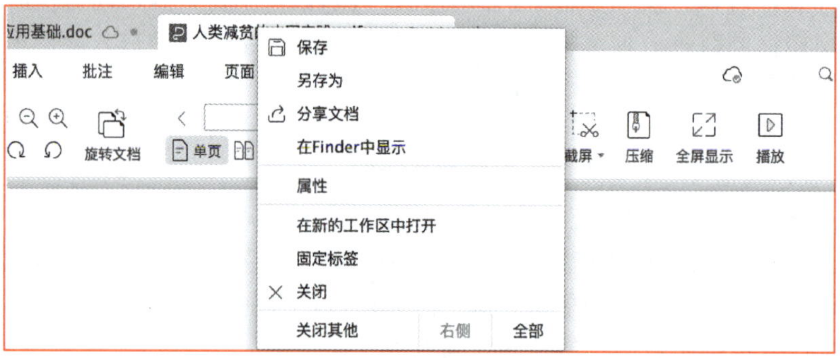

图 2.1.27
标签右键快捷菜单

2. 在标签和独立窗口间切换

在 WPS 用户中可以将一个标签转换为独立窗口的形式显示，以方便在部分场景中使用。

（1）从标签切换到独立窗口

在文档标签上右击，在弹出的快捷菜单中选择"作为独立窗口显示"命令，即可将该标签变为独立窗口显示，如图 2.1.28 所示。

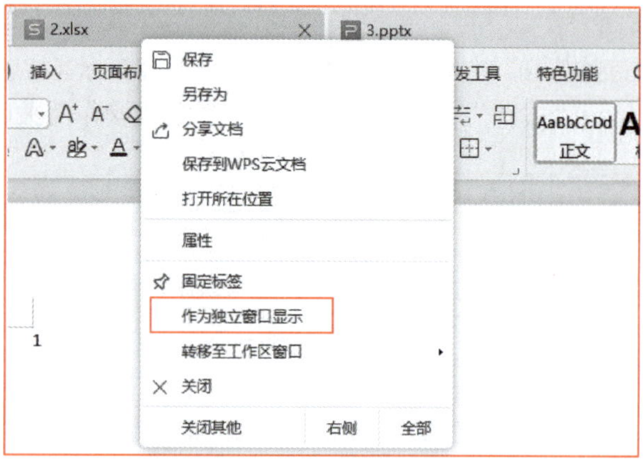

图 2.1.28
从标签切换到独立窗口

（2）使用独立窗口

文档在独立窗口中打开时，可通过右上角按钮进行"文档信息""窗口置顶"以及"切换回标签显示"等操作，如图 2.1.29 所示。

- 窗口置顶：将独立窗口固定在所有窗口之前。
- 切换回标签显示：单击按钮，即可将该文档切回工作区窗口中显示。

文档信息　　切换回标签显示

窗口置顶

图 2.1.29
独立窗口操作位置

3. 使用工作窗口组织和管理标签

（1）工作窗口

WPS 的每个窗口都有独立的标签列表，是一个独立的工作环境，称之为工作窗口。

当打开文档标签太多时，用户可以用工作窗口来管理它们。例如，把从属于同一任务的文档标签放在一个窗口中，避免其他不相关文档的干扰。

（2）创建工作窗口

在首次启动 WPS 时，会自动生成一个默认工作窗口。通过以下操作，可以创建更多的工作窗口。

- 使用右键快捷菜单中的"转移至工作区窗口"命令：在想要移动的标签上右击，在弹出的快捷菜单中选择"转移至工作区窗口"→"新工作区窗口"命令或其中列出的任意一个已有工作窗口，如图 2.1.30 所示。
- 拖动标签创建工作窗口：利用鼠标左键按住已打开的文档标签，然后向标签栏下方拖曳，即可将该标签从原工作窗口拆分，生成一个新的工作窗口。

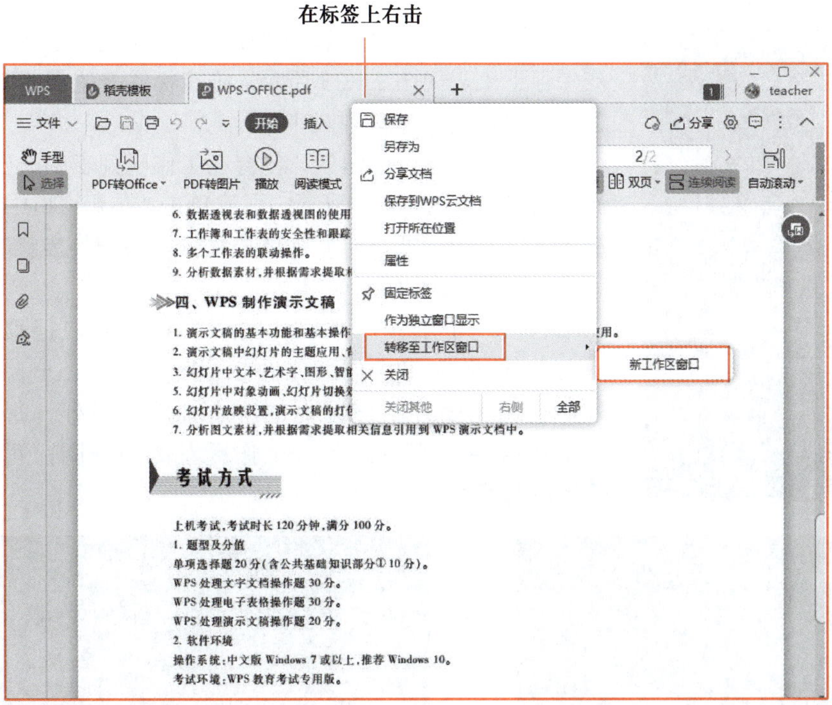

在标签上右击

图 2.1.30
转移至工作区窗口

（3）使用工作窗口

1）在工作窗口之间移动文档标签

利用鼠标左键按住需要移动的文档标签，然后拖曳到目标工作窗口的标签栏中再松开鼠标，即可将文档标签移动到其他工作区窗口。

2）切换工作窗口

已经打开的工作窗口，会在系统任务栏中显示独立的按钮，单击即可切换，如图 2.1.31 所示。也可以单击标签栏右侧的工作区按钮，在出现的工作区和标签列表面板中进行切换。

图 2.1.31
在系统任务栏
切换工作窗口

另外，在工作区和标签列表面板中，单击右侧标签列表中的缩略图，即可切换到对应的标签，如图 2.1.32 所示。

工作区列表

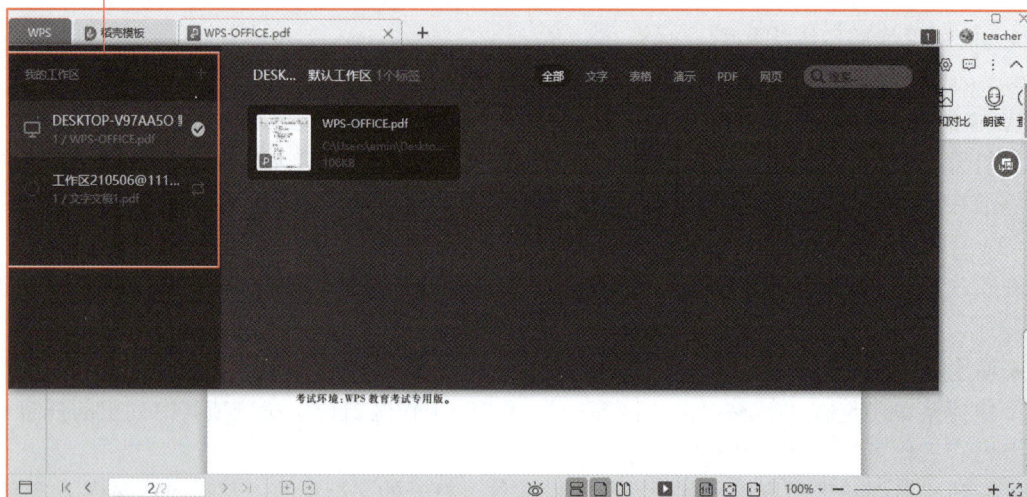

图 2.1.32
工作区和标签
列表面板

创建工作区按钮

图 2.1.33
创建工作区
按钮

3）新建工作区

只有通过工作区列表的"新建"按钮主动创建的工作区才会被保存下来，如图 2.1.33 所示。拖曳标签产生的临时工作窗口不会自动保存到工作区列表中。

单击"新建"按钮后，便会在工作区列表中产生一个新的工作区条目，如图 2.1.34 所示。再次单击"在新窗口中打开工作区"按钮，以窗口形式显示新建的工作区，方便拖曳标签。

4）管理工作区

右击一个工作区条目，可以通过右键快捷菜单进行"重命名""删除"等操作，如图 2.1.35 所示。在删除工作区的同时，也会关闭该工作区内的所有标签。另外，每个设备的默认工作区不可删除。单击工作区左侧的圆圈，可更改工作区的图标颜色。

图 2.1.34
新建工作区条目示例

图 2.1.35
管理工作区示例

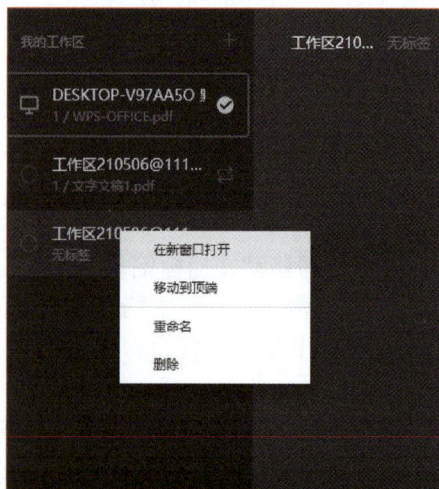

【课后练习】

1. WPS Office 支持的操作系统包括_____。
   A. Windows   B. MacOS   C. Android   D. 以上都可以

2. 首页的快速访问可以添加的内容是_____。
   A. 云文档   B. 云文件夹   C. 网址   D. 以上都是

3. 首页文档访问界面的常用位置中，默认提供的位置有_____。
   A. 我的桌面   B. 我的设备   C. 计算机   D. 以上都是

文本：
参考答案

4. 在首页的文档列表中，快速了解某文件的详细信息的方法是_____。
   A. 单击该文件，即可在右侧文件信息面板中查看
   B. 右击该文件，在弹出的快捷菜单中选择"打开文件位置"命令进行查看
   C. 右击该文件，在弹出的快捷菜单中选择"分享"命令进行查看
   D. 必须双击打开文件才能查看

5. 关于首页的全局搜索功能，下列叙述不正确的是_____。
   A. 支持搜索本地文档、云文档
   B. 支持搜索办公技巧
   C. 不支持打开 WPS 云文档分享的网址链接
   D. 支持搜索帮助、模板资源

6. 下列对首页的应用栏或应用中心的描述中，正确的是_____。
   A. 应用中心为忙碌工作的用户提供了休闲游戏
   B. 在首页左侧应用栏预设的应用不支持用户移除
   C. 用户通过点亮应用中心的星标即可将该应用添加到应用栏
   D. 以上都是

7. WPS 的文件信息面板可以展示的信息是_____。
   A. 共享状态   B. 历史版本   C. 修改命令   D. 以上都是

8. 要在 WPS 中新建文档，可以使用的方法是_____。
   A. 单机首页左侧导航栏，选择"新建"命令
   B. 单击顶部标签栏的+按钮
   C. 登录后，在"我的云文档"列表中右击，在弹出的快捷菜单中选择"新建文档"命令
   D. 以上都是

9. 当标签栏打开了许多文档标签，下列操作不能切换文档标签的是_____。
   A. 单击标签栏的标签切换
   B. 按 Ctrl+Tab 组合键切换
   C. 单击窗口的状态栏进行切换
   D. 通过系统任务栏悬停时展开的缩略图进行切换

10. 下列不属于独立窗口特性的是_____。
    A. 支持同时打开多个标签   B. 置顶窗口
    C. 切换回标签显示   D. 标签栏空间小

2.2 任务 10 掌握 PDF 文件的应用

【任务描述】

PPT：任务 10
掌握 PDF 文
件的应用

　　晓华同学加入了学生会学习部。一天，她收到学习部长发来的 PDF 文件，部长告诉她，PDF 文件广泛用于内部资料存档和公文外发等场景，希望她能尽快掌握 PDF 文件的创建、阅读、编辑、加密、格式转换等基本操作。

PPT

【考点分析】

① 掌握在 WPS 中创建和查看 PDF 文件。
② 能够对 PDF 文件进行拆分、合并、页面调整等编辑操作。
③ 了解 PDF 文件和 Office 格式文件的转换，能够输出 PDF 文件。

【任务实现】

2.2.1　用 WPS 打开和创建 PDF 文件

微课 2-4
用 WPS 打开
和创建 PDF
文件

对于办公来说，PDF 文件的制作和编辑是发公文经常会使用的功能。

PDF（Portable Document Format，可携带文档格式）是 Adobe Systems 用于与应用程序、操作系统、硬件无关的方式进行文件交换所发展出的文件格式。PDF 文件具备跨系统、跨平台显示的一致性，不会出现段落错乱、文字乱码等排版问题，同时文件本身可以嵌入字体，避免了设备中没有对应字体而导致文字显示差异的问题。PDF 文件会真实地再现原稿中每一个字符、颜色以及图像，显示一致性的优势在印刷行业体现得尤为突出。

PDF 文件基础内容由文字、图片、矢量图组成，扩展内容包含批注、水印、电子签名、表单、书签、超链接、多媒体等。

PDF 文件由于要保持显示的一致性，在文件外发过程中需要具备不易修改的特性，因此，修改 PDF 内容需要较高成本。PDF 文件还广泛用于内部资料存档和公文外发等，文件安全性也至关重要。PDF 文件支持 3 种保护形式，即文档打开密码、文档权限密码、电子签名，可以有效防止文档被随意扩散、篡改。

基于显示的一致性、不易修改、安全性等特征，PDF 文件格式已成为目前主要流行的文件格式之一。

1.　打开 PDF 文件

WPS 内置 PDF 组件（下文简称 WPS PDF），支持 PDF 文件的阅读及编辑能力。WPS 中可以通过 3 种方式打开 PDF 文件具体为通过单击 WPS 首页"打开"按钮打开 PDF 文件；通过 WPS 首页的文件夹浏览界面打开 PDF 文件；设置文件关联，打开 PDF 文件。

① 通过单击 WPS 首页"打开"按钮打开 PDF 文件。单击"打开"按钮，在文件目录中选择 PDF 文件并打开，如图 2.2.1 所示。

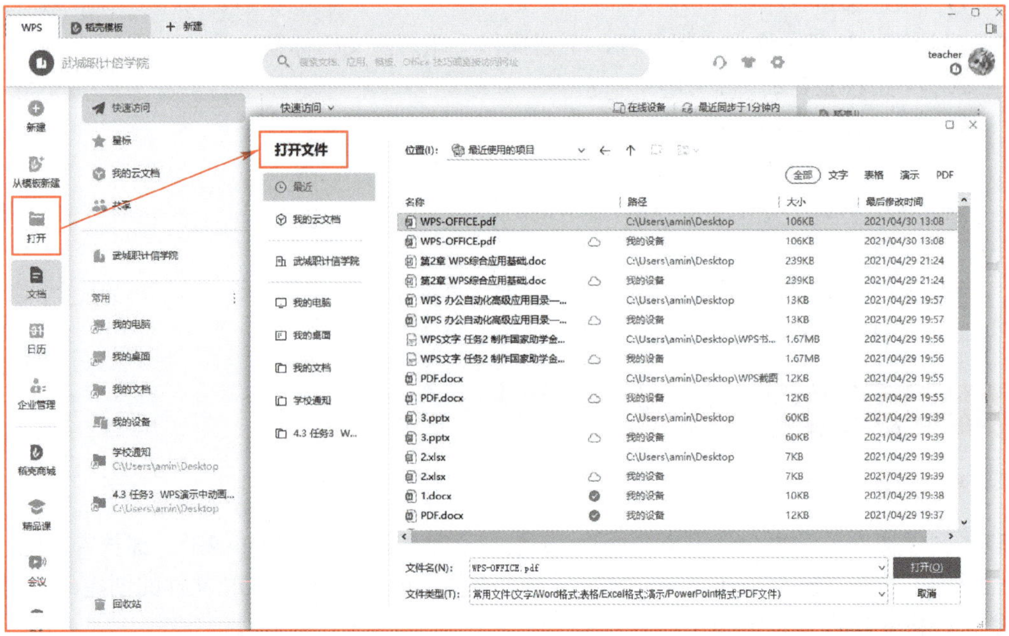

图 2.2.1
首页打开文件

② 通过 WPS 首页的文件夹浏览界面打开 PDF 文件。在"常用"文件夹区域选择 PDF 文件所在的根目录，在目录展示区域按目录层级逐级定位 PDF 文件所在的目录，选择将要打开的 PDF 文件，在文件上双击即可打开。

③ 设置文件关联，打开 PDF 文件。

文件关联是指操作系统为各种文件格式寻找默认的应用程序，并与之相关联。在系统文件夹中双击文件，系统会自动寻找与该格式关联的程序并打开该文件。WPS 安装时，默认将系统中 PDF 文件格式的关联设置为 WPS。这样，在系统文件夹中，双击 PDF 文件就会自动用 WPS 打开，如果不是用 WPS 自动打开，那就可能没有关联到 WPS Office。如图 2.2.2 所示，确认 PDF 文件是否关联到 WPS Office 的步骤如下。

图 2.2.2
设置 PDF 文件
关联到 WPS Office

步骤 1：在系统文件夹中，右击选中的任意 PDF 文件。

步骤 2：在弹出的快捷菜单中选择"属性(R)"命令，打开文件属性对话框。

步骤 3：在文件属性对话框中找到"打开方式"选项，如果打开方式显示为 WPS Office，表示当前 PDF 文件已经关联到 WPS，下面的步骤就可以不执行。如果不是，则单击"更改"按钮，打开"打开方式"对话框更改关联。

步骤 4：在"打开方式"对话框中找到 WPS Office 选项并选中。

步骤 5：单击"确认"按钮，设置 PDF 文件关联到 WPS Office。

2. 创建 PDF 文件

WPS 提供 4 种方式创建 PDF 文件，分别为新建空白页文件、从扫描仪新建、从 Office 格式新建 PDF 文件和从图片新建 PDF 文件。如图 2.2.3 所示，有两个新建页入口，即左侧栏的"新建"按钮和顶部栏的+按钮，单击任意一个功能入口即可进入新建页。

进入新建页后，可以看到"新建空白页""从扫描仪新建""从文件新建 PDF"和"图片转 PDF"4 个新建 PDF 文件功能入口，如图 2.2.4 所示。

新建PDF文件入口　　　　　新建PDF文件入口

图 2.2.3
PDF 新建页功能入口

图 2.2.4
PDF 文件新建
的 4 种方式

图 2.2.5
新建空白页
对话框

（1）新建空白页

单击"新建空白页"按钮，会弹出新建空白页对话框，如图 2.2.5 所示。单击"新建 PDF 文档"按钮，即可创建包含一个 A4 大小页面（默认）的 PDF 文件，如图 2.2.6 所示。

新建空白页的 PDF 文件，页面上没有任何内容，用户可以在页面上进行添加批注、文字、图片等操作。单击"保存"按钮或者按 Ctrl+S 组合键即可将新建的 PDF 文件存储到本地。

PDF 文件的创建大多是由 Office 格式导出而创建的。WPS 支持文字、表格、显示文档的编辑能力，所以在新建空白页对话框中也提供了新建文字文档、表格文档、演示文档 3 种常用 Office 文档格式的新建。

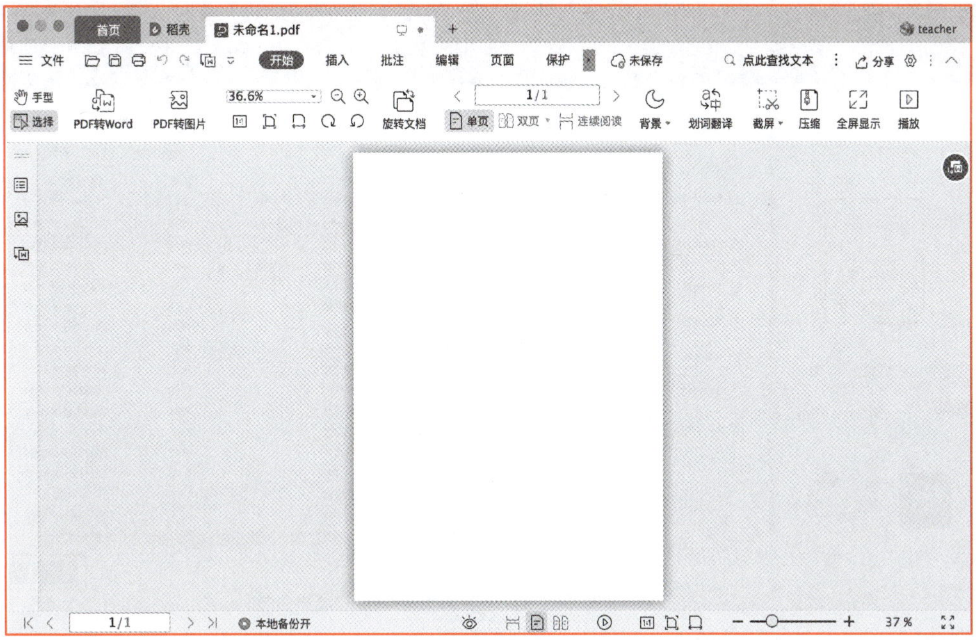

图 2.2.6
新建的 PDF 文件

（2）从扫描仪新建

WPS 支持从扫描仪新建 PDF，根据扫描仪配置生成相应页面尺寸的 PDF 文件，此类文档的特点是页面内容全部为图片，故也被称为 PDF 扫描件。单击"从扫描仪新建"按钮，弹出"扫描设置"对话框，如果计算机已经连接扫描仪，那么会在扫描仪列表中列出当前计算机所连接的扫描仪，如图 2.2.7 所示。选择需要启动的扫描仪，单击"确定"按钮，开启相应的扫描仪，开始扫描并创建 PDF 文件。

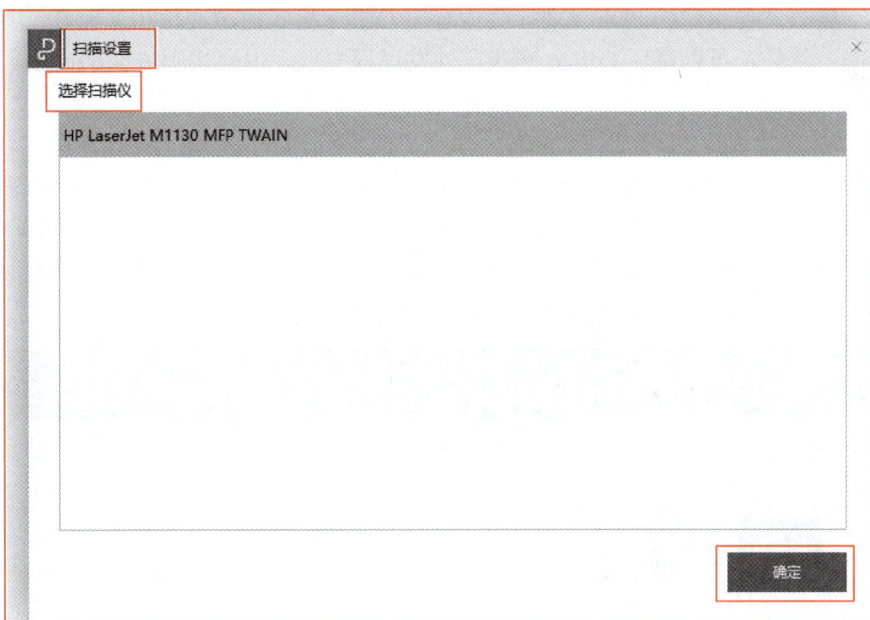

图 2.2.7
扫描仪新建列表

从扫描仪新建的 PDF 文件，页面内容只包含从扫描仪扫描得到的图片内容。对于文件中只包含图片内容的 PDF 文件，一般统称为 PDF 扫描件。

（3）从文件新建 PDF

WPS 自带 Office 格式文件转换为 PDF 文件的功能。单击"从文件新建 PDF"按钮，会弹出"打开文件"对话框。在"文件类型"下拉列表框中，可以选择 Word、Excel、PowerPoint 等多种格式，如图 2.2.8 所示。具体的操作步骤如下。

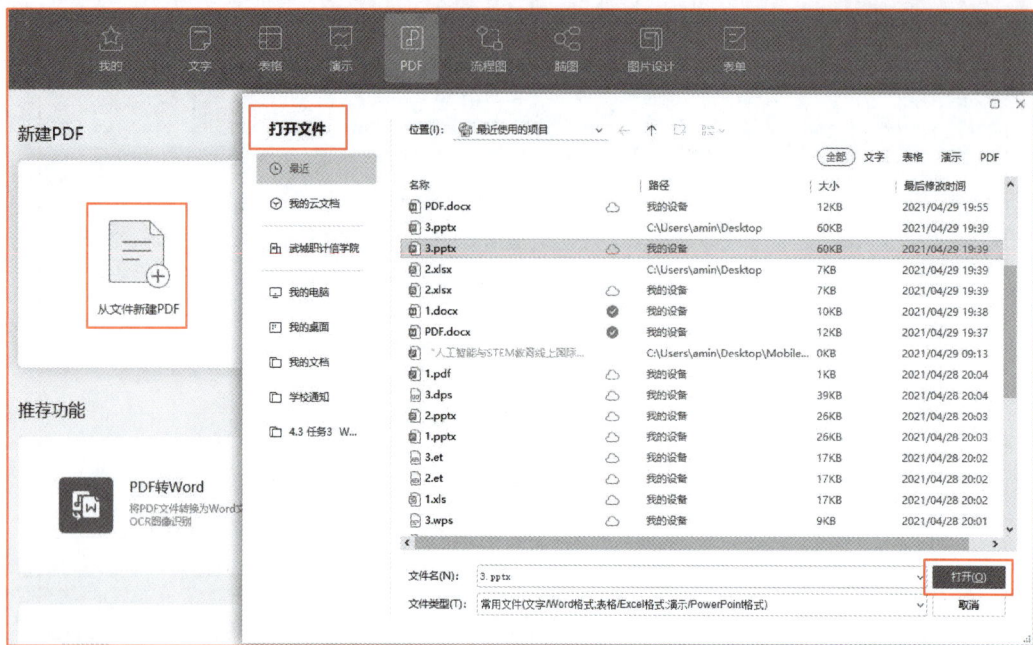

图 2.2.8
从文件新建 PDF

步骤 1：选择文件格式。默认选择所有常用 Office 格式，如果仅需要选择 Word、Excel、PowerPoint 格式中某一类型文件，则可以在下拉列表框中选择对应的文件类型，之后文件选择框中只会显示对应文件格式的文件列表。

步骤 2：找到并选择需要转换为 PDF 文件的源文件所在目录，选中该文件。

步骤 3：单击"打开"按钮，WPS 开始将选中的源文件生成对应的 PDF 文件，并打开 PDF 文件。

从 Office 格式文件新建的 PDF 文件，其内容与 Office 格式的源文件相差无几，由于 PDF 文件具有显示的一致性，可以避免 Office 格式在外发过程中出现内容排版方面的问题。

（4）图片转 PDF

WPS 提供从图片新建 PDF 文件的功能。单击"图片转 PDF"按钮，弹出"图片转 PDF"对话框，如图 2.2.9 所示，在对话框中间的图片操作区域中，可以单击添加图片或将图片拖曳到此区域，支持 PNG、JPG、JPEG、BMP、GIF、TIFF、TIF 等图片格式。在添加一张或多张图片后，"图片转 PDF"对话框界面会进入"图片转 PDF"转换界面。在界面中间的图片操作区域中设置要转换成 PDF 文件的图片集合，再根据需求进行相应的设置。

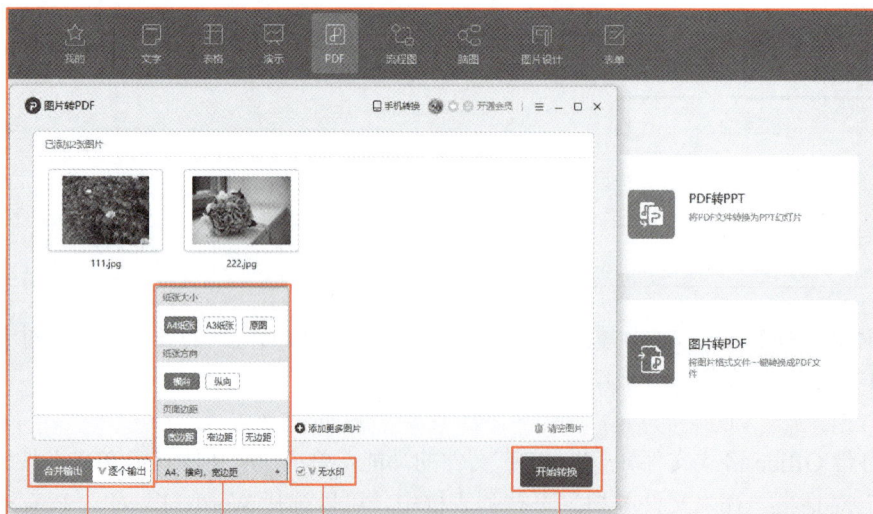

图 2.2.9
"图片转 PDF"对话框

具体的操作步骤如下。

步骤 1：设置创建 PDF 文件的方式，主要分为合并输出和逐个输出。合并输出是指将已添加的图片输出到一份 PDF 文件中；逐个输出是指将已添加的图片逐个输出为一份 PDF 文件，添加了多少张图片就输出多少份 PDF 文件，每个 PDF 文件只包含一张图片的页面。

步骤 2：设置页面排版，包含纸张大小、纸张方向、页面边距 3 种属性设置。其中，纸张大小分为 A4 纸张、A3 纸张、原图（图片原始尺寸）3 种尺寸，纸张方向分为横向和纵向两种方向，页面边距分为宽边距、窄边距、无边距 3 种设置。

步骤 3：设置 PDF 页面中是否需要水印。

步骤 4：单击"开始转换"按钮，生成与以上设置对应的 PDF 文件。另外，该步骤中还包含设置 PDF 文件名称、选择存储路径、转换成功后查看文件、打开目录操作等常见保存操作。

2.2.2　查看 PDF 文件

PDF 文件具备跨系统、跨平台显示的一致性，阅读是其最基本的需求。PDF 文档内容主要分为页面内容和批注内容两大类，其中页面内容包含文字、图片、矢量图等，具有不跑版、不易修改等良好的特性，文字、矢量图还具备缩放不失真的特性。WPS PDF 具备常规的 PDF 文件阅读能力。如图 2.2.10 所示，WPS PDF 主界面主要分为如下 5 个区域。

微课 2-5
查看 PDF
文件

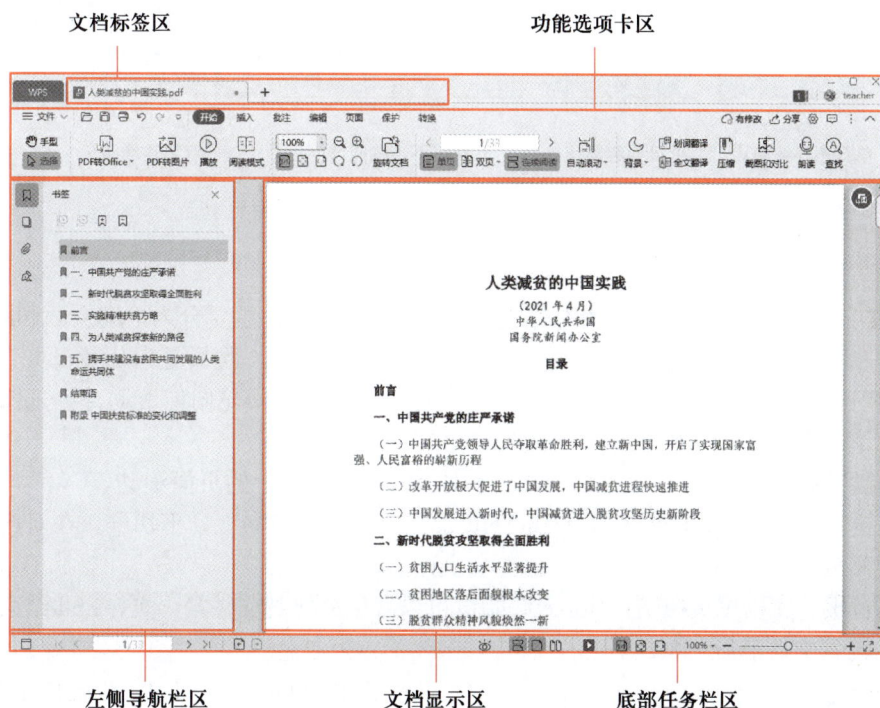

图 2.2.10
WPS PDF 主界面

- 文档标签区：WPS PDF 支持同时打开多个 PDF 文件，每个打开的 PDF 文件都会添加一个文档标签，并将文档标签显示在标签区域内，可以通过单击文档标签来切换阅读的 PDF 文件。
- 功能选项卡区：放置所有 PDF 文件操作的功能入口，默认显示"开始"选项卡。
- 左侧导航栏区：主要放置阅读过程中 PDF 文件的导航、定位的功能，如书签目录、缩略图等。
- 文档显示区：用于显示 PDF 文件页面内容的区域。
- 底部任务栏区：主要放置最常用的基础功能，达到快捷操作的目的。

1. 视图布局

为适应 PDF 文件中不同页面尺寸的阅读体验，WPS PDF 提供了 5 种视图模式，分别为单页连续阅读、双页连续阅读、独立封面阅读、单页不连续阅读、双页不连续阅读。在"双页"的下拉按钮中设置了"独立封面"按钮，如图 2.2.11 所示。

图 2.2.11
视图布局入口

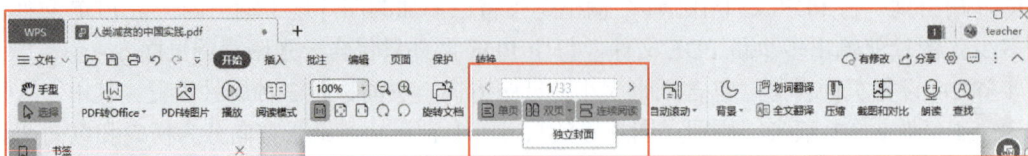

不同的视图布局，使页面在文档显示区中显示的效果不同，如图 2.2.12 所示。

图 2.2.12
视图布局效果

| 单页不连续阅读 | 单页连续阅读 | 双页不连续阅读 | 双页连续阅读 |

2．翻页和缩放页面

（1）翻页

阅读 PDF 文件时，翻页操作是最基本的操作之一。翻页操作主要分为滚动页面和跳页两种，滚动页面是指在上、下、左、右 4 个方向进行页面位置的移动，跳页是指从某一页直接跳转到另外一页进行显示。最常用的翻页操作是滚动鼠标滚轮，鼠标滚轮向前滚动，则视图向上滚动页面；鼠标滚轮向后滚动，则视图向下滚动页面。

- 方向键控制：↑、↓、←、→方向键分别控制对应方向上的页面滚动。
- 切页键控制：PgUp 上页键和 PgDn 下页键可以在垂直方向上、下切屏，在对应方向上滚动距离为一屏大小。
- 文档首页、文档尾页控制：Home 起始键可以直接跳转到文件第一页，End 结束键可以直接跳转到文件最后一页。

图 2.2.13
主界面翻页
操作

在 WPS PDF 主界面中，也提供了翻页操作，如图 2.2.13 所示。"开始"选项卡的"当前页"文本框默认显示当前文档显示的页码以及文档总页数，可以输入指定页进行跳页。单击"上一页"会跳转到当前页的上一页，单击"下一页"会跳转到当前页的下一页。

（2）缩放页面

PDF 文件具有文字、矢量图缩放不失真的特性，同时一个合适的缩放值更有利于用户阅读 PDF 文件内容。PDF 页面都有固定尺寸，根据页面尺寸可以预设一些常用的缩放值。如图 2.2.14 所示，WPS PDF 提供了实际大小、适合页面、适合宽度、当前缩放值 4 种缩放值的快速设置入口，其含义分别如下。

- 实际大小：将页面缩放至页面原始尺寸大小。
- 适合页面：在文件显示区域内，刚好完整显示当前页内容的缩放值。
- 适合宽度：在文件主视图区域内，将当前页的宽度拉伸至与文件显示区域的宽度一致，页面高度等比例缩放。
- 当前缩放值：在当前缩放值区域显示了当前页面的缩放值，用户可以在该区域输入指定的缩放值进行缩放，也可以单击"当前缩放值"右侧下拉按钮，在下拉列表框中选择了常用的缩放值。

另外，缩放页面还可以通过键盘上的 Ctrl 控制键和鼠标滚轮配合来进行操作。按住 Ctrl 键时，鼠标滚轮向前滚动，则放大页面；鼠标滚轮向后滚动，则缩小页面。鼠标控制缩放时，以鼠标指针位置为缩放中心，根据预设缩放列表中的缩放值逐个进行缩放。

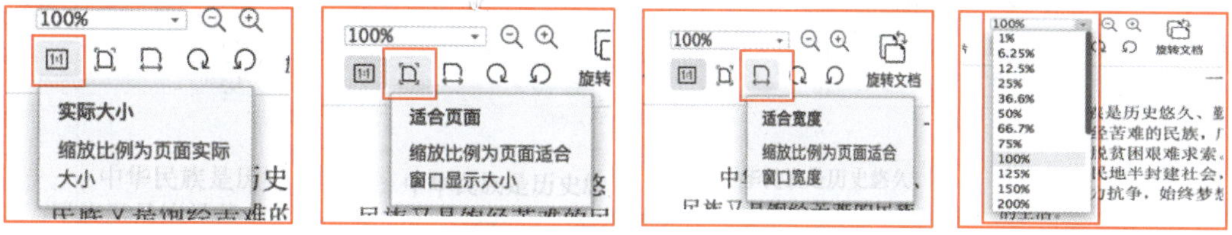

图 2.2.14
主界面缩放操作

3. 手型模式与选择模式

在阅读 PDF 文件时，有时需要对内容进行简单的操作，如添加批注、复制文本、复制图片等，这些操作一般都需要利用鼠标先定位页面中的内容；有时则仅仅是为了阅读，而不需要其他操作。为满足用户的不同需求，WPS PDF 提供了手型模式和选择模式两种模式来避免误操作的发生，如图 2.2.15 所示。

图 2.2.15
手型模式和
选择模式

- 手型模式是一种主要在阅读过程中利用鼠标左键拖动进行滚动页面阅读的模式。在该模式下，屏蔽了鼠标单击不同 PDF 内容时的响应动作，只在文档显示区域依旧保留了视图布局、翻页和缩放页面等基本阅读能力，降低干扰，使阅读方式更纯粹。
- 选择模式是一种主要用于选择 PDF 页面内容的模式。在该模式下，鼠标指针在文档显示区域内移动会根据指针所处页面内容的不同而及时改变样式和行为，如当鼠标指针所处的页面内容是文本时，此时按住鼠标左键拖动可以选中文本，单击鼠标右键弹出文本操作快捷菜单；当鼠标指针所处的页面内容是批注时，此时单击鼠标左键可以选中批注，单击鼠标右键弹出批注操作快捷菜单；当鼠标指针所处的页面内容是目录时，此时单击鼠标左键可以跳转到目录对应的页面；当鼠标指针所处的页面内容是图片时，此时单击鼠标左键可以选中图片，单击鼠标右键弹出图片操作快捷菜单等。

4. 书签目录

目录是文件的各标题名按一定次序编排的一种内容导航，可以根据目录中的页码快速找到所需的内容。PDF 文件的目录包含了页码、缩放值、内容在页面中的起始位置，是阅读 PDF 文件的一种常用辅助工具。

书签是为了标记当前阅读到文件某一位置或者为了记录重要信息位置而添加的内容位置信息。书签和目录具备同样的信息和能力，所以在 WPS 中将两者合二为一。如图 2.2.16 所示，WPS PDF 主界面在左侧导航栏中提供了用于显示书签目录列表的面板，单击"书签目录"按钮，默认显示 PDF 文件中已有的目录内容，按目录的主次层级结构展示，单击书签目录可以跳转到对应页码的页面。在书签目录面板中，可以管理书签目录，如展开、收起所有书签目录，添加、删除当前选中的书签目录等。

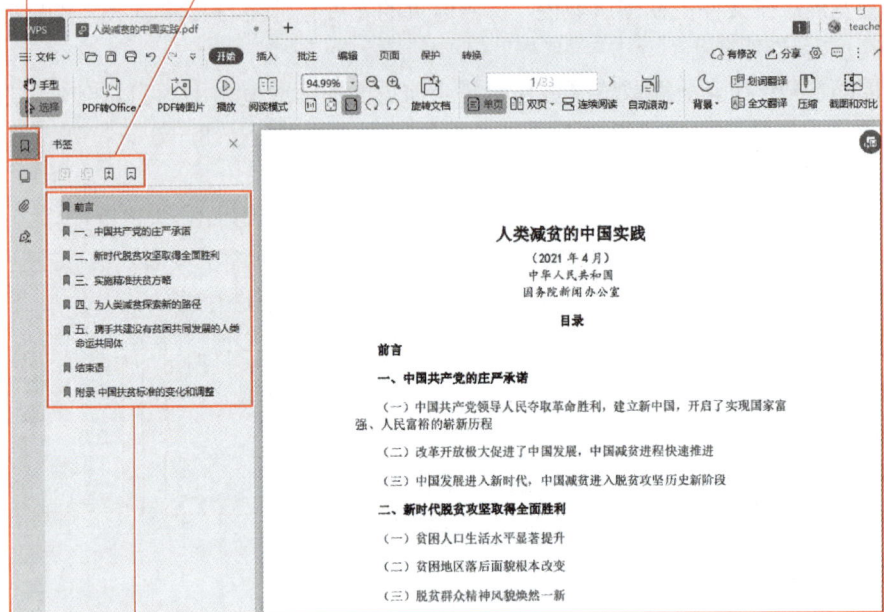

图 2.2.16
书签目录面板

（1）添加书签操作

添加书签操作是将当前文件显示区域所显示的页面内容保存为书签。WPS PDF 支持添同级书签和子级书签，如图 2.2.17 所示，左边部分为添加同级书签操作，具体的操作步骤如下。

图 2.2.17
添加书签、子书签
和删除书签

步骤 1：在书签目录列表中，选择需要添加同级书签的位置，单击选中书签项。

步骤 2：单击"添加书签"按钮。

步骤 3：在选中的书签项下方同级位置会新增一个书签项，并自动进入编辑状态，可以自定义书签名称。

图 2.2.17 所示右边部分为添加子级书签操作，具体的操作步骤如下。

步骤 1：在书签目录列表中，选择需要添加子级书签的位置，单击选中书签项。

步骤 2：单击鼠标右键，在弹出的快捷菜单中选择"添加子书签"命令。

步骤 3：在选中的书签项下方子级位置会新增一个书签项，并自动进入编辑状态，可以自定义书签名称。

（2）删除书签目录项

删除书签目录项，具体的操作步骤如下。

步骤 1：在书签目录列表中选中要删除的书签目录项，可以同时按住 Ctrl 键进行多选，或者同时按住 Shift 键进行片选。

步骤 2：单击"删除当前书签"按钮或者按 Delete 键，删除选中的书签目录项。

5. 缩略图

缩略图是一种页面内容的预览图，用户可以通过缩略图快速预览所有页面内容并支持跳转到对应页面的功能，是辅助阅读的主要工具之一。如图 2.2.18 所示，缩略图功能在左边导航栏中显示，在缩略图界面，缩略图列表支持鼠标滚轮上、下滚动或者利用滚动条浏览所有缩略图，单击某个缩略图时可以跳转到对应页面。具体使用缩略图的步骤如下。

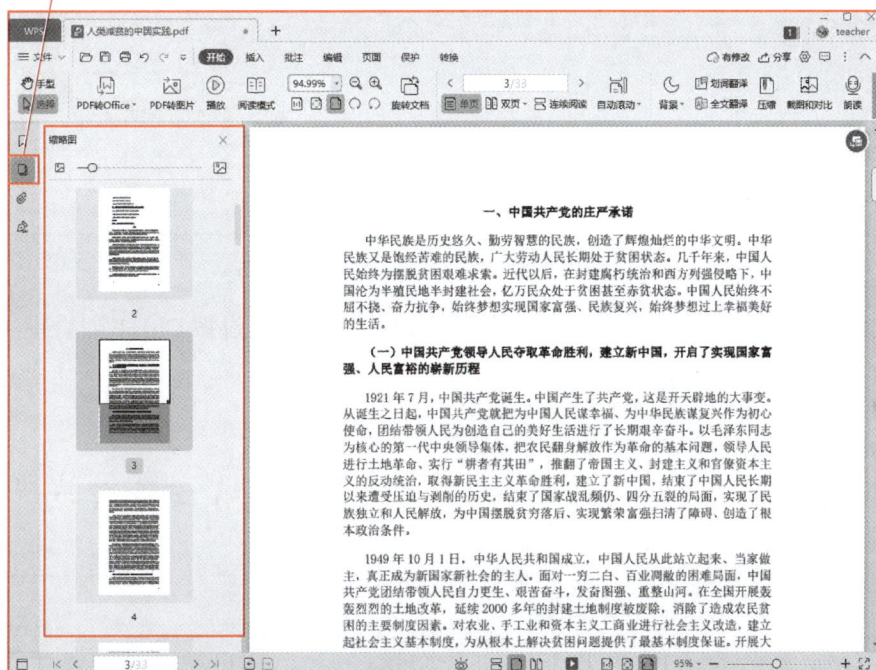

图 2.2.18
缩略图界面

步骤 1：单击左边导航栏"缩略图"按钮。

步骤 2：展开缩略图面板，显示所有页面的缩略图，同时选中当前页。

步骤 3：滚动列表找到要查看的页面，单击该页面的缩略图区域，跳转页面。

步骤 4：调整鸟瞰图的位置（鸟瞰图是指文件显示区域中当前页显示的内容区域，可以通过拖动鸟瞰图来滚动当前页面的显示区域）。

步骤 5：在文件显示区域中，会根据跳转的页面和鸟瞰图显示对应的页面内容。

6. 批注模式

PDF 文件中的批注一般是用户对文件内容的修订或注释，通常采用注释弹框的方式进行展示。当一页中的批注数量较多时，所有注释弹框会出现重叠展示的情况，当页面放大时，甚至会覆盖住页面内容，影响批注的审阅和内容的阅读。基于此需求，WPS PDF 提出一种批注模式，便于页面内容和注释的阅读。

进入批注模式的具体操作步骤如下。

步骤 1：选择"批注"选项卡。

步骤 2：单击"批注模式"按钮，即可进入批注模式。

批注模式在页面右侧扩展一块区域，用于将页面中所有批注的注释内容集中展示在该区域，不遮挡页面内容并且可以随页面滚动而调整，单个批注内容的展示跟随批注回复的层级进行展示，每个批注根据在页面中的位置，在页面扩展区域中从上到下平铺。当批注数量较多时，扩展区域还支持滚动条，可以通过拖曳滚动条或者鼠标滚轮上、下滚动来浏览所有批注内容，避免重叠显示。

7．查找文本

查找文本是通过文本关键字，查找关键字在文件中的位置。WPS PDF 查找功能的匹配规则分为"英文整词搜索"和"区分大小写"两类，查找范围默认是页面文本内容，在此基础上增设了书签和注释内容的查找。如图 2.2.19 所示，启动查找功能的具体操作步骤如下。

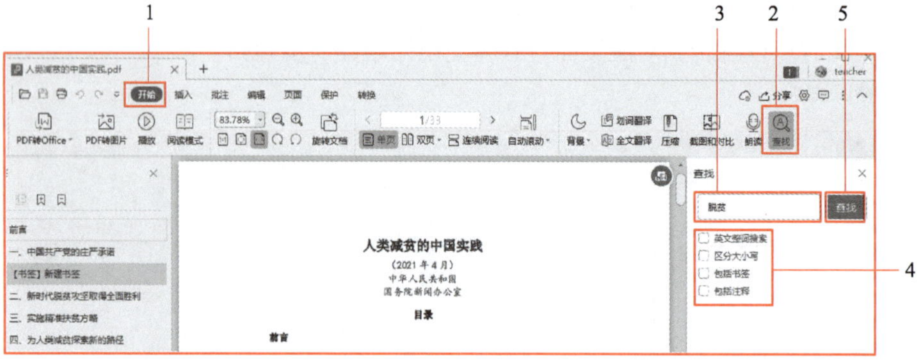

图 2.2.19
启动查找功能

步骤 1：选择"开始"选项卡。

步骤 2：单击"查找"按钮，弹出"查找"面板，也可以通过按 Ctrl+F 组合键实现。

步骤 3：在查找面板中输入关键字。

步骤 4：设置查找的匹配规则和查找范围。

步骤 5：单击"查找"按钮，开始全文查找。

利用查找结果与文件显示区域联动，快速定位关键字所在区域。如图 2.2.20 所示，具体的操作步骤如下。

图 2.2.20
查找结果和文件
显示区域互动

步骤 1：查找完成后，在包含关键词的页面中关键词会高亮显示，可以浏览关键字在页面中的分布情况。

步骤 2：在结果列表中，单击想要查看的搜索结果项。

步骤 3：文件显示区域会自动跳转到结果项所在的页面及位置，并将关键词进一步高亮显示。

8．复制内容

PDF 页面内容虽不易修改，但是在选择模式下，可以复制内容到系统剪切板中，常见的复制内容是文本和图片。

（1）复制文本

如图 2.2.21 所示，PDF 页面复制文本的具体操作如下。

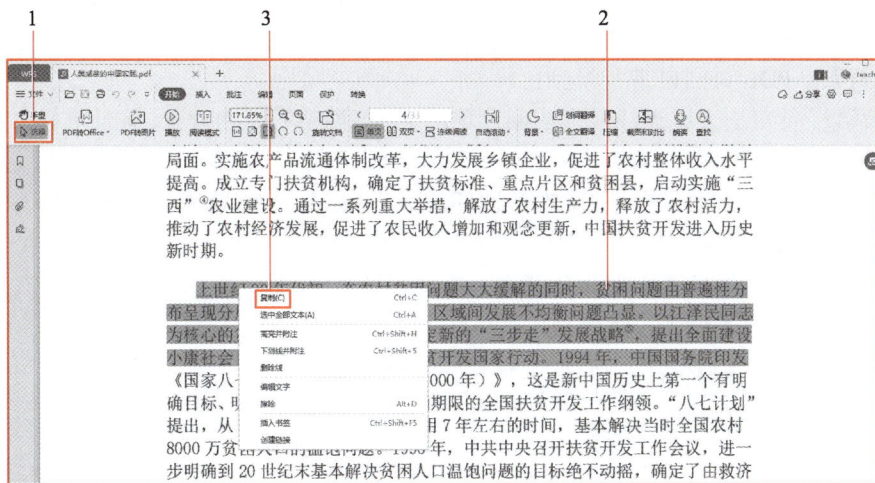

图 2.2.21
复制文本

步骤 1：在"开始"选项卡中单击"选择"按钮，进入选择模式。

步骤 2：在页面中有文字的区域，按住鼠标左键，拖动鼠标，选择需要复制的文本，松开鼠标左键，弹出悬浮菜单。

步骤 3：在悬浮菜单中选择"复制"选项完成复制，也可以通过按 Ctrl+C 组合键实现。

如果要复制文件中的所有文本，可以按 Ctrl+A 组合键，再按 Ctrl+C 组合键进行全文复制粘贴。

（2）复制图片

如图 2.2.22 所示，PDF 页面复制图片的具体操作如下。

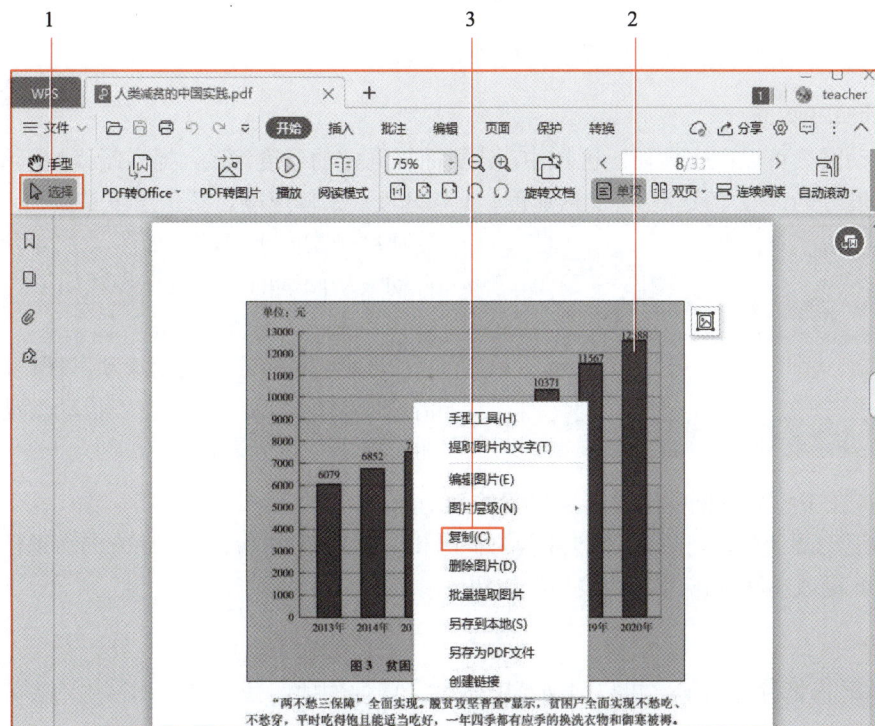

图 2.2.22
复制图片

步骤 1：在"开始"选项卡中单击"选择"按钮，进入选择模式。

步骤 2：在页面中找到想复制的图片，单击图片区域，选中图片。

步骤 3：在图片区域右击，在弹出的快捷菜单中选择"复制"命令完成复制。

2.2.3　WPS 中的 PDF 辅助功能

1. 视图背景

微课 2-6
WPS 中的
PDF 辅助
功能

WPS PDF 支持改变视图背景来适应不同时间段的护眼和不同阅读偏好，目前共支持 5 种背景的设置，分别如下。

- 默认背景：PDF 页面自带背景颜色。
- 日间背景：针对白天或光线较强的阅读环境下，可调整为日间背景，降低屏幕与环境反差，达到清晰阅读的目的。
- 夜间背景：针对夜间或光线较暗的阅读环境下，可调整为夜间背景，降低屏幕与环境反差，降低强光线刺眼程度。
- 护眼背景：采用绿色为主的颜色背景，降低眼睛疲劳感。
- 羊皮纸背景：书卷颜色提供纸质阅读体验。

如图 2.2.23 所示，设置视图背景的具体操作步骤如下。

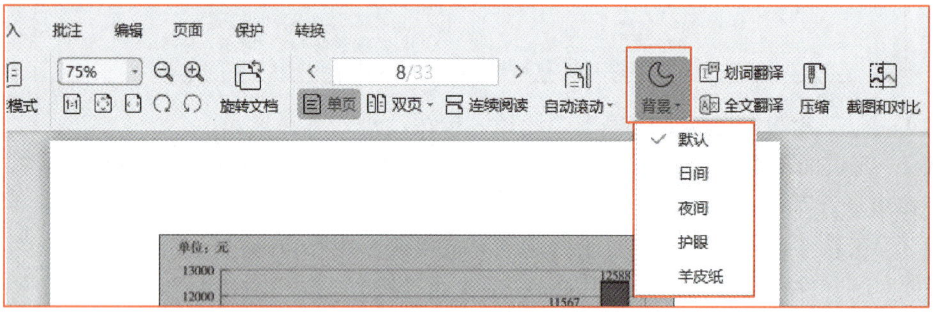

图 2.2.23
设置视图背景

步骤 1：选择"开始"选项卡。

步骤 2：单击"背景"按钮，弹出下拉列表框。

步骤 3：在下拉列表框中选择所要设置的背景。

2. 自动滚动阅读

自动滚动阅读可以在文件显示区域中，让页面以固定的速度滚动，提高阅读的沉浸式体验。滚动速度分为：-2 倍速度、-1 倍速度、1 倍速度、2 倍速度。负倍速度是指向上滚动，正倍速度是指向下滚动。如图 2.2.24 所示，开启自动滚动阅读的具体操作步骤如下。

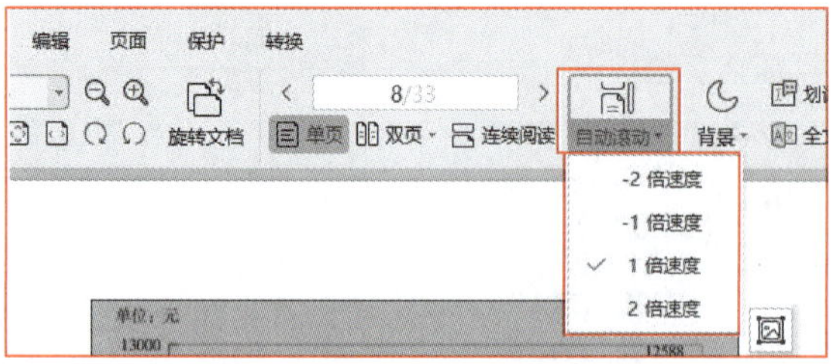

图 2.2.24
自动滚动阅读

步骤 1：选择"开始"选项卡。

步骤 2：单击"自动滚动"按钮，默认以 1 倍速度滚动。也可以单击"自动滚动"下拉按钮，弹出下拉列表框。

步骤 3：在下拉列表框中选择所要设置的滚动速度。

在自动滚动阅读时，可以通过键盘上的 ↑ 键和 ↓ 键来调整速度和滚动方向。退出自动滚动阅读可按 Esc 键或再次单击"自动滚动"按钮。

3. 翻译

WPS PDF 内嵌翻译引擎，可以对所选文本全文进行翻译，会自动检测常用的翻译语种，也可以手动设置翻译的语种。

（1）划词翻译

划词翻译是对页面中所选中的文本进行翻译。如图 2.2.25 所示，具体的操作步骤如下。

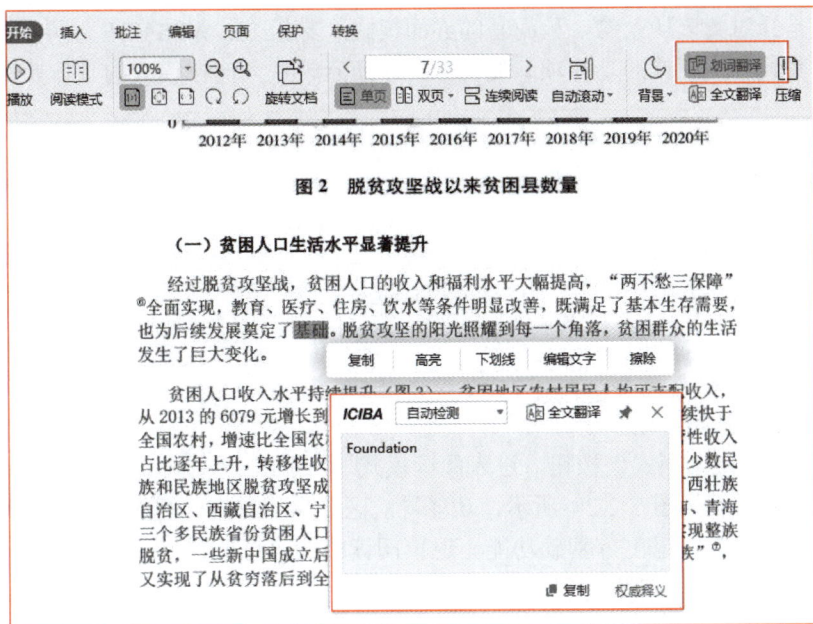

图 2.2.25
划词翻译

步骤 1：选择"开始"选项卡。

步骤 2：单击"选择"按钮，进入选择模式。

步骤 3：单击"划词翻译"按钮，开启划词翻译功能。

步骤 4：按住鼠标左键，选择需要翻译的文本，松开鼠标左键，出现划词翻译悬浮面板。

步骤 5：在划词翻译悬浮面板中会自动翻译所选文本。

（2）全文翻译

当整个 PDF 文件需要翻译时，WPS PDF 提供了全文翻译功能，如图 2.2.26 所示，具体的操作步骤如下。

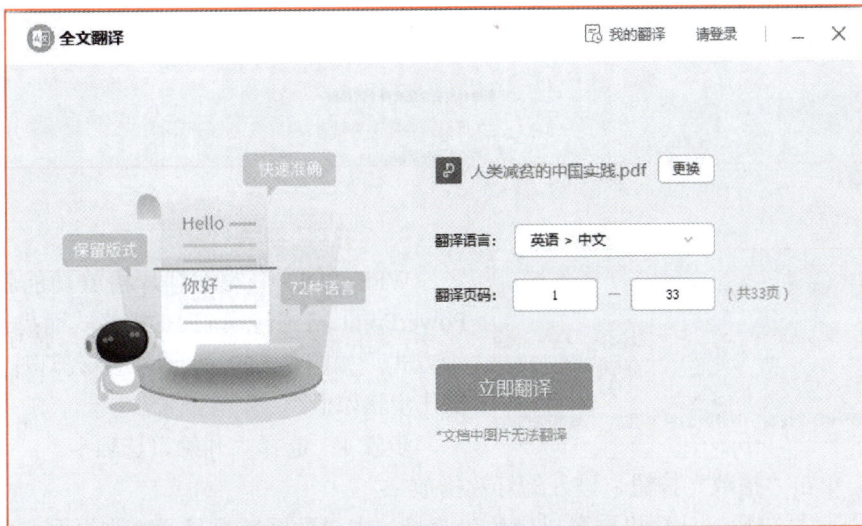

图 2.2.26
全文翻译

步骤 1：选择"开始"选项卡。

步骤 2：单击"全文翻译"按钮，弹出"全文翻译"对话框。

步骤 3：在该对话框中设置需要翻译的语言。

步骤 4：设置需要翻译的范围，默认是全文翻译。

步骤 5：单击"立即翻译"按钮，开始翻译。

4．阅读模式

阅读模式是针对阅读场景的一种简易的界面模式，该模式在 WPS PDF 主界面上做了极大化的精简，排除其他干扰阅读的功能项。如图 2.2.27 所示，进入阅读模式的具体操作步骤如下。

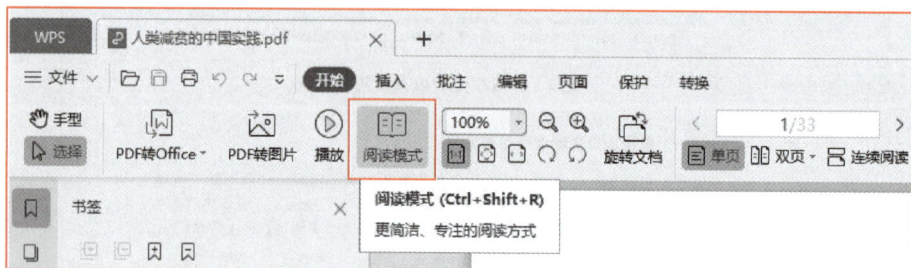

图 2.2.27
进入阅读模式

步骤 1：选择"开始"选项卡。

步骤 2：单击"阅读模式"按钮，进入阅读模式。

进入阅读模式后，如图 2.2.28 所示，功能导航区只保留书签、视图、旋转、翻译、批注模式、批注工具箱、查找、退出等基础功能。退出阅读模式可以通过单击右上角的"退出"按钮或者按 Esc 键实现。

图 2.2.28
阅读模式界面

5．幻灯片播放

WPS PDF 中的幻灯片播放功能就是针对将 PowerPoint 格式转换成 PDF 格式而提供的一种演示方式。如图 2.2.29 所示，进入幻灯片播放的具体操作步骤如下。

步骤 1：选择"开始"选项卡。

图 2.2.29
进入幻灯片播放

步骤 2：单击"播放"按钮，进入幻灯片播放。

进入幻灯片播放后，计算机屏幕以黑色为背景，主界面区域只显示一张页面，默认没有其他操作按钮，所以控制播放操作都以鼠标和快捷键来执行。幻灯片播放最常用的操作是下一页、上一页和结束幻灯片放映，这 3 项功能的触发方式分别如下。

- "下一页"功能常用的触发方式：鼠标单击，按 ↓ 键或 → 键，按 Enter 键。

- "上一页"功能常用的触发方式：按←键或↑键，按 Backspace 键，按 PgUp 键。
- "结束幻灯片放映"功能常用的触发方式：按 Esc 键，或右击，在弹出的快捷菜单中选择"结束放映"命令。

在控制播放时，除了上述常用触发方式外，在主窗口顶部还预留了一个区域，即"快捷工具条响应区"。如图 2.2.30 所示，鼠标指针移动到该区域就会自动弹出快捷工具条，快捷工具条中包含放大页面、缩小页面、上一页、下一页、墨迹模式、退出播放、关闭快捷工具条 7 个功能按钮。

图 2.2.30
播放模式快捷
工具条

默认快捷工具条是开启的，这样能保证鼠标指针移动到快捷工具条响应区时能弹出快捷工具条，可以在快捷工具条中单击最右边的"×"按钮来关闭它，也可以通过按 F2 键或者右键快捷菜单中的"快捷工具栏"命令来控制关闭/开启快捷工具条。

在幻灯片播放过程中，可以利用墨迹来标记重点。WPS PDF 提供墨迹模式，方便用户在页面上绘制任意形状。目前 WPS PDF 支持圆珠笔、水彩笔、荧光笔 3 种墨迹样式。从样式来区分，三者的墨迹粗度依次由细到粗，圆珠笔、水彩笔默认颜色为红色，荧光笔默认为黄色；从覆盖内容来区分，圆珠笔、水彩笔是覆盖在页面内容上层，而荧光笔是在页面内容下层。

进入墨迹模式，可以通过快捷工具条来快速设置，如图 2.2.31 所示。

绘制的墨迹如果不需要显示在页面上，可以一键擦除所有墨迹，也可以按需逐条擦除。可以通过快捷工具条来快速擦除已添加的墨迹，如图 2.2.32 所示，在工具条中的具体操作步骤如下。

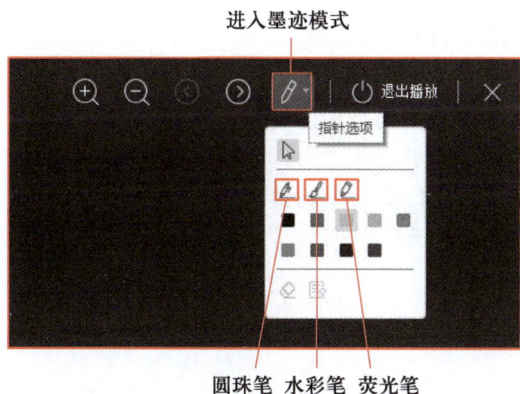

图 2.2.31
用快捷工具条
设置墨迹

图 2.2.32
擦除墨迹

步骤 1：在快捷工具条中单击"指针选项"按钮，弹出指针选项子菜单。

步骤 2：在该子菜单中，如果选择"擦除所有墨迹"选项，可以一键擦除所有墨迹；如果选择"橡皮擦"选项，则进入橡皮擦模式，在需要擦除的墨迹上单击来擦除该墨迹。可按 Esc 键退出橡皮擦模式。

2.2.4 编辑 PDF 文件

PDF 文件的编辑主要分为两类，即页面编辑和页面内容编辑。

PDF 文件的编辑对技术要求较高，目前市场上几乎所有支持 PDF 文件编辑的软件都需要付

微课 2-7
编辑 PDF
文件

费购买，WPS PDF 中提供的大部分 PDF 编辑功能都是 WPS 会员特权功能。在编辑操作过程中，如果界面上显示"会员尊享"字样或者按钮上带 VIP 字样，表示需要 WPS 会员特权。

1. PDF 文件拆分

PDF 文件拆分是指将 PDF 文件中指定的页面提取成多个 PDF 文件，按照拆分规则，分为逐页拆分和选择页面范围拆分。

逐页拆分是指将文件按照固定页数间隔，拆分成多个 PDF 文档。选择页面范围拆分是指将文件按照选择的页面拆分为多个 PDF 文档。如图 2.2.33 所示，具体的操作步骤如下。

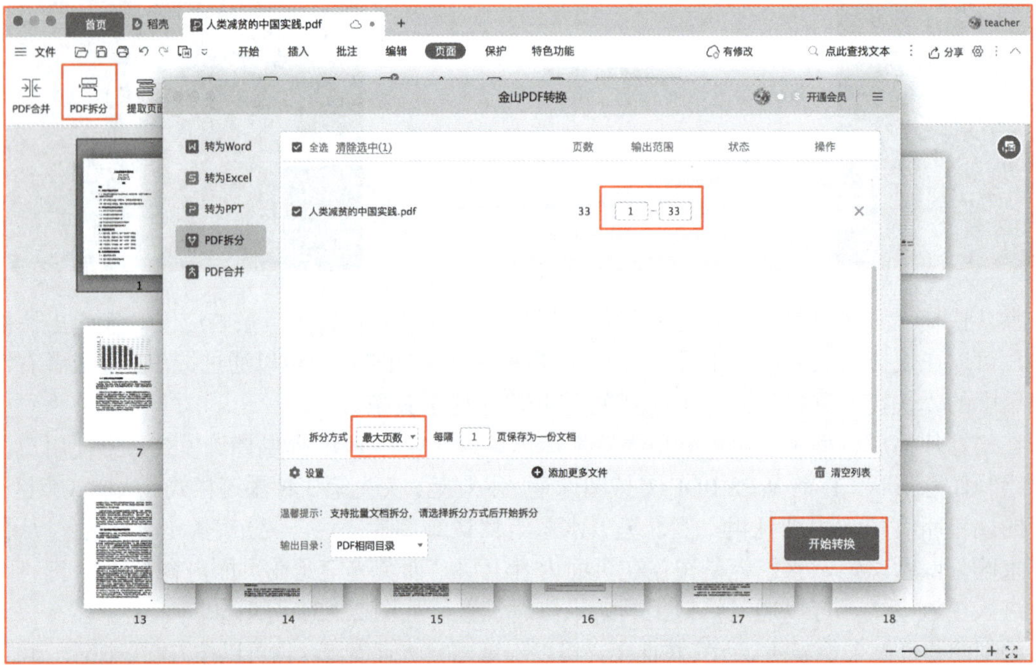

图 2.2.33
PDF 文件拆分

步骤 1：选择"页面"选项卡。

步骤 2：单击"PDF 拆分"按钮，弹出"金山 PDF 转换"对话框。

步骤 3：默认会拆分当前打开的 PDF 文件。

步骤 4：在文本框中输入需要拆分的页面范围，拆分规则是按逗号分隔，逐个拆分。例如，输入"1，2-4，7-9"，表示的含义是拆分第 1 页、第 2～4 页、第 7～9 页，分别生成一份 PDF 文件。逐页拆分时，设置页数间隔的默认值是 1，表示一页生成一份 PDF 文件；设置间隔为 N，则表示在拆分范围内，从前往后，每 N 页生成一份 PDF 文件。

步骤 5：设置新拆分的 PDF 文件的本地存储路径。

步骤 6：单击"开始拆分"按钮，执行拆分操作。

2. PDF 文件合并

PDF 文件合并是指将多份 PDF 文件合并成一份 PDF 文件。如图 2.2.34 所示，具体的操作步骤如下。

步骤 1：选择"页面"选项卡。

步骤 2：单击"PDF 合并"按钮，弹出"金山 PDF 转换"对话框。

步骤 3：单击"添加文件"按钮，添加需要与当前文件合并的 PDF 文件。

步骤 4：在文本框中设置每个文件需要合并的页面范围，默认为全文合并。

步骤 5：设置合并后新的 PDF 文件名称。

步骤 6：设置新合并的 PDF 文件的本地存储路径。

步骤 7：单击"开始合并"按钮，执行合并操作。

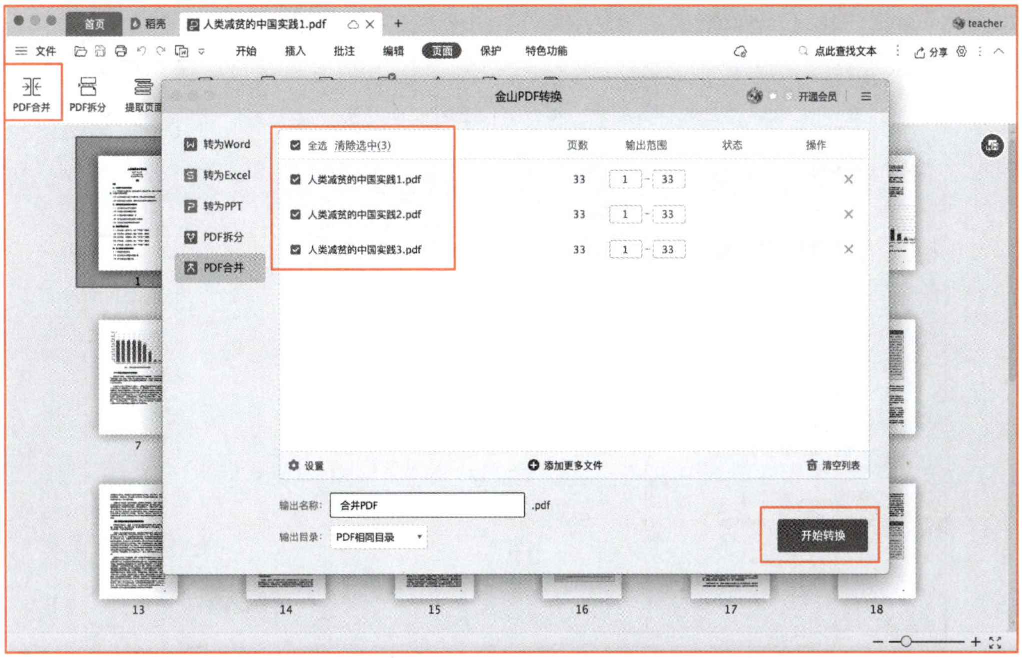

图 2.2.34
PDF 文件合并

3．PDF 页面编辑

如图 2.2.35 所示，PDF 页面编辑包括插入页面、删除页面、替换页面和提取页面等。

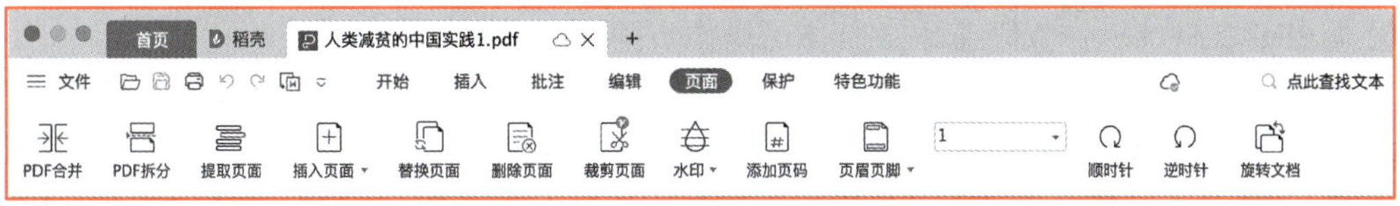

图 2.2.35
PDF 页面
编辑内容

- 插入页面：WPS PDF 支持在文件首、文件尾和任意页面处插入空白页，插入的空白页可以设置尺寸、方向；也可以在文件首、文件尾和任意页面处插入 PDF、TXT 和图片 3 种格式的文件页面。
- 删除页面：可以删除 PDF 文件中指定的页面。
- 替换页面：用其他 PDF 文件中的页面替换当前 PDF 文件的页面，被替换的页面必须是单页或者连续页集合。
- 提取页面：提取当前打开的 PDF 文档中部分页面以重新生成 PDF 文件。

2.2.5　PDF 文件安全保护

PDF 文件具有标准的加密规范，支持设置打开密码和文档操作权限密码。打开密码是指文件在打开时，要求输入正确的密码才允许打开文件进行阅读；文件操作权限密码是指在阅读过程中对文档进行操作的权限，如果触发到需要权限的操作时，则要求输入正确的密码才能继续操作。可以同时设置打开密码和文档操作权限密码，但不允许密码是相同的。

1．设置打开密码

设置 PDF 文件的打开密码，如图 2.2.36 所示，具体的操作步骤如下。

步骤 1：选择"保护"选项卡。

步骤 2：单击"文档加密"按钮，弹出"加密"对话框。

步骤 3：选择"设置打开密码"复选框。

步骤 4：在"密码"文本框中输入打开密码，在"确认密码"文本框中再次输入打开密码，确保两次输入一致，避免误操作。

微课 2-8
PDF 文件
安全保护

步骤 5：单击"确认"按钮。

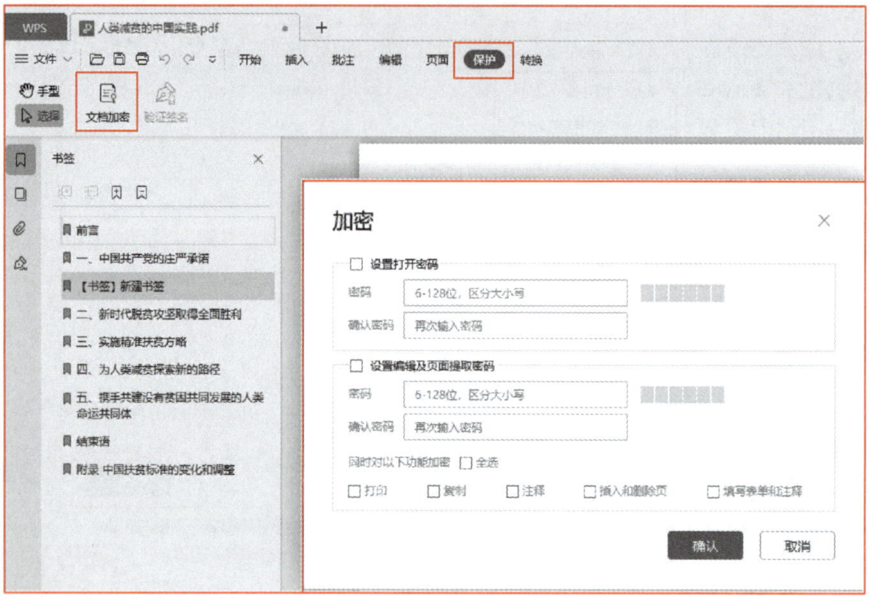

图 2.2.36
文档加密

如果后续需要修改文件的打开密码，则打开该文档后，执行上述操作修改即可。

2. 设置操作权限密码

设置 PDF 文件的操作权限密码，具体的操作步骤如下。

步骤 1：选择"保护"选项卡。

步骤 2：单击"文档加密"按钮，弹出"加密"对话框。

步骤 3：选择"设置编辑及页面提取密码"复选框。由此可见，默认的权限密码为编辑和提取页面操作所设置的密码。

步骤 4：在"密码"文本框中输入操作权限密码，在"确认密码"文本框中再次输入操作权限密码，确保两次输入一致，避免误操作。

步骤 5：选择还需要设置权限的操作，目前支持的操作有打印、复制、注释、插入和删除页、填写表单和注释权限。

步骤 6：单击"确认"按钮。

如果后续需要修改文件的操作权限密码，执行上述流程，在步骤 2 中会要求输入当前密码，成功后可以继续修改操作权限密码。

【课后练习】

1. 下列关于 PDF 文件特性的描述中，错误的是_____。
   A. 具备跨系统、跨平台显示的一致性
   B. 可以设置文档打开密码、文档权限密码，提高安全性
   C. 可以轻易修改文件页面内容
   D. 文字放大后不模糊、不失真

2. PDF 文件的打开方式有_____。
   A. 单击 WPS 首页"打开"按钮　　　　B. 通过 WPS 首页的文件夹浏览界面
   C. 设置文件关联　　　　　　　　　　D. 以上都是

3. 下列关于 PDF 文件查看的描述中，错误的是_____。
   A. 支持单页连续阅读、双页连续阅读、独立封面阅读、单页不连续阅读、双页不连续阅读 5 种常用的视图布局

文本：
参考答案

　　　B．手型模式可以在文档显示区域内移动鼠标，鼠标指针会根据页面内容的不同而及时改变样式和行为

　　　C．阅读过程中支持对页面中的文本和图片进行复制

　　　D．对于由 PowerPoint 格式转换成的 PDF 文件，可以使用幻灯片播放来进行演示

　　4．下列关于 PDF 文件编辑的描述中，错误的是_____。

　　　A．可以将一份 PDF 文件拆分成多份 PDF 文件，也可以将多份 PDF 文件合并成一份 PDF 文件

　　　B．支持对 PDF 文件中的文本和图片内容进行编辑

　　　C．可以同时设置页眉和页脚，并且支持在页眉和页脚的左边区域、中间区域、右边区域添加内容

　　　D．旋转页面时，可以指定任意旋转角度

　　5．WPS 中 PDF 文件支持的文件保护形式有_____。

　　　A．文档打开密码　　　B．文档权限密码　　　C．电子签名　　　D．以上都是

2.3　任务 11　掌握 WPS 云办公服务

【任务描述】

　　晓华同学近日与学习部同学们共同完成技能大赛策划案。为了更方便、快捷地进行沟通和协作，他们充分利用 WPS 的云办公云服务功能，建立了办公团队，共享和管理文件。晓华需要学会与他人分享文件，完成多人同时编辑的工作。

PPT：任务 11
掌握 WPS 云
办公服务

PPT

【考点分析】

　　① 掌握 WPS 各组件之间的信息共享方式。

　　② 了解 WPS 云办公应用场景。

　　③ 掌握文件的云备份、云同步、云安全、云共享、云协作等操作。

【任务实现】

2.3.1　初识 WPS 云办公

　　互联网技术的发展带来了全新的生活和办公方式，拉动"端"向"云"迁移。WPS 云服务是日常办公中非常方便和高效的一项服务，WPS 云办公包含四大元素，分别为 WPS Office 套件、WPS 云协作、WPS 云邮箱和 WPS 云管理。WPS 云办公能够同时在移动端和 PC 端登录，仅需一个账号，不仅可实现随时随地上传/下载文档，还能实现团队的即时沟通和协作。WPS 云协作基于云存储和云计算技术，可以完全摆脱"本地"，所有存储在 WPS 云办公的文件只存在于云端，不占用计算机或手机内存，团队成员可共同完成一份文档的撰写和编辑，每位成员的编辑不仅清晰可见，而且所有版本都会实时自动保存。

微课 2-9
初识 WPS
云办公

　　WPS 云办公不仅打通了不同终端和不同产品之间的障碍，还将碎片化的办公场景在云平台整合，清晰地阐释了移动互联网时代的办公"云升级"。

　　用户注册 WPS 账号后，将自动获得个人专属的云空间，后续云空间将用来存储文档以及其他类型的文件。注册和登录账号后，可以在 WPS 首页文件列表左侧栏底部查看当前账号的个人云空间使用情况，如图 2.3.1 所示。

图 2.3.1
云空间使用
情况

　　在 WPS 首页的"我的云文档"内可访问当前账号下所有存储在 WPS 云空间中的文件。这些文件将占用用户的个人云空间。同时，只有登录当前 WPS 账号才能访问，保证了存储文件的

安全。另外，这些文件也跟随账号，当用户在其他设备（如其他计算机或移动设备）上的 WPS 客户端登录相同账号后，也能访问存储在云空间内的文件。

1．将存储在计算机上的文件上传至云空间

进入"我的云文档"后，单击顶部工具栏中的"新建"按钮，单击"上传文件"或"上传文件夹"后，在弹出的对话框中选择文件或文件夹，即可将其上传到"我的云文档"中，如图 2.3.2 所示。

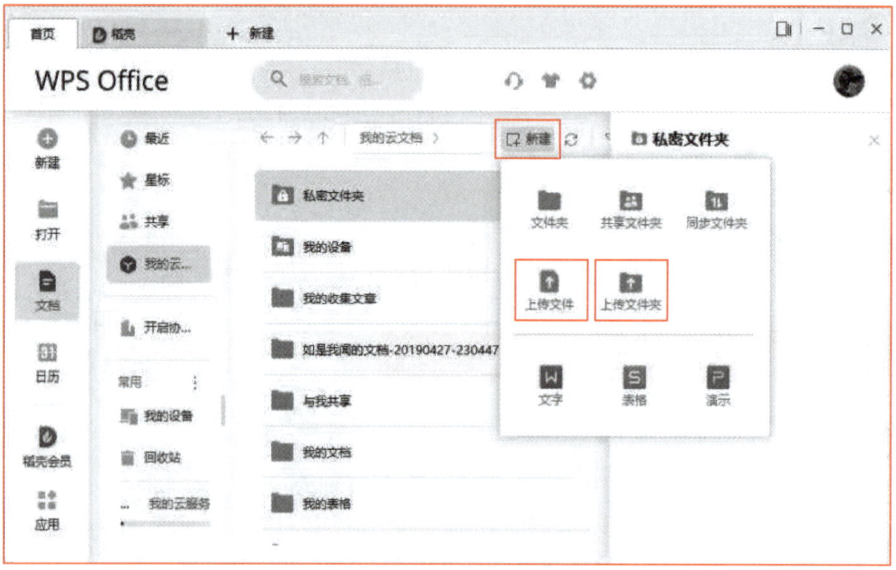

图 2.3.2
上传文件或文件夹

用户能立即在当前"我的云文档"目录内查看添加成功的文件或文件夹。完成上传后，在其他设备登录相同账号后，也能在"我的云文档"中访问上传的文件。

2．保存文件到云空间

文件创建完成后，首次单击文档内的"保存"按钮，将弹出保存文件目录位置的对话框。此时，选择"我的云文档"并选择对应的位置后，单击"保存"按钮，即可将当前新建的文件保存到 WPS 云空间。

3．将文件另存至云空间

打开计算机上的文件或原来已经存储在"我的云文档"中的文件，也能将文件另存到"我的云文档"下的目录中。选择菜单"文件"→"另存为"命令时，将跟新建保存一样，弹出文件目录位置的对话框，选择"我的云文档"下的对应位置后，将当前文件产生的一个副本存储到 WPS 云空间，如图 2.3.3 所示。

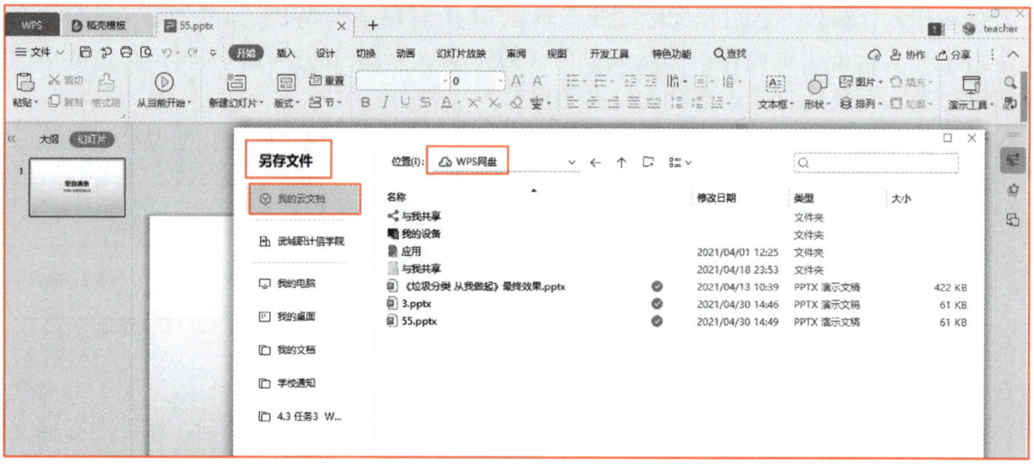

图 2.3.3
将文件另存
到云空间

2.3.2 云备份与云同步

1. 文件备份与同步到云端

WPS 云服务提供自动将计算机上的文档备份和同步到云端的功能,避免了手动上传备份或携带 U 盘存储办公资料的麻烦。

(1) 文档云同步

文档云同步功能主要是用于自动备份查看或编辑过的文档。登录 WPS 账号后,在右上角的"设置"图标入口可找到"设置"菜单选项,如图 2.3.4 所示进入设置中心页面。

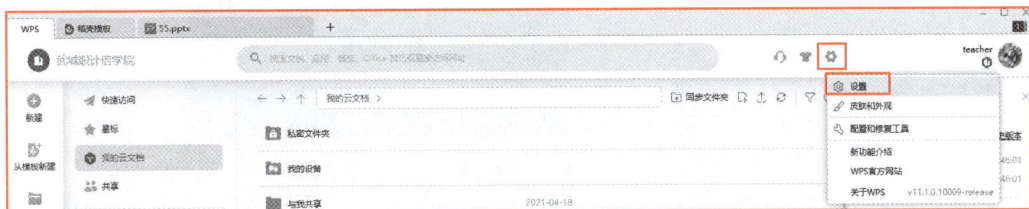

图 2.3.4 首页设置入口

如图 2.3.5 所示,打开"文档云同步"开关,所有使用 WPS 打开的文档将自动备份到当前使用的 WPS 账号的云空间中。当使用其他计算机或者手机登录同一账号后,便能立即查看在其他设备上使用的文档,继续完成对该文件的编辑。WPS 云服务为远程办公、跨设备办公带来了便利。

图 2.3.5 文档云同步开关

(2) 同步文件夹

在日常办公中,通常会把文档保存在计算机的磁盘中,当更换计算机或者没有携带办公计算机时,就无法快速地找到办公文件。为了解决这一问题,WPS 云服务提供了将本地计算机上的文件夹同步到 WPS 云空间上的功能。同步后,只要登录相应的 WPS 账号,即可从手机或其他计算机设备查看到办公计算机中的文件夹里面存储的全部内容。

计算机上的文件夹同步到 WPS 云空间后,后续的文件更新、新增、删除、重命名或新增文件夹等操作,将立即同步到 WPS 云空间,使用户在 WPS 云端看到的内容与计算机看到的文件夹内容完全一致。另外,若用户在其他设备编辑、修改同步后的文件夹,计算机上的文件夹内容将同步更新,实现远程访问、远程编辑的效果。具体的操作步骤如下。

步骤 1:单击 WPS 首页下方的"应用"按钮,打开"应用中心"窗口,选择左侧的便捷工具,在便捷工具页面中单击"办公助手"按钮。

步骤 2:打开"WPS 办公助手"对话框,单击"效率云办公"下的"同步文件夹"按钮。

步骤 3:在打开的对话框中单击"添加同步文件夹"按钮,选择需要同步的文件夹,再单击"立即同步"按钮即可,如图 2.3.6 所示。

微课 2-10 云备份与云同步

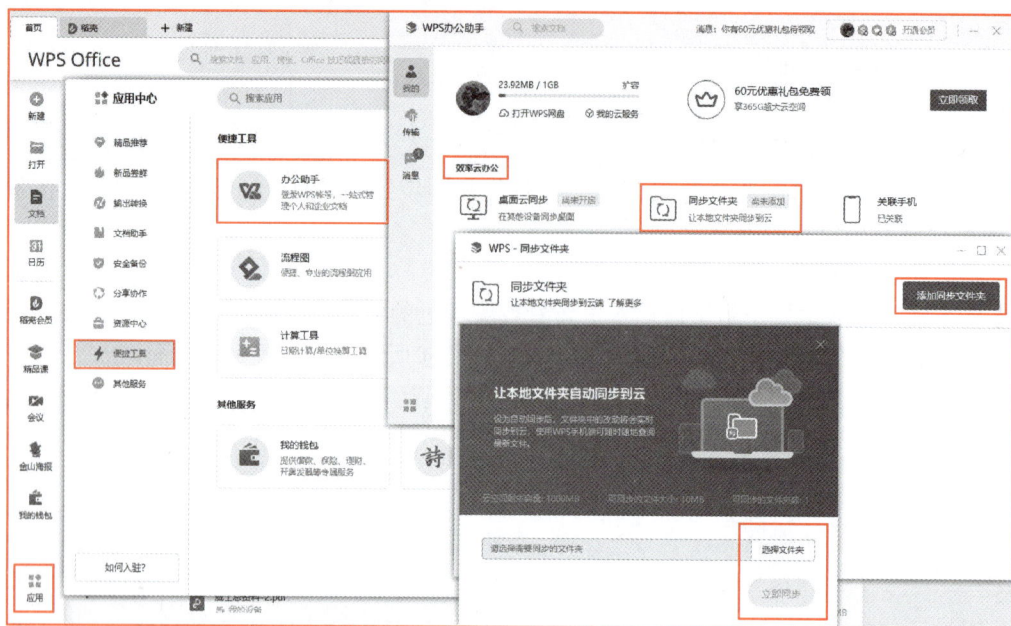

图 2.3.6
同步文件夹

（3）桌面云同步

为了使多台计算机设备的桌面保持一致，方便用户切换不同的工作环境，WPS 云服务提供了桌面云同步功能，使多台设备的桌面文件保持完全一致。具体的操作步骤如下。

图 2.3.7
"WPS 办公助手"托盘

步骤 1：单击任务栏右下角的"WPS 办公助手"托盘入口，如图 2.3.7 所示，弹出"WPS 办公助手"对话框。

步骤 2：单击"桌面云同步"按钮，如图 2.3.8 所示。

图 2.3.8
办公助手的桌面
云同步入口

步骤 3：弹出"桌面云同步"对话框，单击"开启桌面云同步"按钮，如图 2.3.9 所示。

步骤 4：当前设备的桌面同步到 WPS 云空间中，在其他设备登录同一账号，就可以在云空间中的"桌面"文件夹中找到设备桌面的文件，文件更新后将自动同步到计算机桌面。

同时，当用户在两台设备上登录同一 WPS 账号，同时开启"桌面云同步"，即可实现多台计算机桌面的文件保持一致。在任一设备的桌面上新增、更新、删除文件，其他设备的桌面将自动同步当前改动。

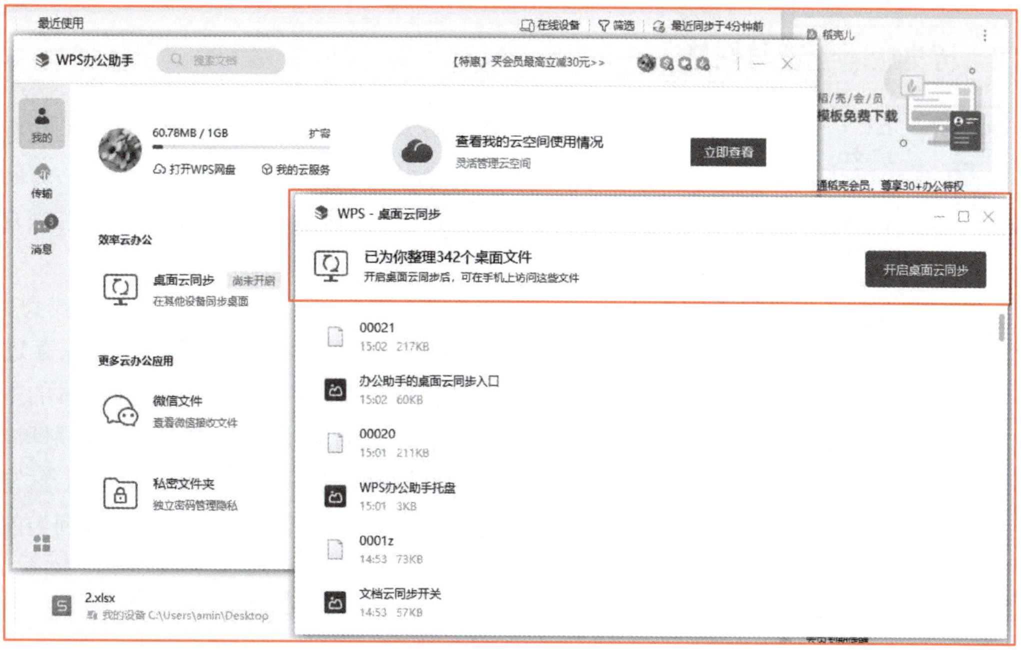

图 2.3.9
开启桌面云同步

2. WPS 网盘

WPS 网盘是 WPS 云服务在 Windows 系统上提供的接近系统文档管理习惯的云盘工具。用户可以在"此计算机"→"WPS 网盘"中使用和管理自己存储在 WPS 云空间中的文件，如图 2.3.10 所示。

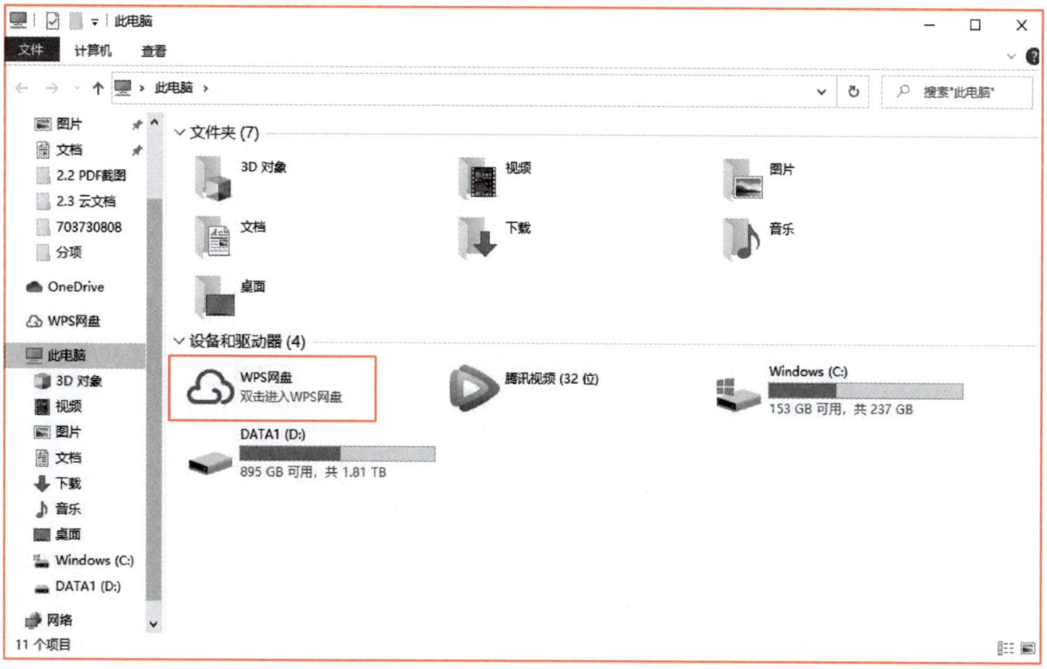

图 2.3.10
WPS 网盘入口

WPS 网盘中的文件，默认存储在云空间中，不会占用用户设备的磁盘空间。用户双击打开文件后，文件自动从云端下载到本设备后打开。

在使用网盘进行文件管理时，像在使用计算机磁盘管理文件一样，对文件可以进行拖曳移动，可以使用 Ctrl+C 组合键或 Ctrl+V 组合键复制、粘贴文件。

2.3.3 历史版本管理与恢复

微课 2-11
历史版本
管理与恢复

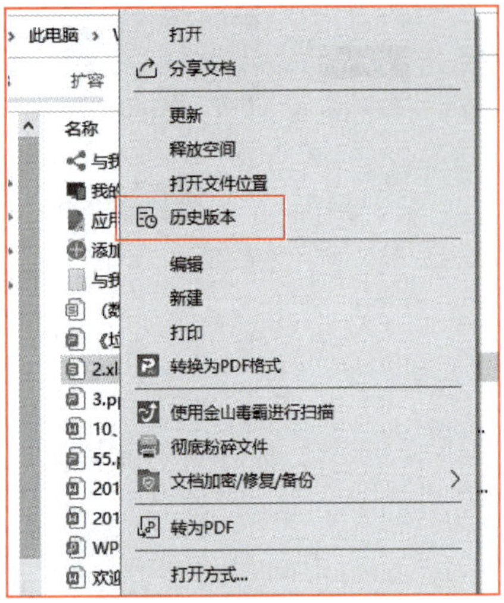

图 2.3.11
查看文档的
历史版本信息

历史版本是 WPS 云为保护用户的文档数据安全的一个功能，用户编辑过的文档版本都会按时间顺序自动保存在“历史版本”中，方便用户随时恢复之前编辑过的版本，如图 2.3.11 所示。

在文件上右击，在弹出的快捷菜单中找到“历史版本”，即可查看到该文档既往的所有保存过的版本。“历史版本”页面中会显示每一个版本的生成时间、文件大小、更新的用户名，方便用户识别和辨认。用户可以对某一历史版本进行预览或恢复，预览会打开所选版本进行查看，恢复即将文档恢复到当前所选的版本。

2.3.4 从云回收站恢复误删除的云文件

当用户删除了 WPS 云空间中的任一文件或文件夹后，该文件或文件夹会自动进入云回收站中。登录 WPS 账号后，单击 WPS 首页左侧导航栏的“回收站”按钮，可进入云回收站查看当前 WPS 账号删除的文件或文件夹。

- 还原：在回收站的列表中，在某个文件或文件夹上右击，在弹出的快捷菜单中选择“还原”命令，即可将选中的文件或文件夹还原到删除前的位置，如图 2.3.12 所示。

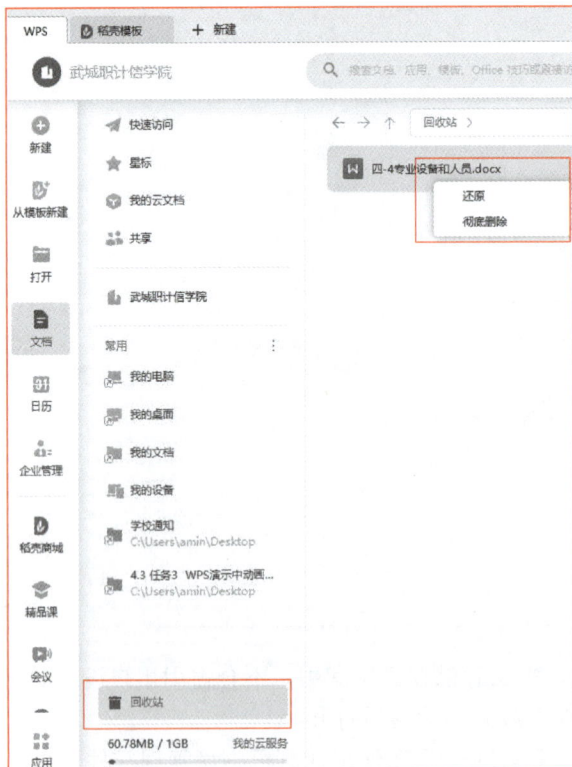

图 2.3.12
从回收站还原或彻底
删除文件

- 彻底删除：对某个文件或文件夹右击，在弹出的快捷菜单中选择“彻底删除”命令，会把所选文件或文件夹从云回收站中彻底删除，该文件或文件夹将无法再还原。

●2.3.5 云共享与云协作

1. 云共享

文档在线存储的优势在于用户能够随时随地实现文档信息共享，以提高文档协作的效率。在 WPS 云办公服务中，是以分享的形式来实现共享行为。

（1）文件分享

对于所有存储在 WPS 云办公中的文件，都能以链接的形式与他人共享，并且使用方式也十分简单。以客户端为例，可以在文档列表条目、条目右键快捷菜单和文档预览页找到"分享"按钮，如图 2.3.13 所示。

微课 2-12
云共享与
云协作

图 2.3.13
文档列表条目的
分享按钮

单击"分享"按钮，进入分享流程。如果是首次分享，需要先设置分享权限并创建分享链接；创建链接后，单击"复制链接"按钮并发给其他人，就能实现文件的共享，如图 2.3.14 所示。

（2）权限管控

在 WPS 云办公中，不仅能够轻松地通过链接分享文件，还能对分享的权限进行管控。

首先，通过链接决定"谁"能访问。把"谁"分为 3 个层级，即任何人、本企业成员和仅指定人，以满足大部分分享场景的需要，如图 2.3.15 所示。

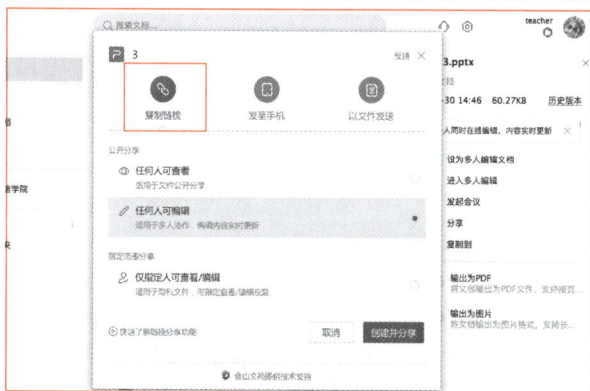

图 2.3.14
复制链接

图 2.3.15
链接权限

其次，通过链接决定能做什么。如果需要其他人员一起协作文档，那么需要赋予对方编辑的权限；如果想要对方只能阅读，则只需授予其查看权限即可。此外，可以给每个分享出去的链接设定有效时间，避免因链接长时间暴露在外而导致文档内容泄漏。

2. 利用团队管理与组织文件

在多人协作办公时，建议使用团队文档来管理和共享文件，团队成员只需要在 WPS 的团队文档中查看和编辑，无须通过邮件等方式进行传输或交流，团队协作更加方便。

（1）创建企业和团队

在创建团队之前，用户需要先创建一个企业。创建企业的入口可以在多个地方找到，最常用的是在 WPS 右上方头像下拉菜单中操作，如图 2.3.16 所示。

图 2.3.16
创建企业入口

完成企业的创建后，在"首页"→"文档"中，可以看到企业入口，单击"企业名称"，可以进入企业的云文档空间，进入企业后，单击"新建团队"按钮即可完成团队的新建，如图 2.3.17 所示。

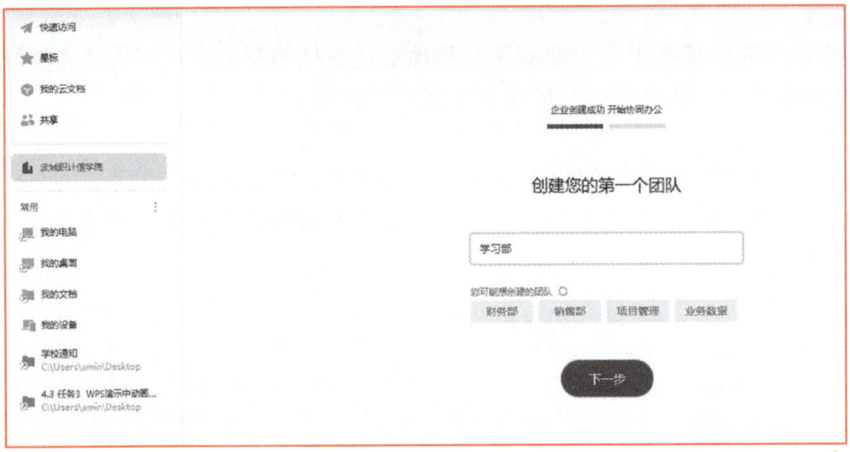

图 2.3.17
创建团队

团队新建完成后，还需要添加多个成员，形成真正的"团队"，如图 2.3.18 所示。

图 2.3.18
邀请团队成员

添加成员有两种方法：一种是邀请 QQ、微信好友加入，将邀请链接发送给 QQ、微信好友，用于添加不在企业内的成员；另一种是直接从联系人添加，用于添加已经在企业内的成员。成员审批如图 2.3.19 所示。

图 2.3.19
成员审批

（2）共享文件

添加成员完成后，意味着团队成员增加了一个可以共同拥有的云办公空间。在这个空间中，团队成员可以任意上传、下载和使用团队内的文件，使得协同办公更加便捷与高效。

（3）成员权限控制

团队创建者拥有最大的权限，可以管理团队成员，设置成员为管理员协助团队管理，也可以设置成员权限。例如拥有"允许编辑"权限的成员可以编辑团队文件，拥有"仅查看"权限的成员仅可以查看团队文件。

3. 多人同时编辑

办公是一个多人协作的场景，工作中的文档经常需要与他人一起编辑或远程讨论。下面介绍如何使用 WPS 云办公进行多人同时编辑同一文档，以及如何使用 WPS 发起或参与远程会议。

（1）进入多人协同编辑

在 WPS Office 客户端中，多人协同编辑的操作步骤如下。

步骤 1：选择需要多人协同编辑的文件。

步骤 2：在文件名上右击，在弹出的快捷菜单中选择"进入多人编辑"命令，打开文档并进入协同编辑模式。其他成员可通过同样方式，同时编辑同一份文档，如图 2.3.20 和图 2.3.21 所示。

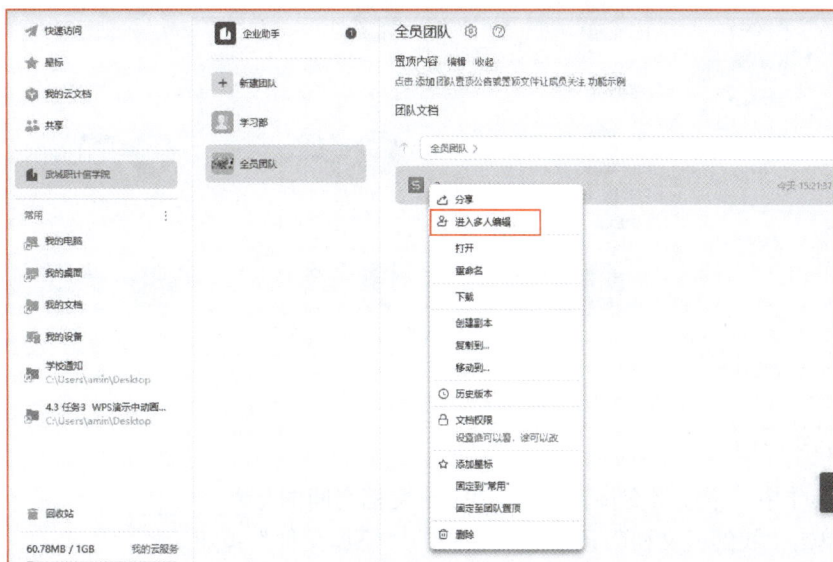

图 2.3.20
进入多人编辑

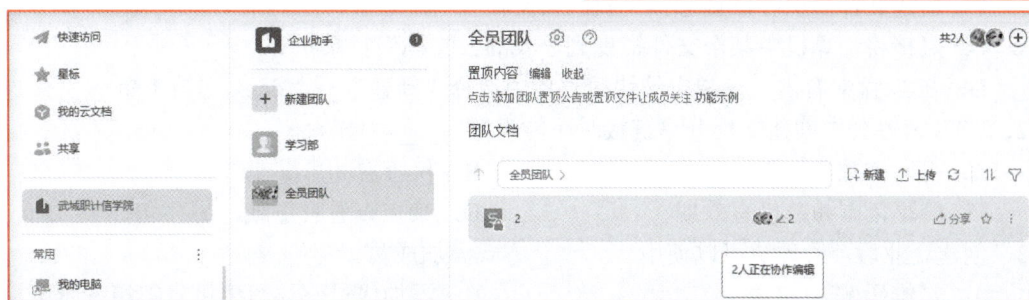

图 2.3.21
团队协作编辑

（2）查看协作人员和协作记录

进入协同编辑模式，在文档右上角可查看当前文档的在线协作人员，鼠标指针移动到头像上方即可显示协同人员姓名，可随时关注文档的协作状态，如图 2.3.22 所示。

在文档右上角的"历史记录"下拉菜单中，选择"协作记录"选项可查看文档的协作记录，如图 2.3.23 所示。

图 2.3.22
查看当前
协作人员

图 2.3.23
查看协作记录

77

（3）远程会议

在 WPS 的"应用中心"或金山文档的应用页面，找到"会议"入口，单击进入远程会议，如图 2.3.24 所示。

图 2.3.24
远程会议入口

【课后练习】

1. 下列操作中，不能将文件保存到 WPS 云文档空间的是_____。

    A．单击"我的云文档"顶部工具栏中的"添加文件"按钮

    B．新建文件后保存位置选择"我的云文档"

    C．直接将计算机中某个文件拖曳到"我的云文档"目录中

    D．在 D 盘中右击，在弹出的快捷菜单中选择"新建"→"docx 文档"命令

2. WPS 云办公中创建文档分享链接时不能设置_____权限。

    A．打印次数

    B．仅查看和可编辑

    C．分享范围和链接有效期

    D．禁止查看者下载、另存和打印

3. 创建企业后，管理员可以使用_____方式添加成员。

    A．二维码/链接邀请

    B．添加成员→填写手机号邮箱→邀请

    C．添加团队成员→邀请微信/QQ 好友

    D．以上都是

4. 对某个保存在 WPS 云文档空间的文档进行多次编辑保存后，如果需要恢复到过去某个时期的版本，可以使用_____功能。

    A．云回收站　　　B．WPS 网盘　　　C．同步文件夹　　　D．历史版本

5. 在以链接形式分享文件时，如果期望所有打开的人只能查看不能修改，应该在分享时设置_____权限。

    A．仅指定人可查看/编辑

    B．本企业可查看

    C．任何人可查看

    D．任何人可编辑

6. 下列加入 WPS 会议的方式中，错误的是_____。

    A．在"WPS 会议"应用中输入加入码

    B．在浏览器地址栏中输入会议链接

    C．单击会议邀请链接

    D．输入主持人姓名

7. 某公司现在需要进行标书制作，需要涉及的同事分布在技术部、销售部等多个部门，WPS 云办公服务中的_____功能可以帮助同事之间快捷地实现标书制作。

    A．在线编辑　　　B．历史版本　　　　C．文档漫游　　　D．离线表格

第3章　WPS文字文档

3.1　任务12　掌握WPS文字基本排版

【任务描述】

每年大一新生来到大学，从开始的兴奋、憧憬，逐渐进入一种迷茫状态，不知自己该怎样安排时间，如何度过大学生活？学生会学长为了帮助同学们度过迷茫期，找到人生目标及学习方法，特意写了这封"致大一新生的一封信"，请帮忙给这封信进行排版。

【考点分析】

① 掌握文档的创建、编辑、保存、页面设置、打印预览和打印等基本操作。

② 掌握字体格式、段落格式、格式刷和项目编号等操作。

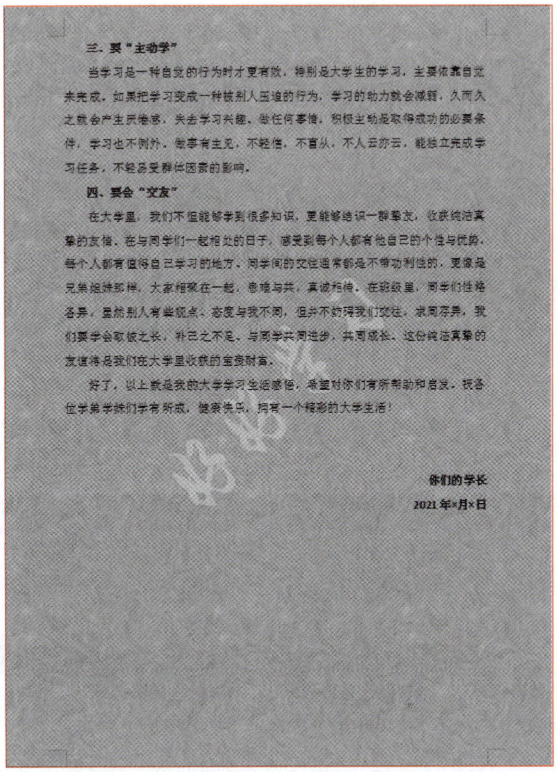

③ 掌握页面背景、水印设置。

【最终效果】

本任务的最终效果如图3.1.1所示。

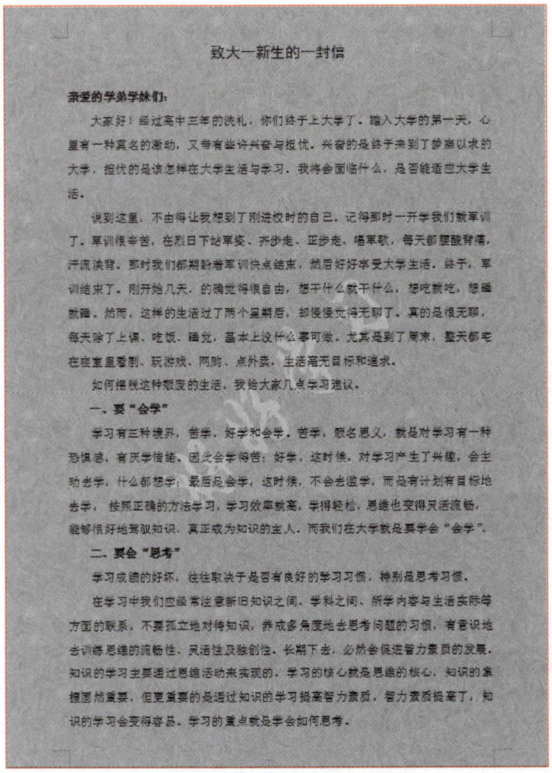

学习目标

PPT: 任务12
掌握WPS文
字基本排版

PPT

文本:
效果文件

(a)　　　　　　　　　　　　　　　(b)

图 3.1.1
完成效果图

【任务实现】

•3.1.1　导入信件的文字内容

在开始排版之前，需要将原始的信件文字内容输入 WPS 文字文档。

1. 启动 WPS 文字

单击任务栏"开始"按钮，选择"所有程序"→"WPS Office"文件夹→WPS Office 命令，单击"新建"→"文字"→"新建空白文字"按钮，启动 WPS 文字。

微课 3-1
导入信件的
文字内容

2. 从写字板中导入信件的内容

① 打开素材文件夹中的"一封信.txt"，先按 Ctrl+A 组合键选中所有文字信息，再按 Ctrl+C 组合键复制内容到剪贴板，如图 3.1.2 所示。

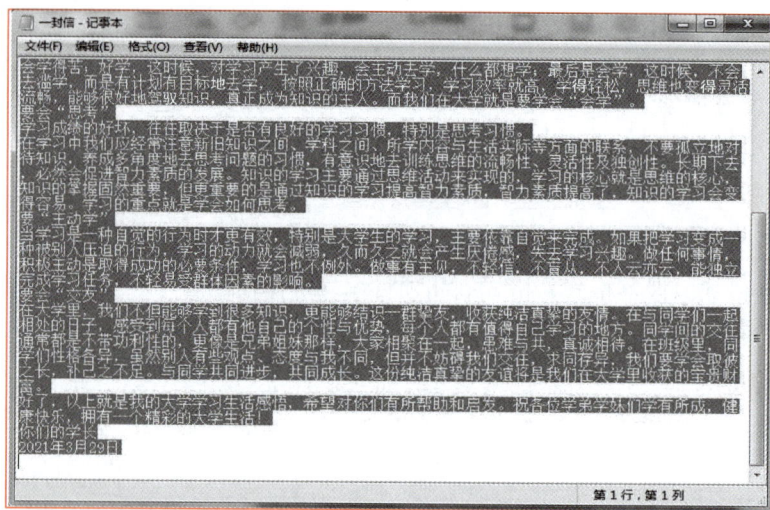

图 3.1.2
写字板素材文字
全选效果

② 切换到 WPS 文档，按 Ctrl+V 组合键，将文档内容粘贴导入文档中，如图 3.1.3 所示。

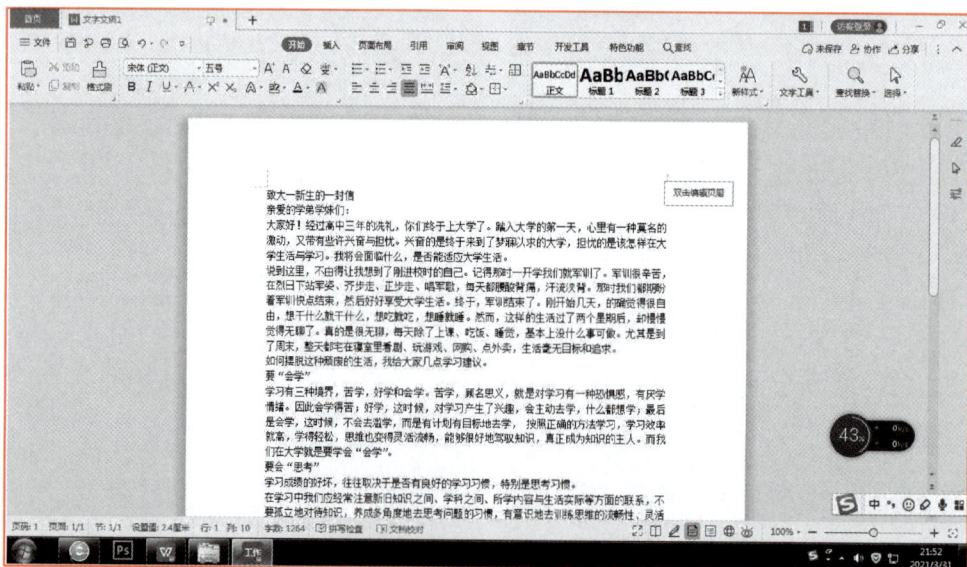

图 3.1.3
WPS 中粘贴
文字效果

3. 设置页面布局

素材文件

页面的设置，能反映文档排版的最终布局效果，需要在文档排版前进行设置。

单击功能区中"页面布局"选项卡→"页面设置"对话框按钮，打开"页面设置"对话框，单击"页边距"选项卡，设置上、下边距为 2.6 cm，左、右边距为 3 cm，单击"纸张"选项卡，将纸张大小设置为 A4，如图 3.1.4～图 3.1.6 所示。

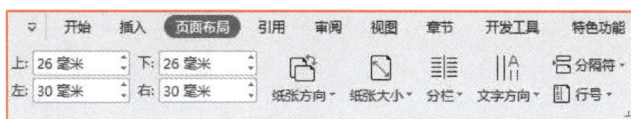

对话框按钮

图 3.1.4
"页面布局"选项卡

上、下边距2.6cm　　左、右边距3cm　　　　　　纸张大小

图 3.1.5
页边距设置

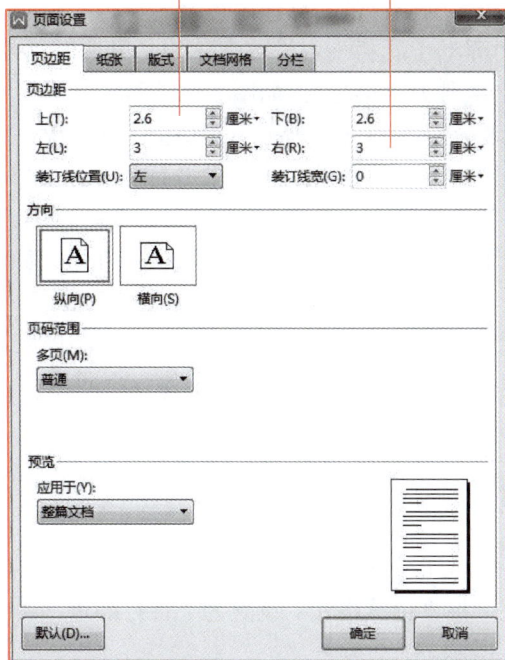

图 3.1.6
纸张大小设置

4. 保存文档

单击功能区中的"文件"菜单→"保存"命令，打开"另存文件"对话框，单击"我的电脑"，打开本地硬盘 D，设置"文件类型"为"WPS 文字文件"，然后在"文件名"文本框中输入"致大一新生的一封信"，单击"保存"按钮，将信件初稿保存，如图 3.1.7 所示（注：WPS 格式的文件只能使用 WPS 打开，文字文档保存扩展名一般默认为.docx）。

选择保存路径　输入文件名

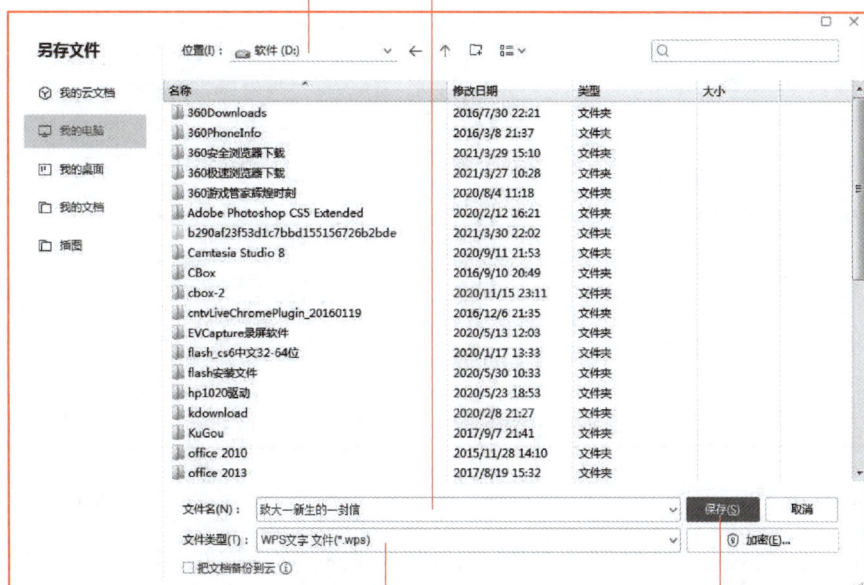

选择文件类型　　　　　　　　　保存文件

图 3.1.7
保存文件

3.1.2　设置文档的字体和段落格式

1.　设置字体格式

文字内容导入后，可以对文字信息进行字体、字号等设置。

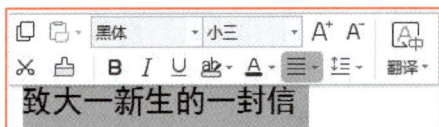

图 3.1.8
字体字号
浮动面板

① 标题设置。将光标移到标题行左边的选中区，选中"致大一新生的一封信"标题内容。

② 在"浮动工具栏"中设置字体为"黑体"，字形为"加粗"，字号为"小三"，如图 3.1.8 所示。

③ 标题文字保持选中状态，单击"段落"对话框按钮，打开"段落"对话框，在"缩进和间距"选项卡中将"对齐方式"设置为"居中对齐"，将"间距"设置为"段前 0 行、段后 1 行"，将"行距"设置为"1.5 倍行距"，如图 3.1.9 所示。

④ 首行设置。选中首行文字"亲爱的学弟学妹们："，同"标题"设置方法，将首行文字设置为宋体、加粗、小四号、1.5 倍行间距。

⑤ 正文设置。将光标置于正文的开始位置，按住鼠标左键，向右下方平拖至正文结尾处选中"大家好！……拥有一个精彩的大学生活！"，整个正文部分，将其设置为宋体、小四号。

微课 3-2
设置文档的
字体和段落
格式

2.　设置段落格式

段落可以清晰显示文档的层次结构，是文字排版的重要部分，字体设置完成后，即可进行段落格式的设置。

① 正文文字保持选中状态，单击"段落"对话框按钮，打开"段落"对话框，在"缩进和间距"选项卡中将"对齐方式"设置为"两端对齐"，将"特殊格式"设置为"首行缩进、2 字符"，将"行距"设置为"1.5 倍行距"，如图 3.1.10 所示。

图 3.1.9
"段落"
对话框

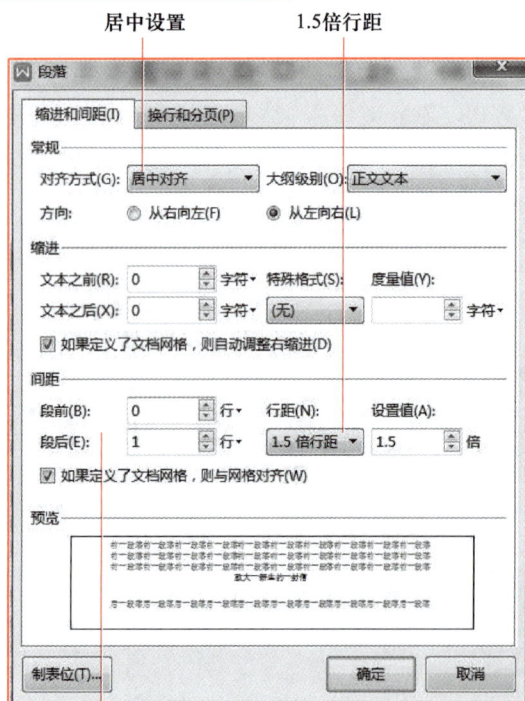

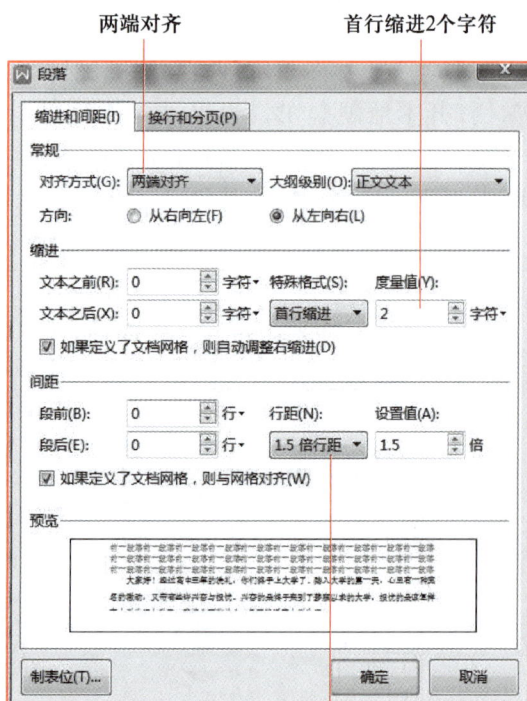

图 3.1.10
正文段落
格式设置

② 落款设置。光标移到落款文字"你们的学长"前面，按 3 次回车键，按照书信落款样式，将落款和正文隔开。

3. 格式刷的应用

① 选中首行文字"亲爱的学弟学妹们："，单击功能区中的"开始"选项卡→"格式刷"按钮，再将刷子样式光标移到落款文字"你们的学长 2021 年×月×日"前面，向右拖动选中落款两行文字，即可将"首行文字"格式样式应用到落款文字。

② 保持落款文字选中状态，在右侧出现的"浮动工具栏"中将文字设置为"右对齐"。

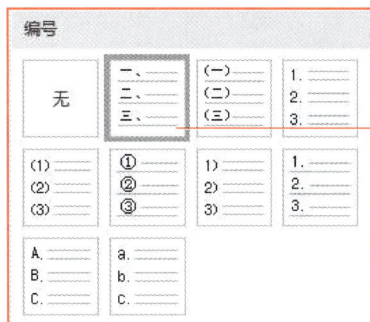

3.1.3 设置编号

选中需要设置编号的标题文字"要'会学'、要'会思考'、要'主动学'、要'会交友'"，单击功能区中的"开始"选项卡→"编号"下拉按钮，选择"编号库"中的编号，为标题文字加上编号，如图 3.1.11 所示。

图 3.1.11
编号设置

3.1.4 设置页面背景

为了使页面看起来更加美观，可以给页面设置背景颜色，以达到美化页面和文本的效果（注：背景默认是不打印的，但是也可以通过设置打印出来。例如选择"文件"选项卡→"打印"选项，选择"打印背景色和图像"复选框，即可打印背景色和图像）。

微课 3-3
设置页面
背景

1. 页面背景纹理设置

① 单击"页面布局"选项卡→"背景"下拉按钮，在打开的下拉列表中选择"其他背景"→"纹理"选项，打开"填充效果"对话框，如图 3.1.12 所示。

② 在"纹理"选项卡中选择第 1 行最后 1 列"有色卡纸 1"填充效果，如图 3.1.13 所示。

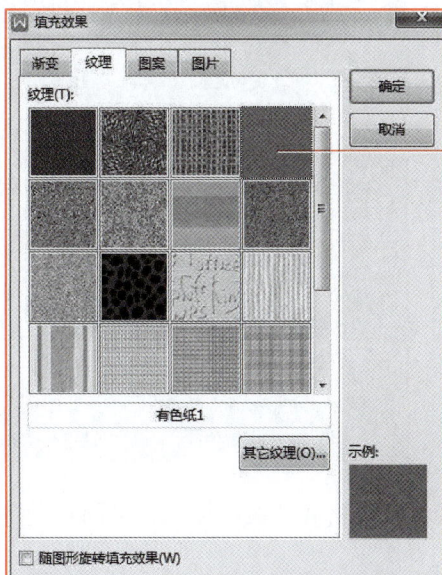

图 3.1.12
页面背景设置 1

其他背景

有色卡纸1

图 3.1.13
页面背景设置 2

2. 页面背景水印设置

① 单击"页面布局"选项卡→"背景"下拉按钮，在打开的下拉列表中选择"水印"→"自定义水印"，单击"单击添加"按钮，打开"水印"对话框，进行水印的文字参数设置，如图 3.1.14 和图 3.1.15 所示。

图 3.1.14
制作水印 1

图 3.1.15
制作水印 2

② 水印设置完毕，再次单击"背景"下拉按钮，在打开的下拉列表中选择"水印"，将"自定义水印"内容选中应用即可。水印应用后效果如图 3.1.16 所示。

图 3.1.16
水印完成效果

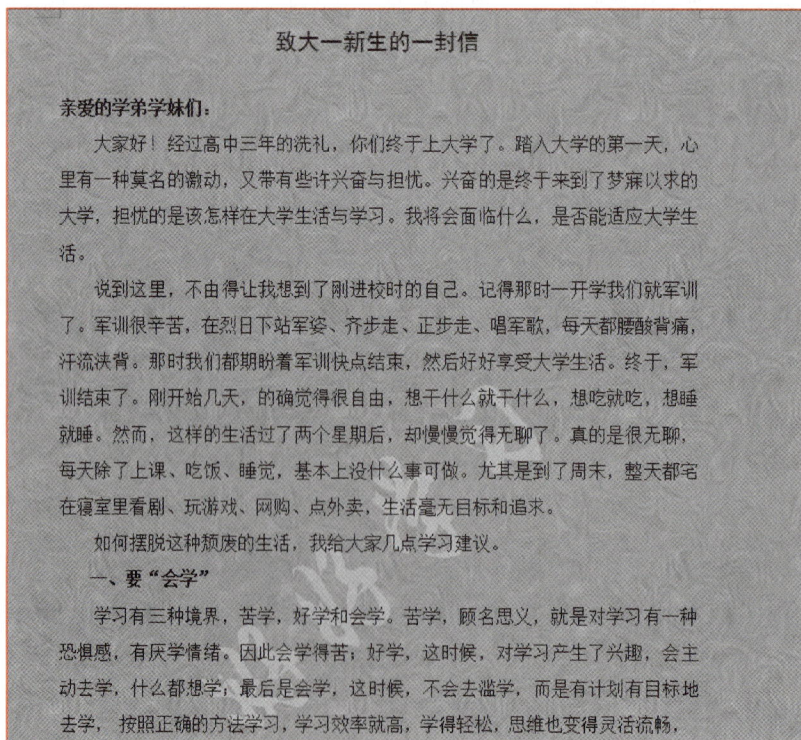

文档经过字体格式、段落格式、页面背景等设置后，最终完成效果如图 3.1.17 所示。

文本：
效果文件

图 3.1.17
完成效果图

3.1.5 打印设置

1. 打印预览

将设置完成的书信打印输出，选择"文件"选项卡→"打印预览"选项，或者单击快速访问工具栏中的"打印预览"按钮 🔍 ，预览排版后的文档，此时预览的效果即是打印效果。如果需要调整，可以关闭预览回到工作区调整。另外，还可以对打印份数、打印方式进行设置，预览无误后单击"直接打印"按钮，即可打印输出，如图 3.1.18 和图 3.1.19 所示。

微课 3-4
打印设置

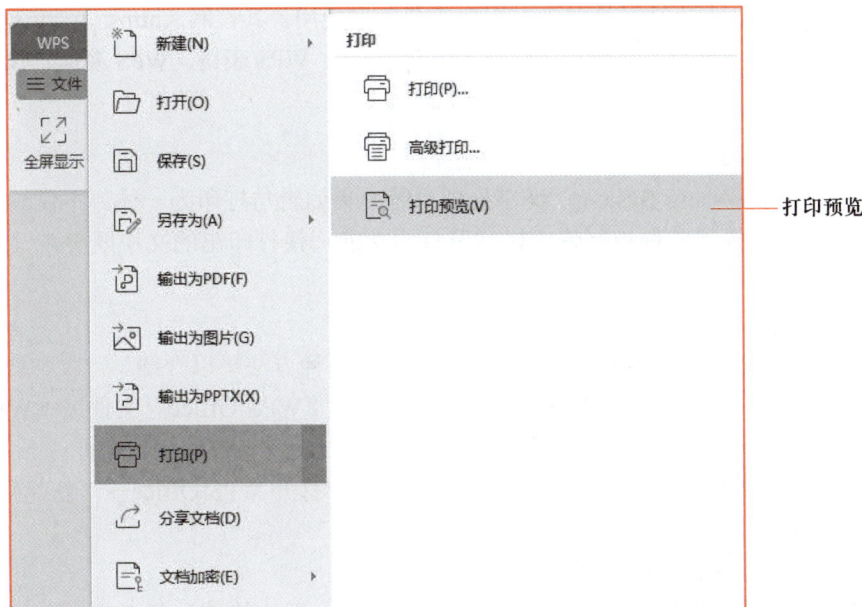

打印预览

图 3.1.18
打印预览 1

直接打印　　　　　　　　　　打印份数、打印方式

图 3.1.19
打印预览 2

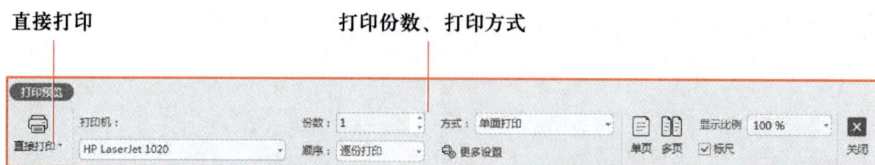

2. 打印

文字、段落设置完成的文档，也可以直接打印，选择"文件"选项卡→"打印"选项，或者单击快速访问工具栏中的"打印"按钮 🖶，设置相关参数后打印输出，如图 3.1.20 所示。

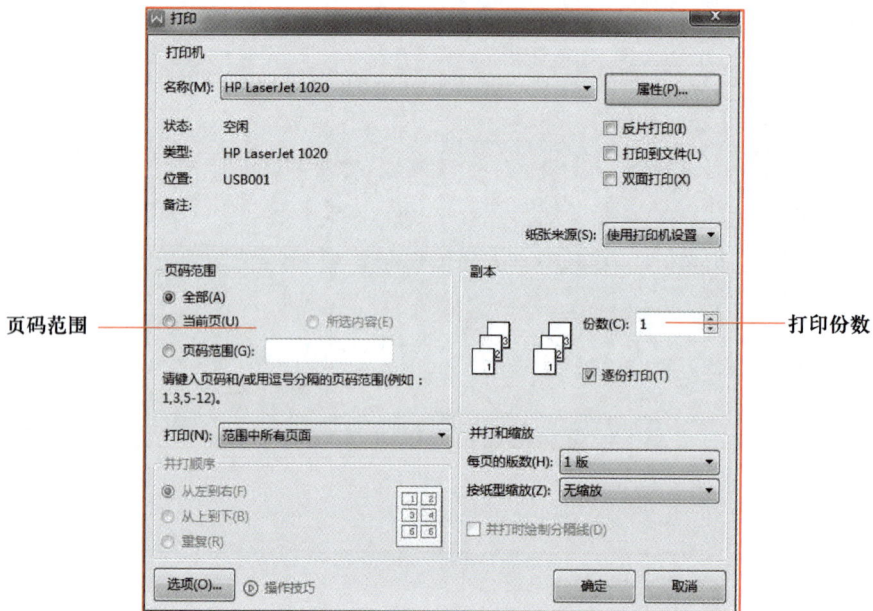

页码范围　　　　　　　　　　　　　　　　　　　　　　打印份数

图 3.1.20
打印输出

【背景知识】

1. WPS Office 简介

WPS Office 是国内金山软件公司开发的一款办公软件，可以实现办公软件常用的文字、表格、演示等多种功能，小巧易用且对个人用户永久免费使用。其官网（https://www.wps.cn）目前提供 WPS Office 2019 下载，这款套装软件包含 WPS 文字、WPS 表格、WPS 演示、WPS PDF、脑图、金山海报等组件。

2. WPS 文字介绍

WPS（Word Processing System，文字处理系统）集编辑与打印为一体，不仅具有丰富的全屏幕编辑功能，而且提供各种控制输出格式及打印功能，使打印出的文稿既美观又规范，基本上能满足各种文件打印的需求。

（1）新建空白文档

新建 WPS 文字文档有多种方法，下面就最常见的两种方法予以介绍。

① 单击任务栏中的"开始"按钮→"所有程序"→"WPS Office"文件夹→WPS Office→"新建"→"文字"→"新建空白文字"。

② 直接双击桌面上的 WPS Office 快捷方式图标 🔳，打开 WPS Office→"新建空白文档"。

（2）保存文档

可以选择以下任意的一种方法保存文档。

① 打开一个新的 WPS 文字文档，内容编辑完成后，单击快速访问工具栏中的"保存"按钮 🖫，弹出"另存为"对话框，选择保存路径，输入文件名，设置"文件类型"为"WPS 文字

文件"，单击"保存"按钮，如图 3.1.21 所示。

保存路径

文件名和文件类型   **保存**

图 3.1.21
保存文档

② 单击功能区"文件"选项卡→"保存"按钮，打开"另存为"对话框，保存文件方法同步骤①。

③ 按 Ctrl+S 快捷键，也可打开"另存为"对话框进行文件保存。

（3）关闭文档

关闭 WPS 文字文档，也有多种方法可以选择。

① 单击标签栏右上角的"关闭"按钮 ⊠ 。

② 选择功能区"文件"选项卡→"退出"命令。

③ 在"文字文稿 1"文件标签处右击，在弹出的快捷菜单中选择"关闭"命令。

④ 按 Ctrl+F4 或者 Ctrl+W 快捷键。

3．WPS 文字工作窗口介绍

打开 WPS 文字文档，即打开文档工作窗口。窗口功能布局及名称如图 3.1.22 所示。

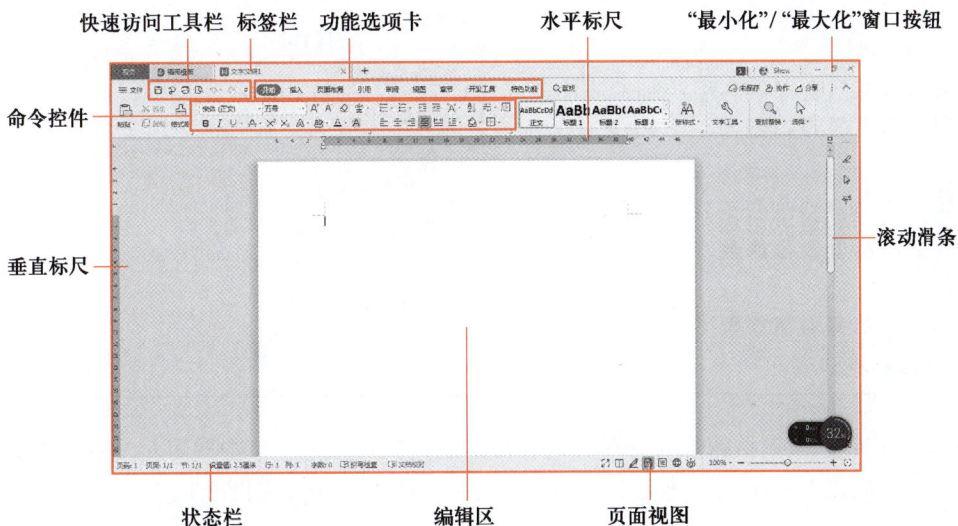

快速访问工具栏   **标签栏**   **功能选项卡**   **水平标尺**   **"最小化"/"最大化"窗口按钮**

命令控件

滚动滑条

垂直标尺

状态栏   **编辑区**   **页面视图**

图 3.1.22
工作窗口

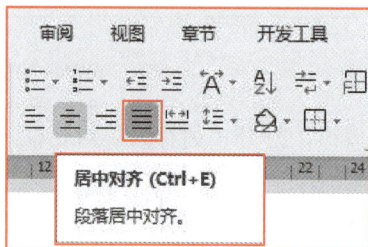

（1）标签栏

标签栏位于窗口最上端，显示当前的文件名和当前运行的程序名称。标签栏左上角有"首页"标签，单击可以打开"WPS 首页"，右上角有最小化、最大化、关闭程序按钮。

（2）功能选项卡

功能选项卡包括文件、开始、插入、页面布局、引用等多个选项卡。除了常用的选项卡外，文档中的部分内容和对象会有自身特有的操作，在选中或编辑时，功能区中会动态加载用于执行特定操作的附加选项卡，这类选项卡被称为"上下文选项卡"，如"表格工具""图片工具"等选项卡。

（3）命令控件

功能区选项卡中包含多个选项组，每个选项组中包含一些功能相近或互相关联的命令，这些命令通过多种不同类型的"控件"显示在选项卡面板中，鼠标指针悬停在这些控件上会自动显示相应的功能名称、快捷键（如有）、文字介绍和视频介绍（如有视频需联网观看），如图 3.1.23 和图 3.1.24 所示。

图 3.1.23
命令按钮的功能名称和
快捷键

图 3.1.24
命令按钮的功能名称和
视频介绍

（4）按钮

① 单击按钮。可以执行一项命令或一项操作。例如，"开始"选项卡中的增大字号按钮 A⁺，可以增大当前字号。

② 切换按钮。单击切换按钮，可以在两种状态之间来回切换。例如，"开始"选项卡中的加粗按钮 B，可以在加粗和不加粗之间切换。

③ 下拉按钮。下拉按钮包含一个黑色倒三角标识符号。单击某些下拉按钮将展开下拉面板或者下拉列表，如图 3.1.25 和图 3.1.26 所示。

图 3.1.25
下拉面板

图 3.1.26
下拉列表

④ 微调按钮。微调按钮包含一对方向相反的三角箭头按钮，单击即可对文本框中的数值大小进行调节，如"页面布局"选项卡中的"页边距"微调按钮（见图 3.1.27）。

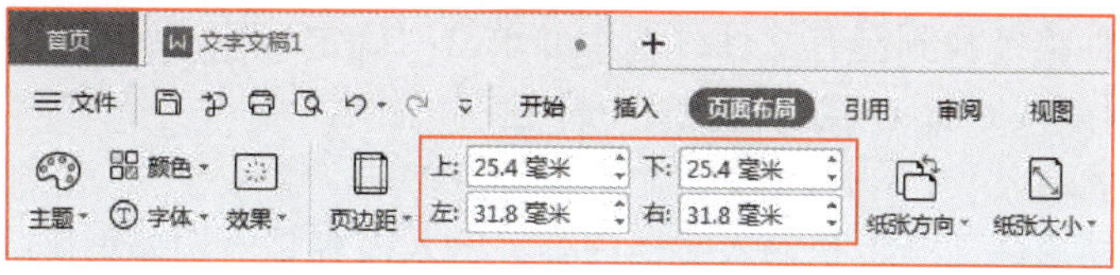

图 3.1.27
"页边距"微调按钮

（5）库

库中显示了一组可供选用的样式或格式，如"开始"选项卡中的"样式"库（见图 3.1.28），单击右侧的上下三角箭头，可以显示不同行中的预设样式，单击下拉按钮，可以打开整个库以显示所有预设样式。

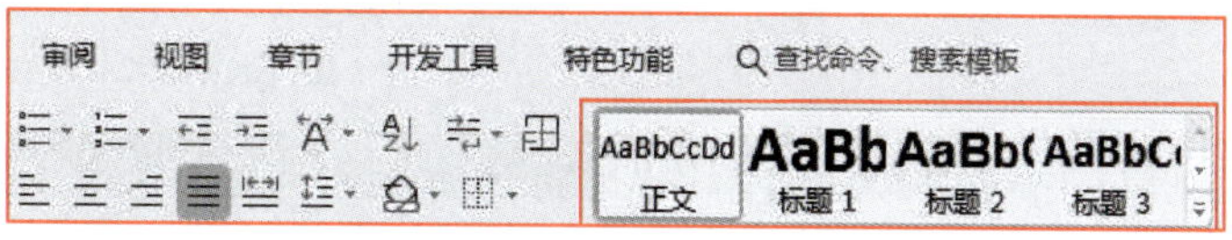

图 3.1.28
样式库

（6）对话框按钮

对话框按钮是一种比较特殊的按钮控件，位于特定选项组的右下角，显示为┘图标，单击此按钮可以打开与该选项组相关的对话框，如"开始"选项卡的"字体"对话框按钮（见图 3.1.29）。

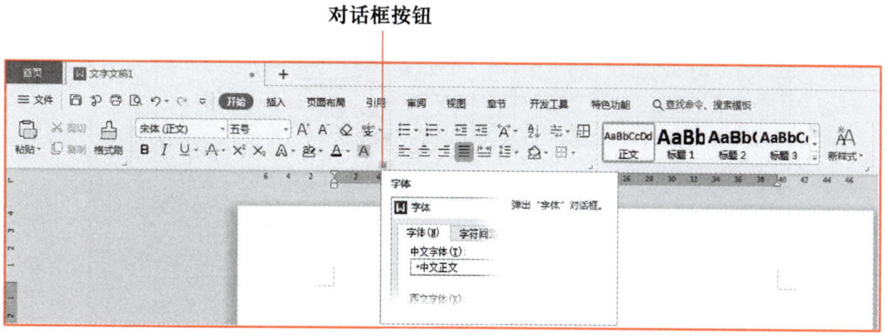

对话框按钮

图 3.1.29
"字体"对话框按钮

（7）编辑区

编辑区位于窗口正中间的空白页面，是完成文档编辑的主要区域。

（8）状态栏和任务栏

① 状态栏：主要提供文档状态信息展示和视图控制功能。在不同组件中，展示的状态信息和可切换的视图会略有不同。

● 状态信息区：展示与当前文档和当前操作相关的状态信息，如页码、页面、字数等。

● 视图控制区：切换文档展示视图、调整视图缩放比例或进入全屏显示模式。

② 任务栏：位于窗口的最下方，有"开始"按钮，当前工作软件图标，输入法、声音、日期时间等图标。右击任务栏，可以在弹出的快捷菜单中设置任务栏属性及相关内容，如图 3.1.30 所示。

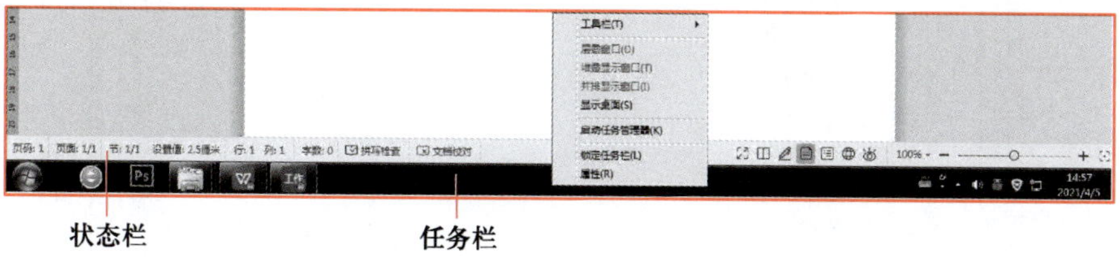

状态栏　　　　　任务栏

图 3.1.30
状态栏和任务栏

4. WPS 文字的基本操作

（1）新建和打开文档

利用前面介绍的方法，通过"开始"菜单或双击 WPS Office 软件图标→"新建空白文档"，打开一个空白的 WPS 文档。也可单击快速启动栏上的"新建"按钮▯或按 Ctrl+N 组合键新建一个文档。如果要打开一个已有的文件，可以选择"文件"选项卡中的"打开"命令，通过"打开"对话框选择文件路径找到已有文件，选中并单击"确定"按钮即可；或单击快速启动栏中的"打开"按钮 或按 Ctrl+O 组合键打开一个已有文档。

（2）文档内容的输入

创建一个新文档后，下一步是输入文档内容。输入内容是一切编辑排版的基础。

① 输入文字：先将光标定位在插入点，选择适当的输入法输入文本。

② 插入普通符号：文档在输入中需要插入标点、箭头、图形等符号。单击功能区中的"插入"选项卡→"符号"按钮 ，在打开的下拉面板中选择需要的符号，还可以从下拉面板中选择"其他符号"选项，打开"符号"对话框，通过选择"字体"和"子集"下拉列表框中的选项，找到需要的符号及字体格式，单击"插入"按钮，如图 3.1.31 所示。

图 3.1.31
插入符号

③ 插入特殊符号：当需要插入™、©、§等特殊符号时，单击"符号"对话框中的"特殊字符"选项卡，在"字符"列表框中选择并插入，如图 3.1.32 所示。

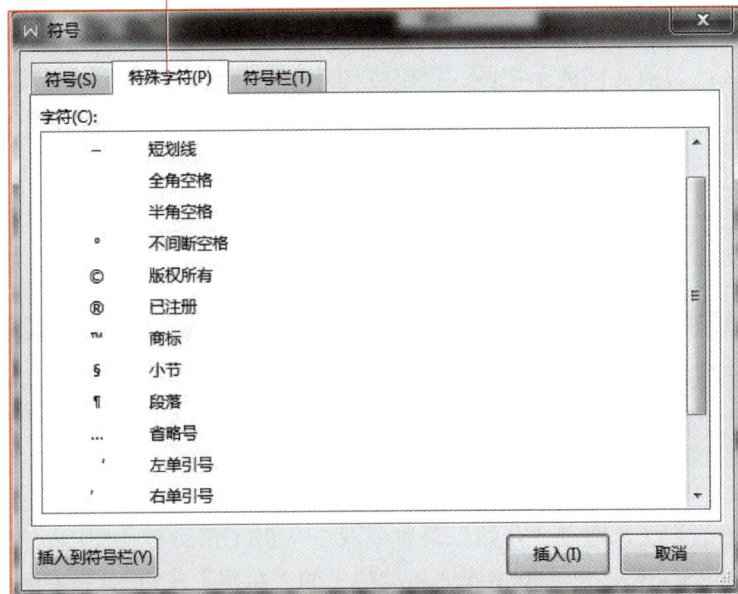

图 3.1.32
插入特殊符号

④ 插入数学公式：当要插入数学公式时，单击功能区中的"插入"选项卡→"公式"按钮 ，打开内置的数学公式。

（3）文档内容操作

1）文本的选取

对于文本的编辑操作，要牢记"先选择，后操作"的原则，只有文本被选中，所做的操作才会产生相应的效果。下面介绍几种常用的文本选取的方法。

① 拖选法：当需要选择任意一个区域的文字时，可以先将插入点置于该段文字句首位置，然后再拖动鼠标到这段文字的结尾处，即可选中这部分文字。

② 单击法：将光标置于某段文本左侧的选中区，单击选中该行，单击两次选中该段落，单击 3 次选中整篇文档。

③ 组合法：通过按住 Shift 或 Ctrl 键，和鼠标组合使用，可以选择连续的和不连续的多行文字。

- 选择连续的多行文字的方法是：先将光标置于第一行文本左侧的选中区，单击选中此行，然后再按住 Shift 键，移动鼠标到最后一行文字左侧的选中区，单击完成多行文字的选择。
- 选择不连续的多行文字的方法是：先将光标置于第一行文本左侧的选中区，单击选中此行，然后再按住 Ctrl 键，移动鼠标依次在文本左侧的选中区单击多个不连续的行。

2）复制文本

① 选中文本后，单击功能区中的"开始"选项卡→"复制"按钮 ，再将光标置于目标插入点→"粘贴"按钮 ，将文本复制。

② 选中文本后出现"浮动工具栏"，直接单击"复制"和"粘贴"按钮。

③ 选中文本后，按 Ctrl+C 快捷键，将光标置于目标插入点后，再按 Ctrl+V 快捷键。

④ 选中文本后，按住 Ctrl 键，鼠标拖动选中的文本到目标位置后，释放鼠标及 Ctrl 键。

3）移动文本

① 选中文本后，单击功能区中的"开始"选项卡→"剪切"按钮 ，将光标置于插入点，单击"粘贴"按钮。

② 选中文本后出现"浮动工具栏"，直接单击"剪切"和"粘贴"按钮。

③ 选中文本后，按 Ctrl+X 快捷键，将光标置于插入点后，再按 Ctrl+V 快捷键。

④ 选中文本后，按住鼠标左键拖动选中的文本，到目标位置后释放鼠标左键。

4）删除文本

① 选中文本后按 Delete 键，删除光标右侧一个字符，或者按 Ctrl+Delete 组合键，删除光标右侧一个词组。

② 选中文本后按 Backspace 键，删除光标左侧一个字符，或者按 Ctrl+Backspace 组合键，删除光标左侧一个词组。

③ 如果删除多个字符或者段落，可先将其选中，然后再按 Delete 键或 Backspace 键将它们一次性删除。

5）查找和替换

① 查找：单击功能区中的"开始"选项卡→"查找替换"按钮 ，打开"查找和替换"对话框单击"查找"选项卡，在"查找内容"文本框中输入要查找的内容，通过单击"查找上一处"和"查找下一处"按钮进行全文档查找。

② 替换：依据方法①，打开"查找和替换"对话框，单击"替换"选项卡，在"查找内容"文本框中输入要查找的内容，在"替换为"文本框中输入"替换的信息"，单击"替换"按钮，如图 3.1.33 所示。当搜索到文中"查找的内容"时，再次单击"替换"按钮，完成一处替换，依次将文中所有"查找的内容"替换为"替换的信息"。也可以直接单击"全部替换"按钮，一次性完成所有的替换。全部替换完成后，将弹出替换完毕对话框。

③ 为了完成更高级的查找替换功能，还可以在"查找和替换"选项卡的"高级搜索""格式""特殊格式"下拉列表中进行相关设置。

图 3.1.33
"查找和替换"对话框

查找的内容

替换的内容

（4）文本格式设置

在编辑文档时，文本格式的设置是最基础的设置，包括字体、字号、字形、字符间距等。用户可以通过"浮动工具栏""字体"命令按钮和"字体"对话框进行设置。

1）字体、字号、字形、字色

选中文本后，单击功能区中的"开始"选项卡，打开"字体"对话框单击"字体"选项卡，设置字体、字号、字形、字体颜色、下画线等格式效果，如图 3.1.34 所示。

注意：

字号数字越大，文本显示效果越小；磅值数字越大，文本显示效果越大。

2）字符间距

选中文本后，打开"字体"对话框，单击"字符间距"选项卡，设置字符间距中的缩放、间距、位置等格式，如图 3.1.35 所示。

图 3.1.34
"字体"选项卡

"字符间距"选项卡

图 3.1.35
"字符间距"
选项卡

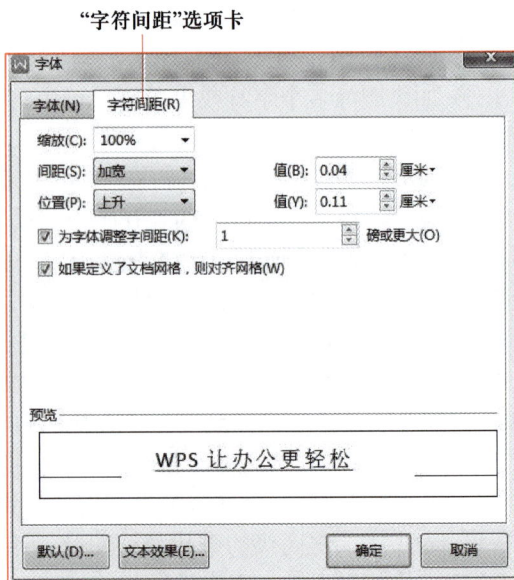

92

注意:

设置"缩放",可以从下拉列表框中选择,也可以直接输入百分比。可以设置"间距"为标准、加宽或紧缩。"位置"可以设置为标准、提升或降低。

(5)段落格式设置

文档编辑中,除了对文字格式的设置外,还需要进行段落设置。段落是排版中的常用命令。段落的划分是以回车符为标志,两个回车符之间的内容即为一个段落。段落的设置主要有对齐方式、左右缩进、特殊格式、段前段后间距、行距等。

1)段落对齐方式、左右缩进、特殊格式

① 对齐方式:是段落内容在文档左、右边界之间的横向排列方式。WPS 文字共有 5 种对齐方式:左对齐、右对齐、居中对齐、两端对齐和分散对齐。默认为两端对齐。

② 左右缩进:是段落内容从左起(或右起)相对边界缩进的字符量。

③ 特殊格式:包括首行缩进和悬挂缩进。首行缩进是将段落的第一行从左向右缩进一定的距离,首行外的各行都保持不变。首行缩进一般缩进 2 字符。悬挂缩进是指段落的首行文本不改变,而除首行以外的文本缩进一定的距离。悬挂缩进是相对首行缩进而言的。

2)间距与行距

① 间距:包括段前和段后间距,是指当前段落与上下段落之间的距离。

② 行距:是指段落中行与行之间的距离。

段落设置的具体操作方法如下。

选中段落后,单击功能区"开始"选项卡,打开"段落"对话框,单击"缩进和间距"选项卡,设置对齐方式、缩进、特殊格式、间距和行距等格式,如图 3.1.36 所示。

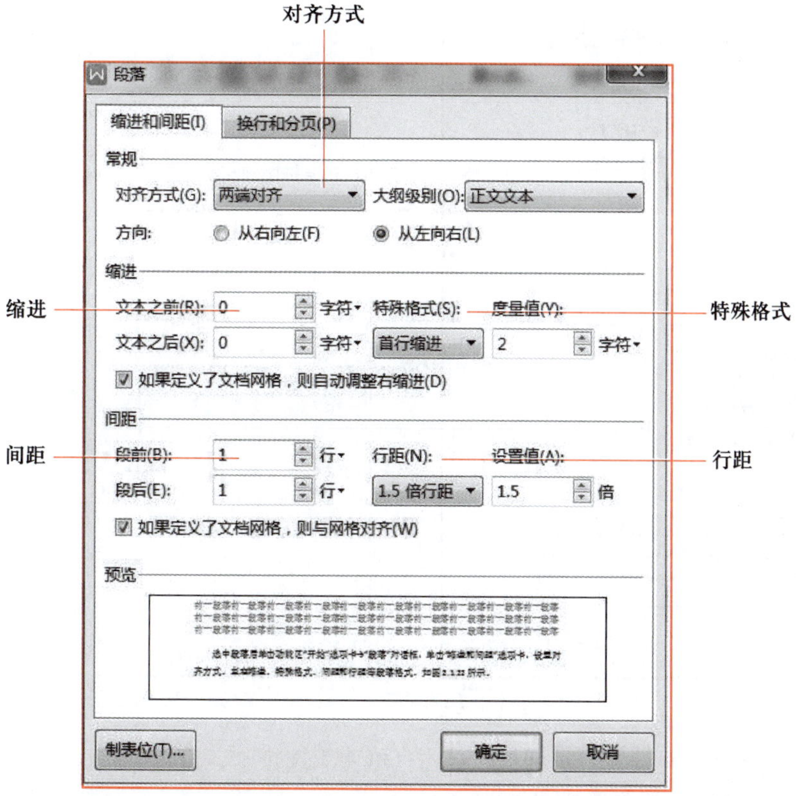

图 3.1.36
"缩进和间距"选项卡

3)换行和分页

换行和分页是段落设置的高级应用。排版时可通过"换行和分页"功能,实现对文档的换行和分页,如图 3.1.37 所示。

① 孤行控制：是为了防止在页首或者页末位置，遗留有上一个段落的末行或者下一个段落的首行。

② 与下段同页：是为了避免两个相关段落内容被分成两个页面显示，通过选择"与下段同页"复选框，可以保证两个段落在同一个页面显示。

③ 段中不分页：是为了防止同一个段落被分成两个页面显示。

④ 段前分页：相当于在段落前插入了一个分页符，将所选段落排版到下一页。

⑤ 按中文习惯控制首尾字符：是为了防止标点符号会出现在下一行开头，这样的写法是不符合中文习惯的。

⑥ 允许西文在单词中间换行：选择此复选框将会使文末的长单词拆分到下一行显示，一般是取消勾选的。

⑦ 允许标点溢出边界：是指允许标点符号比段落中其他行边界超出一个字符。

（6）页面设置

WPS 文字文档编辑完成后，还需要对文档页面布局进行设置，如调整页边距的大小、选择纸张、设置每页的行数和每行的字数等，以达到打印输出的要求。"页面设置"对话框中包括"页边距""纸张""版式""文档网络""分栏" 5 个选项卡。

① 页边距。单击功能区中的"页面布局"选项卡，打开"页面设置"对话框单击"页边距"选项卡，设置上下左右页边距、纸张方向、页码范围，设置"应用于"为"整篇文档"或"插入点之后"，其他选项为默认值，如图 3.1.38 所示。

图 3.1.37
"换行和分页"
选项卡

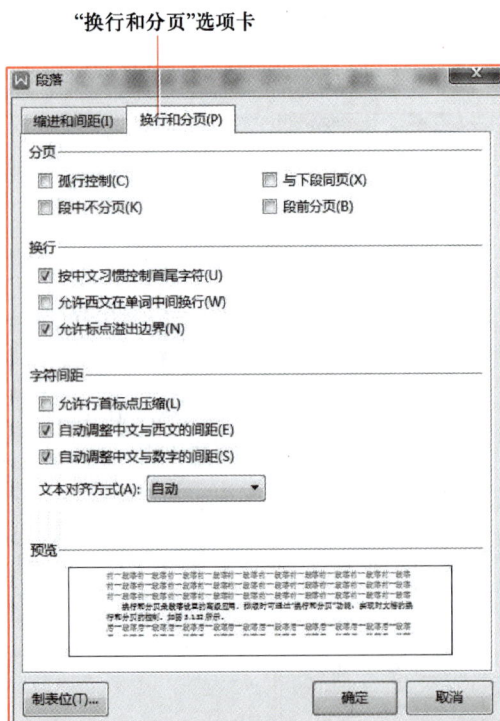

"换行和分页"选项卡　　　　　　　　　　　　"页边距"选项卡

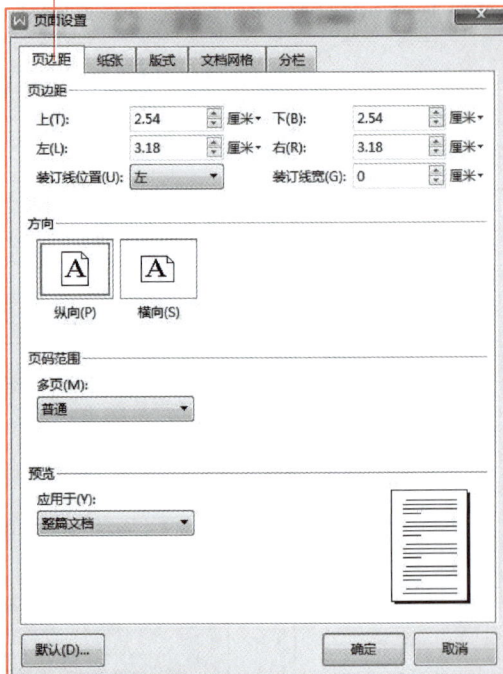

图 3.1.38
页边距设置

② 纸张。打开"页面设置"对话框，单击"纸张"选项卡，设置纸张大小，设置"应用于"为"整篇文档"或"插入点之后"，如图 3.1.39 所示。

③ 版式。打开"页面设置"对话框，单击"版式"选项卡，设置页眉和页脚显示方式、页眉和页脚离边界距离，设置"应用于"为"整篇文档"或"插入点之后"，如图 3.1.40 所示。

"纸张"选项卡

"版式"选项卡

图 3.1.39
纸张设置

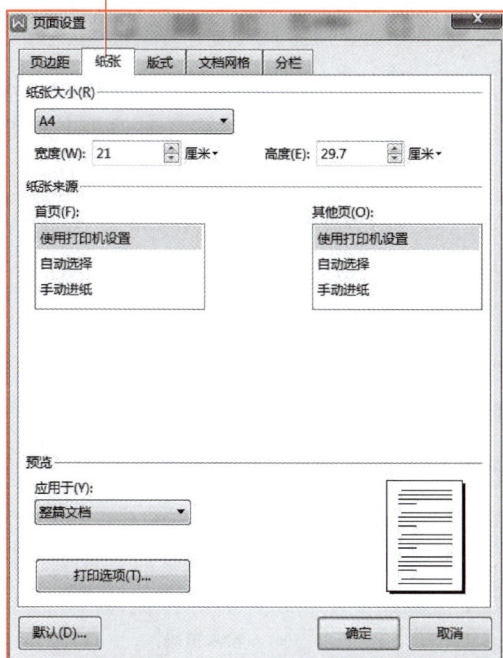

图 3.1.40
版式设置

④ 文档网络。打开"页面设置"对话框，单击"文档网络"选项卡，设置文字方向、每行字符数、每页行数，设置"应用于"为"整篇文档"或"插入点之后"，如图 3.1.41 所示。

注意：

只有在"文档网络"选项卡中的"网格"选项区域中，选中"指定行和字符网格"或"文字对齐字符网格"单选按钮，才能同时对每行字符数和每页行数进行设置。

⑤ 分栏。打开"页面设置"对话框，单击"分栏"选项卡，设置文档栏数、栏间宽度和间距，设置"应用于"为"整篇文档"或"插入点之后"，如图 3.1.42 所示。

"文档网格"选项卡

"分栏"选项卡

图 3.1.41
文档网格设置

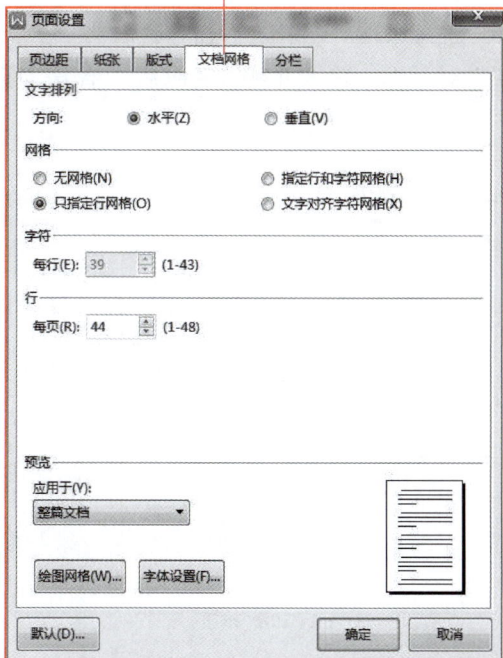

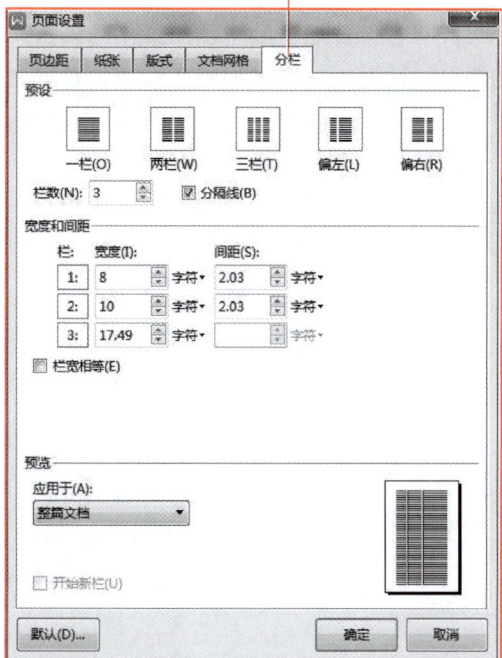

图 3.1.42
分栏设置

（7）文件保护

文件保护是为了防止他人擅自修改文件而采取的一种保护措施。一般只允许用户查看文件，不能对内容进行任何修改操作。

打开要设置保护的文档，单击功能区中的"审阅"选项卡→"限制编辑"按钮，打开"限制编辑"窗体，选中"限制对选定的样式设置格式"和"设置文档的保护方式"复选框，按照需求设置权限，常用方式是选择"只读"单选按钮，单击"启动保护"按钮，在"启动保护"对话框中输入密码，确定后被保护文档就只能读取，不能修改，如图 3.1.43 和图 3.1.44 所示。

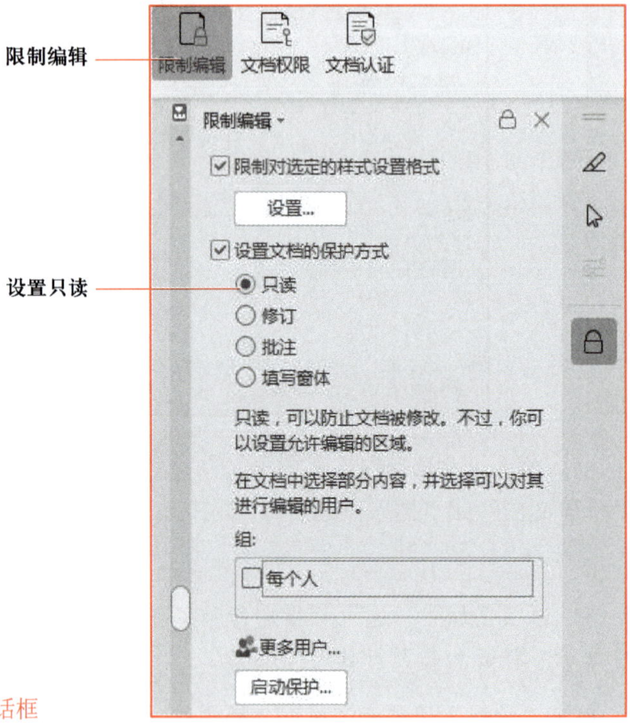

图 3.1.43
限制编辑设置

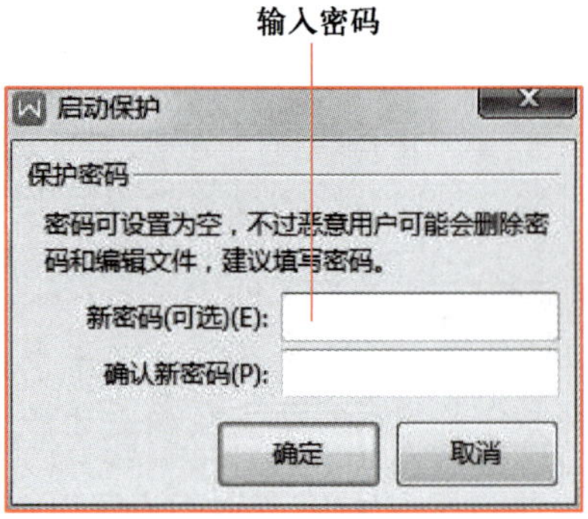

图 3.1.44
"启动保护"对话框

（8）文件加密

文件保护的设置，使用户只能查看文档而不能修改。如果是私密文档，不允许其他任何人查看，则可以用"文件加密"功能实现。

打开要设置加密的文档，单击功能区中的"文件"选项卡→"另存为"命令，打开"另存文件"对话框，单击"加密"按钮，打开"密码加密"对话框，输入并确认密码后，单击"应用"按钮即可，如图 3.1.45 和图 3.1.46 所示。

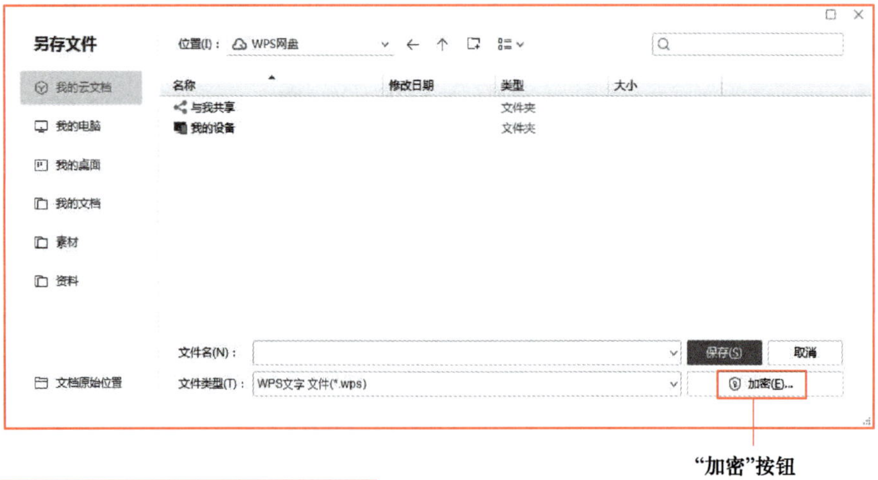

图 3.1.45
"另存文件"对话框

输入密码

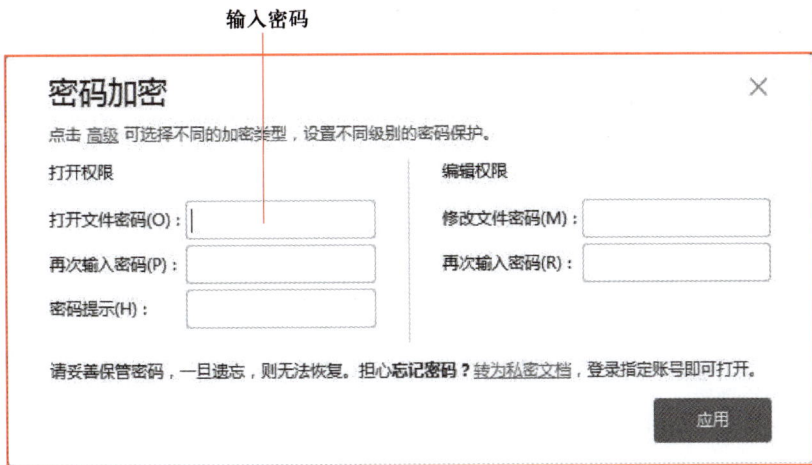

图 3.1.46
密码设置

5. 打印文档

文档所有的编辑排版工作完成后，就可以打印预览和打印输出。

（1）打印预览

打印预览是 WPS 文字功能中"所见即所得"的一种体现。在打印预览界面看到的排版效果，就是实际输出的效果。如果不满意打印预览效果，可以返回页面视图进行修改。

打印预览的具体操作如下。

单击快速访问工具栏"打印预览"按钮，进入"打印预览"页面，查看文档预览效果，可以通过拖动右下角"显示比例"滑条，调整预览的显示大小，以及单页放大显示或者多页并排显示；也可以按需设置打印份数、顺序和方式，完成后单击"直接打印"按钮，打印输出，如图 3.1.47 所示。

"直接打印"按钮

图 3.1.47
打印预览

（2）打印文档

编辑好的文档可以直接打印输出。打印输出时可以设置打印的份数、顺序、打印页码范围、单面打印或者双面打印等。

打印的具体操作如下：

单击功能区中的"文件"选项卡→选择"打印"命令，打开"打印"对话框，在打印"份数"文本框中输入打印份数；在"打印"下拉列表框中选择"范围中所有页面"或者"奇数页""偶数页"；在"页码范围"文本框中输入自定义页码（连续页码用"-"连接，不连续页码用英文","隔开，如 1,3,5-12）。单击"属性"按钮，在打开的对话框中单击"完成"选项卡，设置"双面打印（手动）"等，单击"确定"按钮开始打印，如图 3.1.48 和图 3.1.49 所示。

打印属性

页码范围

打印份数

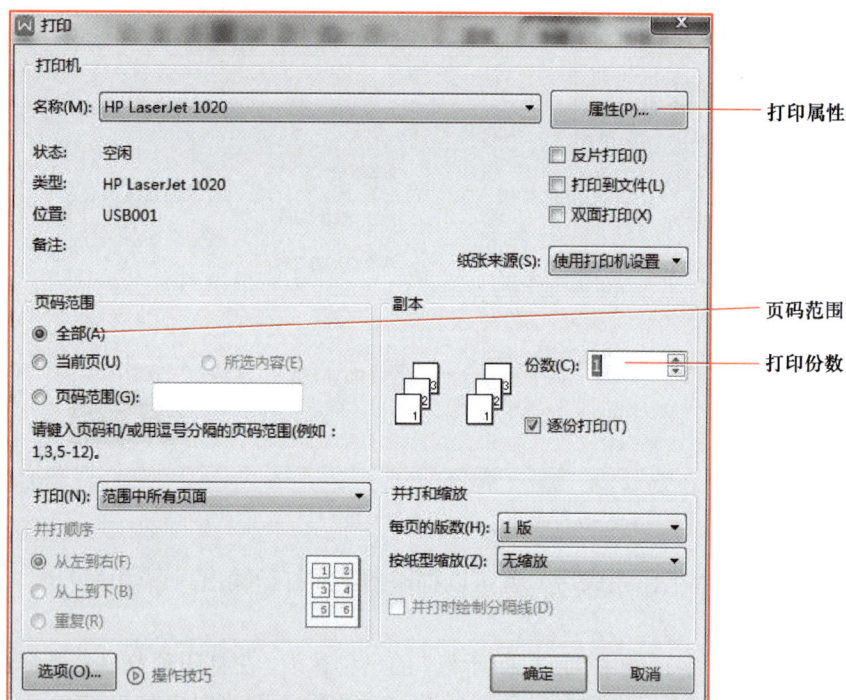

图 3.1.48
打印输出

双面打印

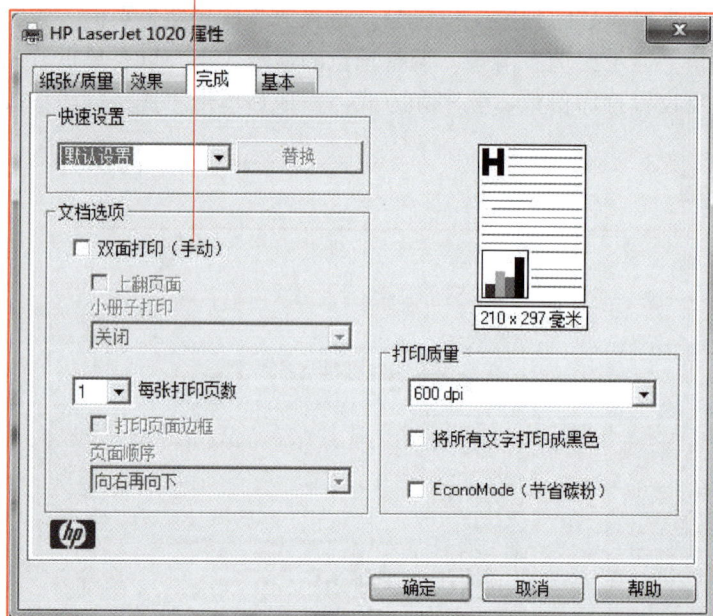

图 3.1.49
打印属性设置

【课后练习】

要求：录入下面的文字或者在"练习素材"中打开"学生会竞选演讲稿.wps"文件，根据所学的知识进行字体、字号、段落格式、项目编号等编辑排版，达到布局合理、美观适用的效果。

素材文件

案例如下：

> 学生会竞选演讲稿
> 尊敬的各位领导、老师、同学们！
> 大家晚上好！我是来自物联网专业 2001 班的王明亮。我很荣幸能站在这么大的一个舞台来展示自己。我今天是来竞选学生会副主席的，希望大家能支持我！在大一的时候，我担任了班级团支书和学生会实习干事的职务。通过一年的锻炼和学习，让我成熟进步了不少。在这期间，我组织策划了

丰富多彩的团支部活动，其中有青年志愿者服务、关爱留守儿童、我为团旗增辉等，在同学们的积极配合和大力支持下，我们班的团支部活动开展得有声有色，在年级中具有一定的影响力。在担任学生会实习干事期间，我主要是跟着部长一起做活动方案，协助各项活动的正常开展。通过跟随师哥师姐的学习，让我进步很快，了解到一些大型活动的工作流程。这其中也深深感受到了工作的艰辛，有时忘了吃饭，有时要忙到深夜，有时还要受到他人的误解。但是辛苦过后、误解化解之后便是彩虹，便是收获！我有这个决心和信心做最好的自己，为大家服务！

经过一年的学生会实习经历，也让我思考了很多，我认为咱们这个组织还有些问题需要改进。

学生会和团委日常交流不够，搞活动各自为政，导致两部门人手紧缺，同时各班级活动压力太大，有时甚至是两部门的活动相互冲突。

组织内部人员分工不够明确，一件事情不知道该哪个部门负责，出现相互推诿和延误工作现象。

组织成员通信不够畅通，有人经常更换电话没及时告知他人，有人经常关机无法联系等。这些弊病都会影响到学生会的工作水平和工作效率。

在此我想提出自己对于改进这些问题的不成熟想法。

学生会和团委要精诚团结，每学期初一起商讨活动计划，协调活动时间。遇到学院的大型活动，更要联合起来一起组织实施。

制定部门工作职责，将工作、责任细化到人，做到事事有人做，人人有事做，建立奖励机制，每学期召开一次总结会，对工作出色的部门和个人给予奖励，形成良好的竞争机制。

严格纪律，任何人更换了电话号码第一时间要通知秘书处，同时建立学生会 QQ 群和学生会微信群，时刻保持通信的畅通。

最后，我觉得作为一名学生干部，不仅需要工作热情，更加需要强烈的责任感。如果我能顺利担任学生会副主席，我很乐意肩负起这份责任，在学院老师的指导下，积极配合学生会主席的工作，态度认真、积极进取、广开言路，为我院的学生会工作贡献自己的微薄力量。

再多灿烂的话语也只不过是一瞬间的智慧与激情，朴实的行动才是开在成功之路上的鲜花。如果我当选的话，我一定会言必行，行必果。

请大家支持我，投我一票，谢谢！

物联网专业 2001 班王明亮

××××年××月××日

排版后参考效果，如图 3.1.50 所示。

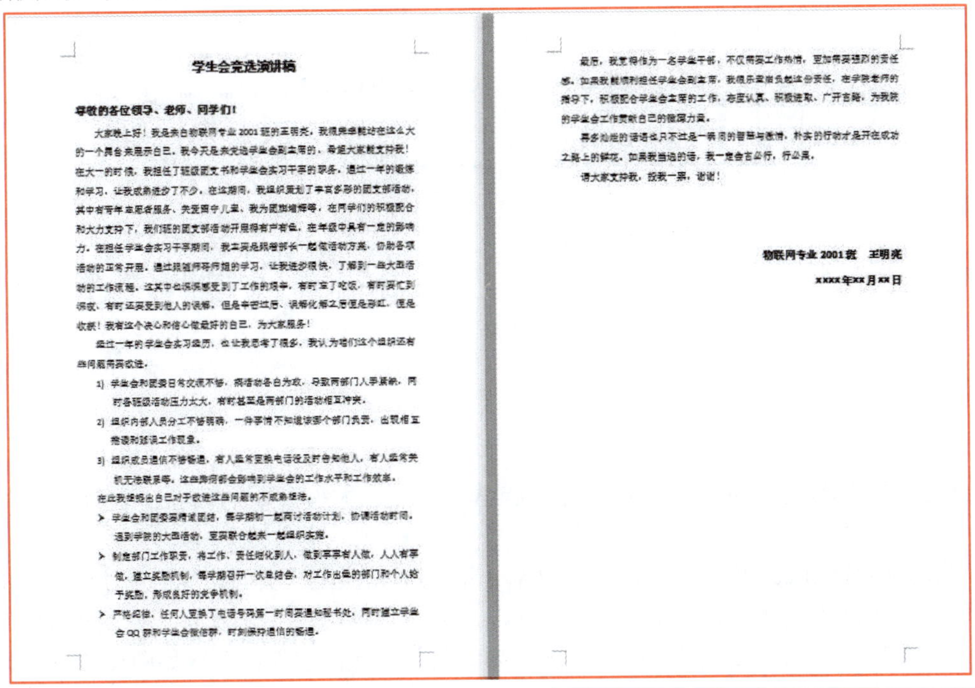
学生会竞选演讲稿

尊敬的各位领导、老师、同学们！

物联网专业 2001 班 王明亮

××××年××月××日

文本：效果文件

图 3.1.50 课后练习效果图

3.2　任务 13　在文字中插入表格

PPT：任务 13 在文字中 插入表格

PPT

【任务描述】

学校每年都要进行国家奖学金和助学金的申报工作，现需要设计国家助学金的申报表，老师将此任务交给了在学生会工作的李同学，请他负责设计制作。

【考点分析】

① 掌握表格的插入方法、表格的合并与拆分，学会调整表格的行高和列宽。

② 掌握表格中文字的输入与格式设置。

③ 掌握如何调整表格的边框。

【最终效果】

本任务的最终效果如图 3.2.1 所示。

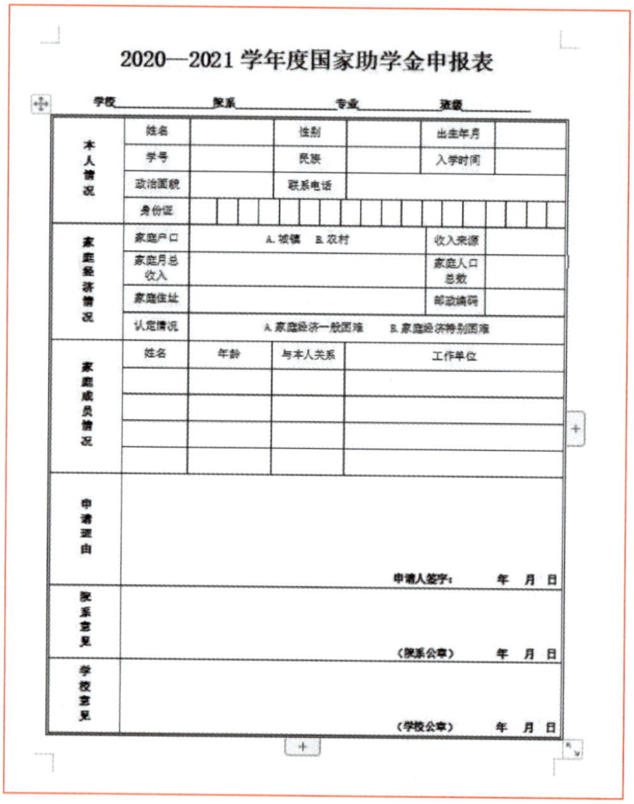

文本： 效果文件

图 3.2.1
国家助学金申报表效果图

【任务实现】

3.2.1　创建基本的表格框架

微课 3-5 创建基本的 表格框架

1. 创建表格

在创建表格之前，需要先进行页面设置，确定基本的纸张大小、页面格式后，再进行其他工作。

（1）页面设置

① 启动 **WPS Office**，新建文件"文字文稿 1"，页面切换至"页面布局"选项卡，单击"页面设置"对话框按钮，打开"页面设置"对话框，单击"页边距"选项卡，将"页边距"设置为上、下各 **2.54 cm**，左、右各 **2 cm**，"方向"为纵向，其他内容保持不变如图 3.2.2 所示。

② 切换至"纸张"选项卡，在"纸张大小"下拉列表框中选择 A4 单击"确定"按钮，如图 3.2.3 所示。

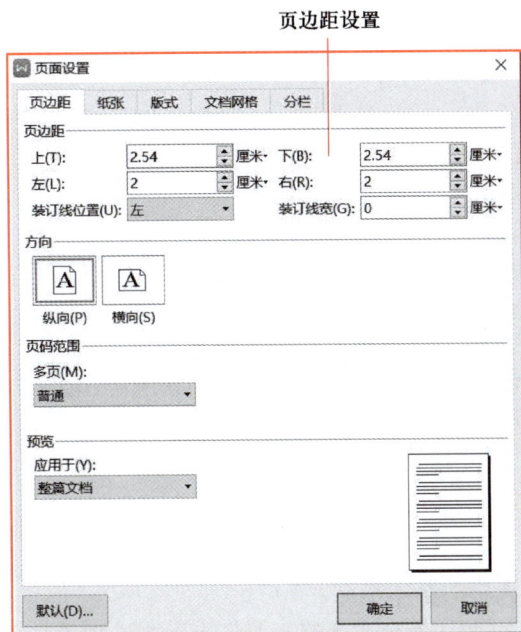

字体、字号设置 纸张大小设置

图 3.2.2
页边距设置

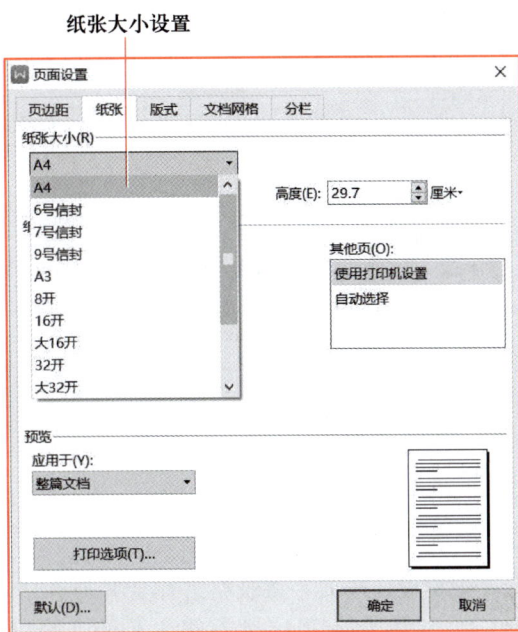

图 3.2.3
纸张大小设置

（2）输入标题

WPS 文字工作区，在首行输入表格标题文字"2020—2021 学年度国家助学金申报表"，按 Enter 键，输入文字"学校、院系、专业、班级"，文字中间插入适当长度的下画线（英文状态下，按 Shift+ 键可输入下画线）。

（3）设置标题格式

光标选中第一行标题文字，页面切换至"开始"选项卡，打开"字体"对话框，单击"字体"选项卡，标题设置为宋体、2 号、加粗，打开"段落"对话框，单击"缩进和间距"选项卡，对齐方式设置为"居中对齐"，间距设置为"段前 0 行、段后 1 行"，如图 3.2.4 和图 3.2.5 所示。

图 3.2.4
"字体"对话框

图 3.2.5
"段落"对话框

（4）插入表格

光标移至第二行结尾处，新建一个段落，页面切换至"插入"选项卡，单击"表格"下拉按钮，在打开的下拉列表中选择"插入表格"选项，打开"插入表格"对话框，"列数""行数"分别设置为 7 和 16，"列宽选择"设置为"自动列宽"，单击"确定"按钮，如图 3.2.6 和 3.2.7 所示。

图 3.2.6
"插入表格"
选项

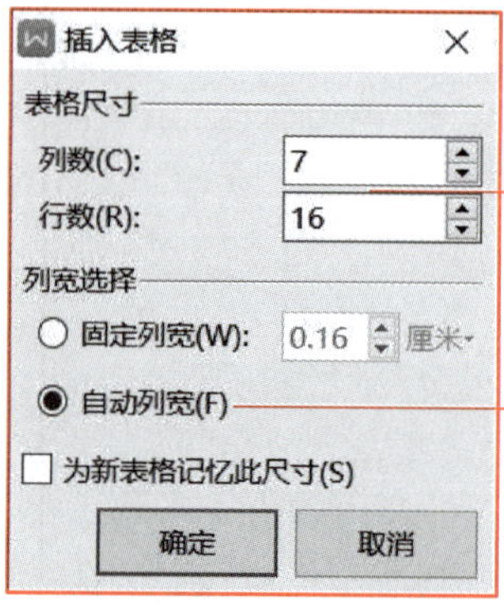

图 3.2.7
"插入表格"
对话框

2. 合并与拆分单元格

根据设计需要，将表格进行合并与拆分，完成表格的基本框架。

① 选中表格第 1～4 行第 1 列的 4 个单元格，页面切换至"表格工具"上下文选项卡，单击"合并单元格"按钮，如图 3.2.8 所示。

② 同上述方法，合并表格第 5～8 行第 1 列的 4 个单元格。合并第 3 行第 5～7 列的 3 个单元格，第 4 行第 3～7 列的 5 个单元格，分别合并第 5 行第 3～5 列、第 6 行第 3～5 列、第 7 行第 3～5 列的 3 个单元格，以及第 8 行第 3～7 列的 5 个单元格。

③ 同理，参照图 3.2.10，对第 9～16 行的多个单元格进行合并。

④ 拆分单元格：光标置于第 4 行第 3 列单元格中，页面切换至"表格工具"上下文选项卡，单击"拆分单元格"按钮，打开"拆分单元格"对话框，设置为 18 列 1 行单击"确定"按钮，如图 3.2.9 所示。

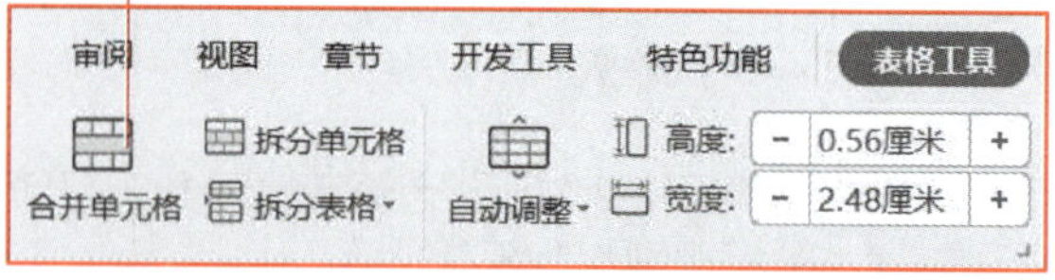

图 3.2.8
合并单元格

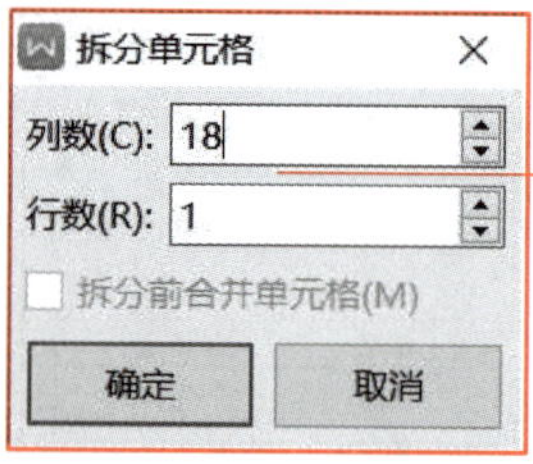

图 3.2.9
拆分单元格

⑤ 合并和拆分完成后，最终的表格样式效果如图 3.2.10 所示。

图 3.2.10
单元格合并和
拆分后效果图

2020–2021 学年度国家助学金申报表

3.2.2 输入表格内容

1. 输入表格中的文本内容

① 将光标置于第 1 列单元格，分别输入文字“本人情况”“家庭经济情况”“家庭成员情况”“申请理由”“院系意见”“学校意见”。

② 光标置于第 2～7 列，分别输入“姓名、性别、出生年月……申请人签字、院系公章、学校公章”等文本内容（文字输入时需要留间距，可输入适量的空格，输入英文大写字母 A 和 B 时，可打开键盘上的大写字母锁定键 CapsLock 后再输入）。最终输入完成效果如图 3.2.11 所示。

微课 3-6
输入表格内容

2020—2021 学年度国家助学金申报表

学校________院系________专业________班级________

本人情况	姓名		性别		出生年月	
	学号		民族		入学时间	
	政治面貌		联系电话			
	身份证					
家庭经济情况	家庭户口	A. 城镇 B. 农村			收入来源	
	家庭月总收入				家庭人口总数	
	家庭住址				邮政编码	
	认定情况	A. 家庭经济一般困难 B. 家庭经济特别困难				
家庭成员情况	姓名	年龄	与本人关系	工作单位		
申请理由	申请人签字： 年 月 日					
院系意见	（院系公章） 年 月 日					
学校意见	（学校公章） 年 月 日					

图 3.2.11
文字输入完成效果图

2. 调整表格大小

① 选中表格中第 1～3 行所有单元格，如图 3.2.12 所示，页面切换至“表格工具”上下文选项卡，设置表格高度为“0.9 厘米”，如图 3.2.13 所示，按 Enter 确定。

2020—2021 学年度国家助学金申报表

学校________院系________专业________班级________

本人情况	姓名		性别		出生年月	
	学号		民族		入学时间	
	政治面貌		联系电话			
	身份证					
家庭经济情况	家庭户口	A. 城镇 B. 农村			收入来源	
	家庭月总收入				家庭人口总数	
	家庭住址				邮政编码	
	认定情况	A. 家庭经济一般困难 B. 家庭经济特别困难				
家庭成员情况	姓名	年龄	与本人关系	工作单位		
申请理由	申请人签字： 年 月 日					
院系意见	（院系公章） 年 月 日					
学校意见	（学校公章） 年 月 日					

图 3.2.12
单元格选中效果

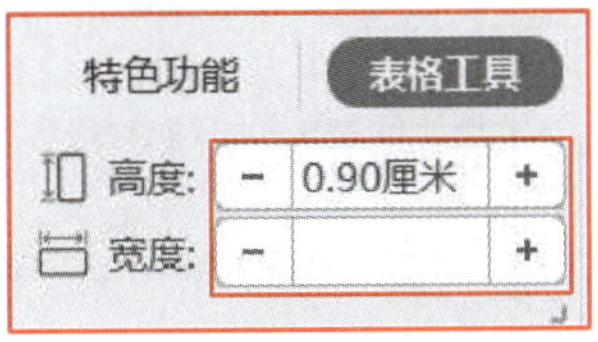

图 3.2.13
调整表格高度

② 同理，插入点置于“申请人签字”单元格，单击“表格工具”上下文选项卡，设置表格高度为“3.5 厘米”，按 Enter 键确定。

③ 选中“院系公章”“学校公章”两个单元格，单击“表格工具”上下文选项卡，设置表格高度为“2.5 厘米”，按 Enter 键确定。

④ 表格高度设置完成的最终效果如图 3.2.14 所示。

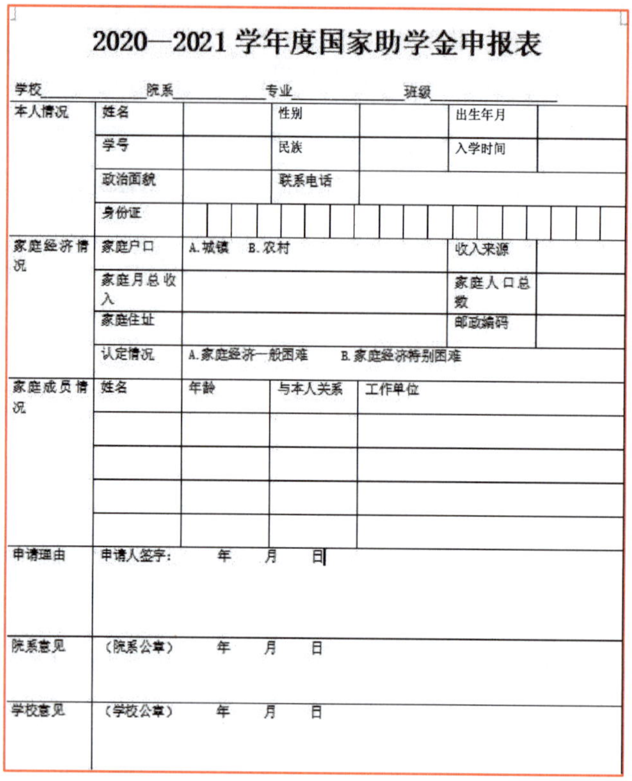

2020—2021 学年度国家助学金申报表

学校＿＿＿＿＿＿院系＿＿＿＿＿＿专业＿＿＿＿＿＿班级＿＿＿＿＿＿

本人情况	姓名		性别		出生年月	
	学号		民族		入学时间	
	政治面貌		联系电话			
	身份证					
家庭经济情况	家庭户口	A.城镇　B.农村			收入来源	
	家庭月总收入				家庭人口总数	
	家庭住址				邮政编码	
	认定情况	A.家庭经济一般困难　B.家庭经济特别困难				
家庭成员情况	姓名	年龄	与本人关系	工作单位		
申请理由	申请人签字：　年　月　日					
院系意见	（院系公章）　年　月　日					
学校意见	（学校公章）　年　月　日					

图 3.2.14
表格高度设置完成效果

3.2.3 表格格式化设置

1. 文本格式化

微课 3-7
表格格式化设置

① 选中表格上方“学校、院系、专业、班级”文本，右击，在打开的快捷菜单中选择“字体”命令，打开“字体”对话框，设置字体为宋体、加粗、五号，单击“确定”按钮退出，再次右击，在打开的快捷菜单中选择“段落”命令，打开“段落”对话框，设置对齐方式为“居中对齐”，行距为“1.5 倍行距”单击“确定”按钮退出。

② 选中表格第 1 列 “本人情况”单元格，单击“表格工具”上下文选项卡→“文字方向”按钮，在“文字方向”下拉列表中选择“垂直方向从左往右”，单击“对齐方式”按钮，在“对齐方式”下拉列表中选择“水平居中”，将文本竖排且水平居中对齐，如图 3.2.15 和图 3.2.16 所示。

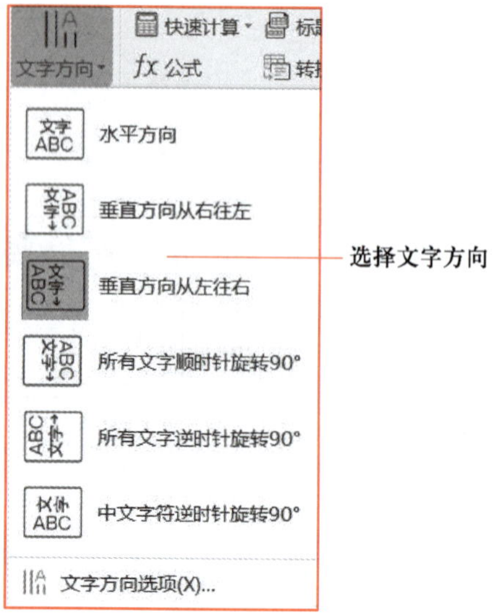

图 3.2.15
文字方向

图 3.2.16
对齐方式

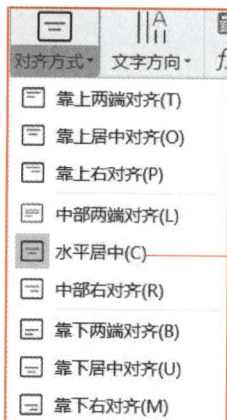

③ 保持“本人情况”单元格选中状态，页面切换至“开始”选项卡，打开“字体”对话框，

在"字体"选项卡中设置字体为"宋体"、字形为"加粗"、字号为"五号",在"字符间距"选项卡中设置"间距"为"加宽",值为"0.06 厘米",如图 3.2.17 所示。

④ 同理,选中第 1 列其他单元格的文字"家庭经济情况、家庭成员情况、申请理由、院系意见、学校意见",文字竖排且水平居中对齐,文字间距加宽设置。

⑤ 选中第 2~7 列的第 1~13 行单元格,在"开始"选项卡中设置字体为"宋体"、字号为"五号",页面切换至"表格工具"上下文选项卡,单击"对齐方式"按钮,在"对齐方式"下拉列表中选择"水平居中",如图 3.2.18 所示。

⑥ 选中第 14~16 行中的文字"申请人签字、院系公章、学校公章",页面切换至"开始"选项卡,设置字体为"宋体"、字号为"五号"字形"加粗"再切换至"表格工具"选项卡,单击"对齐方式"按钮,在下拉列表中选择"靠下右对齐"。

至此,所有文本格式设置完成,效果如图 3.2.19 所示。

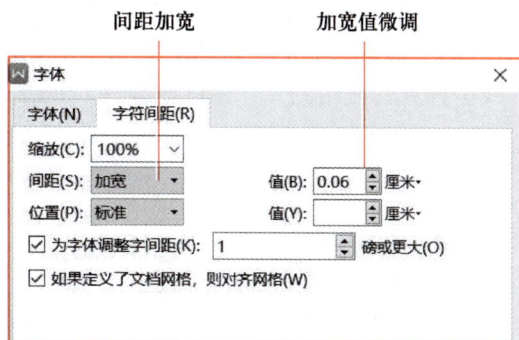

图 3.2.17
字符间距

图 3.2.18
单元格选中
效果

图 3.2.19
文本格式化
完成效果图

2. 表格美化

文本内容格式化完成后,如果发现有些单元格的文本排版效果不够理想,可以单独进行行高和列宽的调整。

(1)列宽的修改

光标移动到"家庭月总收入"单元格右边框线上,当光标形状变成左右黑色箭头时,按住左键拖动鼠标,调整单元格的宽度。同理,也可调整"家庭人口总数"单元格的列宽。

(2)行高的修改

光标移动到"申请理由"单元格的下框线上,当光标形状变成上下黑色箭头时,按住左键拖动鼠标,调整单元格的高度。

（3）表格外框线条的美化

　　光标置于任意单元格，单击表格左上角的全选按钮⊞，单击"表格样式"上下文选项卡，在打开的"线型"下拉面板中选择"加粗双线"，打开"线型粗细"下拉面板，选择"1.5 磅"，将"线型样式"应用到"外侧框线"，如图 3.2.20～图 3.2.22 所示。

图 3.2.20 线型

图 3.2.21 线型粗细

图 3.2.22 边框

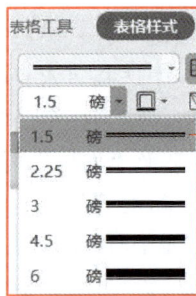

（4）表格内框线条的美化

　　光标置于任意单元格，在"表格工具"上下文选项卡中单击"绘制表格"按钮，设置"线型"为单实线、"线型粗细"为 1.5 磅，移动光标到表格中，当光标变成"画笔"样式时，在"本人情况、家庭经济情况……院系意见"下框线处，手动绘制新的"1.5 磅单实线下框线"，将表格各部分内容用粗线条相对划分，达到醒目美化的效果。

　　表格完成的最终效果如图 3.2.23 所示。

图 3.2.23 表格设置完成效果图

🐝 【背景知识】

1. 创建表格

（1）自动创建表格

利用"表格"下拉列表插入表格的方法既简单又直观，并且可以让用户即时预览表格在文档中的效果。其操作步骤如下：单击功能区中的"插入"选项卡→"表格"下拉按钮，打开"表格"下拉列表，选择表格的行数和列数，单击即可插入表格，如图 3.2.24 所示。

（2）"插入表格"选项创建表格

其操作步骤如下：单击功能区中的"插入"选项卡→"表格"下拉按钮，在打开的"表格"下拉列表中选择"插入表格"选项，如图 3.2.24 所示，打开"插入表格"对话框，在"表格尺寸"选项区域设置表格的"列数"和"行数"，在"列宽选择"选项区域选中"自动列宽"或"固定列宽"单选按钮，以调整表格尺寸，如果用户选择了"为新表格记忆此尺寸"复选框，那么在下次打开"插入表格"对话框时，就默认保持此次的表格设置，最后单击"确定"按钮，如图 3.2.25 所示。

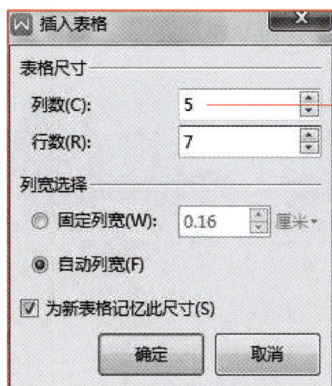

图 3.2.24 自动创建表格

图 3.2.25 "插入表格"对话框

（3）手动绘制表格

如果要创建不规则的复杂表格，可以采用手动绘制表格的方法。其操作步骤如下。

单击功能区中的"插入"选项卡→"表格"下拉按钮，在打开的"表格"下拉列表中选择"绘制表格"选项，如图 3.2.24 所示，当鼠标指针变为铅笔状时，用户可以在文档编辑区手动绘制表格，如图 3.2.26 所示。

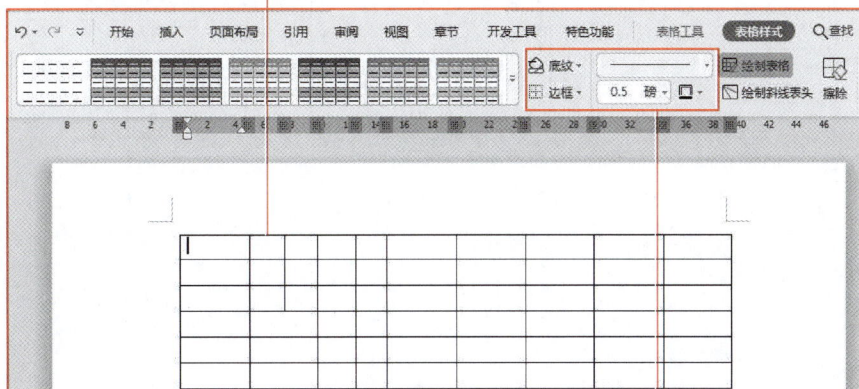

图 3.2.26 手动绘制表格

说明：

在"表格样式"上下文选项卡中，单击"擦除"按钮，可以擦除表格中不需要的线条。也可以在该选项卡中设置表格的"线型""线型粗细""底纹""边框颜色"，以及"边框"应用范围。

（4）插入内容型表格

WPS 文字提供了一个"内容型表格模板库"，其中包含一组预先设计好格式的表格，用户可以从中选择以迅速创建表格。

其操作步骤如下：单击功能区中的"插入"选项卡→"表格"下拉按钮，在打开的"表格"下拉列表中选择"插入内容型表格"选项，如图 3.2.27 所示，选择合适的表格模板插入文档，插入后还可结合使用"绘制表格"选项和"擦除"选项进行必要的修改，如图 3.2.28 所示。

图 3.2.27
插入内容型表格

图 3.2.28
选择表格模板

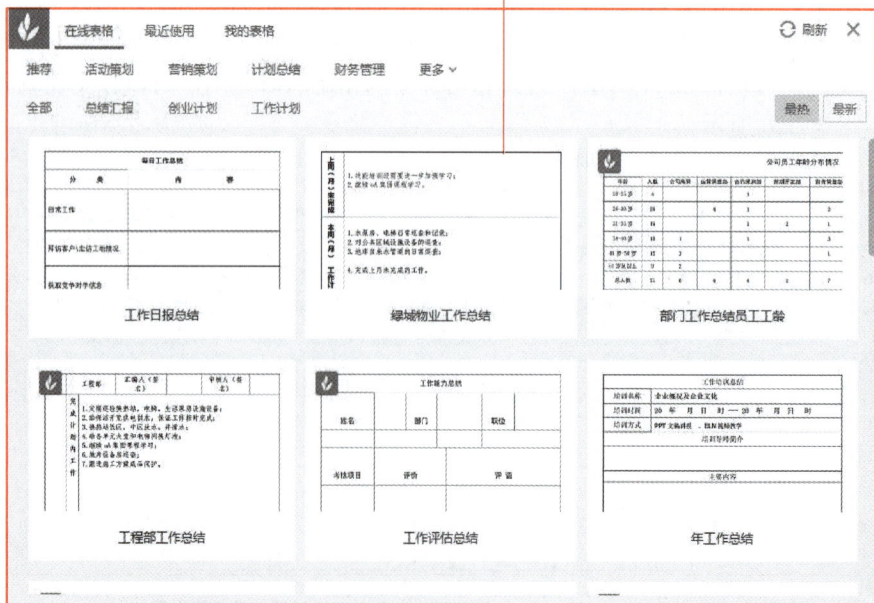

2. 编辑表格

（1）选定表格内容

表格的编辑操作依然遵循"先选中，后操作"的原则。

1）单元格

- 一个单元格：鼠标指针移至要选中单元格的左侧，当指针变成粗斜箭头时，单击选中单元格内容。
- 连续的单元格：选中连续区域左上角的第一个单元格，按住鼠标左键拖动到目标单元格，释放鼠标。
- 不连续的单元格：先选中一个单元格，按住 Ctrl 键，选择另一个单元格，依次选中其他单元格，松开 Ctrl 键。

2）行

- 一行：利用鼠标在此行中拖选即可。或者将鼠标指针移至要选中行左侧第一个单元格，当指针变成粗斜箭头时双击即可。
- 连续的多行：将鼠标指针移至要选中首行的左侧第一个单元格，按住鼠标左键向下拖动到目标行右侧的第一个单元格，释放鼠标。
- 不连续的行：选中要选定的首行，按住 Ctrl 键，依次选择其他待选的行，松开 Ctrl 键。

3）列

- 一列：将鼠标指针移至要选中列的上侧，当指针变成向下粗箭头时单击即可。
- 连续的多列：将鼠标指针移至要选中首列的上方，当指针变成向下粗箭头时，按住鼠标左键向右拖动到目标列，释放鼠标。
- 不连续的列：选中要选定的首列，按住 Ctrl 键，依次选择其他待选的列，松开 Ctrl 键。

（2）复制或移动行或列

其操作步骤如下。

① 选中包含行结束符在内的一整行或一整列，按 Ctrl+C 或 Ctrl+X 组合键，将插入点置于要插入行或列的第一个单元格，按 Ctrl+V 组合键，复制或移动的行或列被插入当前行的上方或当前列的左侧。

② 按照步骤 1 的方法选中行或列，将快捷键替换成命令按钮，单击功能区中的"开始"选项卡→"复制""剪切"或"粘贴"按钮，也可完成复制或移动操作。

③ 右击，在弹出的快捷菜单中选择"复制""剪切"或"粘贴"命令完成。

（3）插入与删除单元格、行和列

由于在创建表格初期并不能准确地估计表格的行、列数量，因此，在编辑表格数据的过程中会出现表格的单元格、行列数量不够用或有剩余的现象，通过添加或删除单元格、行和列可以很好地解决这个问题。

1）插入与删除单元格

① 插入单元格时，在要插入新单元格位置的左侧或上方选中一个或几个单元格，其数目与要插入单元格的数目相同。

其操作步骤如下：选中所需单元格，单击功能区中的"表格工具"上下文选项卡→"插入单元格"对话框按钮，打开"插入单元格"对话框，选中"活动单元格右移"或"活动单元格下移"单选按钮，单击"确定"按钮，如图 3.2.29 和图 3.2.30 所示。

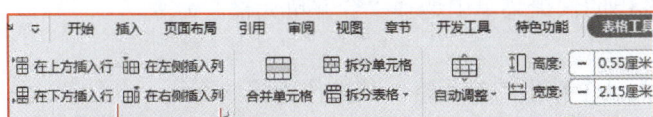

插入行与列　"插入单元格"
命令按钮　　对话框按钮

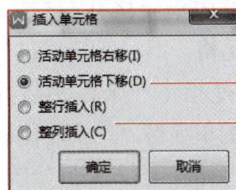

活动单元格下移
插入行和列

图 3.2.29
插入单元格
对话框按钮

图 3.2.30
"插入单元格"
对话框

② 删除单元格

其操作步骤如下：选中单元格并右击，在弹出的快捷菜单中选择"删除单元格"命令，打开"删除单元格"对话框，选中"右侧单元格左移"或"下方单元格上移"单选按钮，单击"确定"按钮，如图 3.2.31 和图 3.2.32 所示。

图 3.2.31
"删除单元格"
命令

粘贴	Ctrl+V
选择性粘贴(S)...	
短句翻译(T)	F6
批量汇总表格(E)...	
插入(I)	▸
拆分表格(A)	▸
自动调整(A)	▸
全选表格(L)	
拆分单元格(P)...	
删除单元格(D)...	←选择"删除单元格"命令
单元格对齐方式(G)	▸
边框和底纹(B)...	

图 3.2.32
"删除单元格"
对话框

删除单元格
◉ 右侧单元格左移(L)　←右侧单元格左移
○ 下方单元格上移(U)
○ 删除整行(R)
○ 删除整列(C)
[确定]　[取消]

2）插入行和列

- 方法 1：选中单元格并右击，在弹出的快捷菜单中选择"插入"命令中的子命令。
- 方法 2：选中某个单元格，单击功能区中的"表格工具"上下文选项卡→"在上方插入行"或"在下方插入行"按钮，在当前单元格的上方或下方插入一行；或单击"在左侧插入列"或"在右侧插入列"按钮，在当前单元格的左侧或右侧插入一列，如图 3.2.29 所示。
- 方法 3：单击功能区中的"表格工具"上下文选项卡→插入单元格对话框按钮，打开"插入单元格"对话框，选择"整行插入"或"整列插入"单选按钮，单击"确定"按钮，如图 3.2.30 所示。
- 方法 4：将插入点移至表格右下角最末单元格中，按 Tab 键。
- 方法 5：将插入点置于表格最后一行右侧的行段落标记处，按 Enter 键。
- 方法 6：直接单击表格右侧和下方的加号框，快速插入行和列。

3）删除行和列

- 方法 1：选中某行或某列并右击，在弹出的快捷菜单中选择"删除行"或"删除列"命令。
- 方法 2：单击要删除的行或列，单击功能区中的"表格工具"上下文选项卡→"删除"下拉按钮，在打开的下拉列表中选择"行"或"列"选项。

（4）合并与拆分单元格和表格

借助于合并和拆分功能，可以使表格变得不规则，以满足用户对复杂表格的设计需求。

1）合并单元格

合并单元格是指将矩形区域的多个单元格合并成一个较大的单元格。

- 方法 1：选中要合并的单元格，单击功能区中的"表格工具"上下文选项卡→"合并单元格"按钮，将多个单元格合并为一个单元格，如图 3.2.33 所示。
- 方法 2：选中单元格并右击，在弹出的快捷菜单中选择"合并单元格"命令。

2）拆分单元格

拆分单元格是指将一个单元格拆分为几个较小的单元格。其操作步骤如下。

选中要拆分的单元格，单击功能区中的"表格工具"上下文选项卡→"拆分单元格"按钮，打开"拆分单元格"对话框，输入要拆分的列数和行数，拆分成多个单元格，如图 3.2.34 所示。

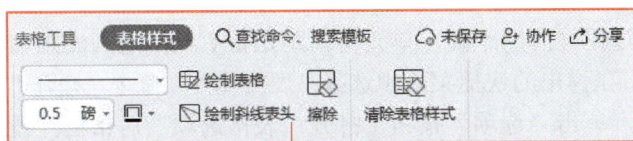

图 3.2.33
合并与拆分
单元格、拆分
表格

图 3.2.34
"拆分单元格"
对话框

"拆分单元格"按钮

"合并单元格"按钮　"拆分表格"按钮

3）拆分和合并表格

WPS 文字允许用户把一个表格拆分成两个或多个表格，然后在表格之间插入文本。

- 拆分表格：将插入点移至拆分后要成为新表格第 1 行的任意单元格，单击功能区中的"表格工具"上下文选项卡→"拆分表格"下拉按钮在打开的下拉列表中选择"按行拆分"。
- 合并表格：删除两个表格之间的换行符，将表格合并在一起。

（5）绘制表格斜线表头

其操作步骤如下：选中需要绘制斜线表头的单元格，单击功能区中的"表格样式"上下文选项卡→"绘制斜线表头"按钮，打开"斜线单元格类型"对话框，选择斜线类型即可自动绘制，如图 3.2.35～3.2.37 所示。

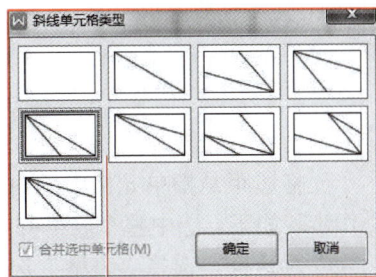

图 3.2.35
绘制斜线
表头按钮

"绘制斜线表头"按钮

选择斜线类型

图 3.2.36
斜线单元格类型对话框

自动完成斜线表头绘制

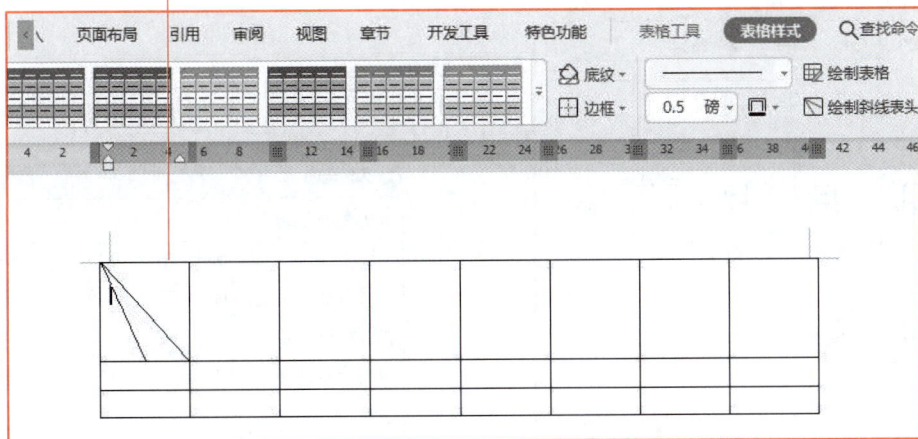

图 3.2.37
绘制斜线表头效果图

3. 设置表格格式

（1）单元格内文本的对齐方式

在表格中不仅可以水平对齐文字，还可以设置垂直方向的对齐效果。

- 方法 1：选中单元格或整个表格，单击功能区中的"表格工具"上下文选项卡→"对齐方式"下拉按钮，在打开的下拉列表中进行选择，如图 3.2.38 所示。
- 方法 2：选中单元格或者整个表，右击，在弹出的快捷菜单中选择"单元格对齐方式"命令，选择所需的对齐方式。

（2）设置文字方向

其操作步骤如下。

选中单元格或整个表格，单击功能区中的"表格工具"上下文选项卡→"文字方向"下拉按钮，在打开的下拉列表中进行选择，调整文字方向，如图 3.2.39 所示。

图 3.2.38
对齐方式下拉菜单

选择对齐方式

选择文字方向

图 3.2.39
文字方向下拉菜单

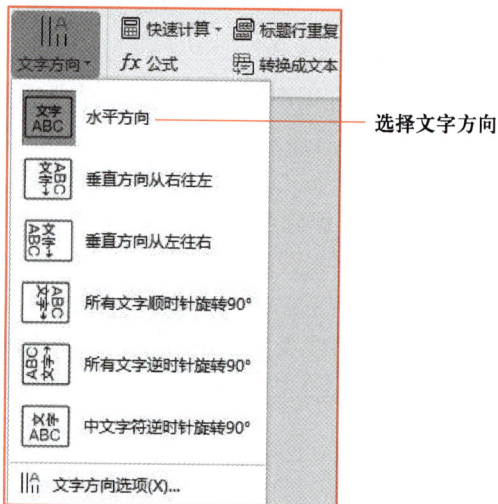

（3）设置单元格边距和间距

单元格边距是指单元格中的内容与边框之间的距离，单元格间距是指单元格之间的距离。其操作步骤如下。选中整个表格并右击，在弹出的快捷菜单中选择"表格属性"命令，打开"表格选项"对话框，选择"表格"选项卡，单击"选项"按钮，打开"表格选项"对话框，设置单元格的边距和间距，如图 3.2.40 和图 3.2.41 所示。

图 3.2.40
"表格属性"
对话框

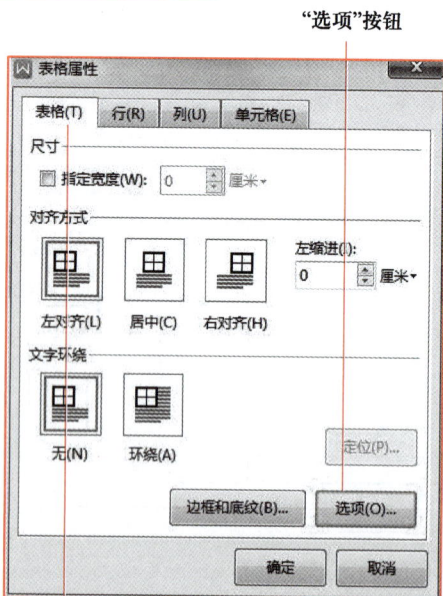

"选项"按钮

单元格边距调整

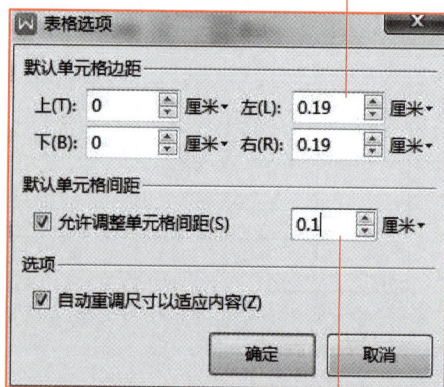

单元格间距调整

图 3.2.41
"表格选项"
对话框

"表格"选项卡

（4）设置行高和列宽

默认情况下，WPS 文字会根据表格中输入内容的多少，自动调整每行的高度和每列的宽度，用户也可以根据需要进行调整，调整行高和列宽的方法类似。下面以调整列宽为例说明操作方法。

1）通过鼠标拖动调整

其操作步骤如下：将鼠标指针移至两列中间的垂直线上，指针变成双向箭头形状，按住鼠标左键在水平方向上拖动，出现垂直虚线，到达新的位置后释放鼠标，列宽发生改变。

2）手动指定列宽值

其操作步骤如下：选中要调整的列，单击功能区中的"表格工具"上下文选项卡，在"宽度"微调框中输入设置的值，如图 3.2.42 所示。

3）通过 WPS 文字自动调整功能调整

其操作步骤如下：单击功能区中的"表格工具"上下文选项卡→"自动调整"下拉按钮，在打开的下拉列表中选择合适的选项，如图 3.2.43 所示。

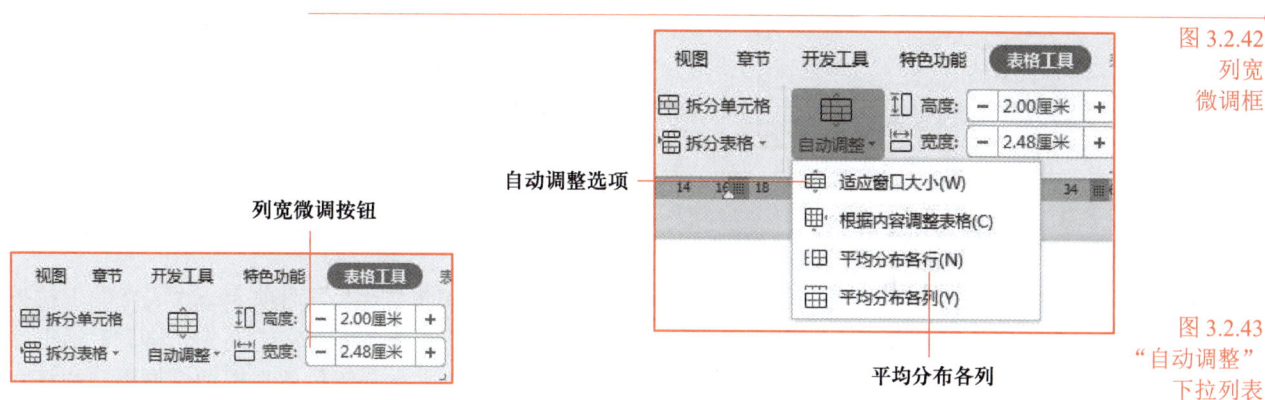

图 3.2.42 列宽微调框

图 3.2.43 "自动调整"下拉列表

列宽微调按钮

自动调整选项

平均分布各列

4）平均分布各列

其操作步骤如下：选中要调整的多列，单击功能区中的"表格工具"上下文选项卡→"自动调整"下拉按钮，在打开的下拉列表中选择"平均分布各列"选项，如图 3.2.43 所示。

（5）设置表格的边框和底纹

1）设置表格边框

- 选中整个表格，单击功能区中的"表格样式"上下文选项卡→"边框"下拉按钮，在打开的下拉列表中选择需要设置的边框选项。
- 如果要自定义边框，单击功能区中的"表格样式"上下文选项卡→"边框"下拉按钮，在打开的下拉列表中选择"边框和底纹"选项，打开"边框和底纹"对话框，进行自定义设置。

2）设置底纹

为了区分表格的标题与表格正文，使其外观醒目，可以给表格标题添加底纹。选中要添加底纹的单元格，单击功能区中的"表格样式"上下文选项卡→"底纹"下拉按钮，在打开的下拉列表中选择所需的底纹颜色。

（6）跨页表格自动重复标题行

有时候表格中的统计项目很多，表格内容会分两页甚至多页显示，然而从第 2 页开始表格标题行不会自动显示，导致查看表格数据时产生项目混淆，这时需要将表格设置为"标题行重复"。

其操作步骤如下：选中表格标题行的任意单元格，单击功能区中的"表格工具"上下文选项卡→"标题行重复"按钮，即可在后续页面的首行出现表格标题行的内容，如图 3.2.44 所示。

"标题行重复"按钮

图 3.2.44 标题行重复

113

（7）表格跨页断行设置

当单个表格大于一页时，默认状态下，WPS 文字允许表格中的文字跨页拆分，这样可能会导致表格中同一行的内容会被拆分到上、下两个页面中，影响表格内容的整体性。为了防止表格跨页断行的情况出现，可以进行相关设置。

其操作步骤如下：选中表格的任意单元格，右击，在弹出的快捷菜单中选择"表格属性"命令，打开"表格属性"对话框，单击"行"选项卡，在"选项"选项区域中取消选择"允许跨页断行"复选框，单击"确定"按钮。如果表格内容过长，必须要分页显示时，则选择"允许跨页断行"复选框，如图 3.2.45 所示。

图 3.2.45
跨页断行设置

"允许跨页断行"复选框

4. 表格与文本互转

（1）将文本转换成表格

其操作步骤如下：选中要转换的文本，单击功能区中的"插入"选项卡→"表格"下拉按钮，在打开的下拉列表中选择"文本转换成表格"选项，打开"将文字转换成表格"对话框，在"表格尺寸"选项区域中设置"列数"和"行数"，在"文字分隔位置"选项区域中，选择文本对应的分隔符进行转换，单击"确定"按钮，如图 3.2.46 和图 3.2.47 所示。

图 3.2.46
"文本转换成
表格"选项

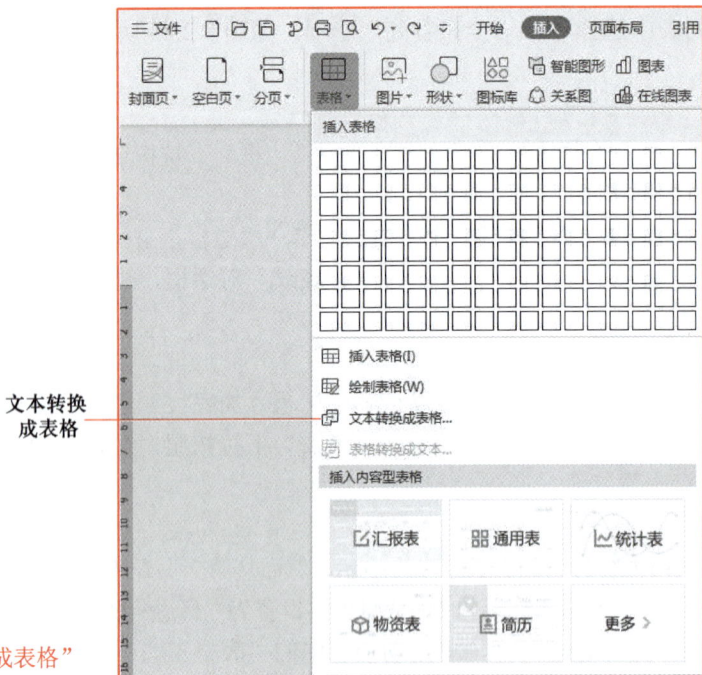

文本转换
成表格

表格列数与行数设置

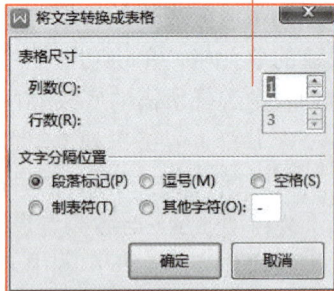

图 3.2.47
"将文字转换成表格"
对话框

（2）将表格转换成文本

其操作步骤如下：选中要转换的表格，单击功能区中的"插入"选项卡→"表格"下拉按钮，在打开的下拉列表中选择"表格转换成文本"选项，打开"表格转换成文本"对话框，在"文字分隔符"选项区域中选择需要的分隔符号，建议使用"制表符"，单击"确定"按钮，如

图 3.2.48 和图 3.2.49 所示。

5．处理表格中的数据

WPS 文字的表格中自带了"快速计算"和"公式"简单计算应用，若要对数据进行复杂处理，需要使用后续章节介绍的 WPS 表格公式计算完成。

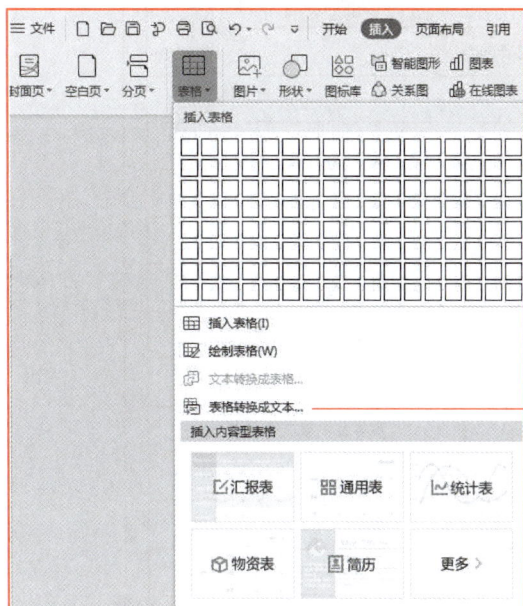

表格转换成文本

建议用"制表符"

图 3.2.48
"表格转换成文本"选项

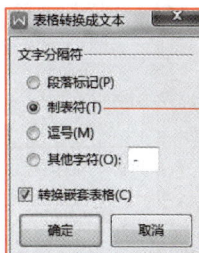

微课 3-8
处理表格中
的数据

图 3.2.49
"表格转换成
文本"对话框

选中要计算的数值，单击功能区中的"表格工具"上下文选项卡→"快速计算"按钮，在打开的下拉列表中选择计算方式，或者先选中存放计算结果的单元格，然后再单击功能区中的"表格工具"上下文选项卡→"公式"按钮，在打开的"公式"对话框中进行计算，如图 3.2.50 和图 3.2.51 所示。

函数计算公式

选择合适的
函数计算

图 3.2.50
"快速计算"
按钮

"快速计算"按钮

图 3.2.51
"公式"
对话框

【课后练习】

请参照《个人简历》最终效果图制作表格，字体、字号、底纹颜色根据表格内容及大小自行设定，如图 3.2.52 所示。

个人简历

姓　名		性　别		出生年月		籍　贯		照片
民　族		身　高		体　重		健康状况		
政治面貌		婚　否		现所在地		学　历		
毕业院校			所学专业			毕业时间		
联系电话				电子邮箱				

技能爱好	计算机水平：
	外语水平：
	其他技能：
	个人爱好及特长：

教育背景	起止日期	学　校	专　业

工作经历	起止日期	工作单位	职务及主要工作职责

培训经历	培训时间	培训组织机构	培训内容及结果

获奖情况	
自我评价	

图 3.2.52
个人简历效果图

文本：
效果文件

3.3　任务 14　掌握图文混排的方法

【任务描述】

PPT：任务 14
掌握图文混
排的方法

PPT

　　大学生安全教育是入学教育中重要的一环，各单位要高度重视学生安全教育工作，计算机学院针对安全知识和安全防范注意事项，制作了学生安全告知书。本任务通过制作安全承诺书（见图 3.3.1），介绍 WPS 中图文混排的方法。

【考点分析】

①　掌握利用分栏编排版面布局。
②　掌握图片工具的格式功能。
③　掌握 WPS 文字中页边距等简单的页面设置。
④　设置自选图形与文本排列的环绕方式。
⑤　图形的颜色、填充及版式操作。
⑥　掌握图形的绘制、移动与缩放。
⑦　掌握图片、文本框的插入及其编辑操作。

【最终效果】

本任务最终效果如图 3.3.1 所示。

文本:
效果文件

图 3.3.1
最终效果图

【任务实现】

3.3.1 页面整体设计

① 新建一个 WPS 文档，命名为"大学生安全教育宣册.wps"。

② 单击功能区中的"页面布局"选项卡→"纸张方向"下拉按钮，在打开的下拉列表中选择"横向"选项，如图 3.3.2 所示，并在"页边距"微调框中设置页边距上、下、左、右均为 15 mm。

③ 单击功能区中的"页面布局"选项卡→"分栏"按钮，在打开的下拉列表选择"更多分栏"选项，打开"分栏"对话框设置"预设"为"三栏"，选中"栏宽相等"复选框，单击"确定"按钮完成分栏设置，如图 3.3.3 所示。

微课 3-9
页面整体
设计

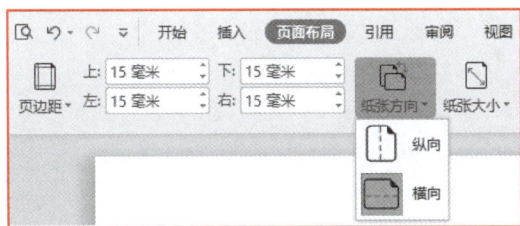

图 3.3.2
设置页边距

图 3.3.3
设置分栏

3.3.2 首页排版

1. 首页第一栏的编辑

① 当光标定位至第一栏，单击功能区中的"插入"选项卡→"图片"下拉按钮，选择本地图片，在"插入图片"对话框中选择"本地图片"，找到素材文件，插入图片"背景 1.png"。保持图片选中状态，单击功能区中的"图片工具"选项卡→"环绕"下拉按钮，在打开的下拉列表中选择"四周型环绕"选项，如图 3.3.4 所示。在工具栏左边取消选择"锁定纵横比"复选框，调整图片高度和宽度分别为 21 cm 和 10 cm，并将图片拖动至页面最左侧，选中图片并右击，在弹出的快捷菜单中将图片置于最底层，如图 3.3.5 所示。

微课 3-10
首页第一栏
的编辑

素材文件

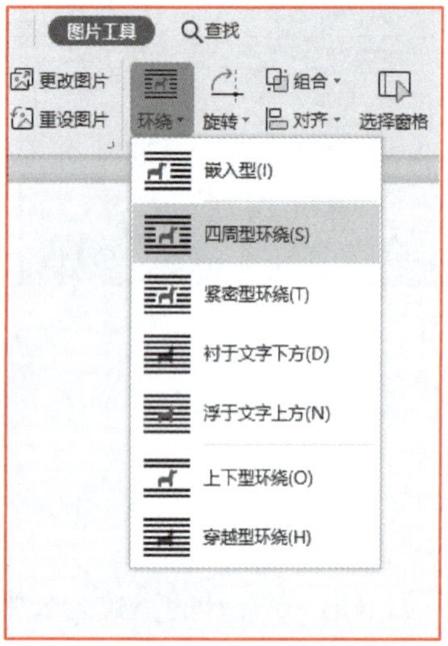

图 3.3.4
图片环绕
类型设置

图 3.3.5
将图片置于底层

② 单击功能区中的"插入"选项卡→"形状"下拉按钮，在打开的下拉列表中选择"圆角矩形"选项，如图 3.3.6 所示。按住鼠标左键，在第一栏上部拖出一个适当大小的矩形。选中矩形，在功能区中的"绘图工具"选项卡中设置矩形颜色为"细微效果-灰色-50%，强调颜色 3"，如图 3.3.7 所示。同时在功能区中的"绘图工具"选项卡内将矩形高度和宽度分别设置为 6 cm 和 8 cm，将矩形移到第一栏合适的位置并居中。

图 3.3.6
插入圆角矩形

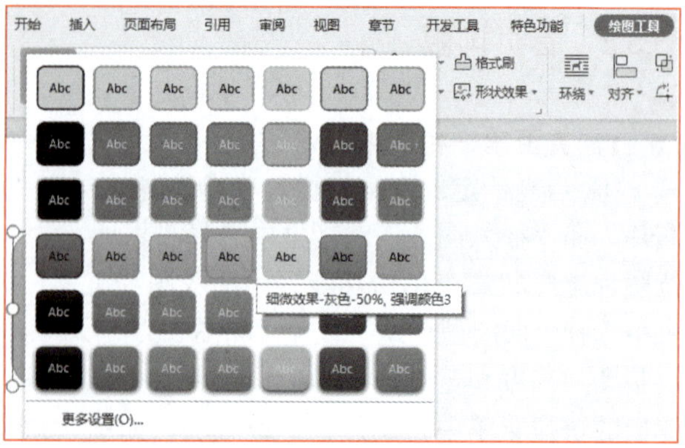

图 3.3.7
更改矩形
填充颜色

118

③ 选中矩形并右击，在弹出的快捷菜单中选择"添加文字"命令，当光标在矩形内闪烁时，输入"承诺人签字区、专业班级：、学号：、承诺人：、家长签字：、时间："。设置第一行"承诺人签字区"字体格式为微软雅黑、四号、标准色红色、居中对齐，其余字样字体格式为微软雅黑、五号、左对齐，如图 3.3.8 所示。选中矩形并右击在弹出的快捷菜单中设置为"四周型环绕"，如图 3.3.9 所示。

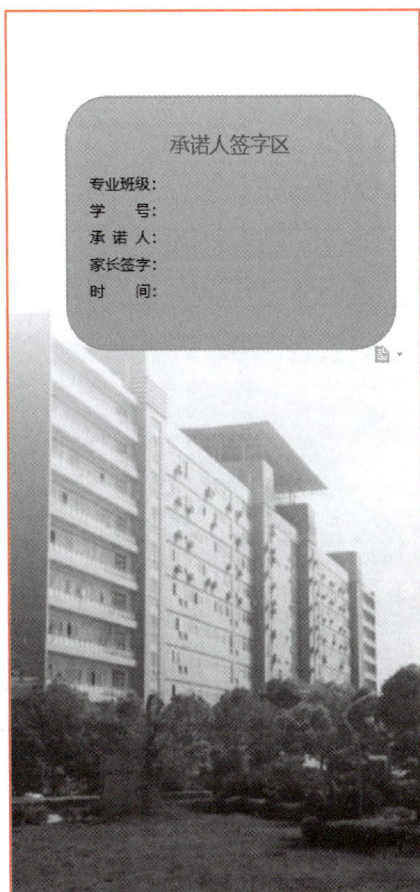

图 3.3.8
矩形内字体
设置效果图

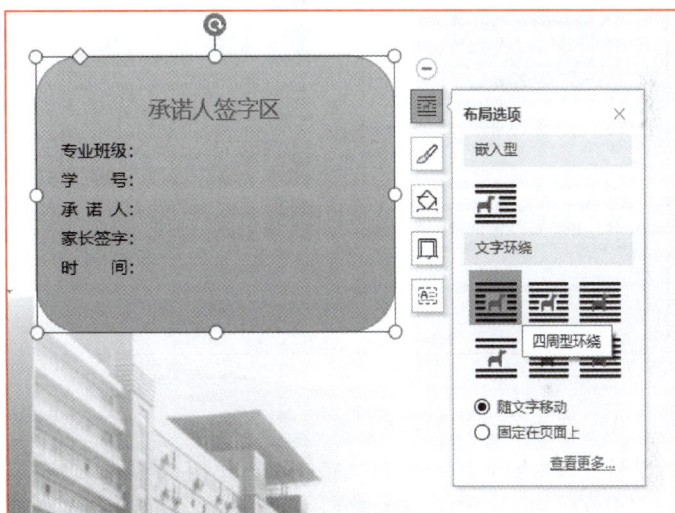

图 3.3.9
设置矩形布局

2. 首页第二栏的编辑

① 将光标移动到第二栏，单击功能区中的"页面布局"选项卡→"分隔符"下拉按钮，连续插入 3 个换行符，如图 3.3.10 所示。

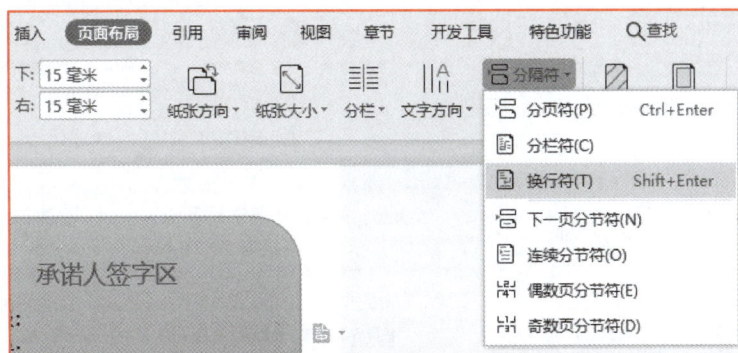

微课 3-11
首页第二至
三栏的编辑

图 3.3.10
插入换行符

② 复制文字素材中从"为进一步加强"到"医疗商业保险。"部分，选中此段文字，设置字体格式为微软雅黑、小五，设置段落格式特殊格式为首行缩进 2 字符，行距最小值 18。效果如图 3.3.11 所示。

③ 单击功能区中的"插入"选项卡→"文本框"下拉按钮，在打开的下拉列表中选择"横向文本框"选项，在第二栏文字上方单击，用鼠标拖出一个合适大小的文本框。单击"绘图工具"按钮，在最右侧调整文本框高度和宽度分别为 1 cm 和 6 cm。在文本框中输入"远离'校园贷'承诺书"并设置文字格式为黑体、五号、居中对齐。选中文本框，单击功能区中的"绘图工具"选项卡，将文本框中填充颜色更改为"细微效果-矢车菊蓝，强调颜色 1"，如图 3.3.12 所示。

图 3.3.11
设置第二栏
字体格式

图 3.3.12
设置文本框
填充颜色

3. 首页第三栏的编辑

① 当光标在第二栏最末尾闪动时，单击功能区中的"页面布局"选项卡→"分隔符"按钮，在打开的下拉列表中选择"分栏符"选项，如图 3.3.13 所示。此时光标移动到第三栏表头，同第二栏初始设置相同，在输入文字前先插入两个换行符，复制素材文字中从"计算机学院通过"到"风险与危害"部分，设置文字格式为微软雅黑、11 磅，段落格式为首行缩进 2 字符，行距固定值 28。

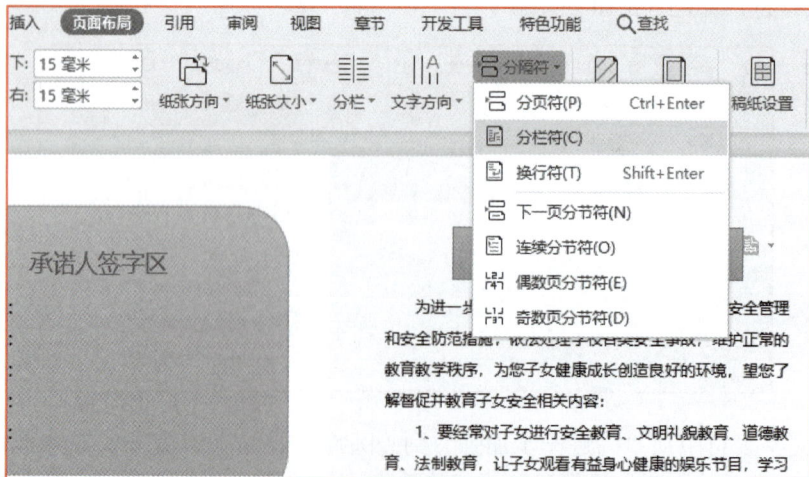

图 3.3.13
插入分栏符并
切换到第三栏

② 当光标在文字第二段中部闪烁时，单击功能区中的"插入"选项卡→"图片"下拉按钮，

在打开的下拉列表中选择"本地图片"选项，选择素材图片"插图 1"，如图 3.3.14 所示。

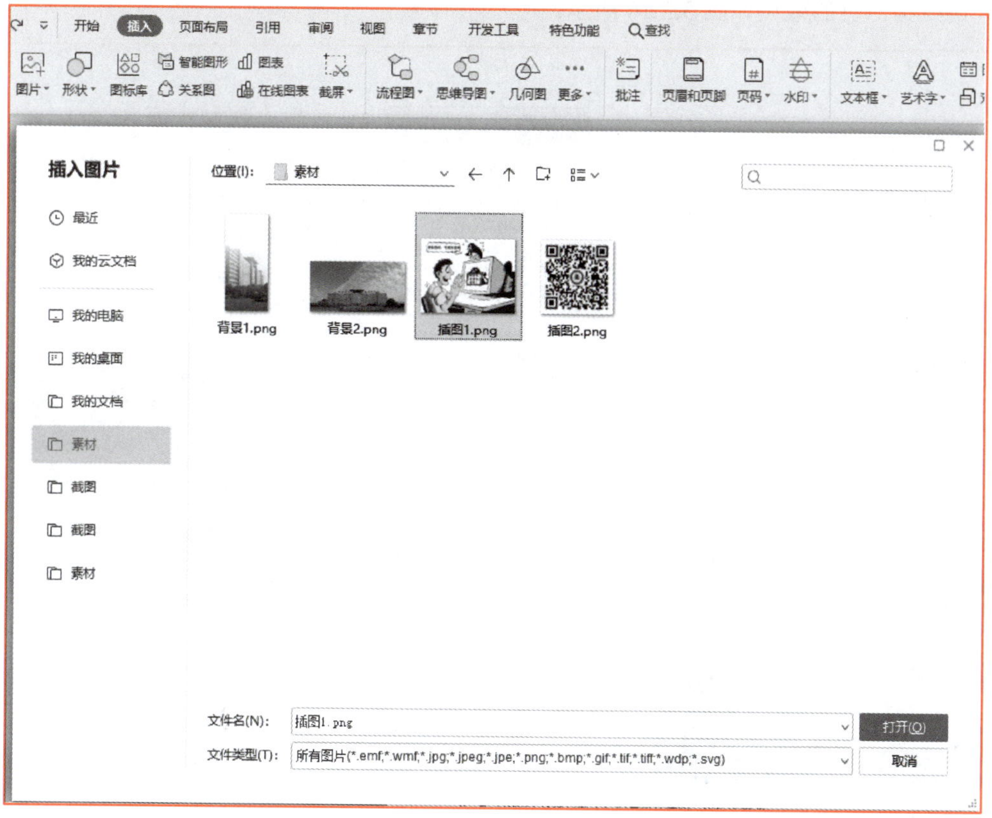

图 3.3.14
选择素材图片

③ 保持图片选中状态，在功能区中的"图片工具"选项卡中取消选择"锁定纵横比"选项，将图片高度和宽度分别设置为 4.8 cm 和 6.2 cm，同样在"图片工具"选项卡中单击"环绕"按钮，将图片环绕方式变更为"紧密型环绕"，并将图片移到文中适当的位置，如图 3.3.15 所示。

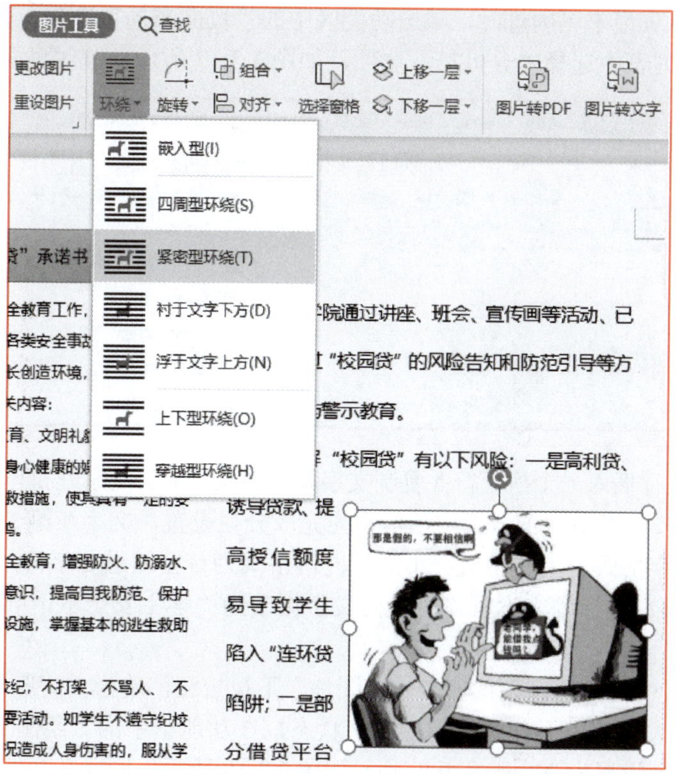

图 3.3.15
设置图片环绕方式

121

④ 复制第二栏标题文本框，将框内文字更改为"学生安全告家长书"，调整标题文本框的位置，最终第一页的效果如图 3.3.16 所示。

图 3.3.16
安全手册第一页
编辑效果

3.3.3　第二页排版

1. 第一至二栏的编辑

① 当光标在首页最末尾闪烁时，单击功能区中的"页面布局"选项卡→"分隔符"下拉按钮，在打开的下拉列表中选择"分页符"选项，如图 3.3.17 所示，此时页面跳转到第二页。

微课 3-12
第二页第一
至二栏的
编辑

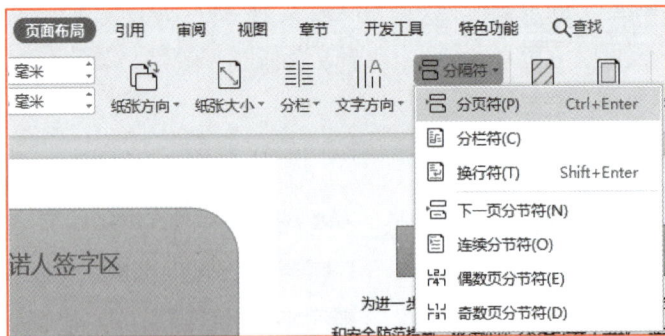

图 3.3.17
插入分页符

② 在第一栏首行插入一个换行符并复制文字素材中从"平安是家庭和睦的幸福之本"到"对自己的人身和财产安全负责"部分，由于已事先完成分栏设置，文字在第二页分成了 3 栏显示。设置第二页全部文字格式为微软雅黑、小五，段落格式为首行缩进 2 字符，行距固定值 14。

③ 复制首页第二栏标题文本框，将框内文字更改为"学生安全承诺书"，调整标题文本框到适当的位置。

④ 单击功能区中的"插入"选项卡→"图片"下拉按钮，选择"矩形"选项，按住鼠标左键并拖出一个适当大小的矩形。保持矩形选中状态，在功能组中的"绘图工具"选项卡中将矩形的高度和宽度分别设置为 21 cm 和 9.8 cm，如图 3.3.18 所示。同样在功能组中的"绘图工具"

选项卡中将矩形填充颜色变更为"细微效果-矢车菊蓝，强调颜色 1"，如图 3.3.19 所示。

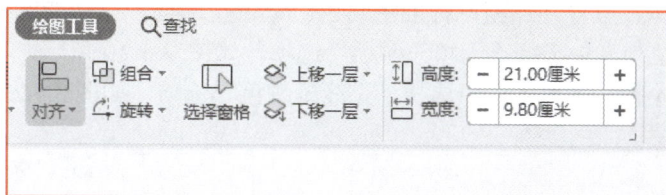

图 3.3.18
设置矩形大小

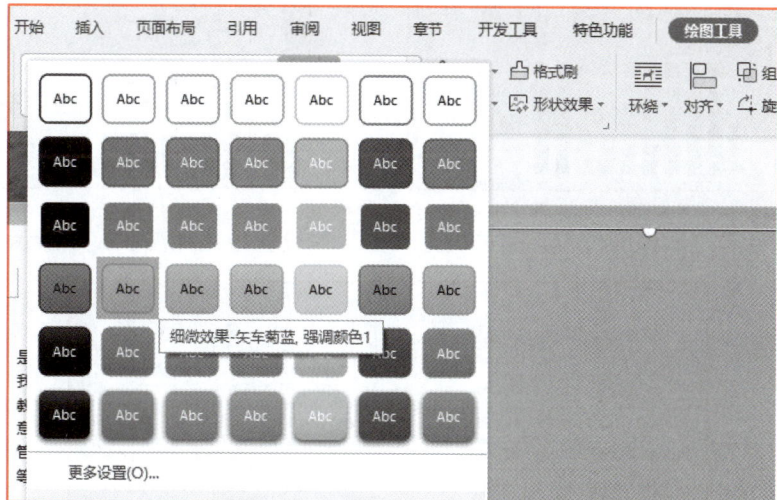

图 3.3.19
设置矩形填充颜色

⑤ 选中矩形并右击，在弹出的快捷菜单中选择"置于底层"→"衬于文字下方"命令，此时文字出现在矩形上面，如图 3.3.20 所示。

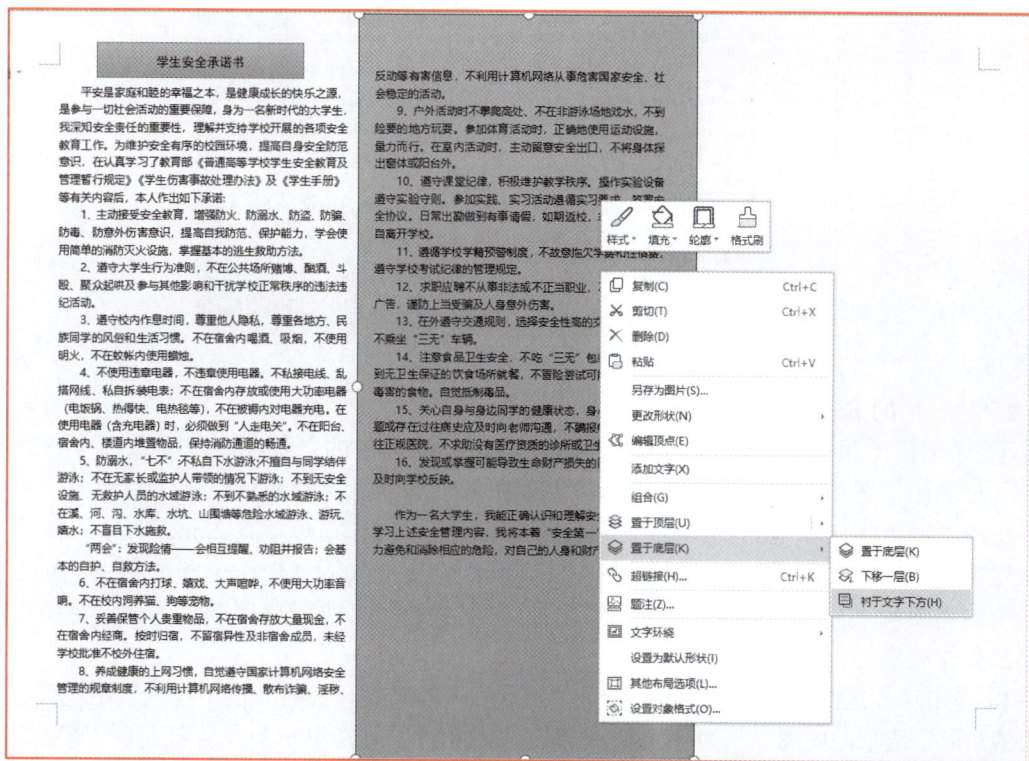

图 3.3.20
设置矩形衬于
文字下方

⑥ 在第二栏下方插入图片"插图 2.png"，选中图片，在功能组中的"图片工具"选项卡中将图片的高度和宽度均设置为 2.4 cm。

⑦ 单击功能区中的"插入"选项卡，插入一个横向文本框，输入文字"微信扫一扫"，并设置文字格式为宋体、五号、加粗、标准色红色。选中文本框，在功能区中的"绘图工具"选项卡→"填充"下拉列表中选择"无填充颜色"选项，如图 3.3.21 所示，在功能区中的"绘图工具"选项卡→"轮廓"下拉列表中选择"无线条颜色"选项，如图 3.3.22 所示。

图 3.3.21
设置矩形无填充颜色

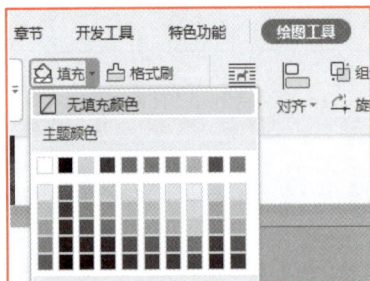

图 3.3.22
设置矩形无线条颜色

⑧ 调整图片和文本框的位置，第二页第一至二栏设置效果如图 3.3.23 所示。

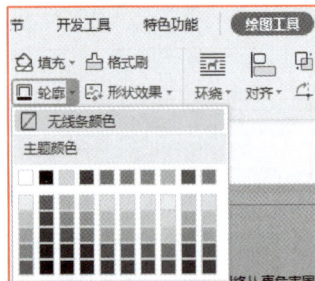

图 3.3.23
第一至二栏设置效果图

2. 第三栏的编辑

① 光标置于第二栏的二维码图片后方，单击功能区中的"页面布局"选项卡→"分隔符"下拉按钮，在打开的下拉列表中选择"分栏符"选项，此时光标在第 3 栏上方，单击功能区中的"插入"选项卡→"图片"按钮，在本地图片中选择"背景 2.png"，选中图片，在功能组中的"图片工具"选项卡中调整图片高度和宽度分别为 5.25 cm 和 10 cm，同时在功能区中的"图片工具"选项卡→"环绕"下拉列表中选择"四周型环绕"选项，将图片放置在第三栏的底部。

② 单击功能区中的"插入"选项卡→"形状"下拉按钮，在打开的下拉列表中选择"剪去单角的矩形"选项，如图 3.3.24 所示，在刚插入的图片上方拖出一个大小合适的"剪去单角的矩形"，选中矩形，在功能区中的"绘图工具"选项卡中将矩形填充颜色变更为"细微效果-矢车菊蓝，强调颜色 1"，调整矩形的大小和位置，最终效果如图 3.3.25 所示。

微课 3-13
第二页第三栏的编辑

图 3.3.24
插入剪去单角的矩形

图 3.3.25
插入图片和矩形
后的效果图

③ 单击功能区中的"插入"选项卡→"文本框"按钮，在打开的下拉列表中选择"横向文本框"选项，在刚放置的剪去单角的矩形上部拖出一个文本框，输入文字"校园贷承诺书"，设置文字格式为黑体、三号、标准色红色、字符间距为加宽 2 磅。选中文本框，在功能区中的"绘图工具"选项卡→"填充"下拉列表中选择"无填充颜色"选项。

④ 用同样的方法绘制另外两个文本框，并调整 3 个文本框的大小和位置，最终效果如图 3.3.26 所示。

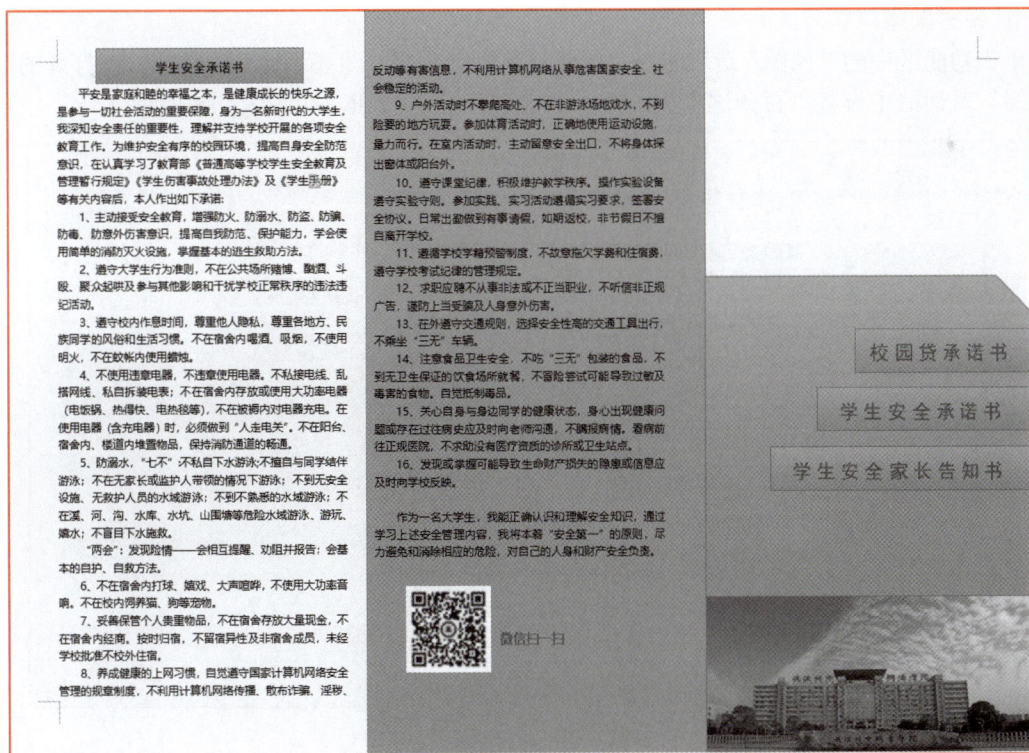

图 3.3.26
文本框调整
效果图

⑤ 在第三栏最上方插入一个横向文本框，输入文字"学生安全承诺——计算机学院"，其中设置"学生安全承诺"文字格式为微软雅黑、20 磅、加粗，字符间距加宽 2 字符，"安全"二字设置为标准色红色；"——计算机学院"换行显示，格式为黑体、四号。选中文本框，单击功能区中"绘图工具"→"轮廓"按钮，在打开的下拉列表中选择"无线条颜色"选项，取消文本框的边框。调整文本框的位置，第二页最终效果如图 3.3.27 所示。

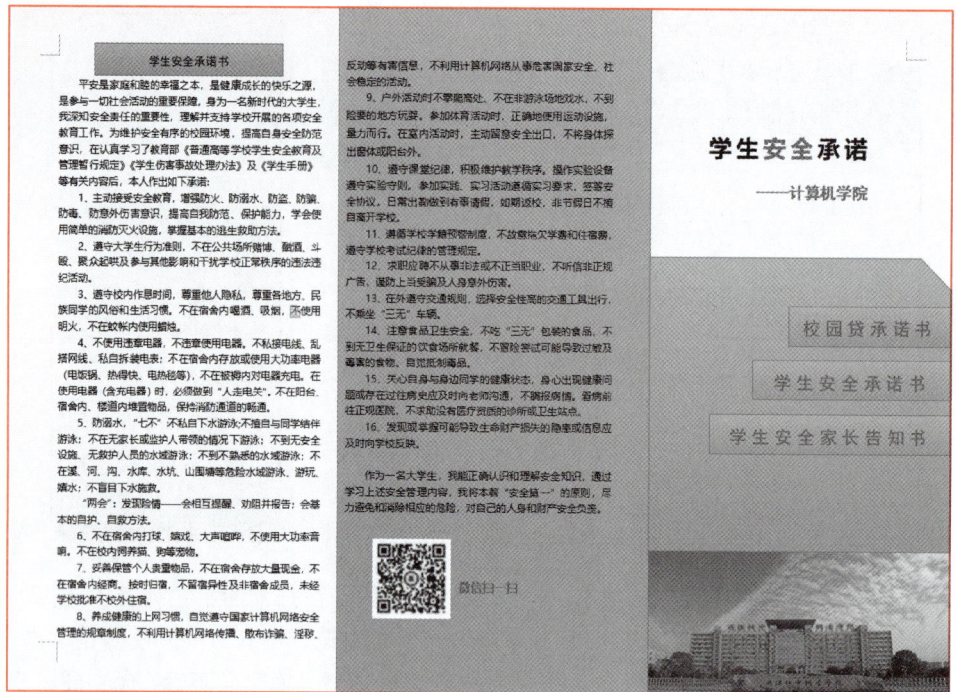

图 3.3.27
第二页最终效果图

3.3.4　排版后续工作

微课 3-14
排版后续
工作

1．视图浏览

单击功能区中的"视图"选项卡→"显示比例"选项组→"显示比例"按钮，在打开的"显示比例"对话框中设置"百分比"为 65%，单击"确定"按钮，如图 3.3.28 所示。

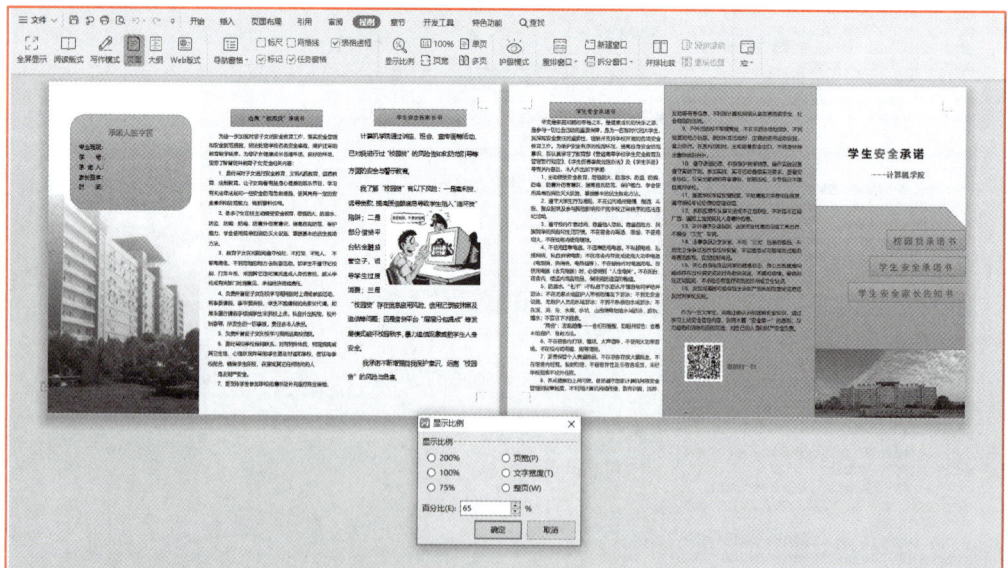

图 3.3.28
视图的显示
比例效果

2．打印预览

单击功能区中的"文件"选项卡→"打印"按钮，选择"打印预览"命令即可看到打印预览效果图。如需编辑，可进行更多设置，如图 3.3.29 所示，宣传手册为正反两页，在打印时需选中"双面打印"复选框。

3．保存文件

完成排版工作，注意保存文件。

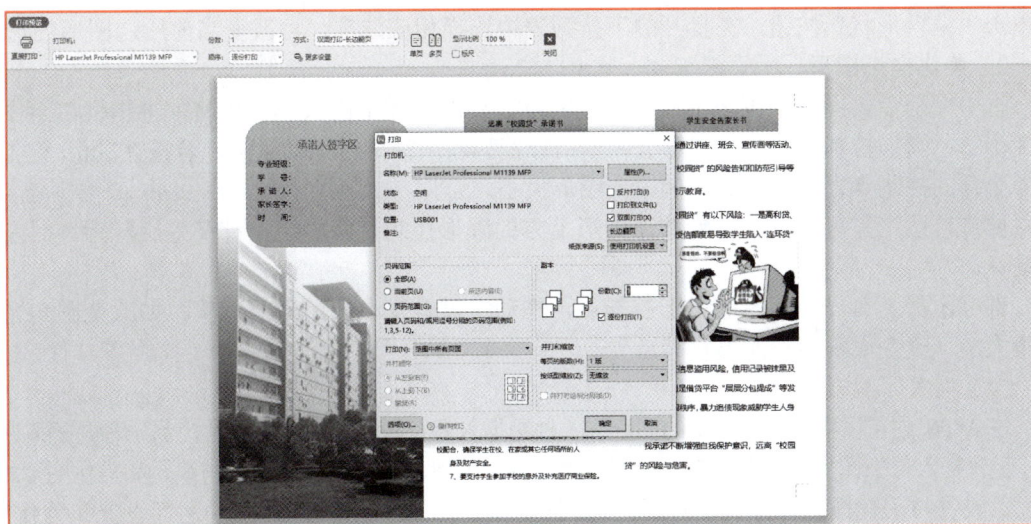

图 3.3.29
文件打印
预览界面

【背景知识】

1. 使用 WPS 公式编辑器

使用 WPS 打开文档，依次单击功能区中的"插入"选项卡→"公式"按钮，打开"公式编辑器"编辑框，根据需要编写公式，编写完成后，单击功能区中的"文件"选项卡→"更新"按钮，即可插入文档。

2. 设置首字下沉

为了让文字更加美观与个性化，可以使用"首字下沉"功能让段落的首个文字放大或者更换字体。方法为：使用 WPS 打开文档，选中需要设置的段落。依次单击"插入"选项卡→"首字下沉"按钮，打开"首字下沉"对话框，在打开的对话框中根据需要设置"位置"及"选项"后，单击"确定"按钮即可。

注意：

当首字符为空格、Tab 符或段落符时，无法设置首字下沉。

3. WPS 文字的图文混排

插入图形、图片等对象：用户可利用 WPS 功能区"插入"选项卡中的相应按钮，在文档中插入各种图形、文本框、图片、图表、艺术字和智能图形等对象，以丰富文档内容和方便排版，使文档更加精彩。

编辑和美化插入的对象：插入形状和图片等对象后，在 WPS 文字的功能区将自动出现"绘图工具"或"图片工具"等选项卡，利用它们可以对插入的对象进行各种编辑和美化操作。在 WPS 中，对图形、图片和文本框等对象进行编辑和美化的操作方法基本相同。

（1）绘制、编辑与美化自选图形

要在文档中绘制自选图形，可单击功能区中的"插入"选项卡→"形状"按钮，在打开的下拉列表中选择需要的形状类型，然后按住鼠标左键在文档中拖动到所需大小后释放鼠标即可。选择要绘制的形状后，按住 Shift 键在文档编辑区拖动鼠标，可以对一些特殊图形进行形状上的改变。

1）形状的美化

选中图形后，可以改变自选图形的边框线型（如边框粗细）、颜色和样式，以及设置自选图形的填充颜色、阴影效果和三维效果等，还可利用系统自带的样式快速美化自选图形。这些操作都是通过选中自选图形后显示的"绘图工具"选项卡实现的。

"插入形状"组：在该组的形状列表中选择某个形状，然后可在编辑区拖动鼠标绘制该图形。

若单击"编辑形状"按钮，在打开的下拉列表中选择相应选项，可改变当前所选图形的形状。

2）美化自选图形

选中图形后，图形周围将出现多个控制点。要改变图形的大小，可将鼠标指针移至图形周围 8 个白色圆形控制点中某一个点上，当指针变为双向箭头时拖动鼠标。若按住 Shift 键拖动图形 4 个角的控制点之一，可等比例改变图形大小。

要旋转图形，可将鼠标指针移至图形上方的圆形控制点上，当指针变为旋转指针时左右拖动鼠标。

部分图形上有一个黄色的类形控制点，拖动它可改变自选图形的形状，如改变圆角矩形的圆角大小、改变太阳图形的形状等。

（2）插入、编辑和美化图片

在 WPS 中可以插入两种类型的图片：一种是插入保存在计算机中的图片，另一种是插入在线图片。无论插入什么图片，插入后都可对图片进行各种编辑和美化操作，方法与编辑和美化图形相似。

- 设置与美化图片：插入图片后，可利用"图片工具"选项卡对图片进行设置和美化操作。
- 图片边框的美化：插入图片后，选择图片边框，单击选中需要的边框即可。

（3）使用文本框和艺术字

文本框也是 WPS 文字的一种图形对象，用户可在文本框中输入文字、放置图片和表格等，并可将文本框放在页面上的任意位置，从而设计出较为特殊的文档版式。此外，还可在文档中插入艺术字或为文本框中的文本设置艺术字效果。

- 设置和美化艺术字：在文档中插入艺术字后，可利用"文本工具"选项卡对其进行设置和美化。
- 使用文本框和艺术字：要在文档中插入文本框，可单击功能区中的"插入"选项卡→"文本框"按钮，在弹出的下拉列表中选择所需选项。插入文本框后，可利用"文本工具"选项卡对其进行美化操作。

【课后练习】

1. 利用 WPS 中提供的插入公式功能，输入下列数学公式，并使用其中的公式工具进行编辑公式。

（1）$x = \dfrac{-b \pm \sqrt{b^2 - 4ac}}{2a}$

（2）$(x + a)^n = \sum_{k=0}^{n} \binom{n}{k} x^k a^{n-k}$

2. 参考图 3.3.30 所示的效果图，尝试制作计算机学院报。

图 3.3.30
板报参考图

素材文件

文本：
效果文件

操作要求：有图片、形状、文本框、艺术字、首字下沉等对象，要求能对各种对象进行排版设置，图片衬于第一段落文字下方，能够进行页面布局、页面边框等设置。

3.4　任务 15　掌握长文档的排版

【任务描述】

小王是学校打印室兼职的工作人员，临近毕业很多毕业生来打印论文，需要小王根据论文的编写格式要求对前期的毕业论文进行编辑和排版，最终完成输出打印。

【考点分析】

① 应用文档样式和主题。
② 掌握文档的分页和分节操作。
③ 理解文档自动生成目录操作。
④ 掌握文档页眉、页脚的设置。

PPT：任务 15 掌握长文档的排版

PPT

【最终效果】

本任务的最终效果如图 3.4.1～图 3.4.4 所示。

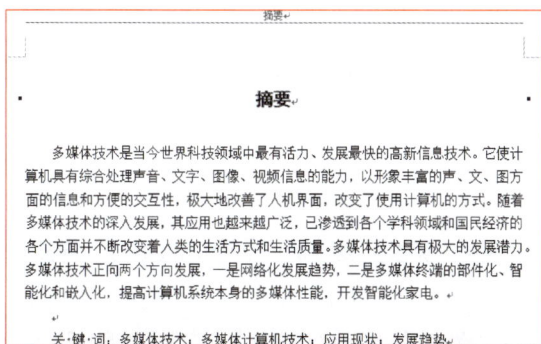

图 3.4.1 论文排版最终效果节选 1

文本：效果文件

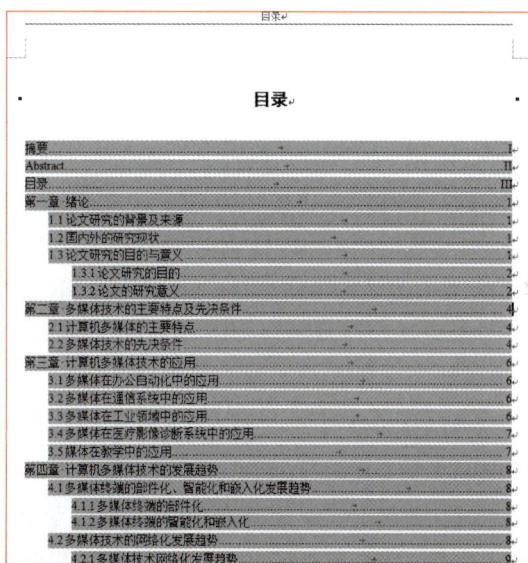

图 3.4.2 论文排版最终效果节选 2

图 3.4.3 论文排版最终效果节选 3

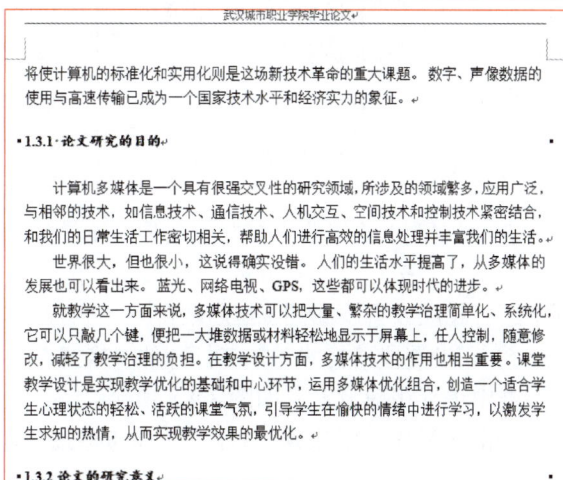

图 3.4.4 论文排版最终效果节选 4

【任务实现】

•3.4.1　新建论文样式

"新样式"按钮

微课 3-15
新建论文
样式

素材文件

图 3.4.5
"样式和格式"
任务窗格

WPS 文字自带了一个样式库,在制作长文档时,可以快速应用样式库中的样式来设置段落和标题等格式,但是它们并不能满足论文的排版要求,有的字体或磅值不对,或者间距不合适,用户可以根据自己个性化的需求去创建新的样式。

1. 打开"样式"任务窗格

① 打开素材文件夹中的"论文原始文档.wps"。

② 单击编辑栏右侧任务窗格中的【样式和格式】按钮，打开"样式和格式"任务窗格,如图 3.4.5 所示。也可按 Ctrl+F1 组合键在展开任务窗格、收起任务窗格、隐藏任务窗格 3 种状态之间进行切换。

2. 新建"论文一级标题"样式

① 单击图 3.4.2 上方的"新样式"按钮，打开如图 3.4.6 所示的"新建样式"对话框。

② 在"名称"文本框中输入"论文一级标题",作为新建样式的名称;在"样式基于"下拉列表框中选择"标题1";在"后续段落样式"下拉列表框中选择"正文"。

③ 在"格式"选项区域,设置格式为黑体、三号、加粗,段落为"居中对齐"。

④ 单击"确定"按钮,在"样式和格式"任务窗格中出现名为"论文一级标题"的样式。

3. 创建论文其他样式

① 重复上述过程,参照表 3.4.1 新建"论文二级标题""论文三级标题""论文的正文"样式。

表 3.4.1　论文排版需要新建的样式

样式名称	样式类型	样式基准	后续段落样式	字体设置	段落设置
论文一级标题	段落	标题 1	正文	黑体、三号、加粗	居中
论文二级标题	段落	标题 2	正文	楷体、四号、加粗	左对齐
论文三级标题	段落	标题 3	正文	楷体、小四、加粗	左对齐
论文的正文	段落	正文	正文	● 中文字体:宋体、小四 ● 西文字体:Times New Roman	两端对齐、首行缩进 2 字符、行距固定值 20 磅

② 在创建"论文的正文"样式时,设置论文西文字体为 Times New Roman,需单击图 3.4.6 中的"格式"按钮,在打开的"格式"下拉列表中选择"字体"选项,在打开的"字体"对话框中进行相应设置,如图 3.4.7 所示。

③ 在设置段落格式时,在打开的"格式"下拉列表中选择"段落"选项,在打开的"段落"对话框中进行相应设置,如图 3.4.8 所示。

全部 4 种样式创建成功后,"样式和格式"任务窗格如图 3.4.9 所示。

设置样式名称

为产生自动目录，此处将样式基于"标题1"

居中对齐

"格式"按钮

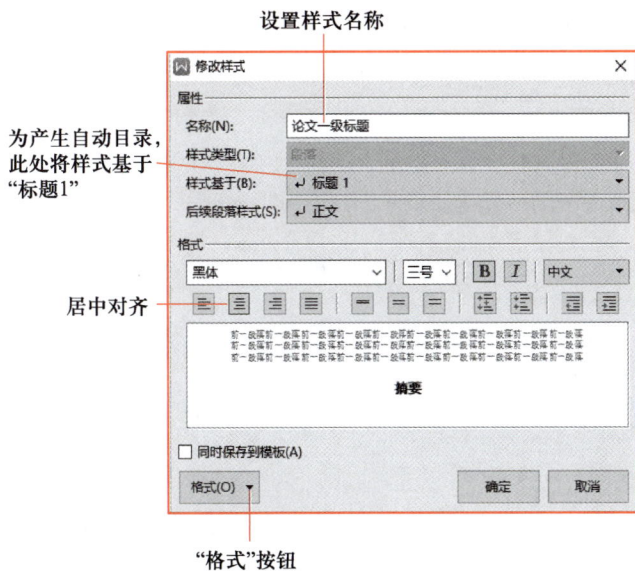

图 3.4.6 "新建样式" 对话框

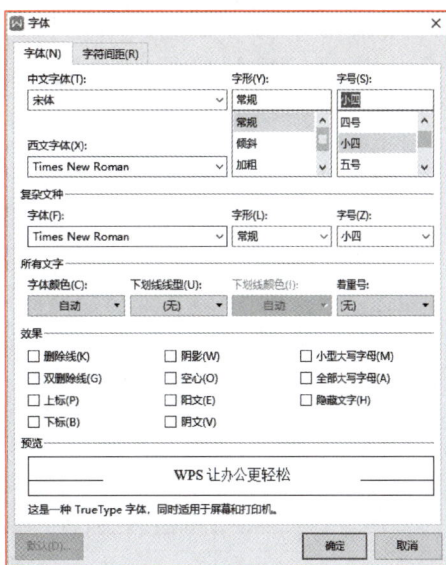

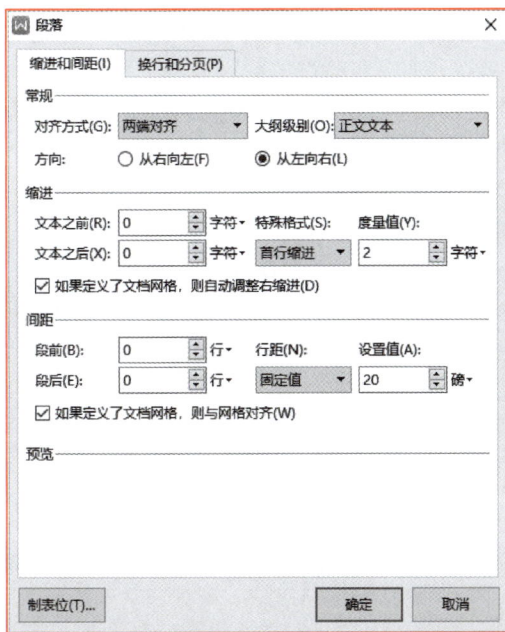

图 3.4.7 "字体" 对话框

图 3.4.8 "段落"对话框

新增的样式

图 3.4.9 "样式和格式" 任务窗格

3.4.2　应用论文样式

1. 应用"论文一级标题"样式

① 单击功能区中的"视图"选项卡→"导航窗格"按钮，打开"导航"窗格。

② 按住 Ctrl 键同时选中论文的一级标题"摘要""Abstract""第一章 绪论""第二章 多媒体技术的主要特点及先决条件""第三章 计算机多媒体技术的应用""第四章 计算机多媒体技术的发展趋势""第五章 结论""参考文献"等文字，然后再单击"样式和格式"任务窗格中的"论文一级标题"，为其应用该样式。

③ 设置完成后，文档的最后一页如图 3.4.10 所示。

2. 应用其他样式

① 重复上述的操作，对文中"1.1……"应用"论文二级标题"样式，"1.3.1……"应用"论文三级标题"样式。

② 选中未进行任何格式设置的正文内容，单击"样式和格式"任务窗格中的"论文的正文"样式，最终效果如图 3.4.11 所示。

微课 3-16 应用论文 样式

131

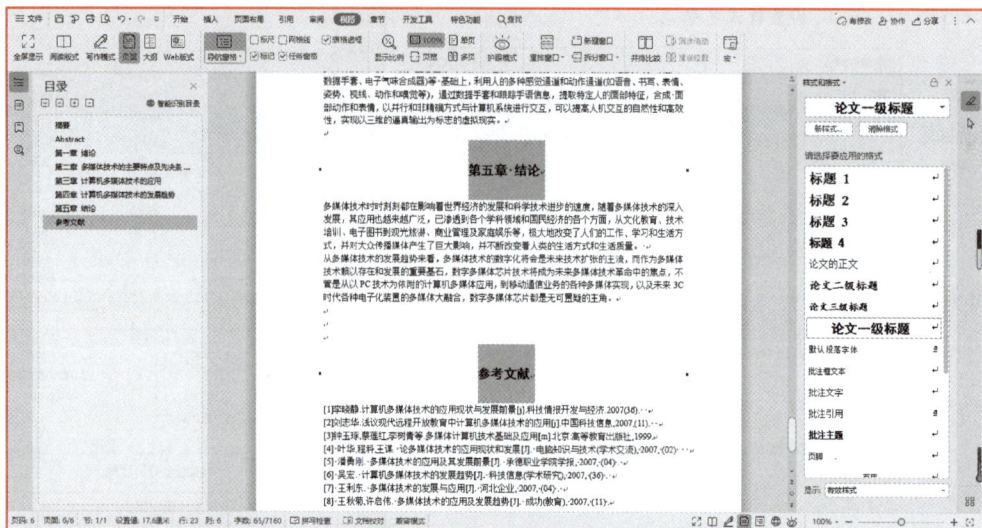

图 3.4.10
应用"论文一级
标题"样式后的
效果

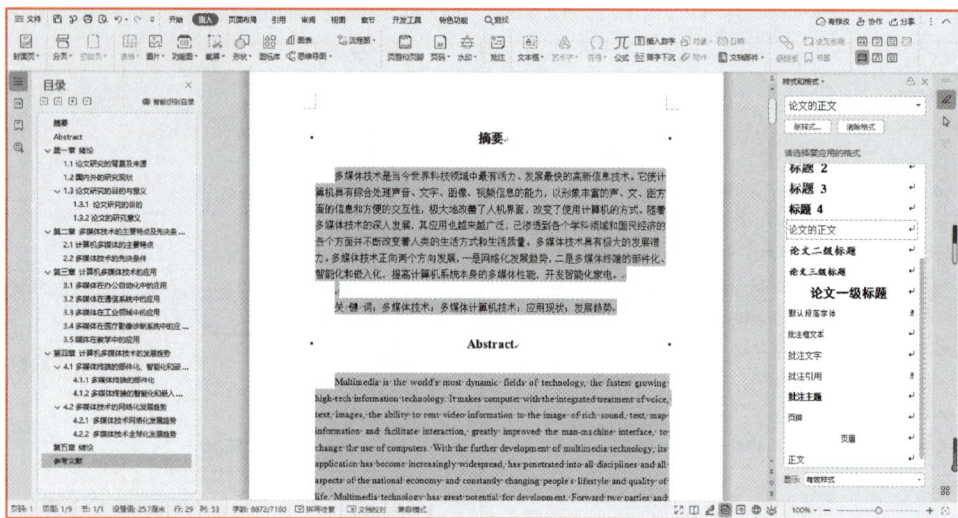

图 3.4.11
应用"论文的
正文"样式后
的最终效果

3.4.3 论文的图文混排

1. 插入图片

① 单击"导航"窗格工具栏中的"查找和替换"按钮 🔍，在"输入搜索内容"文本框中输入文字"如图 3.1 所示"，单击【查找】按钮，光标定位到该处确定图片的插入位置。

② 单击功能区中的"插入"选项卡→"表格"下拉按钮，在打开的下拉列表中选择"插入表格"选项，打开"插入表格"对话框，插入一个 1 行 1 列的表格。

③ 将光标定位至表格内，单击功能区中的"插入"选项卡→"图片"按钮，打开"插入图片"对话框，选择素材中的图片"多媒体在通信系统中的应用.jpg"，单击"插入"按钮，将图片插入论文。

④ 选中整个表格，单击功能区中的"表格样式"上下文选项卡→"边框"下拉按钮，在打开的下拉列表中选择"无框线"选项，取消表格的框线。

⑤ 单击功能区中的"表格工具"上下文选项卡→"对齐方式"下拉按钮，在打开的下拉列表中选择"水平居中"选项，设置图片在表格内居中对齐。

⑥ 使用同样的方法将图片"多媒体在教学中的应用.jpg"插入"如图 3.2 所示"的段落位置，并使图片居中对齐。

微课 3-17
论文的图文
混排

2. 插入题注

① 选中插入的第一张图片"多媒体在通信系统中的应用.jpg"，单击功能区中的"引用"选项卡→"题注"按钮，打开"题注"对话框。

② 单击"新建标签"按钮，打开"新建标签"对话框，在"标签"文本框中输入文本"图3."，如图 3.4.12 所示。

③ 单击"确定"按钮，返回"题注"对话框，再次单击"确定"按钮，图片下方会出现题注"图3.1"，接着在题注文字后输入文本"多媒体在通信系统中的应用结构图"，完成题注的插入。

④ 选中插入的第二张图片"多媒体在教学中的应用.jpg"，单击"插入题注"按钮，打开"题注"对话框，此时题注文本框自动编号为"图3.2"，如图 3.4.13 所示。

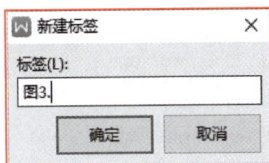

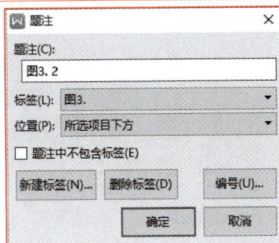

图 3.4.12 "新建标签"对话框

图 3.4.13 "题注"对话框

⑤ 单击"确定"按钮创建题注，在题注文字后输入文本"多媒体在教学中的应用"。

3.4.4 生成论文的目录

1. 添加分隔符

① 单击"导航"窗格工具栏中的"目录"按钮，在"目录"导航窗格中单击"收缩目录层级"按钮，如图 3.4.14 所示。

② 此时，"目录"导航窗格只显示应用论文一级标题样式的文字，如图 3.4.15 所示。

微课 3-18 生成论文的目录

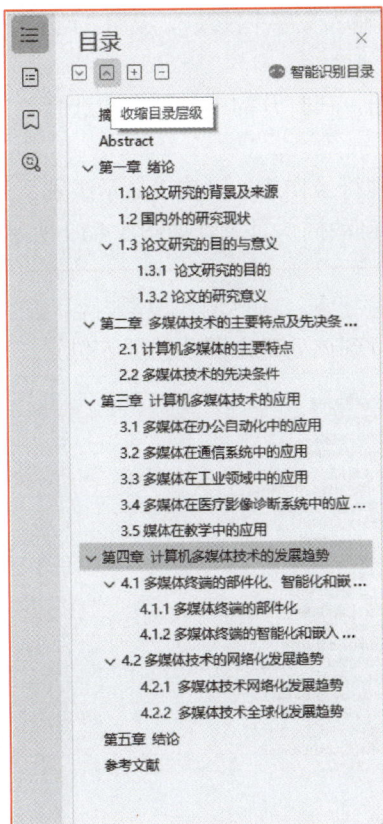

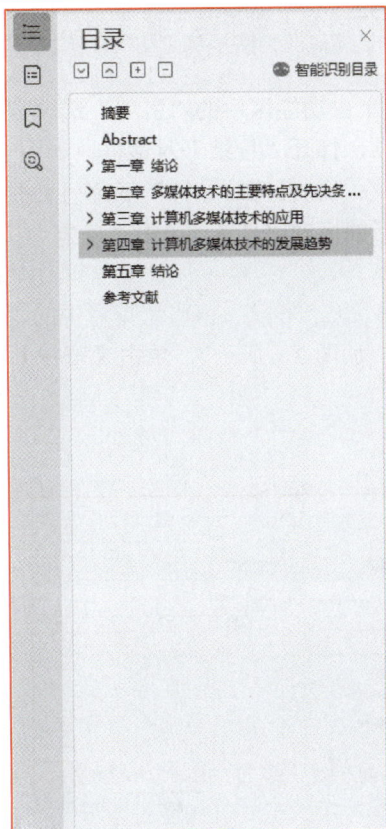

图 3.4.14 "目录"导航窗格 1

图 3.4.15 "目录"导航窗格 2

③ 单击"目录"导航窗格中的 Abstract，在页面右侧的光标将定位到 Abstract 的位置，单击"样式和格式"任务窗格中"论文一级标题"的下拉按钮，在打开的下拉列表中选择"修改"选项，打开"修改样式"对话框，如图 3.4.16 所示。

④ 单击"格式"按钮，在其下拉列表中选择"段落"选项，打开"段落"对话框，选择"换行和分页"选项卡，选中"段前分页"复选框，如图 3.4.17 所示。

图 3.4.16
"修改样式"
对话框

图 3.4.17
"换行和分页"
选项卡

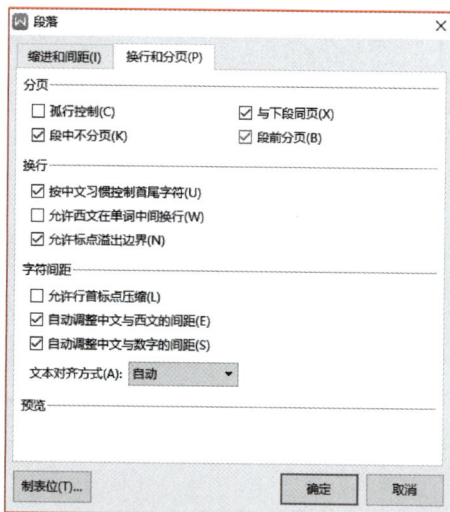

⑤ 单击两次"确定"按钮，返回到编辑页面，则每一个一级标题之前自动插入一个分页符。

⑥ 在"目录"导航窗格将光标定位到"第一章　绪论"的位置，单击功能区中的"章节"选项卡→"新增节"按钮，在打开的下拉列表中选择"下一页分节符"选项，在第一章正文前插入一个分节符，将文档分成两节，以便后期设置不同的页眉和页脚。

2．创建目录

① 将插入点置于英文摘要的结尾处，按 Enter 键后输入文字"目录"，应用"论文一级标题"样式。

② 单击功能区中的"引用"选项卡→"目录"按钮，在打开的下拉列表中选择"自定义目录"选项，打开"目录"对话框，如图 3.4.18 所示。

③ 在"制表符前导符"下拉列表框中选择任意一种符号样式，设置"显示级别"为目录中需要显示的标题级别 3，单击"确定"按钮，文档中将自动插入目录，如图 3.4.19 所示。

图 3.4.18
"目录"
对话框

图 3.4.19
插入"目录"
最终效果

3.4.5 设置论文的页眉和页脚

1. 为论文第一节添加页眉

① 在"目录"导航窗格将光标定位到"摘要"的位置，单击功能区中的"插入"选项卡→"页眉和页脚"按钮，出现"页眉和页脚"上下文选项卡，此时光标插入点自动移至页眉区。

② 单击"页眉和页脚"上下文选项卡→"页眉页脚选项"按钮，打开"页眉/页脚设置"对话框，选中"首页不同"和"奇偶页不同"复选框，如图 3.4.20 所示。

③ 将光标移至第一节的首页页眉处，输入文字"摘要"，单击功能区中的"页眉和页脚"上下文选项卡→"显示后一项"按钮，插入点切换至第一节的偶数页页眉，即论文的英文摘要页，输入英文字符 Abstract。

④ 再次单击功能区中的"页眉和页脚"上下文选项卡→"显示后一项"按钮，插入点切换至第一节的奇数页页眉，即论文的目录页，输入文字"目录"。

⑤ 单击功能区中的"页眉和页脚"上下文选项卡→"页眉横线"按钮，在打开的下拉列表中选择一种单横线，为第一节页眉添加横线。

2. 为论文第一节添加页脚

① 单击功能区中的"插入"选项卡→"页眉页脚切换"按钮，此时光标插入点自动移至页脚位置。

② 单击页脚处的"插入页码"浮动功能按钮，在打开的对话框中设置"样式"为"Ⅰ,Ⅱ,Ⅲ…"大写罗马字母样式，"位置"设置为"居中"，"应用范围"设置为"本节"，然后单击"确定"按钮，如图 3.4.21 所示。

3. 为论文第二节添加页眉

① 将光标移至第二节的奇数页页眉处，单击功能区中的"页眉和页脚"上下文选项卡→"同前节"按钮，取消第二节奇数页页眉和第一节的链接。

② 用 Backspace 键删除光标处的文字"目录"，单击功能区中的"页眉和页脚"上下文选项卡→"域"按钮，在打开的对话框中设置"域名"为"样式引用"，"样式名"设置为"论文一级标题"，设置第二节奇数页页眉为一级标题章节名，然后单击"确定"按钮，如图 3.4.22 所示。

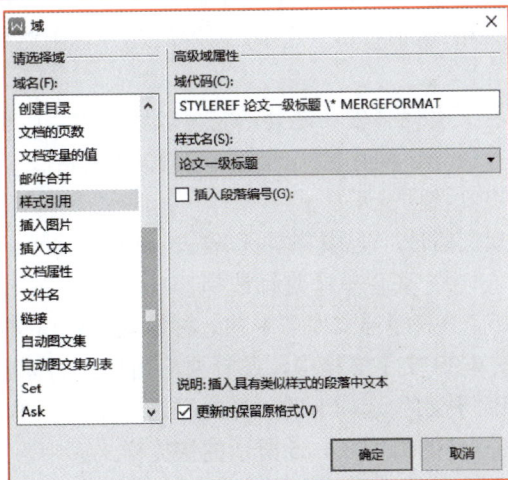

微课 3-19 设置论文的页眉和页脚

图 3.4.20 "页眉/页脚设置"对话框

图 3.4.21 "插入页码"对话框

图 3.4.22 "域"对话框

135

③ 将光标移至第二节的偶数页页眉处，单击功能区中的"页眉和页脚"上下文选项卡→"同前节"按钮，同样取消第二节偶数页页眉和第一节的链接，删除文字 Abstract，输入文字"武汉城市职业学院毕业论文"。

此时，论文从第一章绪论开始，奇数页页眉为"论文一级标题"，偶数页页眉为"武汉城市职业学院毕业论文"。

4. 更新目录

经过上述步骤后，页码发生了变化，需重新更新目录。

① 将插入点移至目录上方任意位置，右击，在弹出的快捷菜单中选择"更新域"命令，如图 3.4.23 所示。

② 此时打开"更新目录"对话框，选择"只更新页码"选项，完成后的目录最终效果如图 3.4.24 所示。

③ 保存文件，准备打印。

图 3.4.23
更新目录

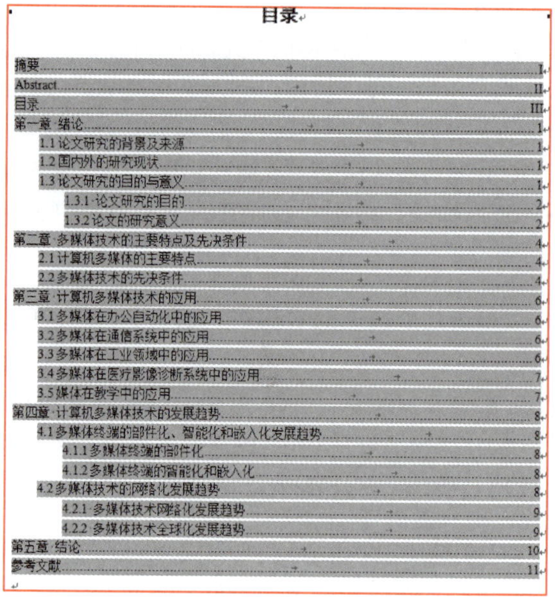

图 3.4.24
目录最终效果图

【背景知识】

1. 样式

样式是指用有意义的名称保存的字符格式和段落格式的集合，这样在编排重复格式时，先创建一个该格式的样式，然后在需要的地方套用这种样式，就无须一次次地对它们进行重复的格式化操作。

使用样式有诸多便利之处，它可以帮助用户轻松统一文档的格式，辅助构建文档大纲，以使内容更有条理，简化格式的编辑和修改操作。

（1）在文档中应用样式

在编辑文档时，使用样式可以省去一些格式设置上的重复性操作。在 WPS 文字中提供了"快捷样式库"，用户可以从中进行选择，以便为文本快速应用某种样式。例如，要为文档的标题应用 WPS 文字"快捷样式库"中的一种样式，可以按照如下操作步骤进行设置。

① 在 WPS 文字文档中，选择要应用样式的标题文本。

② 在"开始"选项卡的"样式"选项组中，单击"其他"按钮。

③ 在打开的如图 3.4.25 所示的快捷样式库中，用户只需要在各种样式之间轻松滑动鼠标，标题文本就会自动呈现出当前样式应用后的视觉效果。

（2）创建新样式

如果快捷样式库中的样式无法满足当前文档的应用需求，可以根据自行创建新样式。具体的操作步骤如下。

① 单击功能区中的"开始"选项卡→"新样式"按钮，打开"新建样式"对话框。或者打开"格式与样式"任务窗格，在下拉列表中选择"新样式"选项，也可打开"新建样式"对话框，如图 3.4.26 所示。

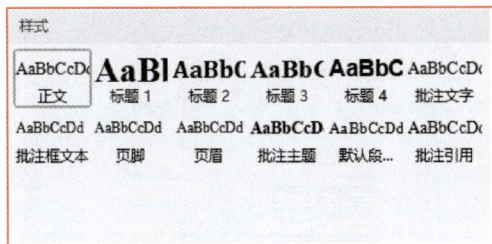

图 3.4.25
快捷样式库

图 3.4.26
"新建样式"
对话框

② 在"格式"选项区域设置样式的格式，在"属性"选项区域设置"名称""样式类型""样式基于"以及"后续段落样式"等，设置完成后单击"确定"按钮，即可完成新样式的创建。

③ 应用时，在"开始"选项卡的样式库中找到该样式名称后，单击即可。

（3）修改样式

根据文档格式管理的需要对某个特定样式进行修改。修改后，文档中所有应用该样式的文本或段落的格式页将相应改变。具体的操作步骤如下。

① 选中需要修改样式的文本，或者将光标定位在需要修改样式的段落中。

② 单击功能区中的"开始"选项卡，打开"样式和格式"任务窗格。

③ 在"样式和格式"任务窗格中会显示当前所选文本和定位段落所应用的样式名称。单击该名称后面的下拉按钮，从下拉列表中选择"修改"选项，即会打开"修改样式"对话框。

④ 在该对话框中可以对样式"字体""段落""边框""制表位""编号"等进行设置，修改完毕后单击"确定"按钮即可。

此时，文档中所有已经应用该样式文本的格式将自动设置为修改后的样式格式。如果需要修改样式库中的样式，可以右击该样式，在弹出的快捷菜单中选择"修改样式"命令，即可打开"修改样式"对话框进行设置。

2. 导航窗格

在用 WPS 文字编辑文档时，用户有时会遇到长达几十页甚至上百页的超长文档。使用 WPS 文字新增的"导航窗格"可以解决这一问题，为用户提供精确导航。

单击功能区中的"视图"选项卡，选中"导航视图"按钮，即可在 WPS 文字编辑区左侧打开"导航"任务窗格，单击"导航窗格"的下拉按钮，可设置导航窗格的位置。WPS 文字新增的文档导航功能的导航方式有 4 种：目录导航、章节导航、书签导航及查找和替换导航，可以轻松查找、定位到想查阅的段落或特定的对象。

（1）目录导航

目录导航是最简单的导航方式，使用方法也最简单，打开"导航"窗格后，默认就是目录导航，如图 3.4.27 所示，WPS 文字会对文档进行智能分析，并将文档标题在"导航"窗格中列出，只要单击标题，就会自动定位到相关段落。

使用目录导航有先决条件，打开的超长文档必须事先设置有标题样式。如果没有设置标题样式，就无法用文档标题进行导航，而如果文档事先设置了多级标题，导航效果会更好、更精确。

（2）章节导航

用 WPS 文字编辑文档会自动分页，文档页面导航就是根据 WPS 文字文档的默认分页进行导航，单击"导航"窗格中的"章节"按钮，将文档导航方式切换到章节导航，WPS 文字会在"导航"窗格上以缩略图形式列出文档分页，只要单击分页缩略图，即可定位到相关页面查阅。章节导航中还可以清楚地看到文章的分页和分节情况，可以轻松地插入和删除长文档的分节符，如图 3.4.28 所示。

图 3.4.27
目录导航

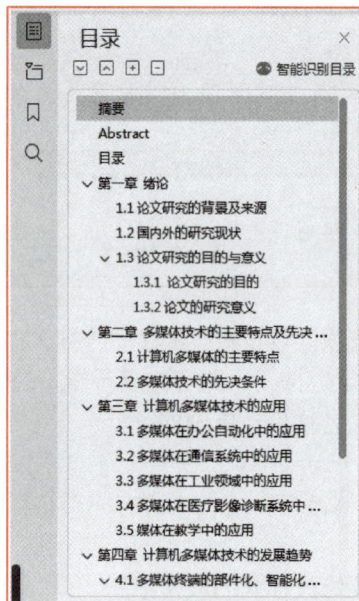

图 3.4.28
章节导航

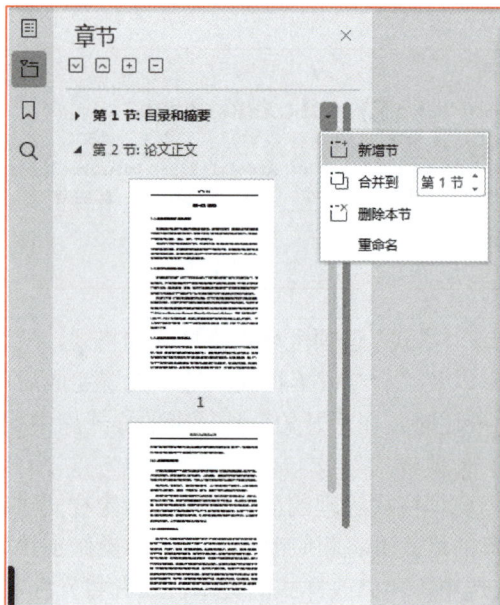

（3）书签导航

除了通过文档标题和页面进行导航，WPS 文字还可以通过书签导航，单击"导航"窗格中的"书签"按钮，罗列出文档定义的所有书签，单击任一书签名即可快速定位到书签定义的地方。

（4）查找和替换导航

一篇完整的文档，往往需要精确定位具体的关键字。WPS 文字的查找和替换导航功能可以快速查找文档中的这些关键字。单击搜索文本框，输入搜索的内容，单击"查找"按钮，窗格上就会列出包含关键字的导航链接，单击这些导航链接，即可快速定位到文档的相关位置。查找和替换导航还可以对关键字进行替换和定位。

注意：

WPS 文字提供的 4 种导航方式都有其优缺点，目录导航很实用，但是事先必须设置好文档的各级标题样式；章节导航很便捷，但是精确度不高，只能定位到相关页面，不方便查找特定内容；查找和替换导航比较精确，但如果文档中同一关键字（词）很多，或者同一对象很多，就要进行"二次查找"。在使用过程中，要根据自己的实际需求，将几种导航方式结合起来使用，导航效果会更佳。

3．题注

题注是一种可以为文档中的图表、表格、公式或其他对象添加的编号标签。在文档的编辑过程中，如果对题注进行了添加、删除或移动操作，则可以一次性更新所有题注编号，而不需要再进行单独调整。

（1）插入题注

在文档中定义和插入题注的具体操作步骤如下。

① 将光标定位在文档中需要引入题注的位置。

② 单击功能区中的"引用"选项卡→"题注"按钮，打开"题注"对话框。

③ 在"标签"下拉列表框中，根据添加题注的对象选择相匹配的标签类型。

④ 单击"编号"按钮，打开"题注编号"对话框，在"格式"下拉列表框中可重新设置题注编号的格式。如果选中"包含章节编号"复选框，将在题注前自动增加标题序号，如图 3.4.29 所示。

⑤ 单击"确定"按钮，完成编号设置。

如果没有所需要的题注类型，可以单击"新建标签"按钮，打开"新建标签"对话框，在"标签"文本框中输入新的标签名称，单击"确定"按钮，新标签即可添加成功。

（2）交叉引用题注

如果需要将文档中的编号、标题、图、表等元素的内容引用到该文档其他位置，可以通过交叉引用功能进行设置，具体的操作步骤如下。

① 将光标定位在文档中需要引用文本的位置。

② 单击功能区中的"引用"选项卡→"交叉引用"按钮，打开"交叉引用"对话框，如图 3.4.30 所示。在"引用类型"下拉列表框中选择需要引用的文本类型，如编号项、标题、图表等。

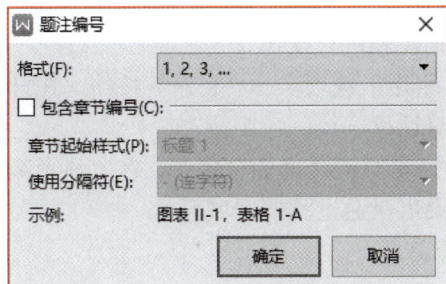

图 3.4.29
"题注编号"对话框

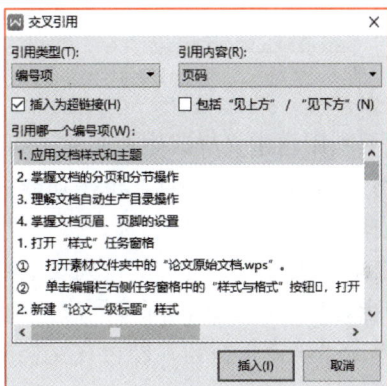

图 3.4.30
"交叉引用"对话框

③ 在"引用内容"下拉列表框中选择需要引用的文本内容，如页码、标题文字、完整题注等。

④ 在"引用哪一个编号项"列表框中选择需要引用的具体文本内容，单击"插入"按钮，该文本即被引用到当前位置。

⑤ 引用完成后，单击"交叉引用"对话框中的"取消"按钮，关闭对话框即可。

交叉引用是域的一种，已插入交叉引用的文档，当文档中某个题注发生变化后，只需要进行打印预览操作，文档中的其他题注序号及引用内容就会随之自动更新。

4. 制作目录

目录是一篇长文档或一本书的大纲提要，用户可以通过目录了解文档的整体结构，以便把握全局内容框架。WPS 目录样式库分为智能目录和自动目录两种。

● 智能目录：当文档中未应用标题样式时，自动识别正文目录结构，并生成对应级别目录。

● 自动目录：文档应用了标题样式，快速生成目录。

在 WPS 文字中可以直接将文档中套用样式的内容创建为目录，也可以根据需要添加特定内容到目录中。很多科研书籍都会在末尾处包含索引，其内容是书籍中某些关键字、词所在的页码。

（1）使用自动目录样式

如果文档中的各级标题应用了 WPS 文字定义的各级标题样式，这时创建目录将十分方便，具体的操作步骤如下。

① 检查文档中的标题，确保已经应用合适的"标题样式"。

② 将插入点移到需要插入目录的位置，切换到"引用"选项卡，单击"目录"按钮，在打开的智能目录下拉列表中选择一种自动目录样式，即可快速生成该文档的目录，如图 3.4.31 所示。

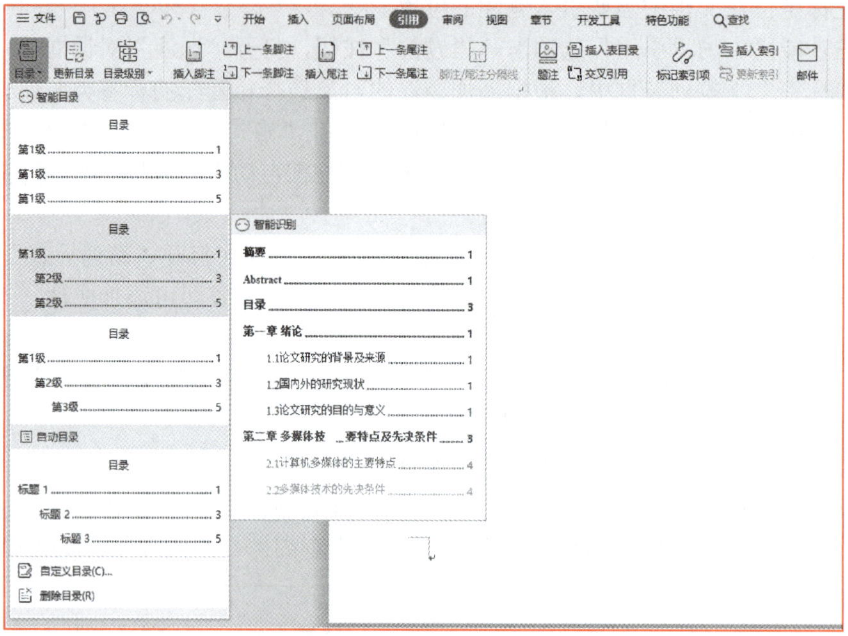

图 3.4.31
"智能目录"
样式目录

（2）自定义目录

如果要利用自定义样式生成目录，可参照下列步骤进行操作。

① 将光标移到目标位置，单击功能区中的"引用"选项卡→"目录"按钮，在打开的下拉列表中选择"自定义目录"选项，打开"目录"对话框。

② 在"制表符前导符"下拉列表框中指定文字与页码之间的分隔符，在"显示级别"下拉列表框中指定目录中显示的标题层次，选择的结果可以通过预览区域查看。

③ 单击"确定"按钮，即可在文档中插入目录。

注意：

如果在"目录"对话框中选中"显示页码"复选框，表示在目录中每个标题后面都将显示页码；如果选中"页码右对齐"复选框，表示设置页码为右对齐。

（3）更新目录

当文档发生变化时，需要对其目录进行更新，操作步骤如下。

① 单击功能区中的"引用"选项卡→"更新目录"按钮，打开"更新目录"对话框。

② 如果只是页码发生改变，选中"只更新页码"单选按钮；如果有标题内容的修改或增减，选中"更新整个目录"单选按钮。

③ 单击"确定"按钮，目录更新完毕。

5. 文档分页与分节

文档的不同部分通常会另起一页开始，很多用户习惯用加入多个空行的方法使新的部分另起一页，这种做法会导致修改文档时重复排版，从而增加了工作量，降低了工作效率。借助 WPS 文字的分页或分节操作，可以有效划分文档内容的布局，使文档排版工作简单、高效。

（1）设置分页符

WPS 文字具有自动分页的功能，当输入的文本或插入的图形满一页时，WPS 文字将自动转到下一页，并且在文档中插入一个软分页符。用户也可以根据需要在文档中手工分页，所插入的分页符称为人工分页符或硬分页符。分页符位于一页的结束，另一页的开始位置。

打开原始文件，将光标定位到要作为下一页的段落开头，切换到"页面布局"选项卡，单击"分隔符"按钮，在打开的下拉列表中选择"分页符"选项，即可将光标所在位置后的内容下移一个页面。

（2）设置分节符

所谓的"节"，是指 WPS 文字用来划分段落的一种方式。对于新建立的文档，整个文档就是一节，只能用一种版面格式编排。为了对文档的多个部分使用不同的格式，要把文档分成若干节，即插入分节符。每一节可以单独设置页眉、页脚、页码的格式，从而使文档的编辑更加灵活。

切换到"章节"选项卡，单击"新增节"按钮，在打开的下拉列表中选择一种分节符，即可插入相应的分节符。

4 种不同类型的分节符可以分别实现以下功能。

- 下一页：WPS 文字文档会强制分页，在下一页开始新节。用户可以在不同页面上分别应用不同的页码格式、页眉和页脚文字，以及改变页面的纸张方向等。
- 连续：新的一节从下一行开始。
- 偶数页：新的一节从偶数页开始，若分节符在偶数页上，下一个奇数页将是空页。
- 奇数页：新的一节从奇数页开始，若分节符在奇数页上，下一个偶数页将是空页。

注意：

如果要取消分节，切换到"导航窗格"中的"章节"导航，单击"删除本节"按钮，即可删除分节符。

6．设置页眉和页脚

页眉和页脚是文档中每个页面的顶部、底部和两侧页边距中的区域，用户可以在页眉和页脚中插入文本和图形，如页码、时间和日期、公司徽标、文档标题、文件名或作者姓名等。

使用 WPS 文字，不仅可以在文档中轻松地插入、修改预设的页眉或页脚样式，还可以创建自定义外观的页眉或页脚，并将新的页眉或页脚保存到样式库中。

（1）在文档中插入预设的页眉或页脚

在整个文档中插入预设的页眉或页脚的操作方法与添加页眉或页脚的操作方法十分相似，操作步骤如下。

① 选择功能区中的"插入"选项卡→"页眉页脚"按钮，WPS 文字会自动出现"页眉页脚"上下文选项卡，如图 3.4.32 所示。

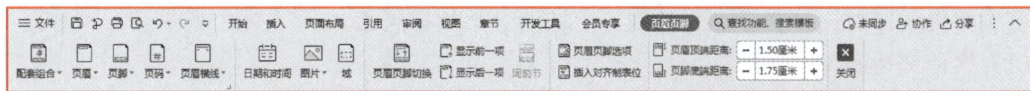

图 3.4.32
"页眉页脚"
上下文选项卡

② 在"页眉"下拉列表中选择"编辑页眉"选项，将光标定位在页眉区域，可以输入页面内容；单击"页面横线"下拉按钮，其下拉列表中以图示方式罗列出许多内置的页眉横线，如果需要页眉横线，可以从中选择一种合适的样式，此时所选页眉横线就被应用到文档中。

③ 同样，在"页眉页脚"上下文选项卡中单击"页脚"按钮，可以编辑页脚。另外，WPS 文字提供了编辑页脚的快捷方式，单击页脚区域的"插入页码"按钮，打开"插入页码"对话框，可以快速为文档插入所需页码，如图 3.4.33 所示。

④ 单击"关闭"按钮，即可关闭页眉和页脚编辑区域。

（2）创建首页不同、奇偶页不同的页眉和页脚

如果希望为文档首页、奇偶页设置不同的页眉和页脚，可以按照如下操作步骤进行设置。

① 单击"页眉页脚"上下文选项卡→"页眉页脚选项"按钮，打开"页眉/页脚设置"对话框，如图 3.4.34 所示。

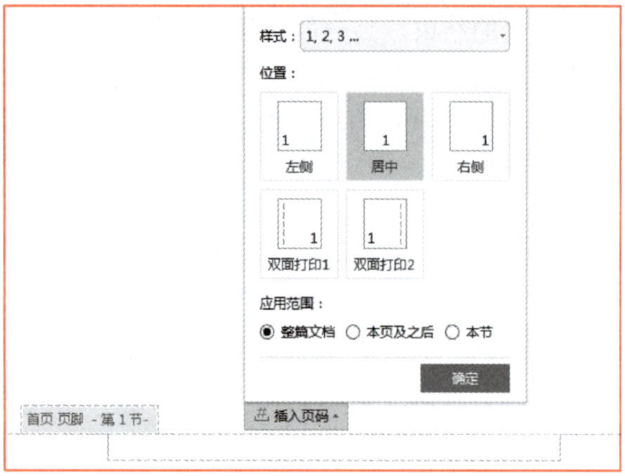

图 3.4.33
"插入页码"
对话框

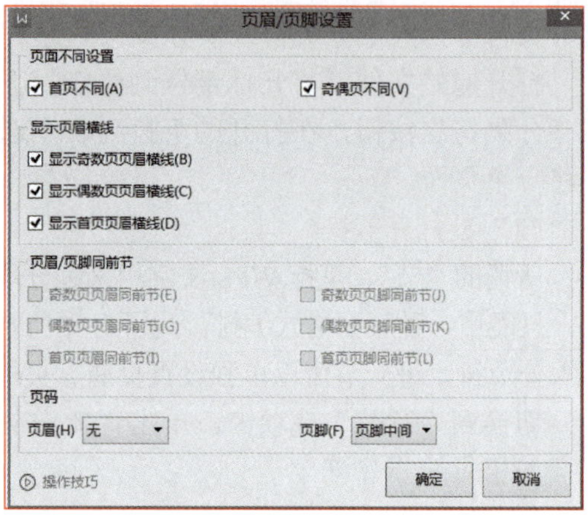

图 3.4.34
"页眉/页脚
设置"对话框

② 在"页面不同设置"选项区域中选中"首页不同"复选框，此时文档首页中原先定义的页眉和页脚就被删除，用户可以另行设置。

③ 在"页面不同设置"选项区域中选中"奇偶页不同"复选框，可以对页面奇数页和偶数页分别进行设置。

（3）删除页眉或页脚

在整个文档中删除所有页眉或页脚的方法很简单，具体操作步骤如下。

① 单击"页眉页脚"上下文选项卡→"页眉"按钮，在打开的下拉列表中选择"删除页眉"选项，即可将文档中的所有页眉删除。

② 同理，单击"页眉页脚"上下文选项卡→"页脚"按钮，在打开的下拉列表中选择"删除页脚"选项，即可将文档中的所有页脚删除。

7.　域的概念

域是 WPS 文字中的一种特殊命令，它由花括号{}、域名（如 EQ、DATA 等）及域开关（如 \F()是分数开关）构成。域代码类似于公式，域选项开关是 WPS 文字中的一种特殊格式指令，在域中可触发特定的操作。域是 WPS 文字的精髓，其应用非常广泛，如插入对象、页码、目录、索引、求和、排序等，都使用了域的功能。

域代码被包括在一对大括号内，这对大括号不能用普通的键盘直接输入的方法创建，必须使用快捷键 Ctrl+F9。全选所有的域，按 F9 键可以批量更新域。

8.　文档的审阅和修订

WPS 文字提供了多种方式来协助用户完成文档审阅的相关操作，同时用户还可以通过全新的审阅窗格来快速对比、查看、合并同一文档的多个修订版本。

（1）修订文档

当用户在修订状态下修改文档时，WPS 文字应用程序将跟踪文档中所有内容的变化状况，同时会将用户在当前文档中修改、删除、插入的每一项内容都进行标记。用户打开所要修订的文档，单击功能区中的"审阅"选项卡→"修订"选项组→"修订"按钮，即可开启文档的修订状态。用户在修订状态下直接插入的文档内容会通过颜色和下画线标记，删除的内容可以在右侧页边空白处显示。

当多个用户同时参与对同一文档进行修订时，文档将通过不同的颜色来区分不同用户的修订内容，从而很好地避免由于多人参与文档修订而造成的混乱局面。此外，WPS 文字还允许用户对修订内容的样式进行自定义设置，具体的操作步骤如下。

① 单击功能区中的"审阅"选项卡→"修订"按钮，在打开的下拉列表中选择"修订选项"选项，打开修订选项对话框，如图 3.4.35 所示。

② 用户在"标记""批注框"选项区域中，可以根据自己的浏览习惯和具体需求设置修订内容的显示情况。

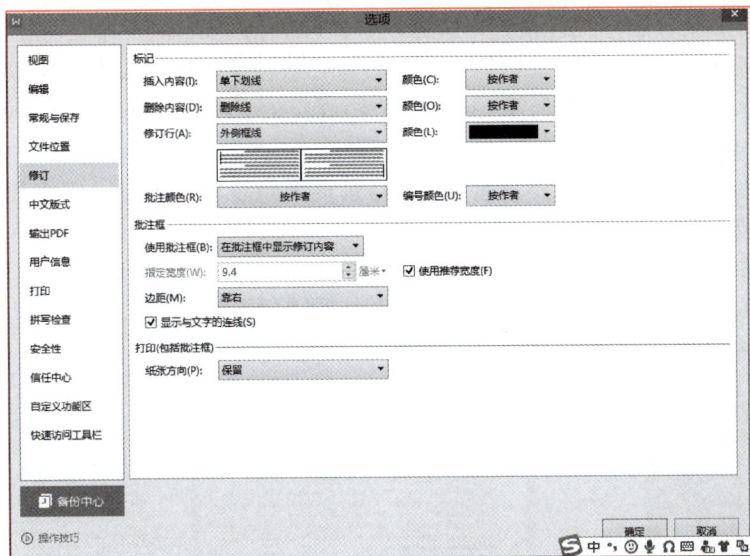

图 3.4.35
修订选项对话框

（2）为文档添加批注

在多人审阅文档时，可能需要彼此之间对文档内容的变更状况作一个解释，或者向文档作者询问一些问题，这时就可以在文档中插入"批注"信息。"批注"与"修订"的不同之处在于，"批注"并不在原文基础上进行修改，而是在文档页面的空白处添加相关的注释信息，并用有颜色的方框括起来。

如果需要为文档内容添加批注信息，只需要在"审阅"选项卡中单击"插入批注"按钮，直接输入批注信息即可。除了在文档中插入文本批注信息以外，用户还可以插入音频或视频批注信息，从而使文档批注在形式上更加丰富。

如果用户要删除文档中的某一条批注信息，可以右击所要删除的批注，在弹出的快捷菜单中选择"删除批注"命令。如果用户要删除文档中的所有批注，单击功能区中的"审阅"选项卡→"删除"按钮，在打开的下拉列表中选择"删除文档中的所有批注"选项。

另外，当文档被多人修订或审批后，用户可以通过功能区中的"审阅"选项卡→"显示标记"按钮→"审阅人"选项，在列表中将显示出所有对该文档进行过修订或批注操作的人员名单，可以通过选中审阅姓名前面的复选框，查看不同人员对该文档的修订或批注意见。

（3）审阅修订和批注

文档内容修订完成以后，用户还需要对文档的修订和批注状况进行最终审阅，并确定最终的文档版本。当审阅修订和批注时，可以按如下步骤来接受或拒绝文档内容的每一项更改。

① 在"审阅"选项卡单击"上一条"（或"下一条"）按钮，即可定位到文档中的上一条（或下一条）修订或批注。

② 对于修订信息可以通过单击"拒绝"或"接受"按钮，来选择拒绝或接受当前修订对文档的更改。

③ 重复步骤①和②，直到文档中不再有修订和批注。

④ 如果要拒绝对当前文档做出的所有修订，可以在"拒绝"下拉列表中选择"拒绝对文档所做的所有修订"选项；如果要接受所有修订，可以在"接受"下拉列表中选择"接受对文档所做的所有修订"选项。

【课后练习】

产品在销售的同时都会配备产品使用说明书，请运用本章节所学的知识点制作一份产品说明书，具体要求如下。

① 给说明书设计一个封面，使用 WPS 文字内置的封面类型"项目解决方案"，并输入制作者的姓名"张亮"和制作日期。

素材文件

② 修改说明书原有的样式，设置一级标题字体样式为"宋体""小三号""加粗"，段落样式为"段前、段后间距各 1 行""2.5 倍行距"；设置二级标题字体样式为"宋体""小四号""加粗"，段落样式为"段前、段后间距各 13 磅""行距固定值 27 磅"；设置正文字体格式为"宋体""五号"，段落样式为"行距固定值 27 磅"。

③ 为说明书添加页眉，首页不显示页眉，目录页页眉显示"目录"，正文部分页眉显示"北京天坛股份有限公司金属家具使用说明书"。

④ 为说明书添加页码，前 3 页不需要设置页码，正文部分页面从 1 开始，居中显示。

⑤ 为说明书制作目录。

最终效果可参考图 3.4.36 所示。

文本：
效果文件

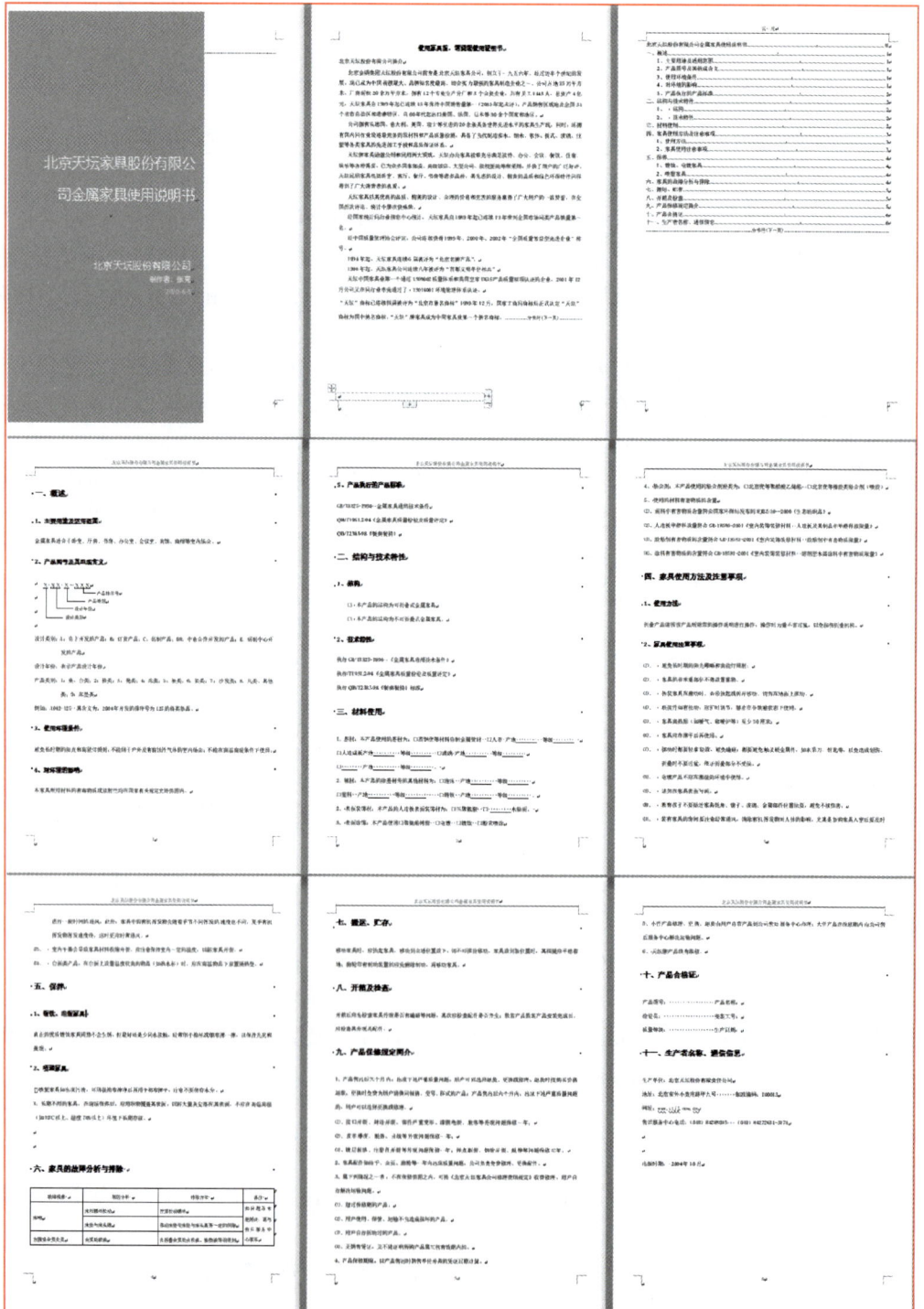

图 3.4.36
说明书最终效果图

3.5　任务 16　合并邮件

【任务描述】

电子信息工程学院学生会准备举办"感恩励志"大型文艺晚会，需要给学校主要部门的联系人发送邀请函，联系人基本信息已经录入 WPS 表格，一共要发送 12 份。邀请函的内容如下。

尊敬的×××　先生/女士：

您好！我院将于 11 月 28 日晚上 6 点 30 分在北区学术报告厅举行"感恩励志"大型文艺晚会，您的座位号是×排××号，诚挚邀请您来参加，期待着您的光临！

电子信息工程学院学生会

2020 年 11 月 5 日

PPT：任务 16
合并邮件

PPT

【考点分析】

① 掌握文档中页面设置、页面背景的相关操作。

② 掌握 WPS 中邮件合并的操作。

③ 理解域的概念和使用方法。

【最终效果】

本任务的最终效果如图 3.5.1 所示。

文本：
效果文件

图 3.5.1
邀请函最终
效果图

【任务实现】

3.5.1　制作邀请函数据源

数据源实际上是一个数据列表，其中包含了用户需要合并到输出文档的数据，它是制作邮件合并的第一步，WPS 文字、WPS 表格、数据库表格都可以作为邮件合并的数据源。

① 单击"WPS 首页"→"新建"→"表格"→"新建空白文档"，进入 WPS 表格编辑界面，参照图 3.5.2 所示输入数据。

② 将文件保存为"邀请专家信息.et"。

微课 3-20
制作邀请函
数据源

图 3.5.2
WPS 表格中
输入数据列表

3.5.2　制作邀请函模板

邀请函面向的是多位受邀嘉宾，因为邀请函中除了嘉宾个人信息外，其他信息都是统一的，故将包含了相同文本的内容创建成"模板"，如信件的信头、主体以及落款等。

微课 3-21
制作邀请函
模板

1. 设置邀请函页面格式

① 单击"WPS 首页"→"新建"→"文字"→"新建空白文档"，进入 WPS 文字编辑界面，将文档保存为"邀请函.wps"。

② 单击功能区中的"页面布局"选项卡→"页眉设置"按钮，打开"页面设置"对话框，设置方向为"横向"，上、下页边距均为 3.5 cm，左、右页边距均为 4 cm，如图 3.5.3 所示。

③ 在"纸张"选项卡的"纸张大小"下拉列表框中选择"B5 信封"，或者在下方的"宽度"和"高度"微调框中分别输入 25 cm 和 17.6 cm，如图 3.5.4 所示。

图 3.5.3
"页边距"
选项卡

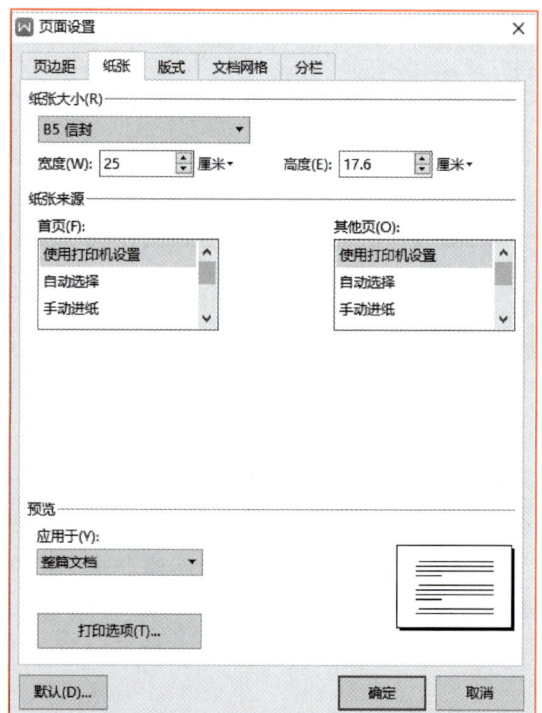

图 3.5.4
"纸张"选项卡

2．设置邀请函文字格式

① 完成邀请函文字的输入，设置中文标题"邀请函"，字体为"华文新魏"，字号为"二号"，居中。

② 设置正文文本字体为"楷体"，字号为"四号"，段落左、右侧各缩进"2 字符"，行距为"1.5 倍行距"，如图 3.5.5 所示。

③ 设置落款文本"电子信息……11 月 5 日"右对齐。

3．对邀请函进行页面背景设置

为了使制作的邀请函更加美观，下面对邀请函进行页面背景的设置。

① 单击功能区中的"插入"选项卡→"图片"按钮，打开"插入图片"对话框，选择提前准备的素材文件"花纹素材.jpg"，单击"打开"按钮。

② 选中图片，单击功能区中的"图片工具"上下文选项卡→图片宽度、高度微调按钮，设置图片高度为 15 cm、宽度为 21 cm，调整图片的大小。

③ 选中图片，单击图片右侧快速工具栏中的"布局选项"按钮，选择文字环绕方式为"衬于文字下方"，如图 3.5.6 所示。

素材文件

图 3.5.5
设置段落格式

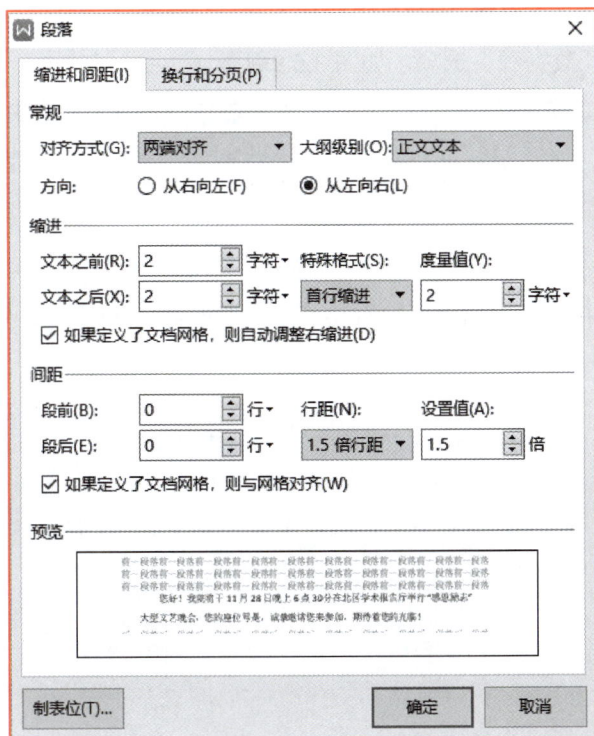

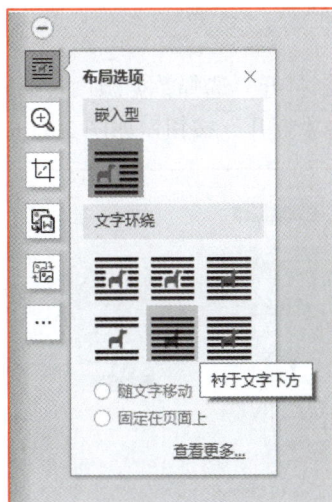

图 3.5.6
修改图片环绕方式

④ 继续选中图片，单击功能区中的"图片工具"上下文选项卡→"对齐"下拉按钮，从中依次选择"水平居中""垂直居中"选项，调整背景图片相对于页面居中对齐，如图 3.5.7 所示。

单张邀请函的最终显示效果如图 3.5.8 所示。

图 3.5.7
设置图片对齐方式

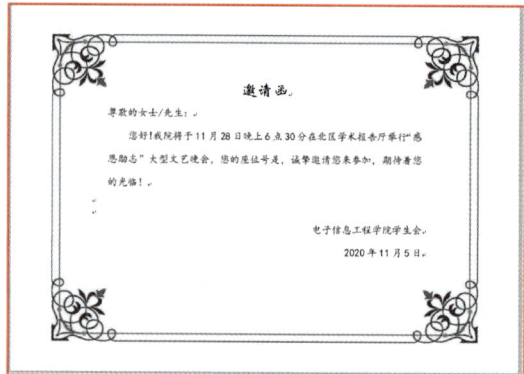

图 3.5.8
单张邀请函最终效果

3.5.3　合并文档

1. 在主文档中加载联系人数据

① 单击功能区中的"引用"选项卡→"邮件"按钮→"邮件合并"上下文选项卡→"打开数据源"按钮，从下拉列表中选择"打开数据源"选项，如图 3.5.9 所示。

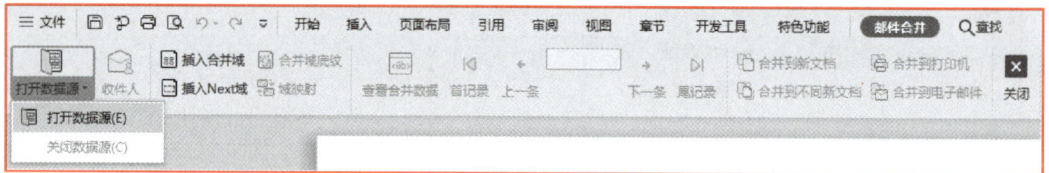

图 3.5.9
选择收件人按钮

② 打开"选择数据源"对话框，定位到"邀请专家信息.et"所在文件夹，然后选择该文件并单击"打开"按钮，如图 3.5.10 所示。

图 3.5.10
选择数据源

③ 此时"收件人""插入合并域"等大部分按钮都变为可用状态，说明成功打开了数据源，

148

如图 3.5.11 所示。

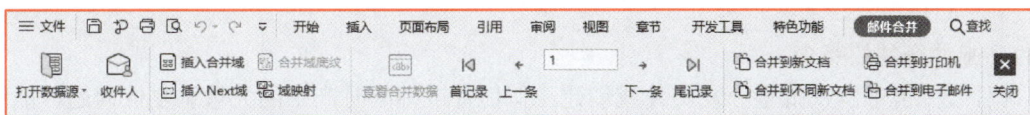

图 3.5.11
选项组中大部分
按钮由灰色变成
可用状态

2. 在主文档中插入关键词

① 将光标定位在需要插入专家姓名的地方，如"尊敬的"3 个字后面，单击功能区中"邮件合并"选项卡→"插入合并域"按钮，在打开的对话框中选择"受邀嘉宾姓名"，如图 3.5.12 所示，即可将这个域插入邀请函。

② 完成邀请专家姓名的插入，将光标定位到需要插入座位号的位置，单击"邮件合并"选项卡→"插入合并域"按钮，选择"座次"，将座位号域插入邀请函。

3. 合并生成多份邀请函

① 单击功能区中的"邮件合并"选项卡→"查看合并数据"按钮，可以预览合并后的结果，此时主文档中的所有关键字将被替换为表格中的数据，如图 3.5.13 所示。

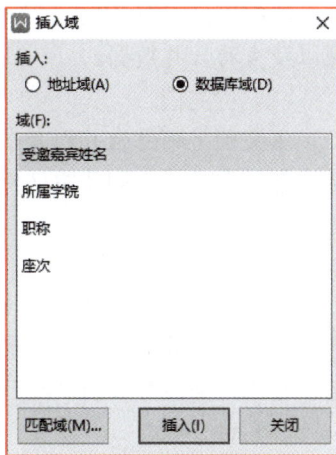

图 3.5.12
插入姓名域

② 单击选项组中的"上一条"或"下一条"按钮，可以依次浏览每一个合并后的通知书，单击"首记录"或"尾记录"按钮，可以直接跳转到第一个邀请函或最后一个邀请函。

③ 如果确定合并结果没有问题，单击功能区中的"邮件合并"选项卡→"合并到新文档"按钮，打开"合并到新文档"对话框，选中"全部"单选按钮，单击"确定"按钮，完成邮件合并。最终效果如图 3.5.14 所示。

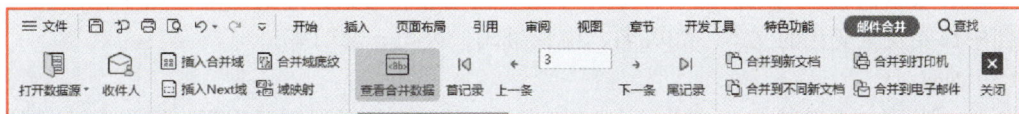

图 3.5.13
"查看合并数据"
按钮

图 3.5.14
合并文档后
最终效果图

【背景知识】

1. 邮件合并的概念

邮件合并能够解决批量分发文件或创建相似信件或标签时产生的大量重复性问题，能够极大地提高工作效率。例如，现代办公活动中经常需要批量打印信封、请柬、工资条、学生成绩单、各类获奖证书等，这些资料格式相同，数据不同，此时使用 WPS 文字提供的邮件合并功能是最佳的选择。在 WPS 文字中，邮件合并主要包含 5 个部分：主文档、数据源、合并域、Next 域以及查看合并数据。

（1）主文档

主文档是邮件合并内容中固定不变的部分，即信函中通用的部分。主文档中文本的内容和格式都是固定的。创建主文档的方法与创建普通文档相同，用户还可对其页面和字符等格式进行设置。

（2）数据源

数据源是邮件合并中变化信息的部分，使用邮件合并功能在主文档中插入这些变化信息。通常情况下，数据以表格的形式存在，可以是电子表格，也可以是数据库，如收件人、姓名、电话号码、部门等数据字段。

（3）合并域

合并域是由数据源中不同的标签项自动生成，由唯一的标识 ID 进行标记，并且可通过切换查看不同的数据信息。通过插入合并域，可以设置地址域与数据库的匹配，用于插入在每个输出文档中都要发生变化的文本，如姓名、电话号码、公司、部门等。

（4）Next 域

Next 域也是一种指令，当合并的内容在一页内显示多行时，需要用到"插入 Next 域"，其主要解决邮件合并中的换页问题。注意在插入 NEXT 域时要确保"查看合并数据"处于关闭状态，否则无法看到 NEXT 域代码。

（5）查看合并数据

当邮件合并完成所有数据源的引用和插入后，为了保证准确性，可以通过"查看合并数据"按钮进行预览。

邮件合并的应用领域如下。

- 批量打印信封：按统一的格式，将 WPS 表格中的邮编、收件人地址和收件人打印出来。
- 批量打印信件：主要是更换从电子表格中调用的收件人，更换称呼，信件内容基本固定不变。
- 批量打印工资条：从 WPS 表格（.et）中调出数据。
- 批量打印学生成绩单：从 WPS 表格（.et）中取出个人信息，并设置评语字段，编写不同的评语。
- 批量打印各类获奖证书、请柬：在电子表格中设置姓名、获奖名称等信息，在 WPS 文字中设置打印格式，可以打印多种证书。
- 批量打印准考证、明信片及个人报表等。

2. 邮件合并的基本方法

按照邮件合并的组成部分，可以将邮件合并的基本操作流程主要分为以下 5 个环节：准备数据源、编辑主文档、打开数据源、插入合并域/插入 Next 域、查看合并域数据 5 个环节。具体操作步骤如下。

① 准备数据源。数据源可以是 WPS 表格、Excel 工作表或 Access 文件，还可以是 SQL Server 数据库。只要能够被 SQL 语句操作控制的数据皆可作为数据源，因为邮件合并就是一个

数据查询和显示的工作。数据源表格示例如图 3.5.15 所示。

	A	B	C	D	E	F	G	H	I	J	K
1	编号	姓名	性别	公司	地址	邮政编码					
2	BY001	张芳	女	电子工业出版社	北京市太平洋路23号西173信箱	10036					
3	BY002	赵丽	女	中国青年出版社电脑艺术图书部	北京市东城区商务大厦502室	100007					
4	BY003	孙燕	女	天津广播电视大学	天津市南开区应税道1号	300191					
5	BY004	李雷	男	微软(中国)有限公司	北京市太平洋路63号西180信箱	100078					
6	BY005	刘天泽	女	天翼科技	天津市白帝路	2009889					
7	BY006	赵冬	女	清华大学教务处	北京市清华大学	233455					
8	BY007	王强	男	武汉城市职业学院	武汉市洪山区野芷湖西路	2345666					
9											
10											
11											
12											
13											
14											

图 3.5.15
数据源表格示例

② 编辑主文档。完成主文档中文字的编辑和格式的设置，并进行保存。在 WPS 文字中打开主文档，单击功能区中的"引用"选项卡→"邮件"按钮→"邮件合并"上下文选项卡，启动邮件合并。

③ 打开数据源。将光标移至主文档中需要引用数据源的位置，单击定位，并单击"打开数据源"按钮，打开"选取数据源"对话框，如图 3.5.16 所示。在该对话框中选取需要引用的数据源后，单击"打开"按钮，数据源打开后该对话框会自动关闭，并返回主文档界面。

图 3.5.16
"选取数据源"
对话框

④ 插入合并域。打开数据源后，"邮件合并"选项卡中的按钮由灰色变成黑色可用状态，可以单击"插入合并域"按钮，打开"插入域"对话框，选择需要插入的域类型（如地址域、数据库域），并在"域"列表框中选择需要引用的域名称，单击"插入"按钮，如图 3.5.17 所示。每插入一次"域"后，需要关闭"插入域"对话框，光标重新定位目标位置。重复以上操作，按照要求插入不同的"域"。

⑤ 查看合并域数据。全部插入完成后，单击"查看合并数据"按钮，即可将文本中的"域"显示为实际数据进行查看。确认内容无误后，用户可以根据需求选择以下任一方式完成最终合并。

● 合并到新文档：将邮件合并内容输出到新文档中。

图 3.5.17
"插入域"
对话框

- 合并到不同新文档：将邮件合并内容分别输出到不同的新文档中。
- 合并到打印机：将合并的内容直接关联至打印机打印。
- 合并到电子邮件：将邮件合并内容直接通过关联邮箱发送给指定接收人，此操作需要提前将收件人的电子邮件地址整理到源数据表中。

单击"邮件合并"选项卡中的"关闭"按钮，即可退出"邮件合并"模式。

【课后练习】

要求学生自己建立 WPS 表格和 WPS 文字文档，为以下 6 位同学制作一份录取通知书。WPS 表格工作簿数据见表 3.5.1。

表 3.5.1　学生通知书通信录

姓名	院系	专业	学费/元
王问	电子信息工程学院	平面设计	5000
张明	财经学院	市场营销	5500
王莹	酒店学院	酒店管理	6000
陈弯弯	外事外语学院	英语教育	5000
谢一曼	学前教育学院	学前教育	5500
杨蕾	建筑工程学院	工程造价	6000

WPS 文字文档录取通知书原文如下。

录取通知书

《姓名》同学：

你已被我院《院系》系《专业》专业正式录取，报到时请带上你的准考证和学费《学费》元，请你务必在 2020 年 9 月 1 日前到校报到！

武汉城市职业学院招生办
2020 年 8 月 10 日

3.6　任务 17　WPS 综合应用

【任务描述】

为将创新创业教育融入人才培养全过程，推进职业教育领域创新创业教育改革，进一步提高学生的创新精神、创业意识和创新创业能力，激发学生创意热情。学校创业学院准备组织创新创业大赛，刘晓兰负责大赛的宣传工作，她决定利用 WPS 制作一个大赛报名的宣传海报。

PPT：任务 17 WPS 综合应用

PPT

【考点分析】

① 掌握文档中设置字体和段落格式、调整页面布局等排版操作。
② 掌握文档中图形、图像和艺术字的编辑和处理等操作。
③ 掌握文档中表格的制作与编辑。

【最终效果】

本任务最终效果如图 3.6.1 所示。

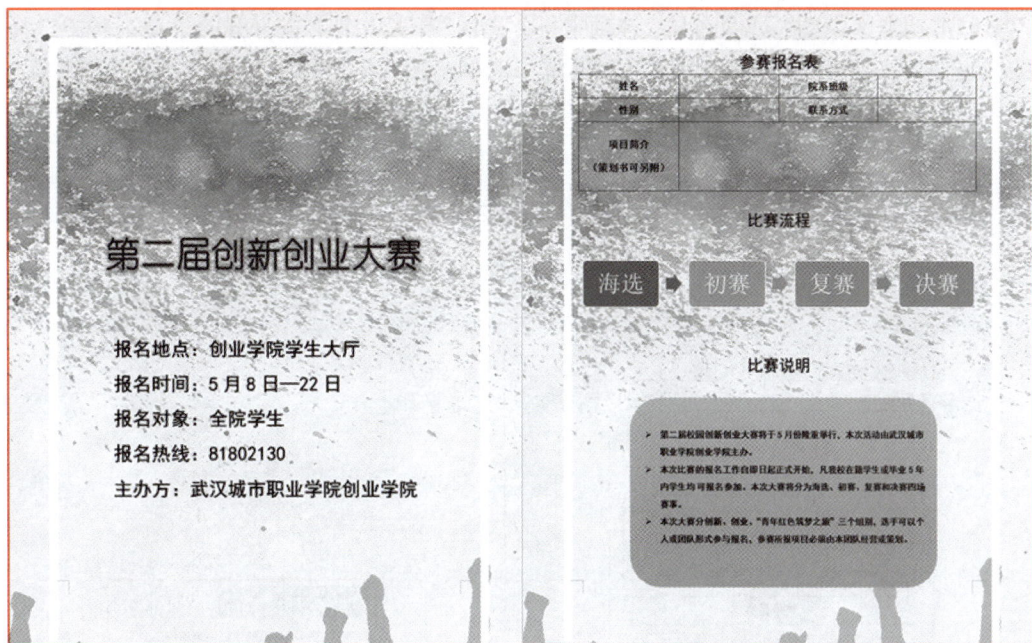

文本：
效果文件

图 3.6.1
最终效果图

【任务实现】

• 3.6.1 宣传海报整体布局设计

本项目的宣传海报由两页组成，首页显示报名的相关信息，第二页纵向设置，显示参赛报名表、比赛流程和比赛说明。

微课 3-23
宣传海报
整体布局
设计

1. 文档页面设置

① 新建一个 WPS 文档，单击功能区中的"页面布局"选项卡→"页边距"下拉按钮，如图 3.6.2 所示。在打开的下拉列表中选择"自定义页边距"选项，打开"页面设置"对话框，设置上、下、左、右页边距均为 3 cm，纸张方向默认为"纵向"，如图 3.6.3 所示。

图 3.6.2
打开页边距设置

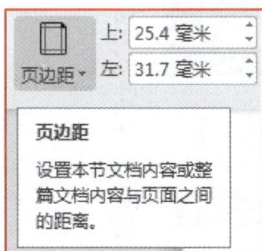

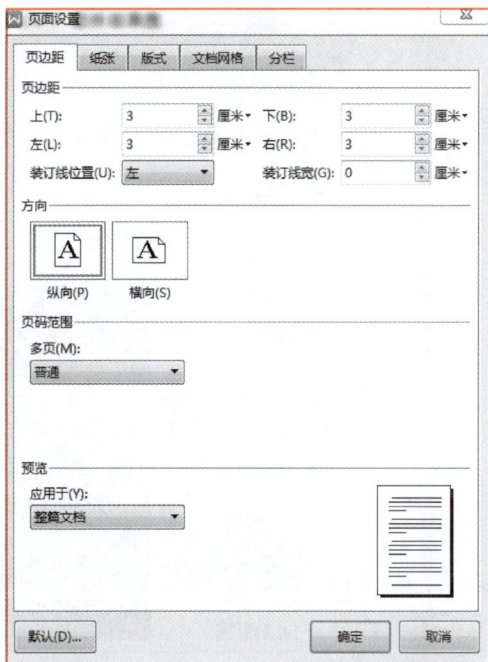

图 3.6.3
"页面设置"对话框

② 单击功能区中的"页面布局"选项卡→"背景"下拉按钮，在打开的下拉列表中选择"图片背景"选项，在打开的"填充效果"对话框中选择"图片"选项卡，单击"选择图片"按钮，查找并打开素材文件夹中的"海报背景.jpg"图片，将其设置为海报背景，如图 3.6.4 所示。

素材文件

2. 插入分节符

单击功能区中的"页面布局"选项卡→"分隔符"下拉按钮，在打开的下拉列表中选择"下一页分节符"选项，在第一页插入一个分节符，将海报分成两节，如图 3.6.5 所示。

图 3.6.4
设置海报背景

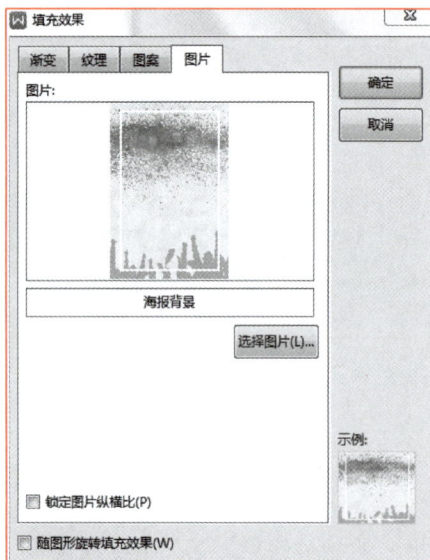

图 3.6.5
插入分节符

3.6.2　宣传海报首页设计

1. 设置艺术字

① 将光标置于第一页，单击功能区中的"插入"选项卡→"艺术字"下拉按钮，在打开的"艺术字样式库"中选择"填充-钢蓝，着色 5，轮廓-背景 1，清晰阴影-着色 5"，如图 3.6.6 所示。

微课 3-24
宣传海报
首页设计

图 3.6.6
选择艺术字样式

154

② 在光标所在位置的文本框中输入文字"第二届创新创业大赛"。输入后按快捷键 Ctrl+A 全选文字，单击功能区中的"开始"选项卡，设置字体为"幼圆"，字号为"48 磅"。

③ 保持"艺术字"选中状态，单击功能区中的"文本工具"选项卡→"文本效果"下拉按钮，在打开的下拉列表中选择"发光"→"矢车菊蓝，8 pt 发光，着色 1"效果，如图 3.6.7 所示。

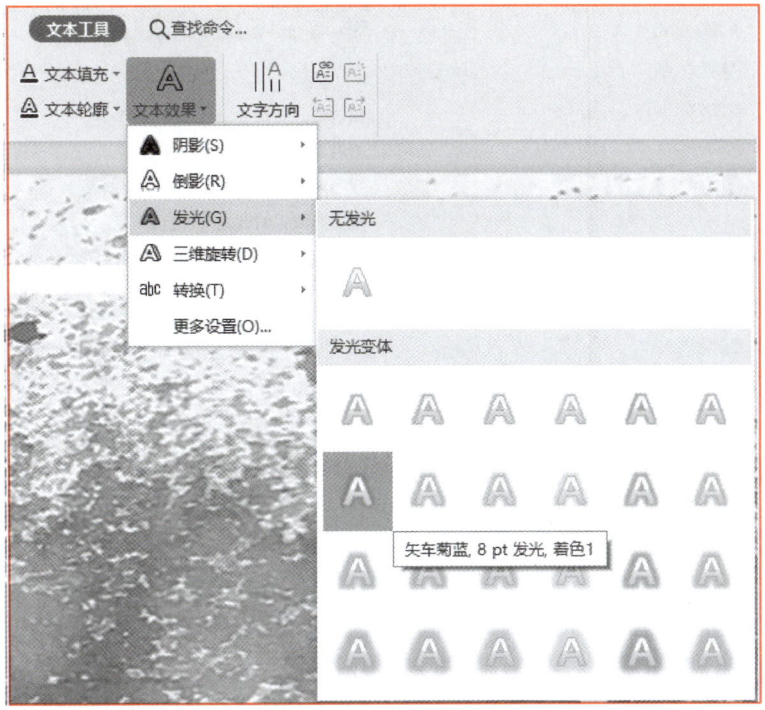

图 3.6.7
设置艺术字文字效果

④ 选中设置好的艺术字，单击功能区中的"文本工具"选项卡→"对齐"下拉按钮，在打开的下拉列表中选择"水平居中"选项，如图 3.6.8 所示。

2. 设置文本框

文本框可以使选定的文本或图形移到页面的任意位置，对文档的局部内容进行横排或竖排、添加底纹等特殊形式的排版。

① 单击功能区中的"插入"选项卡→"文本框"下拉按钮，在打开的下拉列表中选择"横向文本框"选项，按住鼠标左键并拖动，当文本框大小合适后，释放鼠标。

② 使文本框保持选中状态，单击功能区中的"绘图工具"上下文选项卡，在最右侧"宽度"和"高度"文本框中分别输入"17 厘米"和"15 厘米"。

③ 单击功能区中的"绘图工具"选项卡→"填充"按钮，在打开的下拉列表中选择"无填充颜色"选项；单击"轮廓"按钮，在打开的下拉列表中选择"无线条颜色"选项。

④ 将"文字素材.txt"文件中的文字"报名地点……创业学院"复制到文本框中，输入后按快捷键 Ctrl+A 全选文字，单击功能区中的"开始"选项卡，设置字体为"黑体"，字号为"26 磅"，字形为"加粗"，颜色为"黑色，文本 1，浅色 15%"，并设置 1.5 倍行距。

完成上述设置后，首页海报设计完成，最终效果如图 3.6.9 所示。

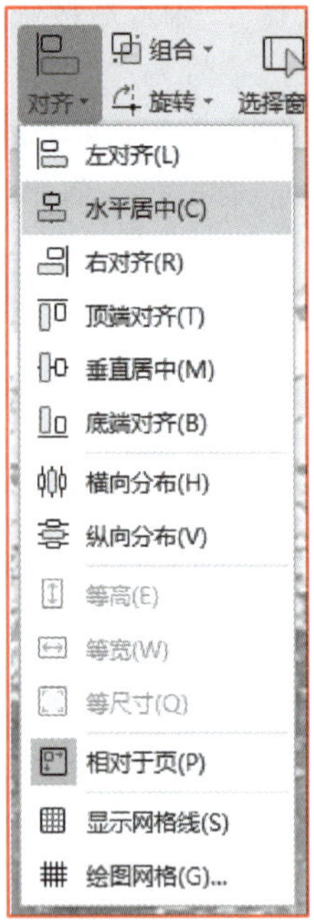

图 3.6.8
设置艺术字对齐方式

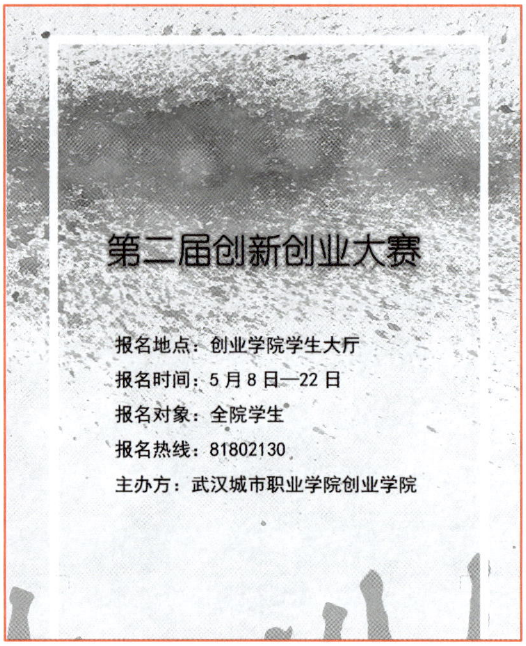

图 3.6.9
艺术字设置最终效果

3.6.3　宣传海报第二页设计

1．参赛报名表设置

① 将光标置于第二页，单击功能区中的"插入"选项卡→"表格"选项组→"表格"按钮，在打开的下拉列表中选择"插入表格"选项，打开"插入表格"对话框，插入一个 4 列 5 行的表格。

微课 3-25
宣传海报
第二页设计

② 选中表格第 1 列第 3～5 行，右击，在弹出的快捷菜单中选择"合并单元格"命令，使用同样的方法，将第 2～4 列的第 3～5 行共 9 个单元格合并为一个单元格，如图 3.6.10 所示。

③ 在第 1 列的 3 行中分别输入文字"姓名""性别""项目简介（策划书可另附）"，第 3 列的前两行分别输入文字"院系班级"和"联系方式"。

④ 选中整个表格，单击功能区中的"开始"选项卡，设置表格中字体为"黑体"，字号为"14 磅"，字形为"加粗"。

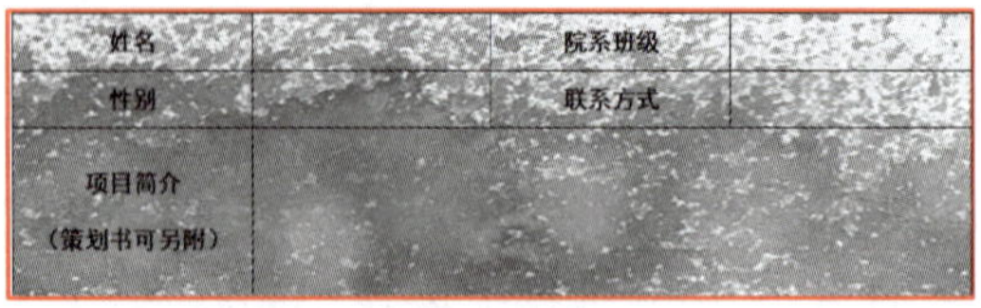

图 3.6.10
参赛报名表
最终效果图

⑤ 保持表格选中状态，右击，在弹出的快捷菜单中选择"单元格对齐方式"命令，在打开的对话框中选择"水平居中"，使文字在单元格的水平和垂直位置都居中。

参赛报名表最终效果如图 3.6.10 所示。

2．比赛流程设置

① 将光标移至表格外，单击功能区中的"插入"选项卡→"智能图形"按钮，在打开的"选择智能图形"对话框中选择"基本流程"，如图 3.6.11 所示。

② 单击"确定"按钮，在页面中插入一个三块状基本流程图，此时界面切换为智能图形工具"设计"上下文选项卡，选中最后一个块状图，在"添加项目"选项组中单击"在后面添加项目"按钮，此时图形中增加一个圆角矩形块。

图 3.6.11
"选择智能图形"
对话框

③ 保持智能图形选中状态，在"设计"选项组中单击"更改颜色"下拉按钮，在打开的下拉列表中选择彩色选项组中最后一个，如图 3.6.12 所示。

④ 在每个圆角矩形块中分别输入文字"海选""初赛""复赛""决赛"。选中智能图形框，调整图形与表格同等宽度，最终效果如图 3.6.13 所示。

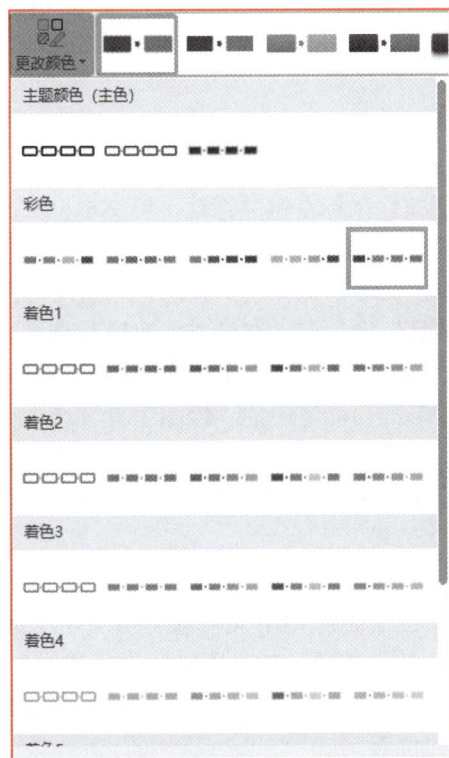

图 3.6.12
更改智能图形颜色

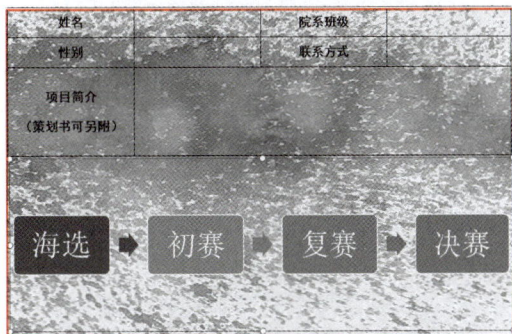

图 3.6.13
比赛流程最终
效果图

3. 比赛说明设置

① 单击功能区中的"插入"选项卡→"形状"按钮，在打开的下拉列表中选择"圆角

157

矩形"选项,在智能图形下方,按住鼠标左键并拖动到页面底部,然后释放鼠标,绘制一个圆角矩形。

② 保持圆角矩形选中状态,单击功能区中的"绘图工具"选项卡→"填充"按钮,在打开的下拉列表中选择"细微效果-矢车菊蓝,强调颜色 1",如图 3.6.14 所示。

③ 单击功能区中的"绘图工具"选项卡→"轮廓"按钮,在打开的下拉列表中选择"无轮廓"选项,完成圆角矩形的外观样式设置。

④ 选中圆角矩形并右击,在弹出的快捷菜单中选择"添加文字"命令,将"文字素材.txt"文件中的文字"第二届校园……经营或策划。"复制到文本框中,输入后按快捷键 Ctrl+A 全选文字,单击功能区中的"开始"选项卡,设置字体为"黑体",字号为"12 磅",字形为"加粗",段落格式为"左对齐",添加项目符号。比赛说明最终效果如图 3.6.15 所示。

图 3.6.14
应用外观样式

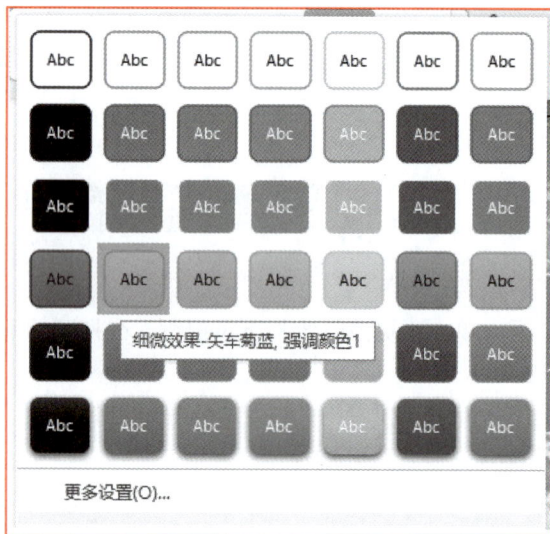

图 3.6.15
比赛说明最终
效果图

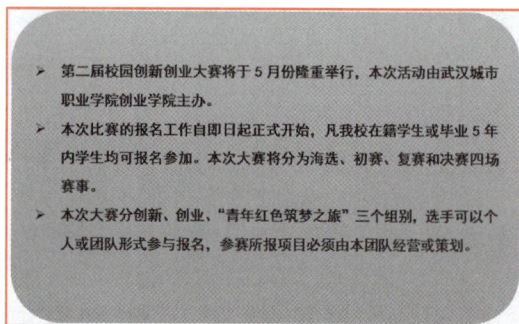

4. 插入文本框

① 单击功能区中的"插入"选项卡→"文本框"下拉按钮,在打开的下拉列表中选择"横向文本框"选项,在第二页表格上方手动绘制文本框,按住鼠标左键并拖动,当文本框大小合适后,释放鼠标。

② 使文本框保持选中状态,单击功能区中"绘图工具"选项卡,在最右侧宽度和高度微调框中分别输入"5 厘米"和"1.5 厘米"。

③ 单击功能区中的"绘图工具"选项卡→"填充"按钮,在打开的下拉列表中选择"无填充颜色"选项;单击"轮廓"按钮,选择"无线条颜色"选项。

④ 在文本框中输入文字"参赛报名表",输入完毕后按快捷键 Ctrl+A 全选文字,单击功能区中的"开始"选项卡,设置字体为"黑体",字号为"22 磅",字形为"加粗",最后将其移到页面合适的位置。

⑤ 使用同样的方法插入"比赛流程""比赛说明"文本框,完成第二页海报设计,最终效果如图 3.6.16 所示。

图 3.6.16
第二张海报
最终效果

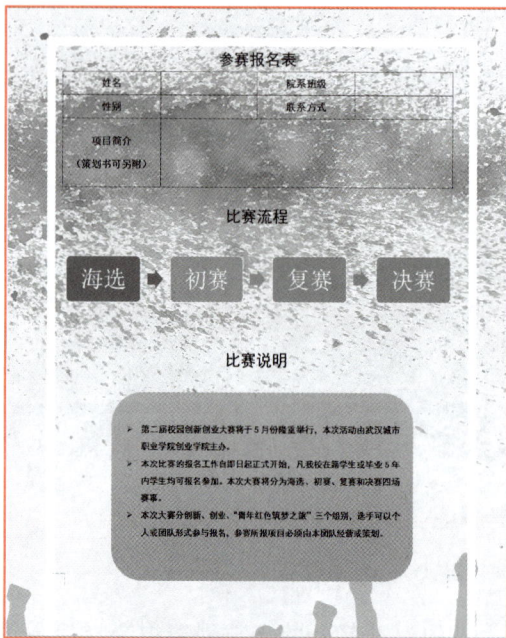

【背景知识】

设置文字和图片并排显示的步骤如下。

① 使用 WPS Office 打开文档，选中图片，设置"环绕"为非嵌入型（如"四周型环绕"），如图 3.6.17 所示。

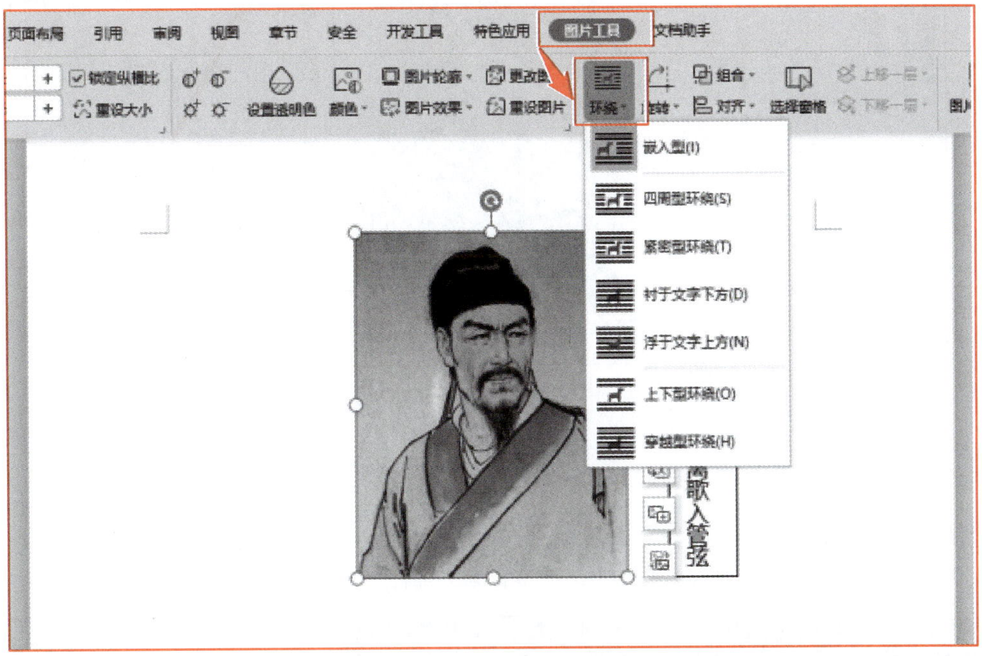

图 3.6.17
设置图片
环绕方式

② 在需要的位置插入文本框，然后按住 Shift 键，依次选中图片及文本框，如图 3.6.18所示。

图 3.6.18
插入文本框

③ 单击浮动工具栏"组合"即可，如图 3.6.19 所示。

图 3.6.19
图片与文本组合

【课后练习】

素材文件

文本:
效果文件

朱莹暑假期间制作了一份简历,共包含两页,分别是封面和个人基本信息,简历样本如图 3.6.20 所示,请根据提供的素材及自身基本信息,制作一份个人简历。

图 3.6.20
简历效果图

第4章 WPS 电子表格

4.1 任务 18 掌握 WPS 表格的基本操作

【任务描述】

小李是计算机学院大二的学生,最近几天他接到一项任务,帮老师输入职业技能等级证书考试报名表,并对表格进行美化处理。

【考点分析】

① 工作簿和工作表的基本操作。
② 工作表数据的输入、编辑以及数据格式和有效性的设置。
③ 单元格格式化操作。
④ 条件格式的设置。

【最终效果】

本任务最终效果如图 4.1.1 所示。

图 4.1.1
1+X 界面设计职业技能等级证书考试报名表效果图

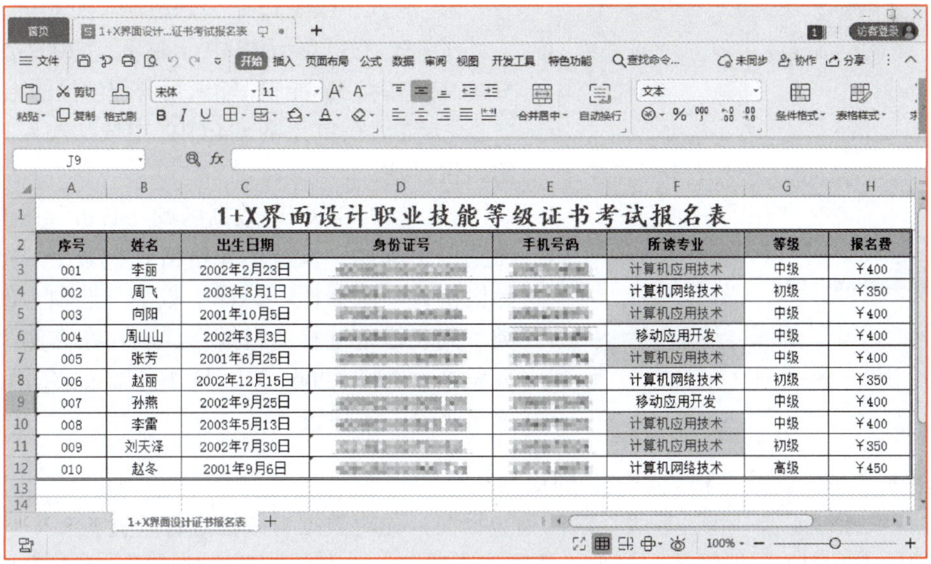

【任务实现】

4.1.1 输入并保存数据

1. 创建并保存 WPS 表格文件

① 启动 WPS Office 教育考试专用版软件,打开"首页"窗口,单击"新建"按钮,打开

161

"新建"窗口，单击"表格"按钮，选择"新建空白文档"，创建空白工作簿。

② 选择菜单"文件"→"保存"命令，打开"另存文件"对话框，选择文件保存的路径，然后在"文件名"文本框中输入"1+X 界面设计职业技能等级证书考试报名表"，单击"保存"按钮，保存表格文件。

2. 输入标题和列标题

① 在 A1 单元格中，输入标题"1+X 界面设计职业技能等级证书考试报名表"，按 Enter 键，光标移到 A2 单元格。

② 在 A2 单元格中输入列标题"序号"，在 B2 单元格中继续输入"姓名"。使用相同方法依次输入标题"出生日期""身份证号""手机号码""所读专业""等级"和"报名费"。

3. 输入"序号"列数据

① 在 A3 单元格，输入"'001"，按 Enter 键（注意，单引号一定是英文状态）。

② 单击 A3 单元格，将鼠标指针移至该单元格右下角，当出现黑色填充柄+时，按住鼠标左键拖动至 A12 单元格（为教学需要，只输入部分学生信息）。

4. 输入"姓名""手机号码"及"所读专业"列数据

① 在单元格 B3:B12 中依次输入学生的姓名。

② 在单元格 E3:E12 中依次输入学生的手机号码。

③ 在单元格 F3:F12 中依次输入学生的所读专业（可借助 WPS 表格的记忆功能快速输入数据，即该数据的开头部分，若该数据已在其他单元格中存在，此时将自动引用已有数据。如果需要引用该数据则按 Enter 键，如果不需要引用该数据则直接输入其后的内容）。

5. 输入"出生日期"列数据

① 在 C3 单元格中，输入"2002-2-23"或"2002/2/23"按 Enter 键，输入第一位学生的出生日期。

② 继续在单元格 C4:C12 中依次输入其他学生的出生日期。

③ 选中 C3:C12 数据区域，右击，在弹出的快捷菜单中选择"设置单元格格式"命令，打开"单元格格式"对话框，选择"数字"选项卡，在"分类"列表框中选择"日期"选项，在右侧"类型"列表框中选择"2001 年 3 月 7 日"，如图 4.1.2 所示，单击"确定"按钮。

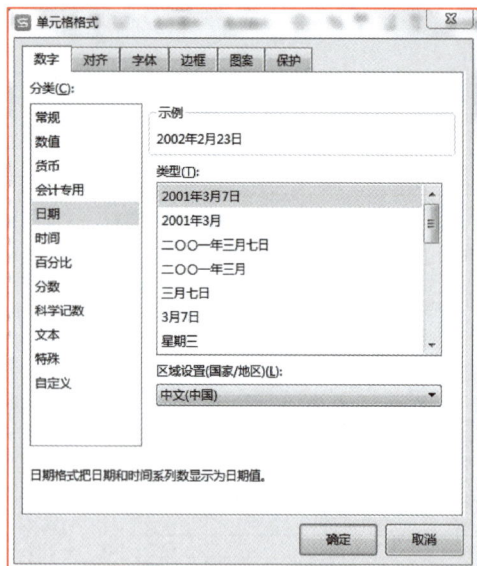

图 4.1.2
"单元格格式"对话框

6. 输入"身份证号"和"等级"列数据

在输入"身份证号"和"等级"这两列数据前，先对数据有效性进行设置。

① 选中 D3:D12 数据区域，单击"数据"选项卡→"有效性"下拉按钮，在打开的下拉列表中选择"有效性"选项，打开"数据有效性"对话框，选择"设置"选项卡，在"允许"下拉列表框中，选择"文本长度"选项，在"数据"下拉列表框中选择"等于"选项，在"数值"参数框中输入"18"，如图 4.1.3 所示。切换到"出错警告"选项卡，在"样式"下拉列表框中选择"警告"选项，在"标题"文本框中输入"出错啦"，在"错误信息"文本框中输入"请输入 18 位的身份证号码！"，如图 4.1.4 所示，单击"确定"按钮。

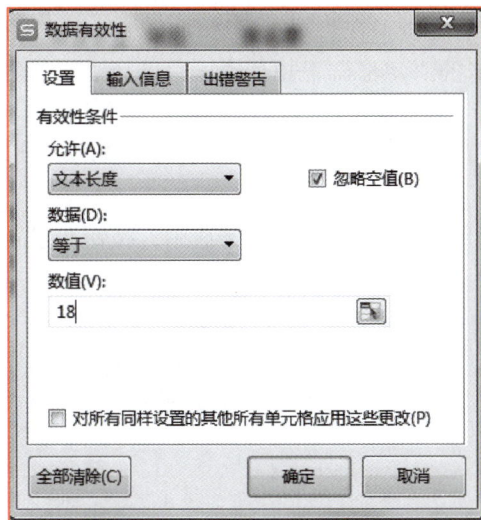

图 4.1.3
"数据有效性"
对话框

图 4.1.4
"出错警告"
选项卡

② 选中 D3 单元格，然后在 D3 单元格中输入学生的身份证号码。由于单元格太小，数据不能全部显示，或者数据显示"######"时，可以将光标移到 D 列列标右侧分隔线上，当变为双向箭头时，按住鼠标左键向右拖动，直至数据全部显示。依次输入其他学生的"身份证号码"数据。

③ 选中 G3:G12 数据区域，单击功能区中的"数据"选项卡→"插入下拉列表"按钮，打开"插入下拉列表"对话框，输入"初级"，单击"⊞"，输入"中级"，再单击"⊞"，输入"高级"，最后单击"确定"按钮。

7. 输入"报名费"列数据

① 选中 H3 单元格，按住 Ctrl 键，选中等级为"中等"对应的 H 列单元格，输入数值 400，按 Ctrl+Enter 组合键，此时选中的所有单元格将自动填充输入的数据 400。

② 按照相同方法输入其他单元格的数据。

③ 选中 H3:H12 数据区域，打开"单元格格式"对话框，选择"数字"选项卡，在"分类"列表框中选择"货币"选项，在右侧"小数位数"微调框中选择"0"数值，在"货币符号"下拉列表框中选择"￥"，如图 4.1.5 所示，单击"确定"按钮，给报名费加上人民币符号。

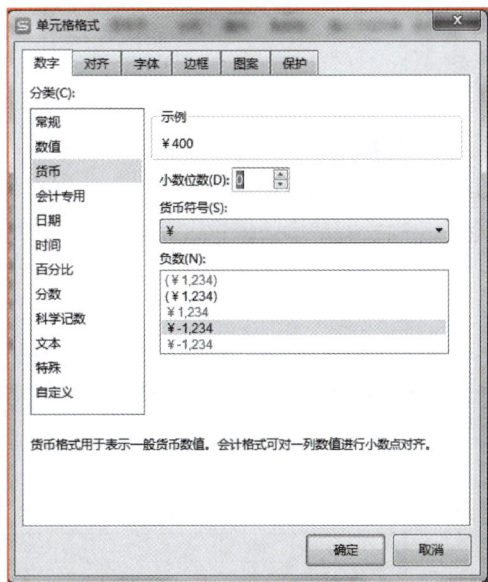

图 4.1.5
"数字"选项卡

4.1.2   美化表格

在表格中的数据输入完成后，对其进行格式化处理，可以使效果更加美观。

1. 标题的格式设置

① 选中 A1:H1 数据区域，单击功能区中的"开始"选项卡→"合并居中"下拉按钮，在打开的下拉列表中选择"合并居中"选项，使标题行居中显示。

② 继续选中标题单元格，设置字体为"楷体"，字号为"22"，颜色为"标准色-深红"，并"加粗"。

微课 4-2
美化表格

2．列标题的格式设置

① 选中 A2:H2 数据区域，打开"单元格格式"对话框，在"对齐"选项卡的"水平对齐"下拉列表框中选择"居中"选项；在"字体"选项卡的"字形"下拉列表框中选择"粗体"选项，在"图案"选项卡的"颜色"下拉列表框中选择"灰色-25%，背景2，深色10%"（提示：此处颜色名称可以选择"图案样式"后，打开"图案颜色"下拉按钮中的颜色名称参考），即第2行第3列，再单击"确定"按钮。

② 选中 A3:H12 数据区域，单击功能区中的"开始"选项卡→"水平居中"按钮，设置文字居中显示。

③ 选中 A2:H12 数据区域，打开"设置单元格格式"对话框，选择"边框"选项卡，在"样式"列表框中选择"单细线"选项，即第一列最后一个；在"预置"列表框中选择"内部"选项。在"样式"列表框中选择"双细线"选项，即第二列最后一个；然后设置"预置"为"外边框"，单击"确定"按钮，给表格添加边框效果。

3．调整行高和列宽

① 选择第2行并右击，在弹出的快捷菜单中选择"行高"命令，打开"行高"对话框，在"行高"文本框中输入"22"，如图 4.1.6 所示，单击"确定"按钮。

② 选中 A3:H12 数据区域，单击功能区中的"开始"选项卡→"行和列"下拉按钮，在打开的下拉列表中选择"行高"选项，打开"行高"对话框，在"行高"文本框中输入"18"，单击"确定"按钮。

③ 将光标移到 F 列标右侧分隔线上，当变为双向箭头时，按住鼠标左键向右拖动，改变列宽至合适大小。按照该方法适当调整其他列至合适大小。

图 4.1.6
"行高"对话框

4．利用"条件格式"设置"所读专业"列数据格式

① 选定 F3:F12 数据区域，单击功能区中的"开始"选项卡→"条件格式"下拉按钮，在打开的下拉列表中选择"新建规则"选项，打开"新建格式规则"对话框。

② 在"选择规则类型"列表框中选择"只为包含以下内容的单元格设置格式"选项，将"只为满足以下条件的单元格设置格式："为"单元格值""等于""计算机应用技术"，如图 4.1.7 所示。

③ 单击"格式"按钮，打开"单元格格式"对话框，选择"字体"选项卡，设置"颜色"为"深红色"，如图 4.1.8 所示，并在"图案"选项卡中设置图案为"灰色-25%，背景2"，即第一行第3列，单击"确定"按钮，回到"新建格式规则"对话框，单击"确定"按钮。

图 4.1.7
"新建格式规则"
对话框

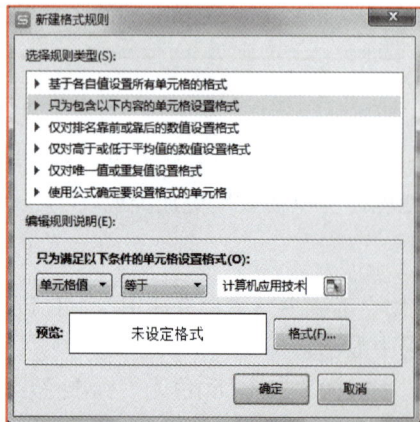

图 4.1.8
"字体"选项卡

4.1.3 工作表的操作

微课 4-3 工作表的操作

1. 重命名工作表

右击左下方的工作表标签 Sheet1，在弹出的快捷菜单中选择"重命名"命令，在突出显示的标签中输入"1+X 界面设计证书报名表"，然后按 Enter 键，完成工作表的重命名。

2. 设置工作表标签的颜色

右击该工作表标签，在弹出的快捷菜单中选择"工作表标签颜色"→"橙色"命令，最后按 Ctrl+S 组合键，将工作簿再次保存。

4.1.4 工作表的打印

微课 4-4 工作表的打印

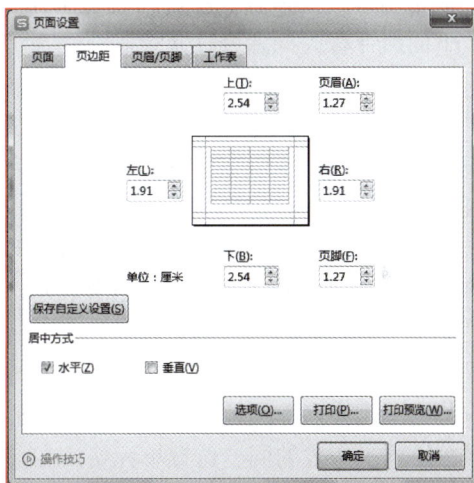

工作表的打印如下：

① 选择菜单"文件"→"打印"→"打印预览"命令，进入"打印预览"界面。

② 单击"页面设置"按钮，打开"页面设置"对话框，选择"页面"选项卡→"横向"单选按钮，如图 4.1.9 所示。切换到"页边距"选项卡，设置"居中方式"为"水平"，如图 4.1.10 所示，单击"确定"按钮。

图 4.1.9 "页面"选项卡

图 4.1.10 "页边距"选项卡

③ 单击功能面板右侧的"关闭"按钮，回到表格编辑界面，适当调整列宽，再次"打印预览"，反复调整直到合适大小。

④ 在"打印预览"界面，设置打印"份数"，单击"直接打印"下拉按钮，在打开的下拉列表中选择"直接打印"选项，打印输出。

【背景知识】

1. WPS 表格简介

打开工作簿后，打开如图 4.1.11 所示的 WPS 表格工作簿的工作界面。

（1）数据编辑区

数据编辑区位于功能区的下方，由名称框和编辑栏组成。

① 名称框。显示活动单元格的地址或已命名单元格区域的名称。

② 编辑栏。编辑栏用于显示、输入、编辑和修改当前单元格的数据或公式。选中编辑栏后，在编辑栏中会出现以下 3 个按钮：

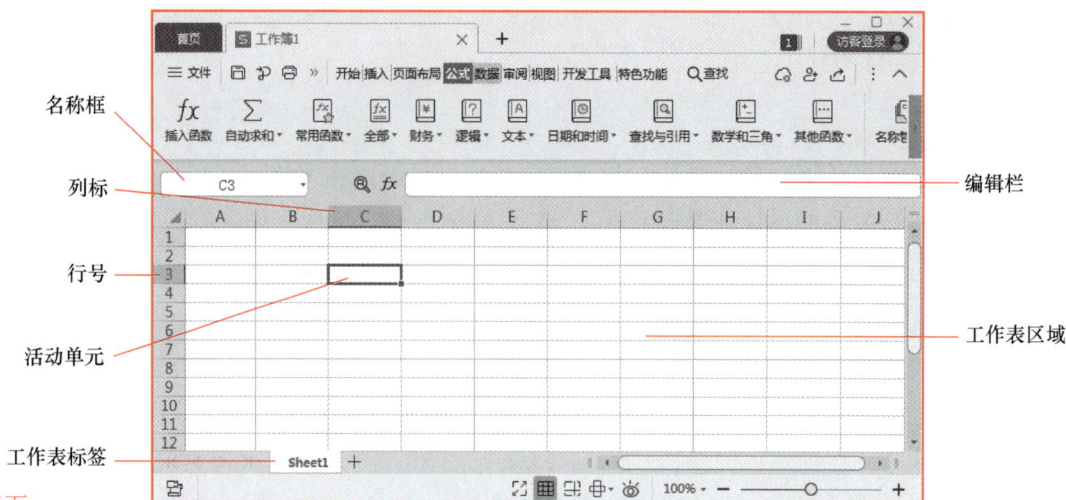

图 4.1.11
WPS 表格工作界面

（名称框、列标、行号、活动单元、工作表标签、编辑栏、工作表区域）

● "取消"按钮：用于恢复单元格输入之前的状态。

● "输入"按钮：用于确定编辑框中的内容为当前选定单元格的内容。

● "插入函数"按钮：用于在单元格中使用函数。

（2）工作表区域

数据编辑区域和状态栏之间就是工作表区域，主要包括行号、列标、滚动条、工作表标签等，下面结合有关概念进行介绍。

1）工作簿与工作表

工作簿是指 WPS 表格中用来存储并处理数据的文件，其扩展名为.xlsx，在默认情况下，新建表格后自动打开一个工作簿，默认名称为"工作簿 1"。一个工作簿默认有一张工作表，名称为 Sheet1。

工作表也称电子表格，用于存储和处理数据，由若干行列交叉而成的单元格组成。行号由数字表示，列标由英文字母及其组合表示。

2）单元格和单元格区域

单元格是工作表中的最小单位，可以在其中输入各种数据。单元格所在列标和行号组成的标识称为单元格名称或地址，如第 3 行第 5 列单元格地址为 E3。选中的单元格称为活动单元格。为区分不同工作表的同一位置单元格，在前面加上工作表名称，中间用"！"隔开，如 Sheet2！E3 表示第 2 张工作表中第 3 行第 5 列单元格地址。单元格区域表示法是只写出单元格的开始和结束两个单元格的地址，中间用冒号隔开，如 A2:F7 表示以 A2 和 F7 单元格为对角线两端的矩形区域，如图 4.1.12 所示。

2. 工作表和工作簿的常见操作

（1）新建和保存工作簿

启动 WPS Office 教育考试专用版软件后，打开"首页"窗口，单击"新建"按钮，在"新建"窗口单击"表格"→"新建空白文档"按钮，创建空白工作簿。

要保存工作簿可以选择菜单"文件"→"保存"或"另存为"命令。

（2）打开和关闭工作簿

在 WPS 表格中打开和关闭工作簿的方法和 WPS 文字中打开和关闭文件的方法类似。

（3）保护工作簿

当不希望他人对工作簿的结构或窗口进行改变时，可以设置工作簿保护，方法如下。

① 打开需要保护的工作簿文档。

② 单击功能区中的"审阅"选项卡→"保护工作簿"按钮，打开"保护工作簿"对话框，输入密码，如图 4.1.13 所示，单击"确定"按钮。打开"确认密码"对话框，再次输入密码，

单击"确定"按钮。

图 4.1.12
单元格区域

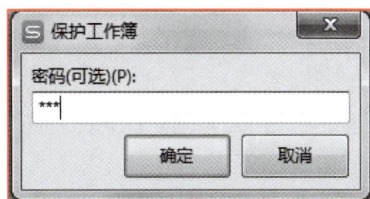

A2:F7

图 4.1.13
"保护工作簿"
对话框

③ 要取消对工作簿的保护，只需单击功能区中的"审阅"选项卡→"撤销保护工作簿"按钮，输入密码即可。

（4）设置工作簿密码

不希望他人打开工作簿，可以设置密码，方法如下。

选择功能区中的菜单"文件"→"文档加密"→"密码加密"命令，打开"密码加密"对话框，在其中设置不同级别的对应密码，如图 4.1.14 所示，单击"应用"按钮。

（5）插入工作表

在工作簿中插入一张新的工作表，可以使用以下 3 种方法。

● 单击工作表标签右侧的"新建工作表"按钮 ＋ 。

● 选中工作表标签，右击，在弹出的快捷菜单中选择"插入"命令，打开"插入工作表"对话框，设置插入数目和插入位置，如图 4.1.15 所示，单击"确定"按钮。

图 4.1.14
"密码加密"
对话框

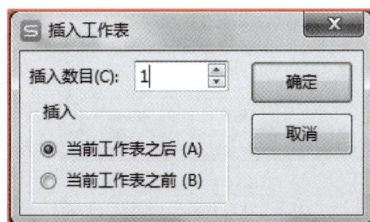

图 4.1.15
"插入工作表"
对话框

● 单击功能区中的"开始"选项卡→"工作表"下拉按钮，在打开的下拉列表中选择"插入工作表"选项，打开"插入工作表"对话框，设置对应内容，插入新工作表。

（6）删除工作表

用户不需要工作表时，可以使用下列方法删除。

● 选中工作表标签，右击，在弹出的快捷菜单中选择"删除工作表"命令。

● 单击功能区中的"开始"选项卡→"工作表"下拉按钮，在打开的下拉列表中选择"删除工作表"选项。

（7）重命名工作表

用户可以使用以下方法给工作表重新命名。

● 双击工作表标签。

● 选中工作表标签，右击，在弹出的快捷菜单中选择"重命名"命令。

● 单击功能区中的"开始"选项卡→"工作表"下拉按钮，在打开的下拉列表中选择"重命名"选项。

此时工作表名称将突出显示，直接输入新的工作表名称，按 Enter 键。

（8）选定多张工作表

如果要在工作簿的多张工作表中输入相同的数据，要将它们一起选定，可以使用下列方法选定多张工作表。

- 选定相邻的多张工作表，先单击选择第一张工作表标签，按住 Shift 键，单击最后一张工作表标签。
- 选定不相邻的多张工作表，先单击选择第一张工作表标签，按住 Ctrl 键，单击需选定的工作表标签。
- 如要选定所有的工作表，可以右击工作表标签，在弹出的快捷菜单中选择"选定全部工作表"命令。

（9）移动或复制工作表

拖动工作表标签向左或向右移动，当插入三角指示符号到达目标位置后释放鼠标，即可完成移动工作表。移动的同时按住 Ctrl 键，完成复制工作表操作。

如果要将一个工作表移动或复制到另一个工作簿中，可以使用以下方法。

① 打开原工作表所在的工作簿以及目标工作簿。

② 选中要移动或复制的工作表标签，右击，在弹出的快捷菜单中选择"移动或复制"命令，打开"移动或复制工作表"对话框，如图 4.1.16 所示。

③ 在"工作簿"下拉列表框中选择接受工作表的工作簿。

④ 在"下列选定工作表之前"列表框中选择移动后的位置，如果要复制，选中"建立副本"复选框，单击"确定"按钮。

（10）显示或隐藏工作表

选中工作表标签并右击，在弹出的快捷菜单中选择"隐藏"命令。

要取消工作表的隐藏，选中任意工作表标签并右击，在弹出的快捷菜单中选择"取消隐藏"命令，打开"取消隐藏"对话框，如图 4.1.17 所示。在列表框中选择要取消隐藏的工作表，单击"确定"按钮。

图 4.1.16
"移动或复制工作表"对话框

（11）冻结工作表

冻结工作表可以固定数据位置，方便查看。方法是：若选中 E9 单元格，然后单击功能区中的"视图"选项卡→"冻结窗格"下拉按钮，从打开的下拉列表中选择"冻结至第 8 行 D 列"选项，如图 4.1.18 所示。当前单元格上方的行和左侧的列始终保持可见，不会随着操作滚动条而消失。

图 4.1.17
"取消隐藏"对话框

图 4.1.18
"冻结窗格"下拉列表

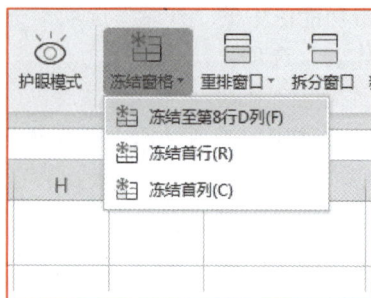

如果要取消窗口冻结，单击功能区中的"视图"选项卡→"冻结窗格"下拉按钮，在打开的下拉列表中选择"取消冻结窗格"选项即可。

(12) 设置工作表标签颜色

选中工作表标签并右击，在弹出的快捷菜单中选择"工作表标签颜色"命令，在子菜单中选择所需颜色。

3. 在工作表中输入数据

(1) 单元格的选定

单元格的选中有两种状态：选中状态和编辑状态。单击某单元格即为选中状态，其表现是在单元格上有一个粗黑框；双击某单元格即为编辑状态，其表现是在单元格中有一个闪烁的光标或者选中单元格后在编辑框中编辑。

在选中状态下可以进行单元格格式的设置、数据填充、单元格复制移动等操作，在编辑状态下可以进行单元格数据的编辑、复制、剪切操作及字体的设置等操作。

(2) 选定方式

● 鼠标选中：直接单击某单元格即为选中该单元格，一次只能选中一个单元格。按住鼠标左键拖动，可选中多个连续单元格。

● Ctrl 键+鼠标选中：按住 Ctrl 键，再单击要选中的单元格，一次可选择多个单元格，单元格可以是不连续的，如 A1、B2、C2、D5，此处不连续的单元格之间用逗号来分隔。

● Shift 键+鼠标选中：按住 Shift 键，再单击要选中的单元格。可选中多个单元格，单元格是一个连续的区域，如 A2:F10，单元格区域用该区域的左上角单元格地址 A2 和右下角单元格地址 F10 表示，中间用冒号来分隔。

(3) 输入数据

● 数值型数据录入。数值型数据在单元格中直接输入，数值型数据在单元格中默认为右对齐。

● 文本型数据录入。在 WPS 表格中，文本可以是数字、空格和非数字字符的组合。例如，WPS 表格将下列数据项视为文本，如 10AA109、127AXY、12-976 和 208 4675。所有文本在单元格中的默认设置均为左对齐。

🔶 **说明：**

在数值型数据前加英文单引号可将数值型数据转换为文本型数据，如邮政编码、电话号码、身份证号码、学号等，在输入时应在数据前加英文单引号"'"，WPS 表格会将其视为字符型数据，否则将视为数字。

● 日期型数据录入。用斜杠或减号分隔日期的年、月、日部分。例如，可以输入 2020/9/5 或 5-9-2020。如果要输入当天的日期，可按组合键 Ctrl+;（分号）。

● 时间型数据录入。时间分隔符为冒号，用于分隔时、分、秒，如果按 12 小时制输入时间，应在时间数字后空一格，并输入字母 a（上午）或 p（下午），如 9：00 p。否则，如果只输入时间数字，WPS 表格将按 AM（上午）处理。如果要输入当前时间，可按组合键 Ctrl+Shift+:（冒号）。

(4) 快速输入工作表数据

● 数据填充。选中数据单元格，用鼠标左键拖动右下角黑色十字形填充句柄，可实现数值递增填充，填充步长值为 1。按住 Ctrl 键，下拉填充数据将改成复制填充数据。也可以单击右下角的"自动填充选项"按钮，从中选择所需的填充选项，如图 4.1.19 所示。

● 序列填充。在要填充的起始单元格中输入起始值，包含起始单元格在内选中要填充的单元格区域，单击功能区中的"开始"选项卡→"填充"下拉按钮，在打开的下拉列表中选择"序列"选项，打开如图 4.1.20 所示的"序列"对话框，根据需要选择其中的选项，单击"确定"按钮即可实现数据的自动填充。

图 4.1.19
数据填充

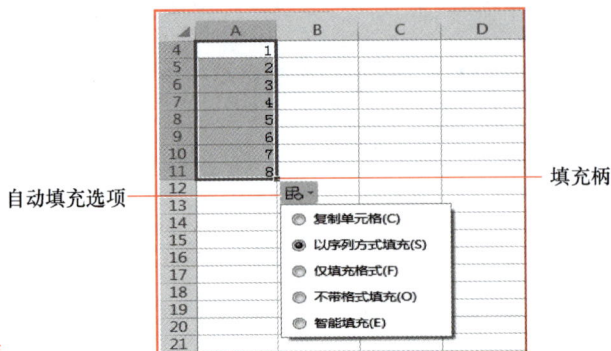

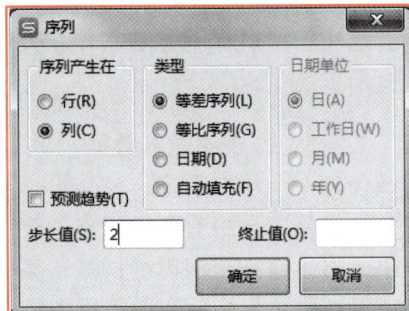

图 4.1.20
"序列"对话框

● 自定义序列。选择功能区中的菜单"文件"→"选项"命令，打开"选项"对话框，在左侧列表中选择"自定义序列"选项，在右侧区域设置"自定义序列"为"新序列"，在"输入序列"文本框中输入自定义的序列项，每项完成后按 Enter 键进行分隔，如图 4.1.21 所示，单击"添加"按钮，新的序列就出现在"自定义序列"列表框中，单击"确定"按钮，该序列就可以用填充柄自动数据填充。

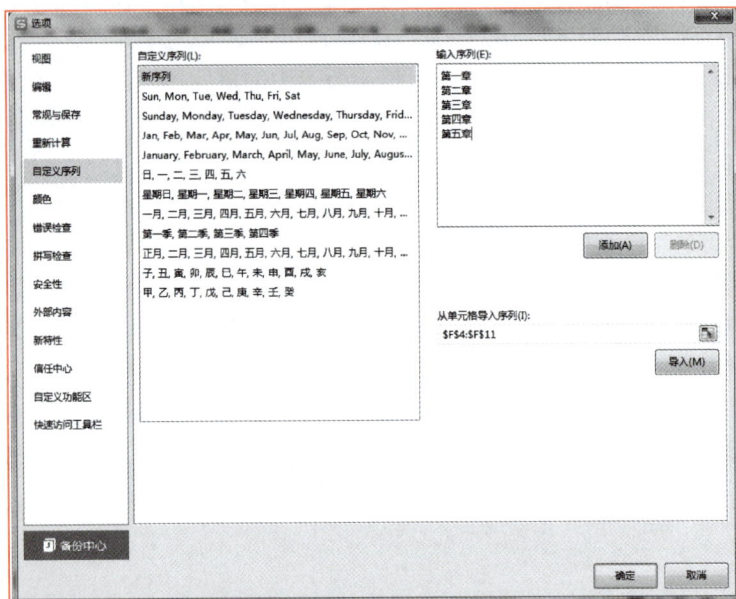

图 4.1.21
"选项"对话框

（5）设置数据有效性

① 选定单元格或单元格区域，单击功能区中的"数据"选项卡→"有效性"下拉按钮，在打开的下拉列表中选择"有效性"选项，打开"数据有效性"对话框。

② 在"设置"选项卡中设置有效条件，在"输入信息"选项卡中设置选定单元格时显示的输入信息，在"出错警告"选项卡中设置输入无效数据时显示的警告信息。

③ 单击"确定"按钮。

4．单元格、行和列的相关操作

（1）行、列、单元格的插入与删除

● 插入行或列。行和列操作类似，这里以行为例。选择整行并右击，在弹出的快捷菜单中设置"行数"并选择"插入"命令，在选中的行前插入设置的行。或单击功能区中的"开始"选项卡→"行和列"下拉按钮，在打开的下拉列表中选择"插入单元格"→"插入行"选项，在选中的行前插入一行。

- 删除行或列。行和列操作类似，这里以列为例。选择整列并右击，在弹出的快捷菜单中选择"删除"命令，或者单击功能区中的"开始"选项卡→"行和列"下拉按钮，在打开的下拉列表中选择"删除单元格"→"删除列"选项，将选中的列删除。

说明：

当选择多行或多列时，可以插入或删除多行、多列。

- 插入单元格。选中某个单元格或单元格区域，单击功能区中的"开始"选项卡→"行和列"下拉按钮，在打开的下拉列表中选择"插入单元格"→"插入单元格"选项，打开"插入"对话框，如图 4.1.22 所示，选择合适的插入方式，单击"确定"按钮。

- 删除单元格。选中某个单元格或单元格区域，单击功能区中的"开始"选项卡→"行和列"下拉按钮，在打开的下拉列表中选择"删除单元格"→"删除单元格"选项，打开"删除"对话框，选择合适的删除方式，单击"确定"按钮。

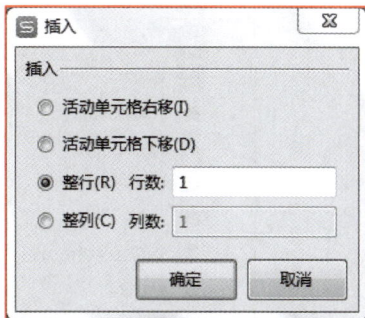

图 4.1.22
"插入"
对话框

（2）合并与拆分单元格

选定要合并的单元格区域，单击功能区中的"开始"选项卡→"合并居中"下拉按钮，在打开的下拉列表中选择"合并居中"选项，将单元格合并；再次选择"合并居中"选项，则将单元格拆分。

（3）隐藏或显示行和列

- 隐藏行和列的方法类似，以隐藏列为例，方法是：选择需要隐藏的列并右击，在弹出的快捷菜单中选择"隐藏"命令，或者单击功能区中的"开始"选项卡→"行和列"下拉按钮，在打开的下拉列表中选择"隐藏和取消隐藏"→"隐藏列"选项。

- 取消行和列的隐藏。选择隐藏列的左右两列，右击，在弹出的快捷菜单中选择"取消隐藏"命令，或者单击功能区中的"开始"选项卡→"行和列"下拉按钮，在打开的下拉列表中选择"隐藏和取消隐藏"→"取消隐藏列"选项。

（4）改变行高与列宽

行高和列宽的方法类似，以行为例，方法如下。

- 鼠标调整。单元格的行高可以用鼠标直接在行号处拖动调整，把鼠标指针置于行与行的分界处，指针会变成上下拖动形状，此时按住鼠标左键拖动行即可调整行高。

- 精确设置。要想精确设定行高需使用菜单命令。选中要设置的行，右击，在弹出的快捷菜单中选择"行高"命令，或者单击功能区中的"开始"选项卡→"行和列"下拉按钮，在打开的下拉列表中选择"行高"选项，打开"行高"对话框，设置所选单元格的行高，单位为"磅"，单击"确定"按钮。

- 自动调整行高。双击行号的下边界，或将光标移到要设置行的任意单元格中，单击功能区中的"开始"选项卡→"行和列"下拉按钮，在打开的下拉列表中选择"最合适行高"选项，该行的行高值将符合最高的条目。

5．编辑与设置表格数据

（1）移动与复制表格数据

- 直接拖动进行移动和复制。鼠标直接拖动选中单元格或单元格区域的边框可实现移动操作，按住 Ctrl 键，拖动选中单元格或区域的边框可实现复制操作。

- 使用剪贴板进行移动和复制。用剪贴板可更容易地复制和移动单元格，把选中的内容用组合键 Ctrl+C 或 Ctrl+X 复制或剪切到剪贴板中，再用组合键 Ctrl+V 粘贴到指定位置。右下角的"粘贴选项"可以设置对应的选项，如图 4.1.23 所示。

- 选择性粘贴。复制或剪切了某一区域的数据后，单击功能区中的"开始"选项卡→"粘贴"下拉按钮，在打开的下拉列表中选择"选择性粘贴"选项，打开"选择性粘贴"对话框，如图 4.1.24 所示。选择性粘贴是指用户可有选择地粘贴、复制或剪切内容的全部、公式、数值或格式等，选择性粘贴不能复制行高、列宽。

图 4.1.23
粘贴选项

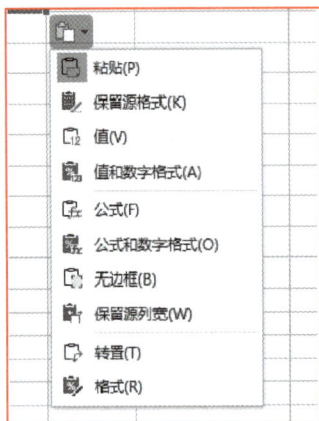

图 4.1.24
"选择性粘贴"对话框

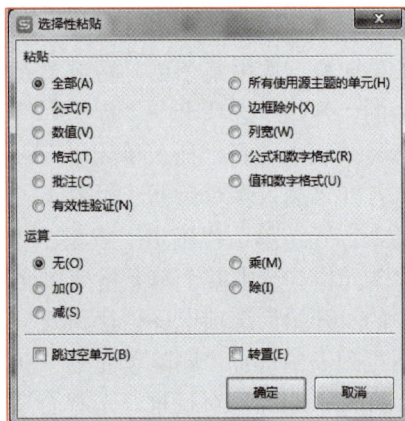

（2）设置数据格式

在 WPS 表格中，同一数据可以用不同的形式来显示。例如，2013-12-1 可以显示成"2013 年 12 月 1 日""2013 年 12 月""12-1-13"等多种格式，123.456 可以显示成"123.5""￥123.46""123"等多种格式。

数据的不同显示格式是由单元格的数据格式控制的，设置不同的数据格式就会有不同的数据显示。可通过单击功能区中的"开始"选项卡→"格式"下拉按钮，在打开的下拉列表中选择"单元格"选项或在选中的单元格上右击，在弹出的快捷菜单中选择"设置单元格格式"命令都可以打开"单元格格式"对话框，在"数字"选项卡中进行设置。

也可以单击功能区中的"开始"选项卡→"数字格式"组合框，在打开的下拉列表提供的常用选项中进行选择，如图 4.1.25 所示。

（3）设置对齐方式

单元格中的数据对齐方式分为水平对齐和垂直对齐，可以单击功能区的"开始"选项卡中的各种"对齐"按钮来设置，也可以在"单元格格式"对话框的"对齐"选项卡中设置，如图 4.1.26 所示。

图 4.1.25
"数字格式"组合框

图 4.1.26
"对齐"选项卡

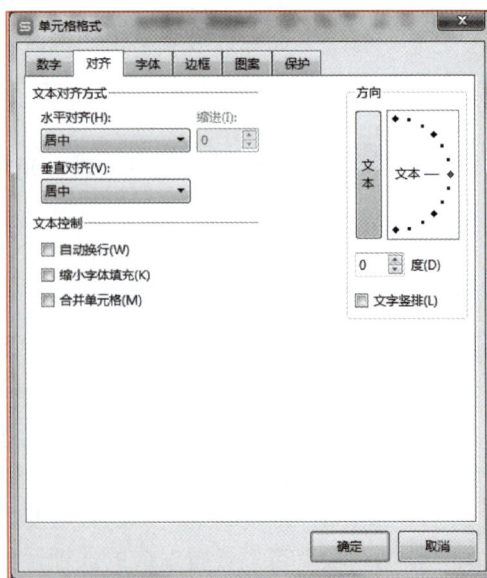

（4）设置字体、边框和图案

● 设置字体。可以在"开始"选项卡的各种"字体"按钮中设置，也可以在"单元格格式"对话框的"字体"选项卡中设置，如图 4.1.27 所示。

● 设置边框。默认情况下，工作表的表格线都是浅色的，称为网格线，它们在打印时并不显示。为了打印带边框的表格，可以添加不同线型的边框。可以单击功能区中的"开始"选项卡→"边框"按钮，在打开的下拉列表中选择合适的边框，也可以在"单元格格式"对话框的"边框"选项卡中设置，如图 4.1.28 所示。

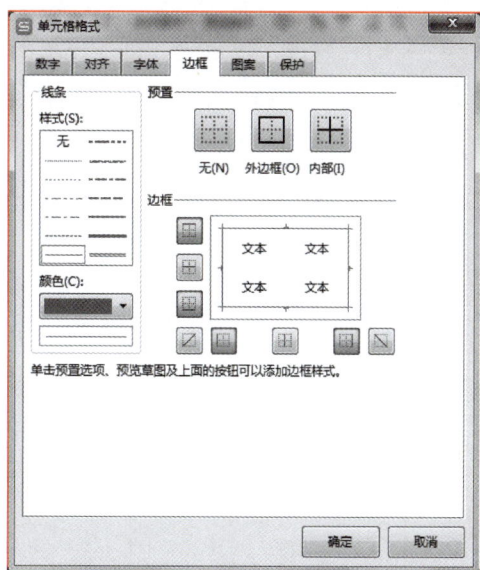

图 4.1.27
"字体"选项卡

图 4.1.28
"边框"选项卡

● 设置图案效果。可以单击功能区中的"开始"选项卡→"填充颜色"按钮，在打开的下拉列表中选择合适的背景色，也可以在"单元格格式"对话框的"图案"选项卡中设置，如图 4.1.29 所示。

（5）套用表格格式

① 选定要套用"表"格式的单元格区域，单击功能区中的"开始"选项卡→"表格样式"下拉按钮，在打开的下拉列表中选择一种表格格式，如图 4.1.30 所示。

② 在打开的"套用表格样式"对话框中确认表数据的来源区域是否正确，如图 4.1.31 所示，单击"确定"按钮。

（6）设置条件格式

选定要设置的数据区域，单击功能区中的"开始"→"条件格式"下拉按钮，在打开的下拉列表中选择设置条件的方式，如图 4.1.32 所示。

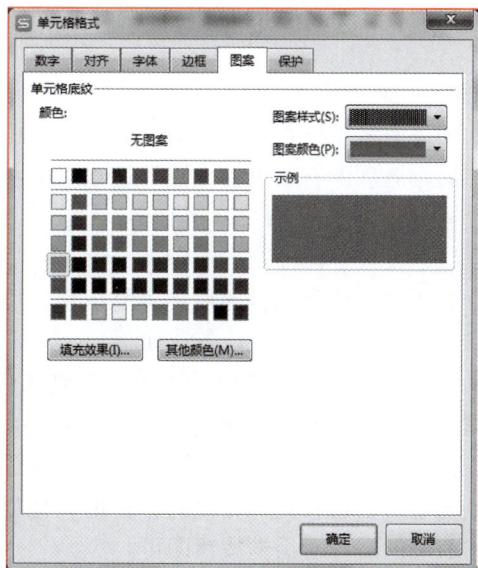

图 4.1.29
"图案"选项卡

（7）格式的复制与清除

● 复制格式。与 WPS 文字一样，使用格式刷复制最简单。

● 清除格式。单击功能区中的"开始"选项卡→"格式"下拉按钮，在打开的下拉列表中选择"清除"→"格式"选项，将格式清除，如图 4.1.33 所示。

图 4.1.30
"表格样式"
下拉列表

图 4.1.31
"套用表格
样式"对话框

图 4.1.32
"条件格式"
下拉列表

图 4.1.33
"格式"下拉列表

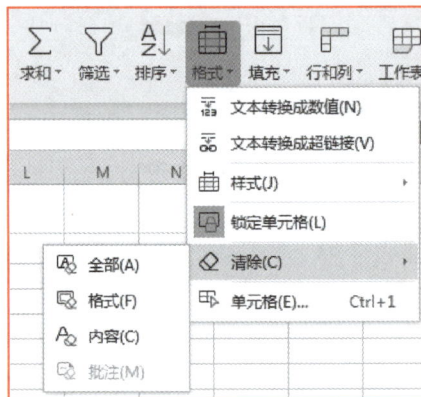

6. 页面设置

如果要将工作表打印输出，一般需要在打印前对页面进行一些设置，可以在功能区中的"页面布局"选项卡→"页面设置"选项组中对要打印的工作表进行纸张大小、方向和页边距等相关设置，方法与 WPS 文字类似。

（1）设置打印标题

如果要使行和列打印后更容易识别，可以显示打印标题。用户可以设置顶部或左侧的行或列出现在每张打印纸上，方法如下。

① 单击功能区中的"页面布局"选项卡→"打印标题或表头"按钮，打开"页面设置"对话框，选择"工作表"选项卡，如图 4.1.34 所示。

② 在"顶端标题行"或"左侧标题列"文本框中输入标题所在的区域，也可以单击文本框右侧折叠对话框按钮，隐藏对话框的其他部分，然后用鼠标在工作表中选定标题区域，选定后单击右侧的展开对话框按钮即可。

③ 单击"确定"按钮，完成设置。

（2）设置页眉和页脚

① 打开"页面设置"对话框，选择"页眉/页脚"选项卡，单击"自定义页眉"按钮。

② 打开"页眉"对话框，如图 4.1.35 所示。在"左""中""右"3 个文本框中输入页眉内容，也可以直接单击上方的页码、页数、时间、日期、文件路径、文件名、工作表名和图片等按钮插入内容，单击"确定"按钮。

③ 回到"页面设置"对话框，单击"确定"按钮。

页脚设置和页眉类似，这里不再赘述。

图 4.1.34
"工作表"选项卡

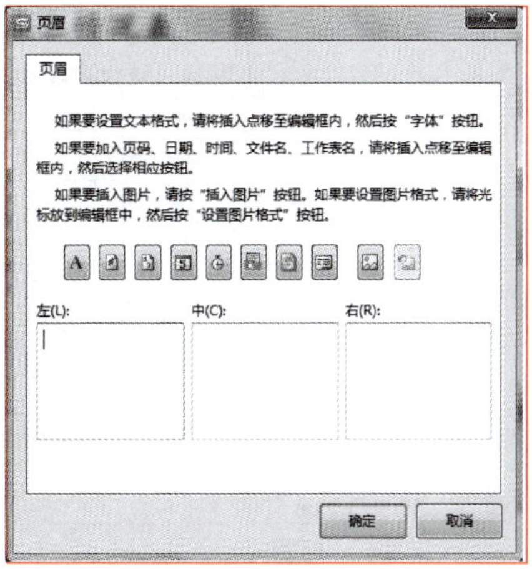

图 4.1.35
"页眉"对话框

【课后练习】

要求学生自己建立工作簿并命名为"员工基本资料表"，录入相关数据，并进行设置，最终效果如图 4.1.36 所示。要求如下。

① 性别、部门以及学历使用数据有效性设置。

② 身份证号输入位数错误，有提示信息出现。

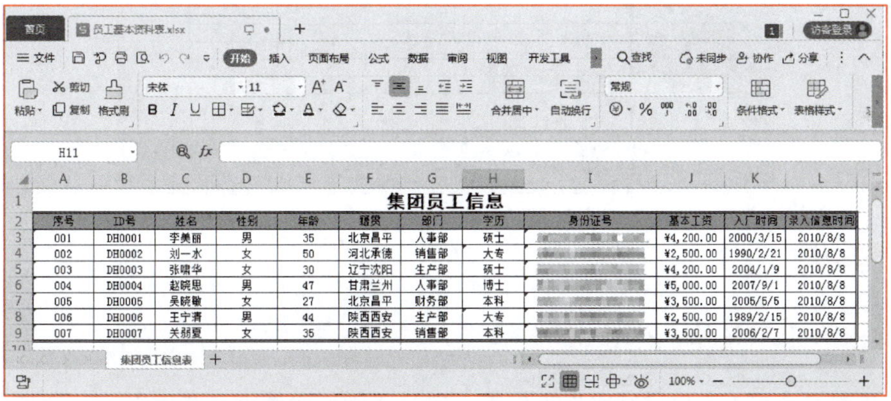

文本：效果文件

图 4.1.36
员工基本资料表

4.2 任务 19 使用公式和函数

【任务描述】

一学期结束，班主任将学生的期末考试成绩导出后，对班级考试成绩进行统计分析。

【考点分析】

① 单元格的引用。

② 公式的使用。

③ 常用函数的使用。

PPT：任务 19
使用公式和函数

PPT

【最终效果】

本任务最终效果如图 4.2.1 和图 4.2.2 所示。

文本：效果文件

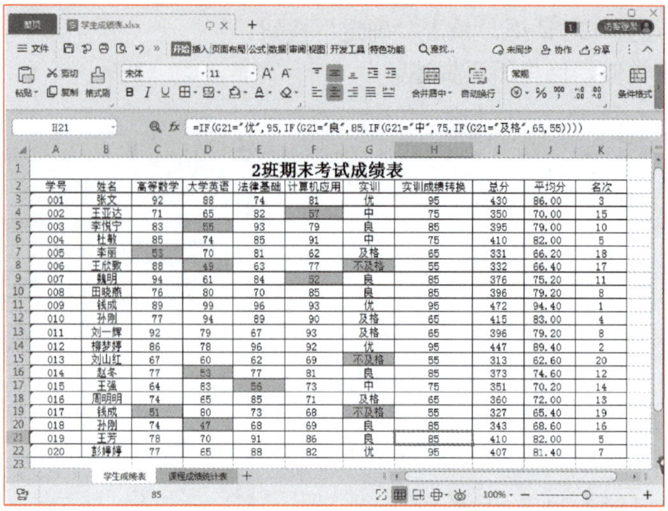

2班期末考试成绩表

学号	姓名	高等数学	大学英语	法律基础	计算机应用	实训	实训成绩转换	总分	平均分	名次
001	张文	92	88	74	81	优	95	430	86.00	3
002	王亚达	71	65	82	57	中	75	350	70.00	15
003	李悦宁	83	55	93	79	良	85	395	79.00	10
004	杜敏	85	74	85	91	中	75	410	82.00	5
005	李丽	53	70	81	62	及格	65	331	66.20	18
006	王欣歌	88	49	63	77	不及格	55	332	66.40	17
007	魏明	94	61	84	52	良	85	376	75.20	11
008	田晓燕	76	80	70	85	良	85	396	79.20	8
009	钱成	89	99	96	93	优	95	472	94.40	1
010	孙刚	77	94	89	90	及格	65	415	83.00	4
011	刘一辉	92	79	67	93	及格	65	396	79.20	8
012	柳梦婷	86	78	96	92	优	95	447	89.40	2
013	刘山红	67	60	62	69	不及格	55	313	62.60	20
014	赵冬	77	53	77	81	良	85	373	74.60	12
015	王强	64	83	56	73	中	75	351	70.20	14
016	周明明	74	65	85	71	及格	65	360	72.00	13
017	钱成	51	80	73	68	不及格	55	327	65.40	19
018	孙刚	74	47	68	69	良	85	343	68.60	16
019	王芳	78	70	91	86	良	85	410	82.00	5
020	彭婷婷	77	65	88	82	优	95	407	81.40	7

图 4.2.1
学生成绩表效果图

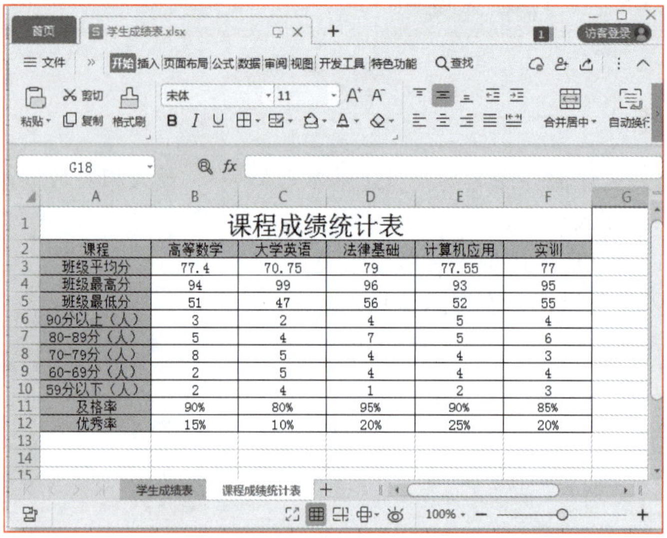

课程成绩统计表

课程	高等数学	大学英语	法律基础	计算机应用	实训
班级平均分	77.4	70.75	79	77.55	77
班级最高分	94	99	96	93	95
班级最低分	51	47	56	52	55
90分以上（人）	3	2	4	5	4
80-89分（人）	5	4	7	5	6
70-79分（人）	8	5	4	4	3
60-69分（人）	2	5	4	4	4
59分以下（人）	2	4	1	2	3
及格率	90%	80%	95%	90%	85%
优秀率	15%	10%	20%	25%	20%

图 4.2.2
课程成绩统计表效果图

【任务实现】

4.2.1　突出显示不及格的学生成绩

素材文件

① 打开素材中的“学生成绩表”工作簿，选择“学生成绩表”工作表。

② 选中 C3:F22 数据区域，单击功能区中的“开始”选项卡→“条件格式”下拉按钮，在打开的下拉列表中选择“突出显示单元格规则”→“小于”选项，打开“小于”对话框，在其文本框中输入“60”，如图 4.2.3 所示，单击“确定”按钮，利用条件格式将不及格的学生成绩突出显示。

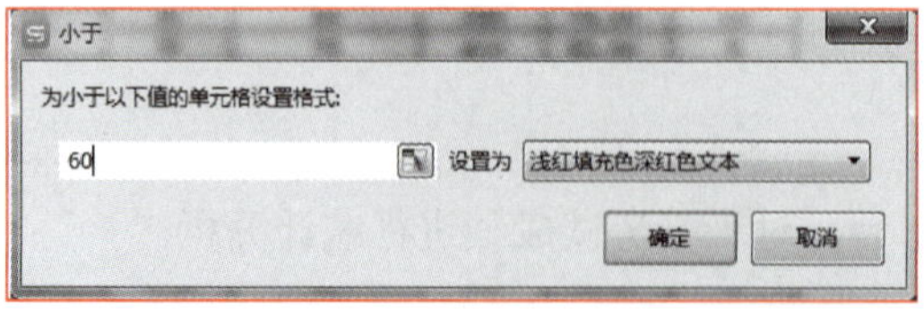

图 4.2.3
“小于”对话框

4.2.2　转换实训成绩

1. 插入“实训成绩转换”一列

① 选择第 H 列并右击，在弹出的快捷菜单中选择中“插入”命令，在“实训”列后面添加一列，输入列标题“实训成绩转换”，调整列宽到适当大小。

② 选中 H3:H22 数据区域，打开"数据有效性"对话框，单击"全部清除"按钮，单击"确定"按钮，清除数据有效性的设置。

2. 利用公式通过"实训"列数据求出"实训成绩转换"列数据

① 选中 H3 单元格，输入"=IF(G3="优",95,IF(G3="良",85,IF(G3="中",75,IF(G3="及格",65,55))))"，最后按 Enter 键，将第一个学生的实训成绩转换成百分制。

② 利用填充柄，将其他学生的实训成绩转换成百分制，并对单元格格式进行相关设置，结果如图 4.2.4 所示。

微课 4-5
突出显示
不及格的
学生成绩

微课 4-6
转换实训
成绩

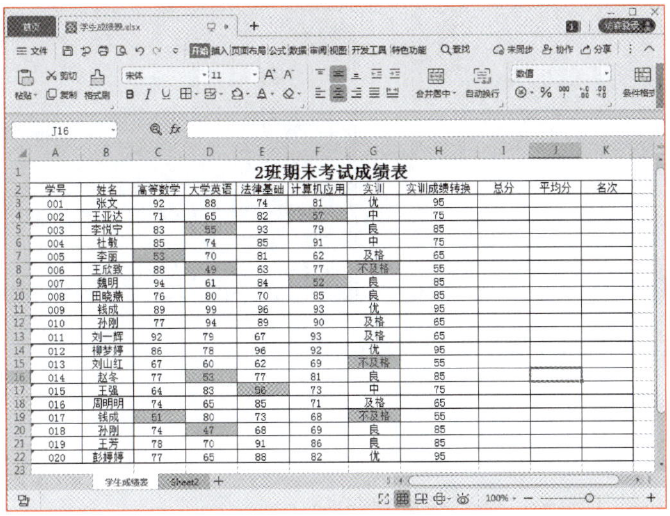

图 4.2.4
实训成绩转换成百分制
效果图

4.2.3 计算每位学生的总分、平均分和名次

1. 计算总分

① 选中 I3 单元格，输入"=C3+D3+E3+F3+H3"，按 Enter 键算出第一位学生的总成绩。在输入过程中，用户可以单击选中每门课程成绩的单元格。

② 利用填充柄，计算出其他学生的总分成绩。

2. 计算平均分

① 选中 J3 单元格，单击功能区中的"公式"选项卡→"自动求和"下拉按钮，在打开的下拉列表中选择"平均值"选项，在 J3 单元格中显示"=AVERAGE(H3:I3)"，选中 C3:F3 数据区域，再按住 Ctrl 键选中 H3，此时在 J3 单元格中显示"=AVERAGE(C3:F3,H3)"，按 Enter 键计算出第一位学生的平均分。

② 利用填充柄，计算出其他学生的平均分成绩。

③ 选中 J3:J22 数据区域，打开"单元格格式"对话框，在"数字"选项卡的"分类"列表中选择"数值"选项，设置"小数位数"为 2，单击"确定"按钮，使平均分保留 2 位小数。

3. 计算名次

① 选定 K3 单元格，单击功能区中的"公式"选项卡→"插入函数"按钮，打开"插入函数"对话框，选择"全部函数"选项卡，在"或选择类别"下拉列表框中选择"统计"选项，在"选择函数"列表框中选择 RANK，如图 4.2.5 所示，单击"确定"按钮，打开"函数参数"对话框。

② 当光标位于"数值"文本框时，单击单元格 J3，选中第一位学生的平均分成绩，再将光标移到"引用"文本框，选定 J3:J22 数据区域，按 F4 键，将相对地址修改为绝对地址$J$3:$J$22，将光标移到"排位方式"文本框中，输入数字 0，如图 4.2.6 所示，单击"确定"按钮。

微课 4-7
计算每位学生
的总分、平均分
和名次

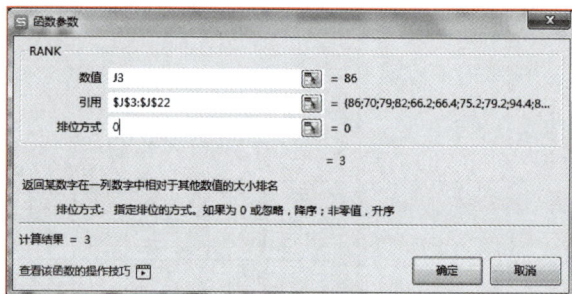

③ 利用填充柄，计算出其他学生的名次情况。

•4.2.4　统计各门课程成绩

1.　计算各门课程的平均分，最高分与最低分

① 打开"课程成绩统计表"工作表。

② 选中 B3 单元格，单击功能区中的"公式"选项卡→"自动求和"按钮，在打开的下拉列表中选择"平均值"选项，选择"学生成绩表"工作表，选择 C3:C22 数据区域，按 Enter 键，计算出"高等数学"课程的平均成绩。

③ 选中 B3 单元格，使用填充柄计算其他课程成绩。其中"实训"课程出错，效果如图 4.2.7 所示。

④ 选中 F3 单元格，在编辑框中将 G3:G22 修改为 H3:H22，按 Enter 键，计算出"实训"课程正确的平均成绩。

⑤ 使用与求平均分类似的方法，借助函数最大值（MAX）和最小值（MIN），求出班级的最高分与最低分。

2.　计算每门课程 90 分以上的人数

① 选中 B6 单元格，单击功能区中的"公式"选项卡→"全部"按钮，在打开的下拉列表中选择 COUNTIF 选项，打开"函数参数"对话框。

② 当光标位于"区域"文本框时，选择"学生成绩表"的 C3:C22 数据区域，再将光标移到"条件"文本框中，输入条件">=90"，如图 4.2.8 所示，单击"确定"按钮，计算出"高等数学"在 90 分以上的人数。

③ 利用填充柄，计算出其他课程在 90 分以上的人数，并修改"实训"课程的函数数据区域，得到正确的结果。

3.　计算其他分数段人数

① 选中 B7 单元格，单击功能区中的"公式"选项卡→"全部"按钮，在打开的下拉列表中选择 COUNTIFS 选项，打开"函数参数"对话框。

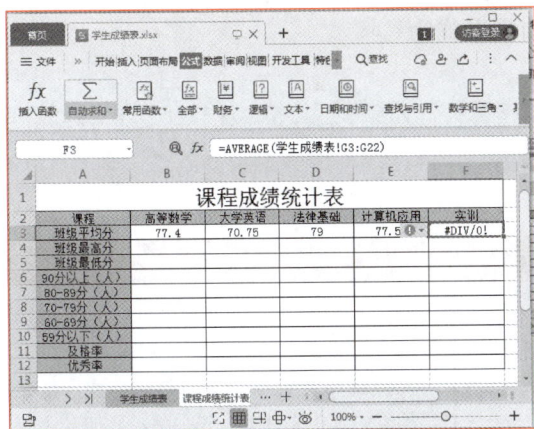

图 4.2.7
课程成绩统计表

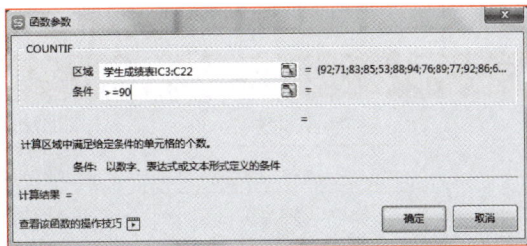

图 4.2.8
COUNTIF
"函数参数"
对话框

② 当光标位于"区域 1"文本框时，选择"学生成绩表"的 C3:C22 数据区域，再将光标移到"条件 1"文本框中，输入条件"<90"。当光标移到"区域 2"文本框时，同样选择"学生成绩表"的 C3:C22 数据区域，再将光标移到"条件 2"文本框中，输入条件">=80"，如图 4.2.9 所示，单击"确定"按钮，计算出"高等数学"在 80~89 分的人数。

③ 利用填充柄，计算出其他课程在 80~89 分的人数，并修改"实训"课程的函数数据区域，得到正确的结果。

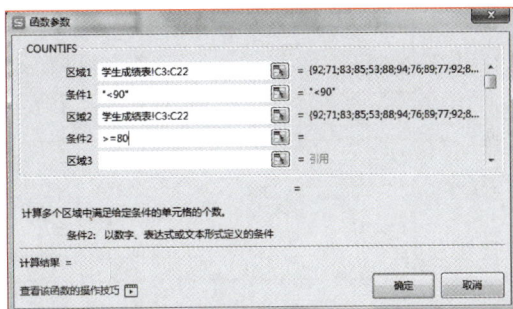

图 4.2.9
COUNTIFS
"函数参数"
对话框

④ 将单元格 B8、B9、B10 分别设置为 "=COUNTIFS(学生成绩表!C3:C22,"<80",学生成绩表!C3:C22,">=70")" "=COUNTIFS(学生成绩表!C3:C22,"<70",学生成绩表!C3:C22,">=60")" 和 "=COUNTIF(学生成绩表!C3:C22,"<60")"，统计出"高等数学"各分段的人数，然后利用填充柄，计算其他课程的各分段人数，并修改"实训"课程公式中的数据区域，得到正确的结果。

4. 计算及格率与优秀率

① 选中 B11 单元格，输入 "=COUNTIF(学生成绩表!C3:C22,">=60")/COUNT(学生成绩表!C3:C22)"，按 Enter 键统计出"高等数学"的及格率。利用填充柄，计算出其他课程的及格率，并修改"实训"课程公式中的数据区域，得到正确的结果。

② 按照同样的方法计算出各门课程的优秀率。

③ 选中 B11:F12 数据区域，设置数据为"百分比"，保留 0 位小数格式。

④ 按 Ctrl+S 组合键，将工作簿再次保存，任务完成。

【背景知识】

1. 使用公式基本方法

（1）认识公式

在 WPS 表格中，以等号"="开头的数据被系统判定为公式。公式是对工作表中数据进行运算的表达式，公式中可以包含单元格地址、数值常量、函数等，它们由运算符连接而成。具体来说，一个公式通常由以下几部分组成。

- =：等号，表示将要输入的是公式而不是其他数据。
- 数值：由数字 0~9 构成的可以参与运算的数据，或者是包含某个数值的单元格地址。
- 其他参数：可以被公式或函数引用的其他数据。

- 单元格引用：也就是单元格地址，用于表示单元格在工作表上所处位置的坐标。例如，显示在第 C 列和第 4 行交叉处的单元格，其引用形式为 C4。
- ( )：圆括号，用于设置运算优先顺序。
- 运算符：用于连接各个数据。在 WPS 表格中，运算符分为算术运算符、比较（逻辑）运算符、字符串运算符和引用运算符，其功能见表 4.2.1。

表 4.2.1　运　算　符

类别	运算符	功能	备注
算术运算符	+（加号）	加法运算	运算顺序按数学运算的惯例处理：括号里的表达式优先计算；先乘除、后加减；同一级别运算，由左至右依次执行
	−（减号）	减法运算	
	*（乘号）	乘法运算	
	/（除号）	除法运算	
	%	百分比	
	^	乘方运算	
比较（逻辑）运算符	=	等于	比较运算符用于比较两个数据后得出"真"或"假"两个逻辑值。当符合条件时为 True（真），否则为 False（假）。通常用于构建条件表达式
	>	大于	
	<	小于	
	>=	大于或等于	
	<=	小于或等于	
	<>	不等于	
字符串运算符	&	连接字符串	将几个单元格中的字符串合并成一个字符串（如"WPS"&"表格"得到"WPS表格"）
引用运算符	:	区域运算符	产生对包括在两个引用之间的所有单元格的引用（如 A1:A3，表示引用 A1 到 A3 单元格之间的区域）
	,	联合运算符	将多个引用合并为一个引用（如 SUM（A1:A3，B1:B5），表示两个不同单元格区域的并集）

（2）输入公式

① 单击目标单元格，使其成为当前活动单元格。

② 输入"="表示正在输入公式，否则系统会将其判断为文本数据，不会产生计算结果。

③ 直接输入常量或单元格地址，或者单击需要引用的单元格或区域；也可以输入运算符和操作数组成的表达式。

④ 按 Enter 键或单击编辑栏中的"输入"按钮完成输入，即可在输入公式的单元格中显示计算结果，公式内容显示在编辑栏中（注意：公式中的英文字母不区分大小写，运算符必须是西文的半角字符）。

（3）编辑公式

双击公式所在的单元格，进入编辑状态，单元格及编辑栏中都会显示公式，在单元格和编辑栏中均可对公式进行修改，修改完成，按 Enter 键或单击编辑栏中的"输入"按钮✔确认。

如果要删除公式，只需选中公式所在单元格后，按 Delete 键即可。

（4）引用运算符

引用运算符可以将单元格区域合并计算，包括区域运算符冒号":"和联合运算符逗号","。引用同一个工作簿中不同工作表的单元格的格式如下。

工作表名!单元格地址

例如，在同一工作簿中，工作表 Sheet1 的 A1 单元格要引用工作表 Sheet3 的 A2 单元格内容时，可以在工作表 Sheet1 的 A1 单元格中使用引用"= Sheet3!A2"。

引用不同工作簿工作表中的单元格的格式如下。

[工作簿文件名]工作表名!单元格地址

例如，工作簿中 Sheet1 工作表的 A1 单元格要引用另一工作簿"成绩表"中 Sheet3 工作表的 A3 单元格内容时，可以在 Sheet1 工作表的 A1 单元格中使用引用"[成绩表]Sheet1!A3"。

（5）单元格引用

在公式中，通过单元格地址的引用来使用单元格中存放的数据。单元格的引用分为相对、绝对和混合引用 3 种。另外，公式中还可以引用其他工作表的数据。

- 相对引用：指复制或移动公式时，引用单元格的列标、行号会根据目标单元格所在的列标、行号的变化自动进行调整。相对引用地址表示为"列标行号"，如 A2、C5。在默认情况下，对单元格的引用都是相对引用。例如，在 B1 单元格中输入公式"=A1"，向下拖动填充柄复制公式到 B2 单元格时，公式自动修改为"=A2"，如图 4.2.10 所示。因为从 A1 到 A2 经过了列加 0、行加 1 的变化，所以 A1 中的引用复制到 A2 中也必须按照列加 0、行加 1 的规则修改其中单元格的引用。

- 绝对引用：在单元格的列号与行号前加一个$，如$A$1、$C$3 方式引用单元格时为绝对引用。当公式复制时，公式中引用单元格的地址不会随着公式的位置移动而改变。例如，在 B1 单元格中输入公式"=$A$1"，则公式复制到 B2 单元格或其他任何单元格时，公式依然是"=$A$1"，如图 4.2.11 所示。

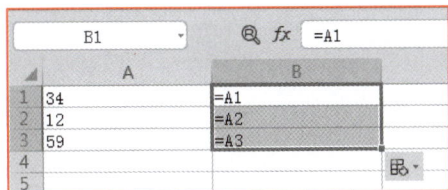

图 4.2.10
相对地址引用

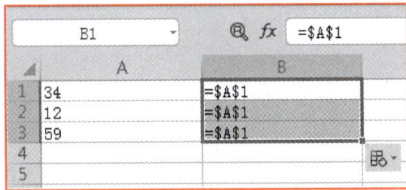

图 4.2.11
绝对地址引用

- 混合引用：在单元格的列号或行号前加一个$，如$A3、C$5。当把含有混合引用的公式复制到新位置时，公式中相对引用部分随着公式位置的变化而变化（不加$部分），绝对引用部分不随着公式位置的变化而变化（加$部分）。

2．使用函数的基本方法

（1）认识函数

函数是一类事先编好的特殊的公式，主要用于处理简单的四则运算不能处理的算法，是一种为解决复杂计算需求而提供的算法。

函数通常表示为：函数名（[参数 1]，[参数 2]，…），括号中可以有多个参数，参数之间用逗号分隔，其中方括号中的参数是可选参数，没有方括号的参数是必须的，有的函数可以没有参数。函数中可以用常量、单元格地址、数组、已定义的名称、公式和函数作参数。

（2）输入函数

函数的输入方式与公式类似，可以直接在单元格中输入"=函数名（所引用的参数）"，但是要记住每个函数名并正确输入所有参数是有困难的，因此，一般采用参照方式输入一个函数。

1）使用"插入函数"按钮插入函数

① 选定需要使用函数的单元格，单击功能区中的"公式"选项卡→"插入函数"按钮，打开"插入函数"对话框。

② 在"插入函数"对话框的"全部函数"选项卡中，在"或选择类别"下拉列表框中选择

要插入的函数类别，然后在"选择函数"列表框中选择要使用的函数，单击"确定"按钮，打开"函数参数"对话框。

③ 在参数框中输入或选择数值、单元格或单元格区域，单击"确定"按钮，在单元格中显示公式的结果。

2）使用"插入函数"按钮插入常用公式

① 选定需要使用函数的单元格，单击功能区中的"公式"选项卡→"插入函数"按钮，打开"插入函数"对话框。

② 在"插入函数"对话框的"常用公式"选项卡中，在"公式列表"列表框中选择需要的常用公式，在"参数输入"文本框中输入对应的内容，如图 4.2.12 所示，单击"确定"按钮，在单元格中显示公式的结果。

3）使用各种"函数"下拉按钮插入

① 选定需要使用函数的单元格，单击功能区中的"公式"选项卡→某一"函数"下拉按钮。

② 在打开的函数下拉列表中选择所需要的函数，如图 4.2.13 所示，打开对应的"函数参数"对话框。

图 4.2.12
"插入函数"
对话框"常
用公式"选
项卡

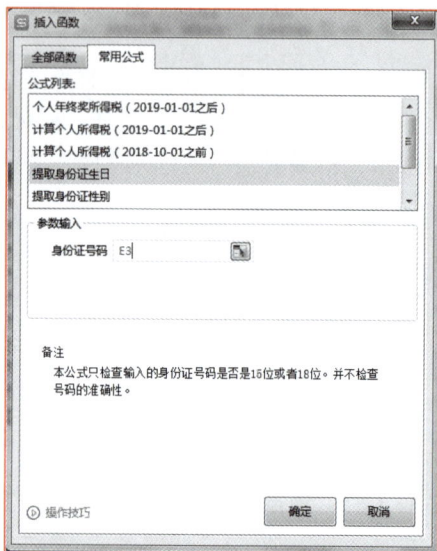

图 4.2.13
通过"函数"
下拉按钮插
入函数

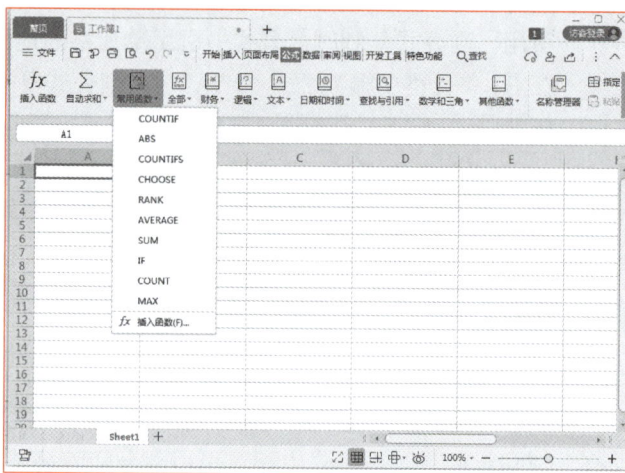

③ 在参数框中输入或选择数值、单元格或单元格区域，单击"确定"按钮，在单元格中显示公式的结果。

（3）WPS 表格函数分类

WPS 表格提供大量工作表函数，并按其功能进行分类，目前默认提供了 10 大类函数，见表 4.2.2。

表 4.2.2　WPS 表格函数类别

函数类别	常用函数示例及说明
财务函数	NPV(rate,value1,[value2],…)，通过使用贴现率以及一系列未来支出和收入，返回一项投资的净现值
时期和时间函数	DATE(year,month,day)，返回代表特定日期的序列号
数学和三角函数	INT(number)，将数字向下舍入到最接近的整数
统计函数	AVERAGE(number1,[number2],…)，返回所有参数的算术平均值
查找和引用函数	VLOOKUP(lookup_value,table_array,col_index_num,[range_lookup])，在表格或数值数组的首列查找指定的数值，并由此返回表格或数值数组当前行中指定列的数值（默认情况下，表是升序的）

182

续表

函数类别	常用函数示例及说明
数据库函数	DCOUNTA(database,field,criteria)，返回列表或数据库中满足指定条件的非空单元格的个数
文本函数	LEN(text)，返回文本字符串的字符个数
逻辑函数	IF(logical_test,[value_if_true],[value_if_false])，如果指定条件的计算结果为 True，函数将返回某个值，否则函数将返回另一个值
信息函数	ISBLANK(value)，检验单元格值是否为空，如为空则返回 True
工程函数	CONVERT(number,from_unit,to_unit)，将数字从一个度量系统转换到另一个度量系统

（4）常用函数简介

WPS 表格提供了 10 大类函数，其中常见的函数及参数说明如下（函数中的具体参数说明可以查看"函数参数"对话框）。

1）数学和三角函数

① 求和函数 SUM(number1,number2，…)。

功能：返回某一单元格区域中所有数值之和。

参数说明：

number1,number2,.... 1～255 个待求和的数值，单元格中的逻辑值和文本将被忽略。但当作为参数输入时，逻辑值和文本有效。

例如，=SUM(A1:A6)是将单元格 A1～A6 中所有的数值相加；=SUM(A2,A4,A6)是将单元格 A2、A4 和 A6 中的数值相加。

② 条件求和函数 SUMIF(range,criteria,sum_range)。

功能：对满足条件的单元格求和。

参数说明：

range 用于条件判断的区域。

criteria 以数字、表达式或文本定义的条件。

sum_range 用于求和计算的实际单元格，如果省略将使用区域中的单元格。

例如，=SUMIF(A1:A8，">10")表示对 A1:A8 区域大于 10 的数值进行相加；=SUMIF(B1:B8，"lily"，C1:C8)表示对单元格区域 C1:C8 中与单元格区域 B1:B8 中等于"lily"的单元格对应的值求和。

③ 多条件求和函数 SUMIFS(sum_range,criteria_range1,criteria1,[criteria_range2,criteria2],…)。

功能：对区域中满足多个条件的单元格求和。

参数说明：

sum_range 用于求和计算的实际单元格。如果省略，将使用区域中的单元格。

criteria_range1 用于条件判断的单元格区域。

criteria1 以数字、表达式或文本定义的条件。

criteria_range2，criteria2… 可选的参数。附加区域及关联条件，最多允许 127 个区域/条件对。

例如，=SUMIFS(A1:A10,B1:B10,">60",C1:C10,">90")表示对区域 A1:A10 中符合以下条件的单元格的数值求和，B1:B10 中对应数值大于 60 且 C1:C10 中对应数值大于 90。

④ 绝对值函数 ABS(number)。

功能：返回给定数字的绝对值。

参数说明：

number 需要计算其绝对值的实数。

例如，=ABS(A1)表示对单元格 A1 中的数值求绝对值；=ABS(-5)表示求-5 的绝对值。

⑤ 向下取整函数 INT(number)。

功能：将数字向下舍入到最接近的整数。

参数说明：

number 将要向下舍入的数值。

例如，=INT(-5.8)表示将-5.8 向下取整为最接近的整数，结果为-6；=INT(5.8)表示将 5.8 向下取整为最接近的整数，结果为 5。

⑥ 四舍五入函数 ROUND(number,num_digits)。

功能：返回某个数字，按指定位数进行四舍五入后的数字。

参数说明：

number 要进行四舍五入的数值。

num_digits 执行四舍五入时采用的位数。如果此参数为负数，则取整到小数点左边；如果此参数为 0，则取整到最接近的整数。

例如，ROUND(345.6582,3)表示将数值 345.6582 四舍五入到小数点后 3 位，结果为 345.658。ROUND(345.6582,0)取整到最接近的整数 346。ROUND(345.6582,-1)取整到小数点左边,结果为 350。

可以使用 ROUNDUP 函数始终进行向上舍入，使用 ROUNDDOWN 函数始终向下舍入。

⑦ 取整函数 TRUNC(number,num_digits)。

功能：将数字小数部分截去，返回整数。

参数说明：

number 要进行截尾操作的数字。

num_digits 用于指定截尾精度的数字，如果忽略，为 0。

例如，TRUNC(-5.8)表示取-5.8 的整数部分，结果为-5；TRUNC(5.8)表示取 5.8 的整数部分，结果为 5。

2）统计函数

① 平均值函数 AVERAGE(number1,number2,…)。

功能：返回所有参数的平均值（算术平均值），参数可以是数值、名称、数组、引用。

参数说明：

number1 number2,…　用于计算平均值的 1～255 个数值参数。

例如，=AVERAGE(A1:A6)是对单元格 A1～A6 中的数值求算术平均值；=AVERAGE(A2:A4,A6)是对单元格 A2、A4 和 A6 中的数值求算术平均值。

② 计数函数 COUNT(value1,value2,…)。

功能：返回包含数字的单元格以及参数列表中的数字的个数。

参数说明：

value1,value2,…　1～255 个可以包含的引用各种不同类型数据的参数，但只对数字型数据进行计数。

例如，= COUNT(A1:A10)表示统计单元格区域 A1～A10 中包含数值的单元格的个数。

③ 计数函数 COUNTA(value1,value2,…)。

功能：返回参数列表中非空单元格的个数。

参数说明：

value1 value2...　1～255 个用于对值和单元格进行计数的参数，它们可以是任何形式的信息。

例如，= COUNTA(A1:A10)表示统计单元格区域 A1～A10 中非空单元格的个数。

④ 条件计数函数 COUNTIF(range,criteria)。

功能：计算区域中满足给定条件的单元格的个数。

参数说明：

range 要计算其中非空单元格数目的区域。

criteria 以数字、表达式或文本定义的条件。

例如，=COUNTIF(A1:A8,">=80")表示统计单元格区域 A1～A8 中值大于或等于 80 的单元格的个数。

⑤ 多条件计数函数 COUNTIFS(criteria_range1, criteria1, [criteria_range2, criteria2],…)。

功能：计算多个区域中满足给定条件的单元格的个数。

参数说明：

criteria_range1 是要为特定条件计算的单元格区域。

criteria1 以数字、表达式或文本定义的条件。

criteria_range2,criteria2,… 可选的参数。附加区域及关联条件，最多允许 127 个区域/条件对。

例如，=COUNTIFS(A1:A10,">=60",B1:B10,"<70")表示统计区域 A1:A10 中大于或等于 60 的数，同时 B1:B10 中包含小于 70 的数。

⑥ 最大值函数 MAX(number1, number2,…)。

功能：返回参数列表中的最大文本值和逻辑值。

参数说明：

number1 number2,…. 准备从中求取最大值的 1～255 个数值、空单元格、逻辑值或文本数值。

例如，=MAX(A1:A10)表示从单元格区域 A1～A10 中查找并返回最大数值。

⑦ 最小值函数 MIN(number1, number2,…)。

功能：返回参数列表中的最小文本值和逻辑值。

参数说明：

number1, number2,…. 准备从中求取最小值的 1～255 个数值、空单元格、逻辑值或文本数值。

例如，=MIN(A1:A10)表示从单元格区域 A1～A10 中查找并返回最小数值。

⑧ 排位函数 RANK(number, ref, order)。

功能：返回某数字在一列数字中相对于其他数值的大小排名；如果多个值具有相同的排名，使用函数 RANK.AVG 将返回平均排名；使用函数 RANK.EQ 将返回最佳排名。

参数说明：

number 指定的数字。

ref 一组数或对一个数据列表的引用，非数字值将被忽略。

order 指定排位的方式。如果为 0 或忽略，降序；非零值，升序。

例如，RANK(A1,A1:A10,0)表示求 A1 单元格的数值在 A1～A10 单元格区域中降序的排名。

3）逻辑函数

逻辑判断函数 IF(logical_test, value_if_true, value_if_false)。

功能：判断一个条件是否满足。如果满足返回一个值，如果不满足则返回另外一个值。

参数说明：

logical_test 计算结果可判断为 True 或 False 的数值或表达式。

value_if_ture 当测试条件为 True 时的返回值。如果忽略，则返回 True。IF 函数最多可嵌套 7 层。

value_if_false 当测试条件为 False 时的返回值。如果忽略，则返回 False。IF 函数最多可嵌套 7 层。

例如，=IF(A1>=60,"及格","不及格")表示如果 A1 单元格中的值大于或等于 60，显示"及格"，否则显示"不及格"。

在 WPS 表格中，IF 函数也可以作为 value_if_true 和 value_if_false 的参数包含在另一个 IF 函数中，即嵌套使用。如"实训成绩转换"的函数中，最多可以使用 7 层 IF 函数进行嵌套。

4）日期函数

① 组合日期函数 DATE(year,month,day)。

功能：返回代表特定日期的序列号。

参数说明：

year1900～9999 的数字。

month 代表月份的数字，其值为 1～12。

day 代表一个月中第几天的数字，其值为 1～31。

例如，=DATE(2013,12,18)将返回 2013/12/18。

② 当前日期和时间函数 NOW()。

功能：返回日期时间格式的当前日期和时间。

参数说明：

该函数没有参数，所返回的是计算机系统当前的日期和时间。

③ 函数 YEAR(serial_number)。

功能：返回以序列号表示的某日期的年份，范围为 1900～9999 的整数。

参数说明：

serial_number WPS 表格进行日期及时间计算的日期-时间代码。

例如，=YEAR("2020/12/18")该函数返回年份 2020。

④ 当前日期函数 TODAY()。

功能：返回日期格式的当前日期。

参数说明：

该函数没有参数，所返回的是计算机系统当前的日期。

⑤ 函数 DATEDIF(start_date,end_date,unit)。

功能：计算两个日期之间的天数、月数或年数。

参数说明：

start_date 是一串代表起始日期的日期。

end_date 是一串代表终止日期的日期。

unit 所需信息的返回类型("Y","M","D")。

例如，=DATEDIF("2018/12/28","2021/4/9","Y"),该函数返回计算两个日期相距的年,结果为 2。

5）文本函数

① 字符个数函数 LEN(text)。

功能：返回文本字符串中的字符个数。

参数说明：

text 要计算长度的文本字符串，包括空格。

例如，=LEN(A1)统计 A1 单元格中字符串的长度。

② 左侧截取字符串函数 LEFT(text,num_chars)。

功能：从一个文本字符串的第一个字符开始返回指定个数的字符。

参数说明：

text 要提取字符的字符串。

num_chars 要 LEFT 提取的字符数，如果忽略为 1。

例如，=LEFT(A1,3)表示从单元格 A1 的字符串中提取前 3 个字符。

③ 右侧截取字符串函数 RIGHT(text,num_chars)。

功能：从一个文本字符串的最后一个字符开始返回指定个数的字符。

参数说明同 LEFT 一样。

例如，=RIGHT(A1,3)表示从单元格 A1 的字符串中提取后 3 个字符。

④ 截取字符串函数 MID(text,start_num,num_chars)。

功能：从文本字符串指定的位置开始，返回指定长度的字符串。

参数说明：

text 准备从中提取字符串的文本字符串。

start_num 准备提取的第一个字符的位置，Text 中第一个字符为 1。

num_chars 指定所要提取的字符串长度。

例如，MID(A1,4,3)表示从单元格 A1 的字符串中第 4 个字符开始提取 3 个字符。

⑤ 删除空格函数 TRIM(text)。

功能：除了单词之间的单个空格外，清除文本中所有的空格。

参数说明：

text 要删除空格的字符串。

例如，= TRIM(" 学　校 ")表示删除文本中的前导空格以及尾部空格，结果为"学　校"。

⑥ 文本合并函数 CONCATENATE(text1,text2,…)。

功能：将多个文本字符串合并成一个文本字符串。

参数说明：

text1,text2,…　1～255 个要合并的文本字符串，可以是字符串、数字或对单个单元格的引用。

例如，=CONCATENATE(A1,"和",A2)表示将单元格 A1 中的字符串、"和"这个字符以及单元格 A2 中的字符串进行连接，形成一个新的字符串。

也可以用文本连接符&代替 CONCATENATE 函数连接文本项，如=A1&"和"&A2 与 =CONCATENATE(A1,"和",A2)结果一样。

6）查找与引用函数

数据匹配函数 VLOOKUP(lookupvalue,table_array,col_index_num,range_lookup)。

功能：在表格或数值数组的首列查找指定的数值,并由此返回表格或数组当前行中指定列处的数值（默认情况下，表是升序的）。

参数说明：

lookupvalue 为需要在数组第一列中查找的数值，可以为数值、引用或文本字符串。

table_array 为需要在其中查找数据的数据表，可以使用对区域或区域名称的引用。

col_index_num 为待返回的匹配值的列序号。为 1 时，返回数据表第一列中的数值。

range_lookup 指定在查找时是要求精确匹配，还是大致匹配。如果为 False，精确匹配。如果为 True 或忽略，大致匹配。

例如，需要在"学生成绩表"中查找"孙刚"的"计算机应用基础"课程成绩，可以在 M3 单元格中输入"=VLOOKUP(L3,B2:F22,5,0)"函数，如图 4.2.14 所示，表示查找值是 L3 单元格内容"孙刚"，数据表是"姓名"作为第一列的数据区域 B2:F22，列序数是"计算机应用"作为数据表中的第 5 列，匹配条件是 0 表示为 False，精确匹配。

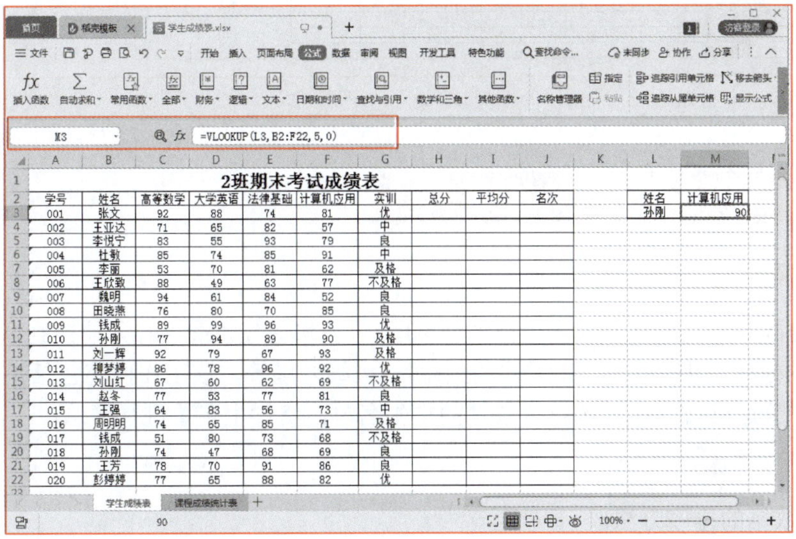

图 4.2.14
VLOOKUP 函数应用

3.　公式与函数中的常见错误

当输入的公式或函数计算结果出现错误时，会返回错误值，可以根据错误值的类型进行修改，见表 4.2.3。

表 4.2.3　公式或函数中的常见错误列表

错误显示	说明
＃＃＃＃＃	当一列的宽度不够而无法在单元格中显示所有字符时，或单元格包含负的日期或时间值时，会显示此错误
#DIV/0!	当一个数除以零或不包括任何值的单元格时，将显示此错误
#N/A	当某个值不允许被用于函数或公式但却被其引用时，将显示此错误
#NAME!	当无法识别公式中的文本时，将显示此错误。例如，区域名称或函数名称拼写错误，或者删除了某个公式引用的名称
#NULL!	当指定两个不相交的区域的交集时，将显示此错误。交集运算符是分割公式中的两个区域地址间的空格字符。例如，输入公式=SUM(F3:F5 H4:I9)将返回此错误值
#NUM!	当公式或函数包含无效数值时，将显示此错误
#REF!	当单元格引用无效时，将显示此错误
#VALUE!	当公式所包含的单元格有不同的数据类型，将显示此错误

【课后练习】

打开素材中的"员工培训费用表.xlsx"工作簿，如图 4.2.15 所示，使用 WPS 表格完成空白处的计算（注：个人总费用预算为 5000 元）。

素材文件

文本：效果文件

图 4.2.15
员工培训费用表

4.3　任务 20　掌握数据的处理方法

【任务描述】

PPT：任务 20 掌握数据的处理方法

陈晓明是武汉某高校计算机应用技术 2020 级 1 班班主任，最近几天他接到以下任务：评选班级优秀学生标兵、优秀学生、优秀学生干部、班级之星等。该工作内容包括按成绩和获奖信息对学生总评分进行排序；筛选符合条件的学生名单，将学生名单进行汇总。

【考点分析】

① 表格数据的排序方法。

② 表格数据的筛选操作。

③ 表格数据的对比。

【最终效果】

本任务最终效果如图 4.3.1～图 4.3.4 所示。

计应20级1班学生成绩单

学号	学生	大学语文(公共课)	思想道德修养(公共课)	大学英语(公共课)	体育(公共课)	计算机基础(专业课)	C语言程序设计(专业课)	静志网页(专业课)	成绩总分	奖项加分	综合总分	排序
200111	周飞	91	91	91	90	94	88	94	639	5	644	1
200103	李悦宁	95	92	85	86	94	82	93	627	0	627	2
200101	张强	92	94	86	85	95	91	82	625	0	625	3
200118	孙刚	94	80	93	87	88	90	91	623	0	623	4
200140	严婷	92	90	82	94	94	86	80	618	2	620	5
200133	万胜利	93	91	85	96	94	80	78	617	0	617	6
200115	李文	95	77	91	83	92	89	83	610	0	610	7
200116	左志华	87	91	87	82	91	91	78	607	0	607	8
200107	孟宁	92	76	84	84	90	84	90	600	0	600	9
200119	刘一辉	73	92	86	90	94	78	84	597	0	597	10
200104	杜敏	78	73	75	88	90	92	98	594	2	596	11
200108	刘小元	85	70	78	84	93	95	90	595	0	595	12
200112	张腾	92	78	90	72	82	92	88	594	0	594	13
200106	孙飞飞	91	92	87	70	86	80	87	593	0	593	14
200109	赵慧洁	97	92	76	90	89	82	76	593	0	593	14
200124	黄胜利	86	73	76	84	96	90	86	591	0	591	16
200102	王亚达	88	85	70	75	94	88	90	590	0	590	17
200113	柳梦婷	84	90	88	73	80	89	80	584	0	584	18
200105	李丽	70	84	86	86	90	89	75	580	0	580	19
200122	向阳	91	90	86	75	85	72	78	577	2	579	20
200117	钱成	76	91	88	84	86	81	71	577	0	577	21
200110	李静	78	66	87	92	77	88	87	575	0	575	22
200136	周山山	84	90	71	78	94	73	80	570	0	570	23
200123	李宁	80	90	82	83	83	78	64	560	0	560	24
200139	王方	77	91	84	78	78	77	75	560	0	560	24
200129	方清敬	85	91	78	81	79	68	75	557	0	557	26
200134	程晓冬	81	88	83	79	84	79	63	557	0	557	26
200125	廖红	89	90	87	75	87	58	67	553	3	556	28
200127	魏明明	83	91	84	83	74	77	61	553	2	555	29
200126	朱欣	82	91	84	80	73	72	64	546	0	546	30
200138	孙成	66	90	85	81	80	74	68	544	0	544	31
200135	赵强	88	90	88	79	58	77	60	540	0	540	32
200128	田山	76	90	82	82	76	73	60	539	0	539	33
200131	李竞	72	90	80	77	68	72	65	524	0	524	34
200121	王跃	66	57	77	78	81	84	80	523	0	523	35
200132	肖腾	78	90	80	77	70	61	60	516	4	520	36
200137	钱成锦	86	56	85	71	66	79	75	518	0	518	37
200120	彭婷婷	56	83	78	81	77	56	69	500	0	500	38
200114	陈山	58	91	56	70	76	78	68	497	0	497	39
200130	陈红	66	58	77	70	56	72	62	461	0	461	40

图 4.3.1 综合总分排序效果图

文本：效果文件

计应20级1班优秀学生名单

学号	学生	大学语文(公共课)	思想道德修养(公共课)	大学英语(公共课)	体育(公共课)	计算机基础(专业课)	C语言程序设计(专业课)	静志网页(专业课)	成绩总分	奖项加分	综合总分	排序
200111	周飞	91	91	91	90	94	88	94	639	5	644	1
200103	李悦宁	95	92	85	86	94	82	93	627	0	627	2
200101	张强	92	94	86	85	95	91	82	625	0	625	3
200118	孙刚	94	80	93	87	88	90	91	623	0	623	4
200140	严婷	92	90	82	94	94	86	80	618	2	620	5

图 4.3.2 条件筛选出优秀学生名单

排序	是否班干部
<=15	是

学号	学生	大学语文(公共课)	思想道德修养(公共课)	大学英语(公共课)	体育(公共课)	计算机基础(专业课)	C语言程序设计(专业课)	静志网页(专业课)	成绩总分	奖项加分	综合总分	排序	是否班干部
200111	周飞	91	91	91	90	94	88	94	639	5	644	1	是
200118	孙刚	94	80	93	87	88	90	91	623	0	623	4	是
200140	严婷	92	90	82	94	94	86	80	618	2	620	5	是
200109	赵慧洁	97	92	76	90	89	82	67	593	0	593	14	是

图 4.3.3 条件筛选出优秀学生干部名单

学习星		专业星		学霸星	
学号	学生	学号	学生	学号	学生
200111	周飞	200111	周飞	200111	周飞
200103	李悦宁	200103	李悦宁	200103	李悦宁
200101	张强	200101	张强	200101	张强
200118	孙刚	200118	孙刚	200118	孙刚
200140	严婷	200115	李文	200115	李文
200133	万胜利	200107	孟宁	200107	孟宁
200115	李文	200104	杜敏		
200116	左志华	200108	刘小元		
200107	孟宁	200124	黄胜利		
200119	刘一辉	200102	王亚达		

图 4.3.4 班级之星名单

【任务实现】

4.3.1　对数据进行排序

打开素材中的工作簿文件"计应 20 级 1 班学生信息表.xlsx"，打开"计应 20 级 1 班成绩表"工作表，按住 Ctrl 键拖动"计应 20 级 1 班成绩表"工作表标签，当小黑三角形出现时，松开鼠标和 Ctrl 键，建立该工作表的副本。将复制后的工作表和标题命名为"计应 20 级 1 班学生排序表"。

① 选中单元格 J2 到 M2，从左到右依次输入"成绩总分""奖项加分""综合总分"和"排序"。

② 选中单元格 J3，对单元格区域 C3:I3 求和。

③ 选中单元格 K3，在如图 4.3.5 所示"计应 20 级 1 班获奖信息表"工作表中，对单元格区域 C3:D3 求和。

④ 选中单元格 L2，对单元格区域 J3:K3 求和。

⑤ 选中单元格 M2，用 RANK 函数求出学生"综合总分"在班级中的排名，如图 4.3.6 所示。

⑥ 选中单元格 M3，双击填充柄填充单元格区域 M4:M42。

⑦ 选中 M3:M42 区域任意一单元格，单击功能区的"数据"选项卡→ 按钮，完成按"综合总分"排序，效果如图 4.3.1 所示。

图 4.3.5
计应 20 级 1 班
获奖信息表

学号	学生	院级获奖（1项加2分）	校级获奖（1项加3分）
200101	张强	0	0
200102	王亚达	0	0
200103	李悦宁	0	0
200104	杜敏	2	0
200105	李丽	0	0
200106	孙飞飞	0	0
200107	孟宁	0	0
200108	刘小元	0	0
200109	赵夏洁	0	0
200110	李静	0	0
200111	周飞	2	3
200112	张腾	0	0
200113	柳梦婷	0	0
200114	陈山	0	0
200115	李文	0	0
200116	左志华	0	0
200117	钱成	0	0
200118	孙刚	0	0
200119	刘一辉	0	0
200120	彭婷婷	0	0
200121	王跃	0	0
200122	向阳	2	0
200123	李宁	0	0
200124	贾胜利	0	0
200125	廖红	0	3
200126	朱欣	0	0
200127	裁明明	2	0
200128	田山	0	0
200129	方清歌	0	0
200130	陈红	0	0
200131	李竞	0	0
200132	肖腾	4	0
200133	万胜利	0	0
200134	程晓冬	0	0
200135	赵强	0	0
200136	周山山	0	0
200137	钱成锦	0	0
200138	孙成	0	0
200139	王方	0	0
200140	严秀	2	0

图 4.3.6
RANK "函数
参数"对话框

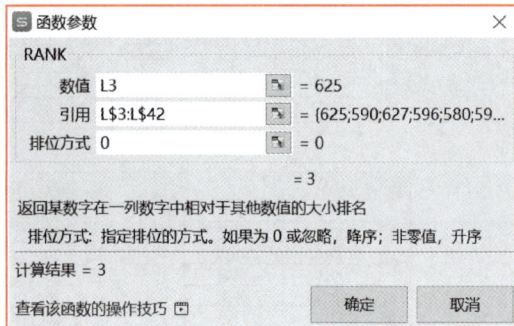

函数参数　　　　　　　　　　　×

RANK

数值　　　L3　　　　　　= 625
引用　　　L$3:L$42　　　= {625;590;627;596;580;59...
排位方式　0　　　　　　　= 0

= 3

返回某数字在一列数字中相对于其他数值的大小排名

排位方式：指定排位的方式。如果为 0 或忽略，降序；非零值，升序

计算结果 = 3

查看该函数的操作技巧

确定　　　取消

4.3.2　筛选优秀学生和优秀学生干部名单

根据规定，优秀学生的条件为：班级期末考试综合总分前 5 名；优秀学生干部的条件为：

班级期末考试综合总分前 15 名且为班级干部。

1. 筛选优秀学生名单

同对数据进行排序的方法，为工作表"计应 20 级 1 班成绩表"创建副本，将复制的工作表和标题命名为"计应 20 级 1 班优秀学生名单"。

① 在工作表"计应 20 级 1 班优秀学生名单"中选择单元格区域 A2:M2。

② 单击功能区中的"数据"选项卡→"自动筛选"按钮，此时单元格 A2:M2 右下角会出现自动筛选箭头按钮。

③ 单击单元格 L2 右下角按钮，在打开的"内容筛选"面板中选择左下角"前十项"选项，如图 4.3.7 所示。

④ 在打开的"自动筛选前 10 个"对话框的参数框中输入"5"，单击"确定"按钮，如图 4.3.8 所示，完成优秀学生名单筛选，效果如图 4.3.2 所示。

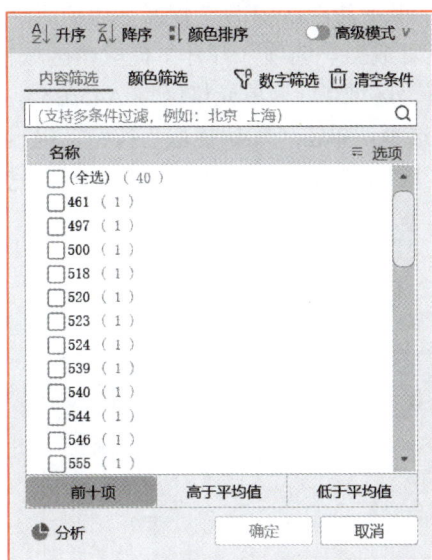

图 4.3.7
"内容筛选"面板

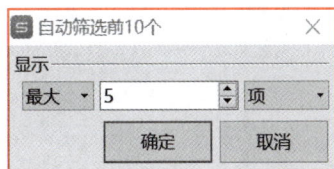

图 4.3.8
"自动筛选前 10 个"
对话框

2. 筛选优秀学生干部名单

同对数据进行排序的方法，为工作表"计应 20 级 1 班成绩表"创建副本，将复制的工作表和标题命名为"计应 20 级 1 班优秀学生干部名单"。

① 选择单元格 N2，输入"是否班干部"。

② 将光标移至 N3 单元格，输入"=IF(ISNA(VLOOKUP(A3,计应 20 级 1 班班委名单!A\$3:C\$10,3,FALSE)),"否","是")"，按 Enter 键确认，拖动填充句柄至 N42。

③ 选择单元格 A45 和 B45，分别输入"排序"和"是否班干部"，选择单元格 A46 和 B46，分别输入条件"<=15"和"是"。

④ 选中单元格 A2:N42，单击功能区中的"数据"选项卡→"高级筛选"按钮，打开"高级筛选"对话框，在"方式"选项区域中选中"将筛选结果复制到其他位置"单选按钮，由于"列表区域"参数框内容已自动指定，单击"条件区域"参数框右侧按钮，选择单元格区域 A45:B46，将光标移至"复制到"参数框中，单击单元格 A48，指定筛选结果放置的起始位置，最后单击

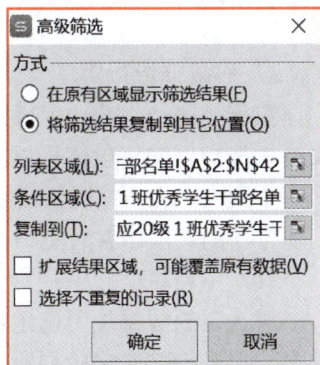

图 4.3.9
"高级筛选"
对话框

"确定"按钮，如图 4.3.9 所示，完成优秀学生干部名单筛选，效果如图 4.3.3 所示。

4.3.3　获取班级星级名单

为了调动学生学习积极性,将班级综合总分前 10 名同学授予"学习星"称号,专业课程总成绩前 10 名同学授予"专业星"称号,同时获得"学习星"和"专业星"称号的同学颁发"学霸星"奖状。

① 为工作表"计应 20 级 1 班成绩表"创建副本,将复制的工作表和标题命名为"计应 20 级 1 班星级名单"。

② 将光标移到单元格 A44,输入"学习星"。使用自动筛选,将班级"综合总分"前 10 名同学的学号和学生名称复制到单元格区域 A45:B55。

③ 将光标移到单元格 N2,输入"专业成绩总分",用函数求出所有同学 3 门专业课的总成绩。

④ 将光标移到单元格 D44,输入"专业星"。使用自动筛选,将班级"专业成绩总分"前 10 名同学的学号和学生名称复制到单元格区域 D45:E55。

⑤ 将光标移到单元格 G44,输入"学霸星"。单击功能区中的"数据"选项卡→"数据对比"下拉按钮,在打开的下拉列表中选择"提取重复数据"选项,打开"提取两区域相同数据"对话框,在左侧选择"两区域"选项,在右侧设置"区域 1"为单元格区域 A45:B55,"区域 2"为单元格区域 D45:E55,选中"数据包含标题"复选框,单击"确认提取"按钮。提出的重复学生名单会保存在新表格中,将数据复制到单元格区域 G45:H51,如图 4.3.10 所示,完成班级之星名单筛选,结果如图 4.3.4 所示。

图 4.3.10
"提取两区域相同数据"
对话框

⑥ 将工作表保存并退出。

【背景知识】

1. 对数据进行排序

数据排序是指按一定规则对数据进行整理、排列,为数据的进一步处理做好准备。在 WPS 表格中按指定的字段值可以重新调整记录的顺序,这个指定的字段称为排序关键字。通常,数字由小到大、文本按照拼音字母顺序、日期从最早到最晚的排序为升序,反之称为降序。另外,当要排序的字段中含有空白单元格时,则该行数据排在最后。

(1) 按列简单排序

对选定的数据按所选定数据的第一列数据作为排序关键字进行排序的方法,即是按列简单排序,单击待排序字段列所包含数据的任意单元格,然后单击功能区的"数据"选项卡→"升序"或"降序"按钮来实现排序。

(2) 按行简单排序

按行简单排序是指对选定数据按其中某一行作为排序关键字进行排序的方法,操作步骤如下。

① 打开要进行按行排序的工作表，选中数据区域的任意单元格，单击功能区的"数据"选项卡→"排序"按钮，打开"排序"对话框，如图 4.3.11 所示。

图 4.3.11
"排序"对话框

② 单击"选项"按钮，打开"排序选项"对话框，设置"方向"为"按列排序"，如图 4.3.12 所示，单击"确定"按钮，返回"排序"对话框。

③ 在"主要关键字"下拉列表框中选择某一行作为排序关键字的选项，在"次序"下拉列表框中选择"升序"或"降序"选项，然后单击"确定"按钮，完成排序。

图 4.3.12
"排序选项"
对话框

（3）多关键字复杂排序

对选定的数据区域，按照两个或两个以上的排序关键字按行或按列进行排序的方法即是多关键字复杂排序。多关键字排序的操作步骤如下。

① 参照前面的方法打开"排序"对话框。

② 在"主要关键字"下拉列表框中选择一个排序的首要条件，设置"排序依据"和"次序"。

③ 单击"添加条件"按钮，在打开的对话框中添加次要条件，设置"次要关键字""排序依据"和"次序"，单击"确定"按钮，即可看到排序后的结果。

（4）自定义排序

在 WPS 表格中，用户可以对选定数据区域按定义的顺序进行排序，这种排序称为自定义排序。操作步骤如下。

① 参照前面的方法打开"排序"对话框，在"主要关键字"下拉列表框中选择一个主要关键字并设置"排序依据"，在"次序"下拉列表框中选择"自定义序列"选项，打开"自定义序列"对话框。

② 在功能区中的"自定义序列"选项卡→"输入序列"列表框中依次输入排序序列，每输入一行，按一次 Enter 键，输入结束后，单击"添加"按钮，序列就被添加到"自定义序列"列表框中。

③ 单击"确定"按钮，返回"排序"对话框，然后单击"确定"按钮，完成排序。

2．筛选数据

筛选数据是指隐藏不希望显示的数据，只显示指定条件的数据行的过程。使用 WPS 表格提供的自动筛选和高级筛选功能，能够快速、方便地从大量数据中查询出需要的信息。

（1）自动筛选

在进行简单条件筛选时，一般使用自动筛选。例如，在图 4.3.13 所示的"学生基本情况表"中筛选出性别为"女"的学生信息，操作步骤如下。

① 选中数据区域的任意单元格，单击功能区中的"数据"选项卡→"排序和筛选"选项组→"筛选"按钮，表格中的每个标题右侧将显示自动筛选按钮。

② 单击"性别"字段名右侧的自动筛选按钮，从弹出的筛选（下拉）面板中只选中"女"复选框，如图 4.3.14 所示，则参与筛选列的自动筛选按钮的颜色将发生变化，以标记是对哪一列进行了筛选。

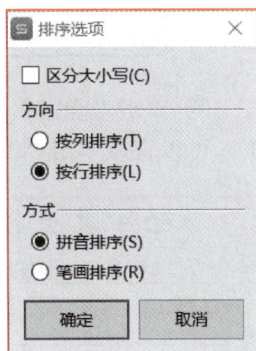

图 4.3.13
"学生基本情况表"
工作表

图 4.3.14
自动筛选

③ 单击"确定"按钮，即可显示符合条件的数据，如图 4.3.15 所示。在只选择一项的情况下，可以直接单击"仅筛选此项"按钮。

图 4.3.15
自动筛选结果

④ 如果要使用基于另一列中数据的附加"与"条件，在另一列中重复步骤②和③即可。

当需要取消对某一列进行的筛选时，单击该列旁边的自动筛选按钮，从弹出的下拉列表中选中"（全选）"复选框，然后单击"确定"按钮。也可单击"清除筛选"按钮直接取消筛选如图 4.3.16 所示。

再次单击"排序和筛选"选项组→"筛选"按钮，可以退出自动筛选功能。

（2）自定义筛选

当要按某一列的多个条件进行筛选时，可以使用"自定义自动筛选"功能。例如，为了筛选出工作表"班级期末考试成绩表"中不及格科目数在 1～3 门的人员名单，可以参照下述步骤进行操作。

① 对数据区域执行"自动筛选"命令。

② 单击"不及格门数"列的自动筛选按钮，从弹出的下拉列表中选择"数字筛选"→"介于"选项，打开"自定义自动筛选方式"对话框。

③ 设置"大于或等于"为 1，并选择"与"单选按钮，然后设置"小于或等于"为 3，如图 4.3.17 所示。

图 4.3.16
清除筛选

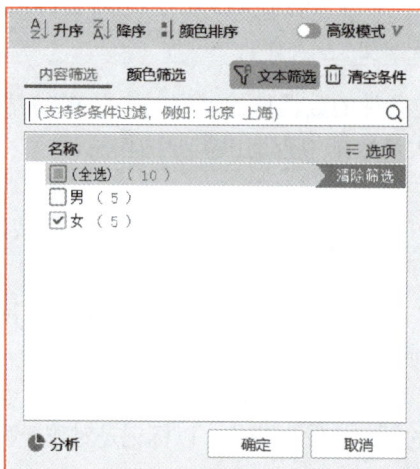

图 4.3.17
"自定义自动筛选
方式"对话框

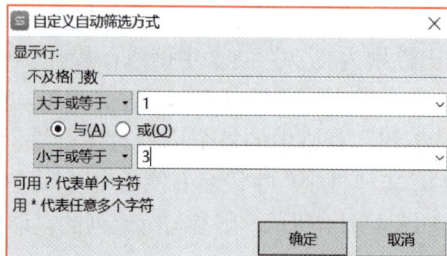

194

④ 单击"确定"按钮，即可显示符合条件的记录，如图 4.3.18 所示。

1	班级期末考试成绩表									
2	学号	姓名	高等数	大学英	法律基	计算机应	实训成绩	总分	平均分	名次	不及格门
4	130111	王亚达	78	70	55	83	85	371	74.20	12	1
5	130114	李悦宁	83	55	93	79	85	395	79.00	7	1
7	130106	李丽	56	42	71	69	95	333	66.60	18	2
11	130109	赵慧洁	53	61	72	54	55	295	59.00	20	3
15	130118	柳梦婷	87	72	47	82	75	363	72.60	14	1
17	130102	王强	64	83	56	73	75	351	70.20	16	1
20	130116	孙刚	74	47	68	69	85	343	68.60	17	1
21	130112	刘一辉	65	56	67	75	65	328	65.60	19	1

图 4.3.18
自定义筛选结果

（3）高级筛选

自动筛选只能对某列数据进行两个条件的筛选，并且在不同列之间同时筛选时，只能是"与"关系。对于其他筛选条件，需要使用高级筛选功能。

单击功能区中的"数据"选项卡→"高级筛选"对话框按钮。打开"高级筛选"对话框，在"方式"选项区域选择所需要的选项，在"列表区域"参数框中选择需要筛选的数据区域，在"条件区域"参数框中选择条件区域，在"复制到"参数框中选择筛选数据存放的位置。

高级筛选条件是在单元格中，多个条件放在同一行代表多个条件同时满足，如果放在不同行，则多个条件满足其中一个即可。

如图 4.3.19（a）所示，表示条件有两个，且在同一行，则表示两个条件同时满足才会被选中；图 4.3.19（b）中两个条件不在同一行，则表示两个条件只需要满足其中之一即可被选中。

不及格门数	总分
>0	<=350

(a)

不及格门数	总分
>0	
	<=350

(b)

图 4.3.19
高级筛选条件

3. 数据对比

数据对比是指在一个或多个数据区域中提取所需要数据。例如，在销售表（见图 4.3.20）中标记重复的销售情况，操作步骤如下。

单击功能区中的"数据"选项卡→"数据对比"按钮，在下拉列表中选择"标记重复数据"选项，如图 4.3.21 所示，打开"标记重复数据"对话框，在左侧选择"区域内"选项，在右侧选择销售数据区域，对比方式为"整行对比"，并选择整行对比的列为"售货员"，单击"确认标记"按钮，如图 4.3.22 所示，标记的效果如图 4.3.23 所示。

1	销售表			
2	流水号	日期	售货员	商品	金额
3	1	1月1日	刘小元	电视机	3800
4	2	1月1日	赵慧洁	空调	7200
5	3	1月1日	李静	电冰箱	4100
6	4	1月1日	周斌	洗衣机	2900
7	5	1月1日	张腾	电视机	3600
8	6	1月1日	柳梦婷	空调	7800
9	7	1月2日	陈畅	电冰箱	4500
10	8	1月2日	王强	洗衣机	3000
11	9	1月2日	左志华	电冰箱	4100
12	10	1月2日	钱成	空调	7000
13	11	1月2日	孙刚	电冰箱	4800
14	12	1月2日	刘一辉	洗衣机	3100
15	13	1月3日	彭婷婷	电视机	3700
16	14	1月3日	刘山红	空调	7500
17	15	1月3日	李静	电冰箱	3900
18	16	1月3日	陈斌	洗衣机	3000
19	17	1月3日	小强	电视机	3800
20	18	1月3日	李静	空调	6900
21	19	1月4日	小明	电冰箱	4000
22	20	1月4日	李静	洗衣机	2900

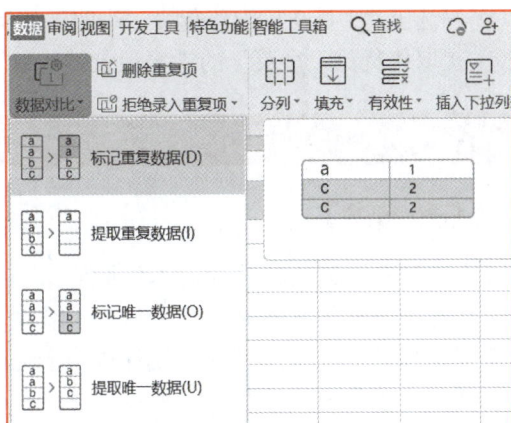

图 4.3.20
销售工作表

图 4.3.21
"对数对比"
下拉列表

【课后练习】

素材文件

打开素材中的"家电小产品销售统计表.xlsx"工作簿，如图 4.3.24 所示，对 WPS 表格完成排序、筛选操作。

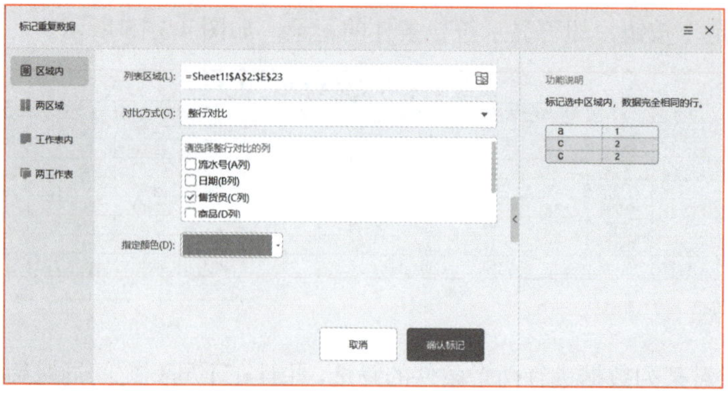

图 4.3.22
"标记重复数据"对话框

图 4.3.23
标记重复数据
效果图

文本：效果
文件

图 4.3.24
家电小产品销售
统计表

1	销售表			
2	流水号	日期	售货员	商品	金额
3	1	1月1日	刘小元	电视机	3800
4	2	1月1日	赵慧洁	空调	7200
5	3	1月1日	李静	电冰箱	4100
6	4	1月1日	周斌	洗衣机	2900
7	5	1月1日	张腾	电视机	3600
8	6	1月1日	柳梦婷	空调	7800
9	7	1月2日	陈畅	电冰箱	4500
10	8	1月2日	王强	洗衣机	3000
11	9	1月2日	左志华	电视机	4100
12	10	1月2日	钱成	空调	7000
13	11	1月2日	孙刚	电冰箱	4800
14	12	1月2日	刘一辉	洗衣机	3100
15	13	1月3日	彭婷婷	电视机	3700
16	14	1月3日	刘山红	空调	7500
17	15	1月3日	李静	电冰箱	3900
18	16	1月3日	陈斌	洗衣机	3000
19	17	1月3日	小强	电视机	3800
20	18	1月3日	李静	空调	6900
21	19	1月4日	小明	电冰箱	4000
22	20	1月4日	李静	洗衣机	2900

1	家电小产品3月第二周销售表			
2	流水号	日期	售货员	商品	商品价格
3	1	3月8日	小明	电饭煲	238
4	2	3月8日	小强	破壁机	568
5	3	3月8日	小英	电火锅	188
6	4	3月9日	小明	暖风扇	166
7	5	3月9日	小强	电饭煲	299
8	6	3月9日	小明	榨汁机	226
9	7	3月10日	小明	电火锅	158
10	8	3月10日	小强	破壁机	568
11	9	3月10日	小英	暖风扇	208
12	10	3月11日	小明	空气炸锅	199
13	11	3月11日	小强	咖啡机	350
14	12	3月11日	小英	三明治机	99
15	13	3月12日	小明	破壁机	368
16	14	3月12日	小强	空气炸锅	399
17	15	3月12日	小英	破壁机	668
18	16	3月13日	小明	三明治机	128
19	17	3月13日	小强	电火锅	288
20	18	3月13日	小英	破壁机	558
21	19	3月14日	小明	电火锅	388
22	20	3月14日	小强	三明治机	299
23	21	3月14日	小英	空调	6900

操作要求如下。

① 分别按"售货员""商品""商品价格"对销售表进行排序。

② 对销售表按售货员名称的拼音顺序进行排序，同一售货员再按商品名称的拼音顺序进行排序，同一商品再按金额从大到小进行排序。

③ 筛选出所有"电饭煲"的销售记录，并筛选出"商品价格"为 200～400 的销售记录。

④ 筛选出"3 月 9 日"售货员"小明"的销售记录。

⑤ 提取售货员"小英"的销售记录。

4.4　任务 21　创建、编辑与修饰图表

【任务描述】

陈晓明是武汉某高校教师，本学期他担任了《计算机基础》课程授课任务，为了提高学生学习兴趣，开学初在网络平台上搭建了教学资源，期末考试结束后，他接到以下任务：要求对所授课程进行期末成绩和在线课程资源分析，并将分析的数据用图表进行汇报。该工作内容包括对成绩和在线课程资源使用情况进行统计，将数据转化为图表，并对图表内容进行美化。

PPT：任务 21
创建、编辑
与修饰图表

PPT

【考点分析】

① 图表的创建。

② 图表的编辑与修饰。

【最终效果】

本任务最终效果如图 4.4.1～图 4.4.4 所示。

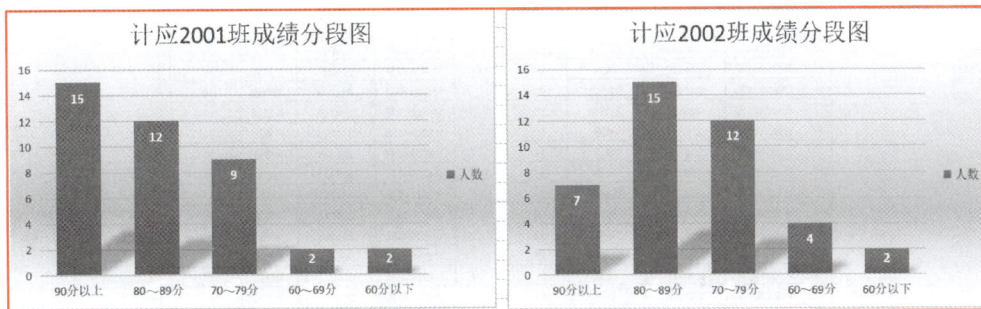

图 4.4.1
班级成绩分段图

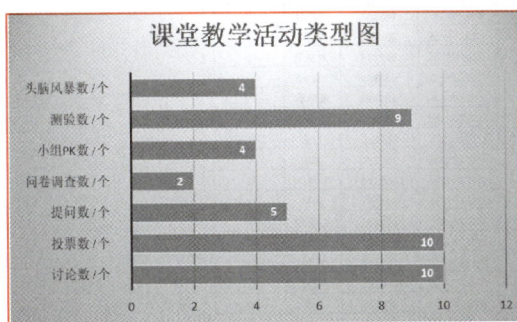

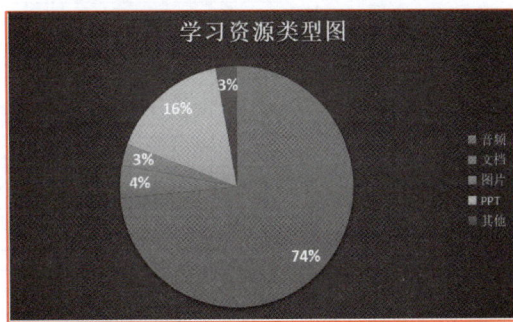

图 4.4.2
课堂教学活动
类型图

图 4.4.3
学习资源类型图

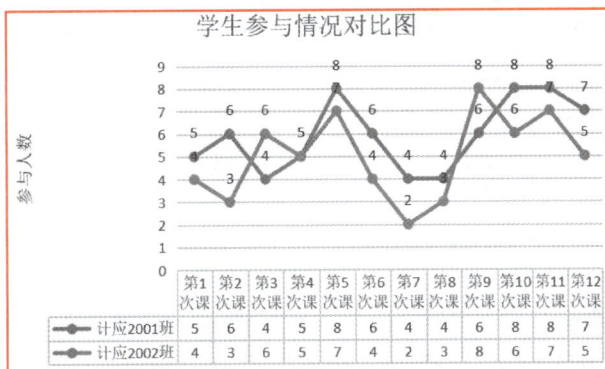

文本：效果
文件

图 4.4.4
学生参与情况对比图

【任务实现】

4.4.1　制作成绩分段统计图

素材文件

打开素材中的工作簿文件"《计算机基础》课程成绩及资源统计表.xlsx"，打开"《计算机基础》课程成绩"工作表，如图 4.4.5 所示。

① 选中单元格 B46，使用 COUNTIF 函数计算计应 2001 班 90 分以上的学生人数。

② 选中单元格 B47，使用 COUNTIFS 函数计算计应 2001 班 80～89 分的学生人数。

③ 用同样的方法求出 B48:B51 的人数。

④ 选择单元格区域 A46:B51，单击功能区中的"插入"选项卡→"插入柱形图"下拉面板，选择"簇状柱形图"选项，效果如图 4.4.6 所示。

⑤ 选中"簇状柱形图"的标题，将其更改为"计应 2001 班成绩分段图"。

⑥ 选中"簇状柱形图"，单击功能区中的"图表工具"选项卡→"免费样式"下拉面板，选择"样式 3"。

微课 4-12
制作成绩
分段统计图

197

图 4.4.5
"《计算机基础》课程
成绩"工作表

⑦ 单击功能区中的"图表工具"选项卡→"快速布局"下拉面板，选择"布局 10"。

⑧ 单击功能区中的"图表工具"选项卡→"更改颜色"下拉面板，选择"彩色"第 3 个。

⑨ 新建工作表，重命名为"成绩分段汇总图"，将制作完成的"计应 2001 班成绩分段图"剪切粘贴到工作表"成绩分段汇总图"中，效果如图 4.4.7 所示。

图 4.4.6
"簇状柱形图"
初始效果

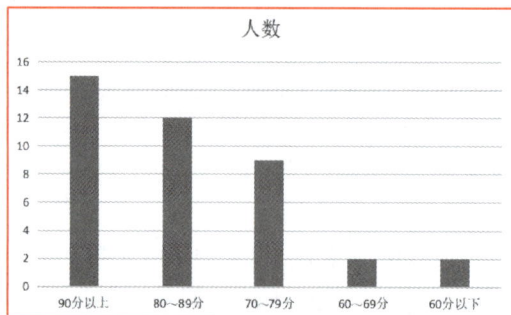

图 4.4.7
"簇状柱形图"
完成效果

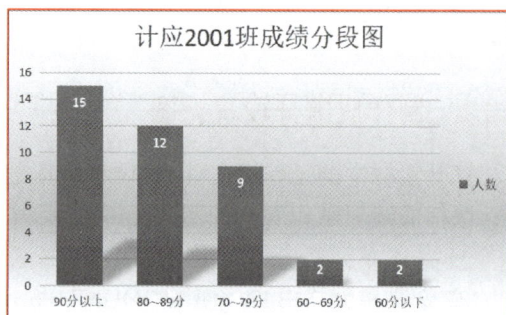

⑩ 用以上的方法制作"计应 2002 班成绩分断图"。

4.4.2　制作在线资源统计图

微课 4-13
制作在线
资源统计图

打开"《计算机基础》在线课程资源"工作表，如图 4.4.8 所示。

198

图 4.4.8
"《计算机基础》在线课程
资源"工作表

1. 制作"课堂教学活动"条形图

① 选择单元格区域 B1:C7，单击功能区中的"插入"选项卡→"插入条形图"下拉面板，选择"簇状条形图"选项，效果如图 4.4.9 所示。

② 将标题更改为"课堂教学活动类型图"。

③ 选中"簇状条形图"，将其样式设置为"样式 2"。

④ 选中"簇状柱形图"，单击功能区中的"图表工具"选项卡→"免费样式"下拉面板，选择"样式 3"。

⑤ 选中标题文字，设置为"加粗"样式，文字颜色设置为"蓝色"，效果如图 4.4.10 所示。

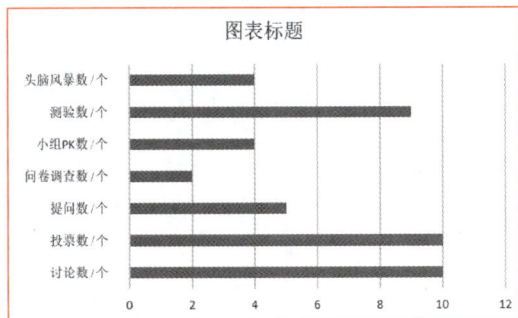

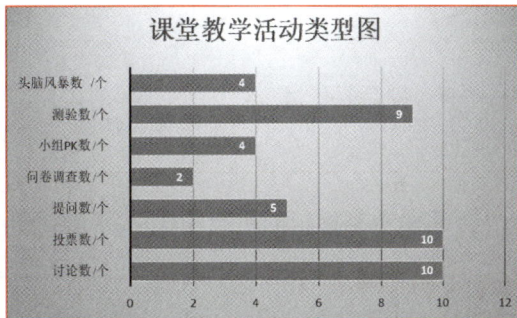

图 4.4.9
"簇状条形图"
初始效果

图 4.4.10
"簇状条形图"
完成效果

⑥ 选中制作好的条形图，右击，在弹出的快捷菜单中选择"移动图表"命令，打开"移动图表"对话框，在"新工作表"文本框中输入名称"教学资源分析图"，如图 4.4.11 所示，单击"确定"按钮，将条形图放置在工作表 A1 位置。

2. 制作"学习资源"饼图

① 选择单元格区域 B8:C12，单击功能区中的"插入"选项卡→"插入饼图或圆环图"下拉面板，选择"饼图"选项，效果如图 4.4.12 所示。

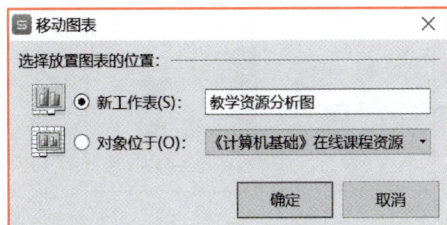

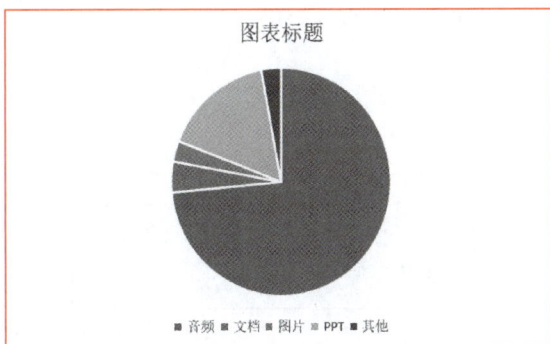

图 4.4.11
"移动图表"
对话框

图 4.4.12
"饼图"初始
效果

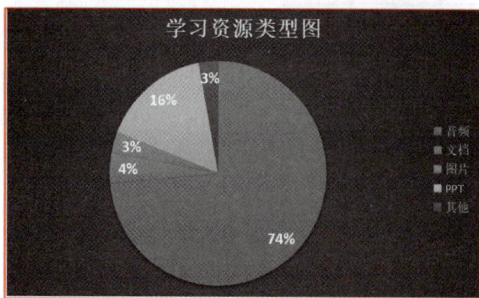

图 4.4.13 "饼图"完成效果

② 将标题更改为"学习资源类型图"。

③ 选中"簇状条形图",将其样式设置为"样式 6",布局设置为"布局 6"。

④ 选中所有数据标签,设置颜色为"白色",样式"加粗",字号为 12,效果如图 4.4.13 所示。

⑤ 将饼图移动到"教学资源分析图"工作表 I1 位置。

3. 制作"学生参与情况"折线图

① 选择单元格区域 E1:G13,单击功能区中的"插入"选项卡→"插入折线图"下拉面板,选择"带数据标记的折线图"选项,效果如图 4.4.14 所示。

② 将标题更改为"学生参与情况对比图"。

③ 选中"带数据标记的折线图",将其样式设置为"样式 11",布局设置为"布局 5",将垂直坐标标题改为"参与人数"。

④ 单击功能区中的"图表工具"选项卡→"添加元素"下拉按钮,从中选择"数据标签"→"上方"选项,效果如图 4.4.15 所示。

图 4.4.14 "带数据标记的折线图"初始效果

图 4.4.15 "带数据标记的折线图"完成效果

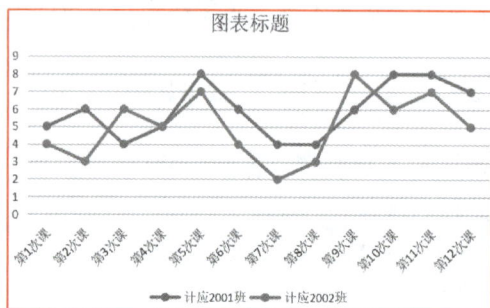

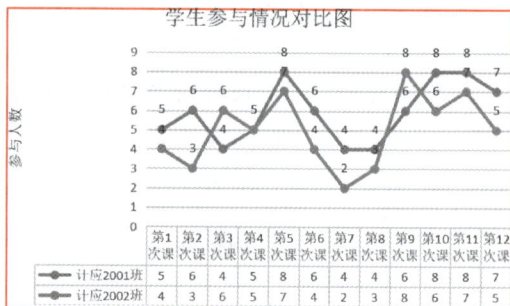

⑤ 将带数据标记的折线图移动到工作表 A18 位置。

【背景知识】

1. 图表的创建

图表是 WPS 表格最常用的对象之一,它能对工作表中的数据进行图形化表示。在工作表中创建图表的步骤为:先在工作表中选定要创建图表的数据,然后单击功能区中的"插入"选项卡,在"图表"区域选择要创建的图表类型,如图 4.4.16 所示。"全部图表"汇总了所有的图表类型,也可以直接选择某一种图表类型。

(1)柱形图

柱形图是一种以长方形长度为数据变量的统计图形,用于显示一段时间内的数据变化或显示各项之间的比较情况,如图 4.4.17 所示。在柱形图中,通常沿横坐标轴组织类别,沿纵坐标轴组织值。

图 4.4.16 "图表"区域

图 4.4.17 柱形图统计图例

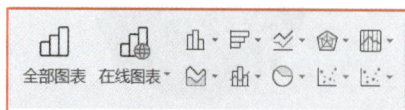

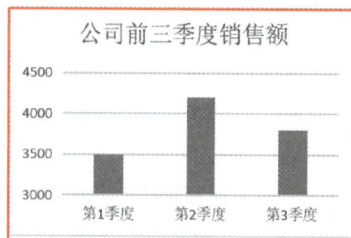

（2）折线图

折线图可以显示随时间（根据常用比例设置）而变化的连续数据，因此非常适用于显示在相等时间间隔下数据的趋势，如图 4.4.18 所示。在折线图中，类别数据沿水平轴均匀分布，所有值数据沿垂直轴均匀分布。

（3）饼图

饼图显示一个数据系列（即在图表中绘制的相关数据点，这些数据源自数据表的行或列。图表中的每个数据系列具有唯一的颜色或图案，并且在图表的图例中表示。可以在图表中绘制一个或多个数据系列，注意饼图只有一个数据系列）中各项的大小与各项总和的比例，如图 4.4.19 所示。饼图中的数据点（即在图表中绘制的单个值，这些值由条形、柱形、折线、饼图或圆环图的扇面、圆点和其他被称为数据标记的图形表示。相同颜色的数据标记组成一个数据系列）显示为整个饼图的百分比。

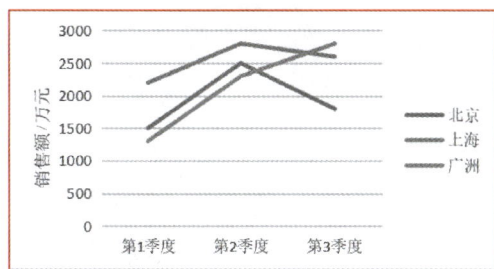

图 4.4.18
折线图统计图例

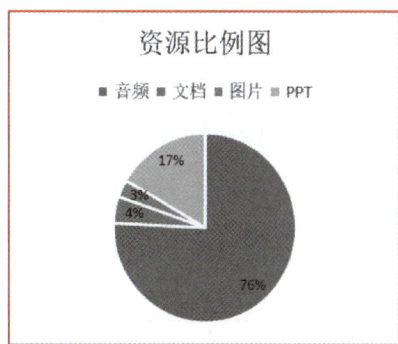

图 4.4.19
饼图统计图例

（4）条形图

条形图显示各个项目之间的比较情况，如图 4.4.20 所示。

（5）面积图

面积图强调数量随时间而变化的程度，也可用于引起人们对总值趋势的注意，如图 4.4.21 所示。例如，表示随时间而变化的利润的数据可以绘制在面积图中以强调总利润。通过显示所绘制的值的总和，面积图还可以显示部分与整体的关系。

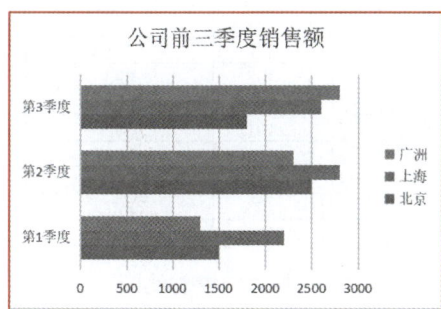

图 4.4.20
条形图统计图例

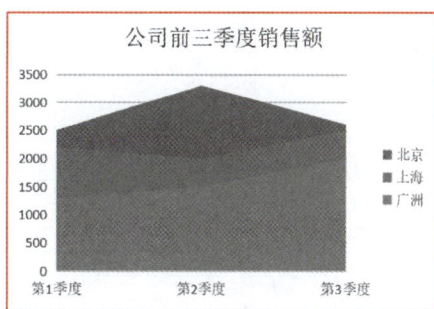

图 4.4.21
面积图统计图例

（6）散点图

散点图显示若干数据系列中各数值之间的关系，或者将两组数绘制为坐标轴上的一个系列，如图 4.4.22 所示。

散点图有两个数值轴，沿横坐标轴（X 轴）方向显示一组数值数据，沿纵坐标轴（Y 轴）方向显示另一组数值数据。散点图将这些数值合并到单一数据点并按不均匀的间隔或簇来显示。散点图通常用于显示和比

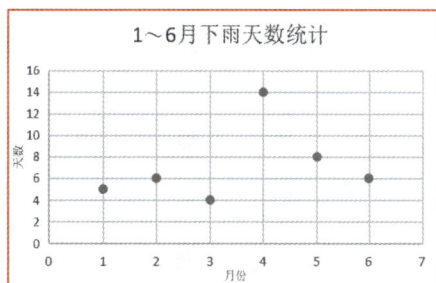

图 4.4.22
散点图统计图例

较数值，如科学数据、统计数据和工程数据。

（7）股价图

股价图经常用来显示股价的波动，如图 4.4.23 所示。当然，这种图表也可用于科学数据。例如，可以使用股价图来显示每天或每年温度的波动。必须按正确的顺序组织数据才能创建股价图。

（8）圆环图

仅排列在工作表的列或行中的数据可以绘制到圆环图中，如图 4.4.24 所示。像饼图一样，圆环图显示各部分与整体之间的关系，但是它可以包含多个数据系列。

图 4.4.23
股价图统计图例

图 4.4.24
圆环图统计图例

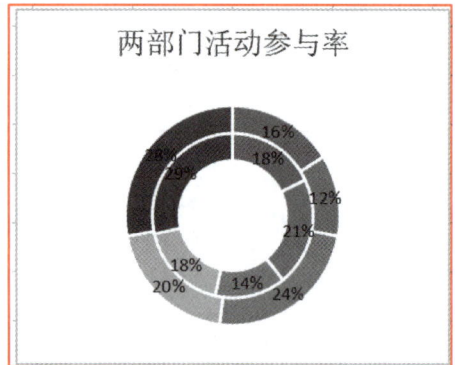

（9）气泡图

排列在工作表的列中的数据（第一列中列出 X 值，在相邻列中列出相应的 Y 值和气泡大小的值）可以绘制在气泡图中。例如，可以按图 4.4.25 所示的示例组织数据。

（10）雷达图

雷达图比较几个数据系列的聚合值，如图 4.4.26 所示。

图 4.4.25
气泡图统计图例

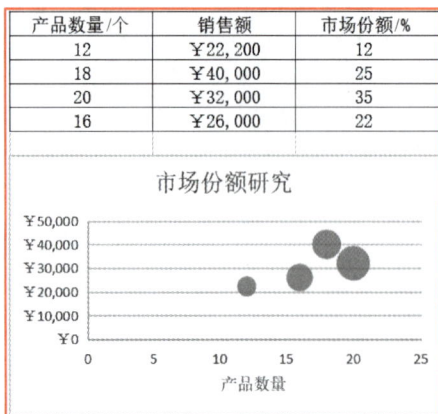

图 4.4.26
雷达图统计图例

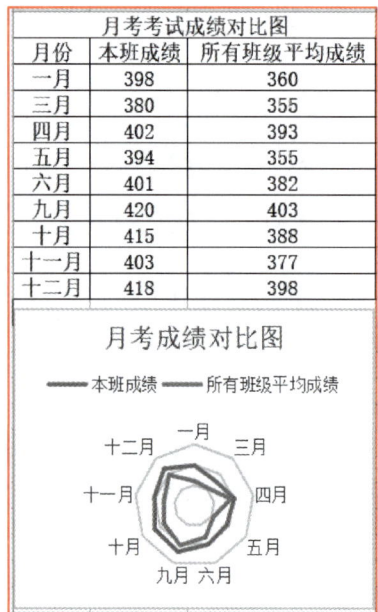

2. 图表的编辑与修饰

将创建的图表选定后，功能区中将多出"绘图工具""文本工具"和"图表工具"这 3 个选

202

项卡，通过其中的命令按钮，可以对图表进行编辑处理。

（1）选定图表项

在对图表进行修饰之前，应该选定图表项，可以将一些成组显示的图表项细分为单独的元素。例如，为了在数据系列中选定一个单独的数据标记，可以先单击数据系列，再单击其中的数据标记。

（2）调整图表的大小和位置

将鼠标指针移到图表浅蓝色边框的控制点上，当指针变为双向箭头时拖动鼠标即可。用户也可以切换到功能区中的"绘图工具"选项卡，在高度和宽度微调框中输入相应的数值。

移动图表位置分为在当前工作表中移动和在工作表之间移动这两种情况。在当前工作表中移动图表时，只需单击图表区，并按住鼠标左键将其移动到合适的位置。如果要将图表在工作表之间移动，如将其由 Sheet1 移动到 Sheet2，可参考以下操作步骤。

- **方法 1：**右击工作表中图表的空白处，在弹出的快捷菜单中选择"移动图表"命令，打开"移动图表"对话框，选中"对象位于"单选按钮，在其右侧下拉列表框中选择 Sheet2 选项，单击"确定"按钮，即可实现图表的移动操作。
- **方法 2：**选中要移动的图表，按 Ctrl+X 组合键剪切，打开 Sheet2 工作表，选中某一单元格，按 Ctrl+V 组合键粘贴即可。

（3）更改图表源数据

图表创建完成后，用户可以在"编辑数据源"对话框中根据需要对数据进行添加、更换、删除、交换行/列等操作。

"编辑数据源"对话框打开方法有以下两种：

- **方法 1：**右击图表中的空白区域，在弹出的快捷菜单中选择"选择数据"命令，打开"编辑数据源"对话框，如图 4.4.27 所示。
- **方法 2：**单击功能区中的"图表工具"选项卡→"选择数据"按钮。

"编辑数据源"对话框可以实现的功能如下。

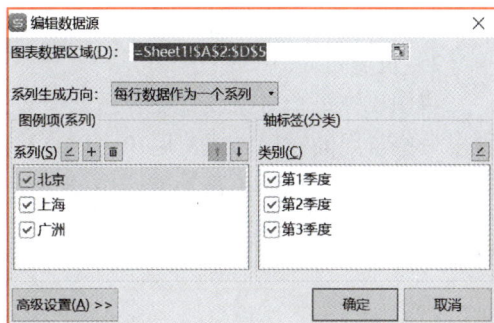

图 4.4.27
"编辑数据源"对话框

- 重新选择数据。在"编辑数据源"对话框中单击"图表数据区域"右侧的折叠按钮，在工作表中重新选择数据源区域。选取完成后单击展开按钮，返回对话框，表格将自动输入新的数据区域，并添加相应的图例和水平轴标签。确认无误后，单击"确定"按钮，即可在图表中添加新的数据。
- 添加部分数据。用户也可以根据需要只添加某一列数据到图表中，方法为：在"编辑数据源"对话框中单击"系列"右侧的+按钮，打开"编辑数据系列"对话框。通过单击折叠按钮分别选择"系列名称"和"系列值"，单击"确定"按钮，返回"编辑数据源"对话框，可以看到添加的图例项。单击"确定"按钮，即可完成对部分数据的添加。
- 交换图表的行与列。创建图表后，如果用户发现其中的图例与分类轴的位置颠倒了，可以在"编辑数据源"对话框的"系列生成方向"下拉列表框中选择"每列数据作为一个系列"选项，然后单击"确定"按钮，对其进行调整。另外，也可以单击功能区中的"图表工具"选项卡→"切换行列"按钮，直接调整。
- 删除数据。在"编辑数据源"对话框中单击"系列"右侧的 按钮，或者在"系列"列表中将要删除的数据系列前面的方框对勾去掉，再单击"确定"按钮，即可对多余的数据进行删除。

（4）修改图表内容

一个图表包含多个组成部分，默认创建的图表只包含其中的几项。如果用户希望图表显示更多内容，可以选中图表后出现浮动工具栏，工具栏内的快捷按钮可快速调整图表元素、布局、颜色、样式等，使用非常便捷。效果如图 4.4.28 所示。除了浮动工具栏外，还可以使用以下方法为图表添加布局元素和设置样式。

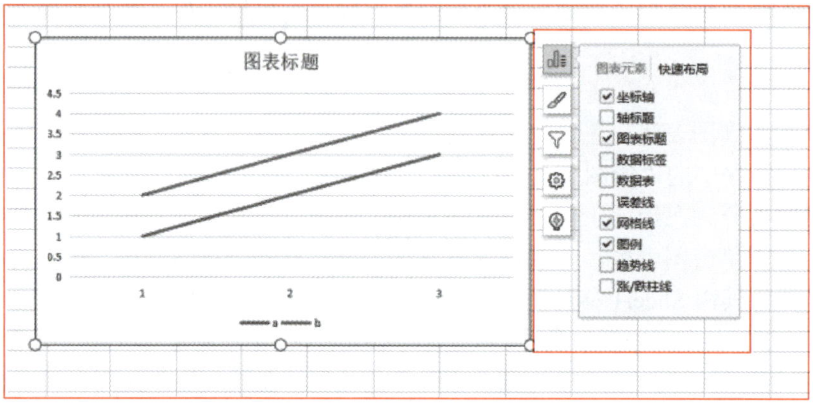

图 4.4.28
浮动工具栏

微课 4-14
修改图表
内容

1）添加元素

① 选中图表，单击功能区中的"图表工具"选项卡→"添加元素"下拉按钮，在打开的下拉列表中选择所需的元素，如"坐标轴""图表标题""数据标签""图例"等，当鼠标指针置于添加的元素时，右侧会弹出相应的选项，可以根据需要进行选择，如图 4.4.29 所示。

② 在图表中添加了某元素后，可以选中元素对其进行相应样式的设置，如"颜色""对齐方式""加粗""大小"等。

2）快速布局

将图表中每个对象放置在合适的位置为布局。为方便用户，WPS 表格为每种类型的图表设置了一些常用的布局样式，用户可以直接选择使用，操作步骤如下。

选中图表，然后单击功能区中的"图表工具"选项卡→"快速布局"下拉按钮，在打开的下拉面板中选择布局样式，如图 4.4.30 所示。

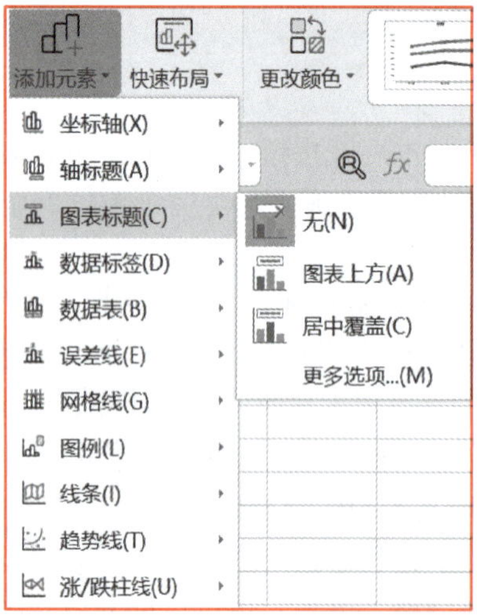

图 4.4.29
"添加元素"下拉列表

图 4.4.30
"快速布局"下拉面板

3）更改颜色

WPS 表格为每种类型的图表设置了常用的配色方案，用户可以根据需要选择使用，操作步骤如下。

选中图表，单击功能区中的"图表工具"选项卡→"更改颜色"下拉按钮，在打开的下拉面板中选择颜色，如图 4.4.31 所示。

4）免费样式

图表创建完成后，为了让图表看起来更加美观，可以对图表进行样式设置。WPS 表格设置了一些免费样式，以供用户使用，操作步骤如下。

选中图表，单击功能区中的"图表工具"选项卡→"免费样式"下拉按钮，在打开的下拉面板中选择所需样式，如图 4.4.32 所示。

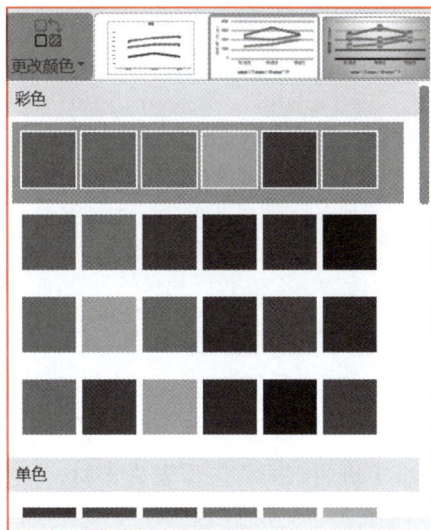

图 4.4.31
"更改颜色"
下拉面板

图 4.4.32
"免费样式"
下拉面板

5）更改图表类型

用户可以根据需要更改不同的图表类型，操作步骤如下。

选中图表，单击功能区中的"图表工具"选项卡→"更改类型"按钮，在打开的"更改图表类型"对话框中选择所需要更改的类型，单击"插入"按钮，如图 4.4.33 所示。

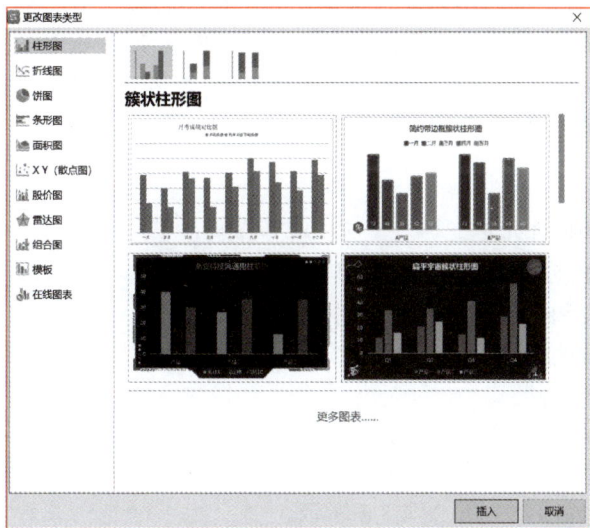

图 4.4.33
"更改图表类型"对话框

6）设置格式

选中图表，单击功能区中的"图表工具"选项卡→"设置格式"按钮，在表格右侧会出现图表"属性"窗口，如图 4.4.34 所示。

在"属性"窗口中，可以对图表和文本进行属性设置，如"填充与线条""效果""大小与属性"等。

选中图表中某一个对象，此时窗口就变成该对象的属性设置，可以对该对象单独进行设置。如果对"标题"进行属性设置，可以选中图表标题，这时窗口为标题"属性"窗口，如图 4.4.35 所示。

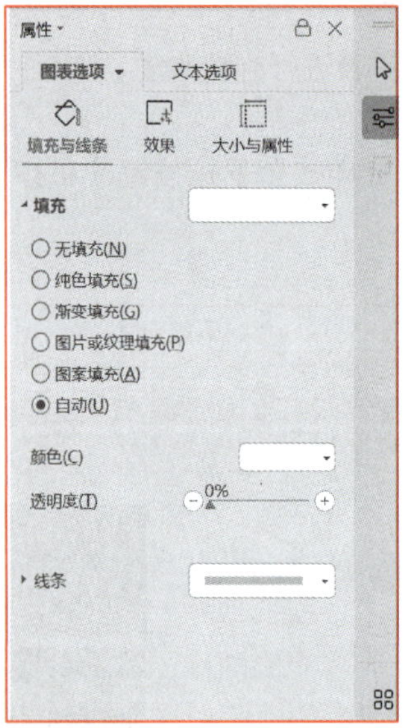

图 4.4.34
"属性"窗口

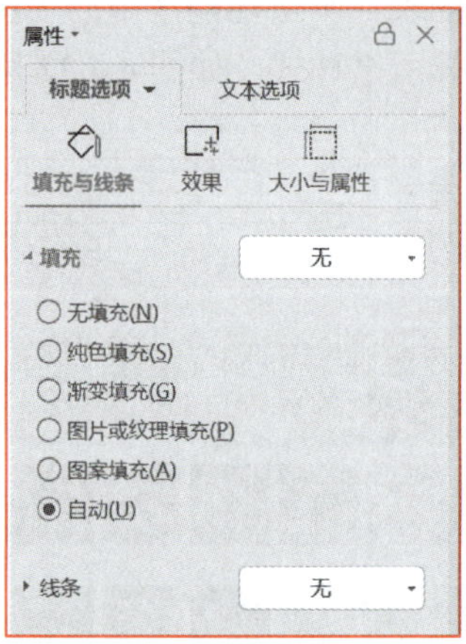

图 4.4.35
标题"属性"窗口

素材文件

【课后练习】

　　请以"WPS 表格任务 3 素材"工作簿中的"计应 20 级 1 班成绩表"工作表为素材，自行计算成绩段，创建图表，图表样式、布局、颜色自定义。

4.5　任务 22　利用表格对数据进行分析

【任务描述】

PPT：任务 22 利用表格对数据进行分析

PPT

　　对于当代大学生而言，不断学习加强理论修养，提高思想觉悟，坚定理想信念，是一种先进性的体现。为了解学生党员的先进理论学习情况，计信学院对 6 名学生党员"学习强国"平台开学前 3 周的学习情况进行了一次统计，并利用 WPS 表格对统计数据进行分析和总结，为进一步提高德育工作水平提供数据支撑。

【考点分析】

① 掌握合并计算的操作步骤。
② 通过分类汇总功能对数据进行分级显示。
③ 利用数据透视表和数据透视图对数据进行汇总、分析、浏览。
④ 掌握单变量求解的方法。
⑤ 掌握规划求解的方法。

【最终效果】

　　本任务最终效果图如图 4.5.1～图 4.5.8 所示。

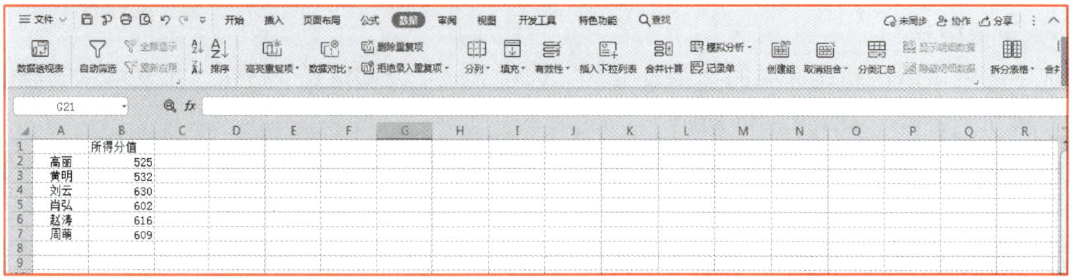

图 4.5.1
最终效果图-
合并计算

图 4.5.2
最终效果图-简单分类汇总

图 4.5.3
最终效果图-嵌套分类汇总

文本：效果文件

党员姓名	模块名称	周次	所得分值
高丽	我要选读文章	第一周	42
高丽	视听学习	第一周	35
高丽	每日答题	第一周	28
高丽	专项答题	第一周	63
高丽	我要选读文章	第二周	49
高丽	视听学习	第二周	35
高丽	每日答题	第二周	35
高丽	专项答题	第二周	42
高丽	我要选读文章	第三周	70
高丽	视听学习	第三周	35
高丽	每日答题	第三周	28
高丽	专项答题	第三周	63
高丽 汇总			525
黄明	我要选读文章	第一周	84
黄明	视听学习	第一周	35
黄明	每日答题	第一周	28
黄明	专项答题	第一周	35
黄明	我要选读文章	第二周	56
黄明	视听学习	第二周	21
黄明	每日答题	第二周	28
黄明	专项答题	第二周	70
黄明	我要选读文章	第三周	49
黄明	视听学习	第三周	21
黄明	每日答题	第三周	35
黄明	专项答题	第三周	70
黄明 汇总			532
刘云	我要选读文章	第一周	84
刘云	视听学习	第一周	42
刘云	每日答题	第一周	28
刘云	专项答题	第一周	63
刘云	我要选读文章	第二周	84
刘云	视听学习	第二周	42
刘云	每日答题	第二周	35
刘云	专项答题	第二周	70
刘云	我要选读文章	第三周	56
刘云	视听学习	第三周	28
刘云	每日答题	第三周	35
刘云	专项答题	第三周	63
刘云 汇总			630

党员姓名	模块名称	周次	所得分值
高丽	我要选读文章	第二周	49
高丽	视听学习	第二周	35
高丽	每日答题	第二周	35
高丽	专项答题	第二周	42
		第二周 汇总	161
高丽	我要选读文章	第三周	70
高丽	视听学习	第三周	35
高丽	每日答题	第三周	28
高丽	专项答题	第三周	63
		第三周 汇总	196
高丽	我要选读文章	第一周	42
高丽	视听学习	第一周	35
高丽	每日答题	第一周	28
高丽	专项答题	第一周	63
		第一周 汇总	168
高丽 汇总			525
黄明	我要选读文章	第二周	56
黄明	视听学习	第二周	21
黄明	每日答题	第二周	28
黄明	专项答题	第二周	70
		第二周 汇总	175
黄明	我要选读文章	第三周	49
黄明	视听学习	第三周	21
黄明	每日答题	第三周	35
黄明	专项答题	第三周	70
		第三周 汇总	175
黄明	我要选读文章	第一周	84
黄明	视听学习	第一周	35
黄明	每日答题	第一周	28
黄明	专项答题	第一周	35
		第一周 汇总	182
黄明 汇总			532
刘云	我要选读文章	第二周	84
刘云	视听学习	第二周	42
刘云	每日答题	第二周	35
刘云	专项答题	第二周	70
		第二周 汇总	231
刘云	我要选读文章	第三周	56
刘云	视听学习	第三周	28
刘云	每日答题	第三周	35
刘云	专项答题	第三周	63
		第三周 汇总	182
刘云	我要选读文章	第一周	84
刘云	视听学习	第一周	42
刘云	每日答题	第一周	28
刘云	专项答题	第一周	63
		第一周 汇总	217
刘云 汇总			630

图 4.5.4
最终效果图-分级显示

党员姓名	模块名称	周次	所得分值
高丽 汇总			525
黄明 汇总			532
刘云 汇总			630
肖弘 汇总			602
赵涛 汇总			616
周萌 汇总			609
总计			3514

图 4.5.5
最终效果图-数据透视表

模块名称	(全部)			
求和项:所得分值	周次			
党员姓名	第二周	第三周	第一周	总计
高丽	161	196	168	525
黄明	175	175	182	532
刘云	231	182	217	630
肖弘	189	203	210	602
赵涛	196	189	231	616
周萌	189	189	231	609
总计	1141	1134	1239	3514

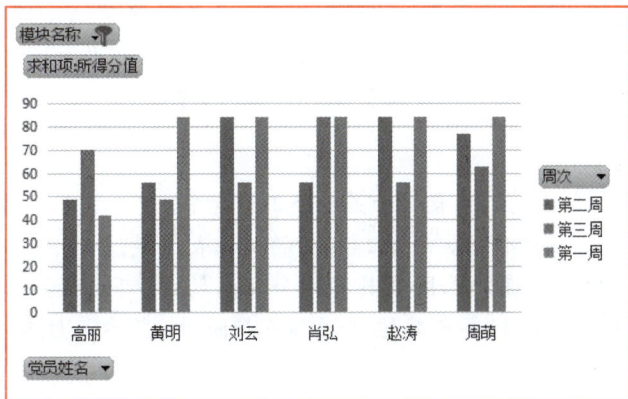

图 4.5.6
最终效果图-数据透视图

图 4.5.7
最终效果图-
单变量求解

图 4.5.8
最终效果图-
规划求解

【任务实现】

4.5.1　合并计算

素材文件

6 名学生党员前 3 周的学习分数分别记录在 3 张不同的工作表中，为统计数据，需将前 3 周的分数数据汇总到一张工作表中，此时可以应用 WPS 表格中的合并计算功能。

① 打开素材中的工作簿文件"学生党员'学习强国'学习情况统计表"。

② 选择"前三周总得分"工作表，选中将放置合并计算结果区域的左上角单元格 A1，表示合并计算结果从这个单元格开始放置。

③ 单击功能区中的"数据"选项卡→"合并计算"按钮，如图 4.5.9 所示，打开"合并计算"对话框，如图 4.5.10 所示。

微课 4-15
合并计算

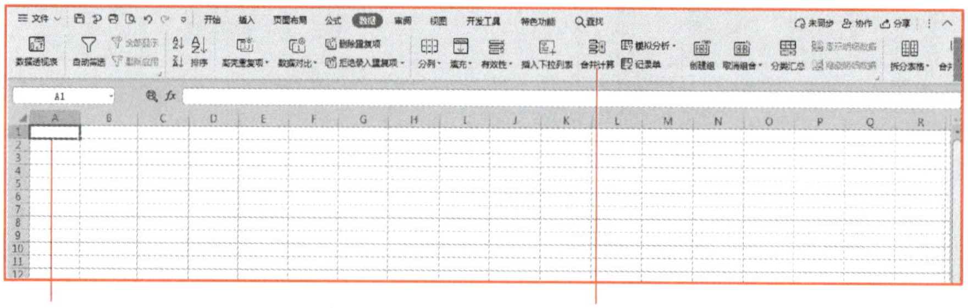

选择 A1 单元格　　　　　　　　　　　　单击"合并计算"按钮

图 4.5.9
单击"合并计算"按钮

④ 在"合并计算"对话框的"函数"下拉列表框中选择"求和"函数，单击"引用位置"参数框，单击工作表标签"第一周得分"，选择单元格区域 A1:B7，此区域是需要合并计算的区域，返回"合并计算"对话框，单击"添加"按钮，选定的合并计算区域显示在"所有引用位置"列表框中。重复上述步骤，将工作表"第二周得分"中的区域 A1:B7 和工作表"第三周得分"中的区域 A1:B7，分别添加到"所有引用位置"列表框中。在"标签位置"选项区域中选中"首行"和"最左列"两个复选框，如图 4.5.11～图 4.5.14 所示。

注意：

● 如果包含合并计算数据的工作表位于另一个工作簿中，可单击"引用位置"参数框右侧的"浏览"按钮，找到该工作簿，并选择相应的工作表区域。

● 当所有合并计算数据所在的源区域具有完全相同的行、列标签时，无须设置"标签位置"。当一个源区域中的标签与其他区域都不相同时，将会导致合并计算中出现单独的行或列。

选择"求和"

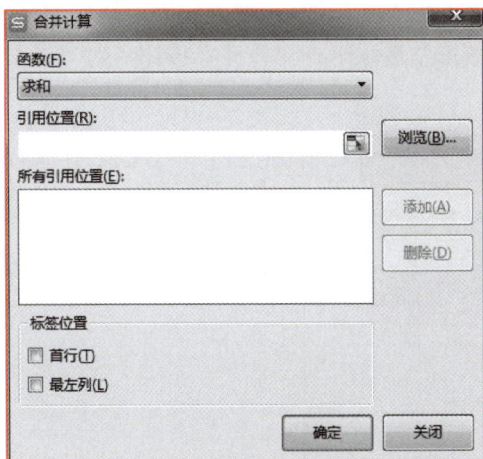

图 4.5.10
"合并计算"
对话框

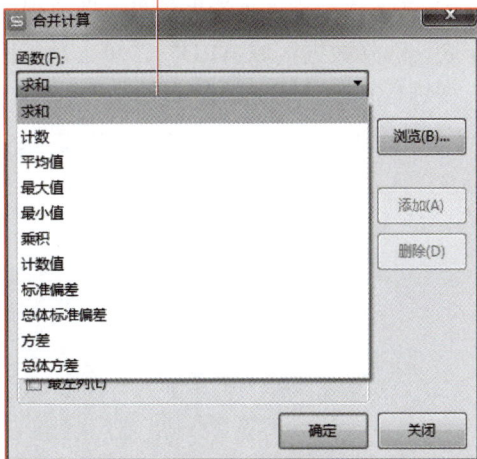

图 4.5.11
"合并计算"
对话框相关
设置 1

选择合并区

图 4.5.12
"合并计算"对话框相关
设置 2

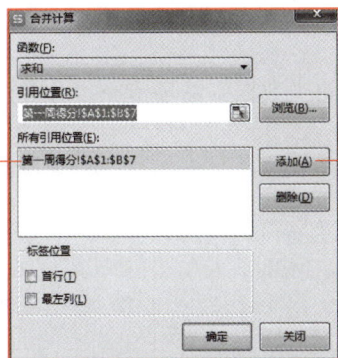

选定的合并计
算区域显示在
"所有引用位
置"列表框中

单击"添加"
按钮

重复相关操
作，添加其
他需合并计
算的区域

选中"首行"
和"最左列"
两个复选框

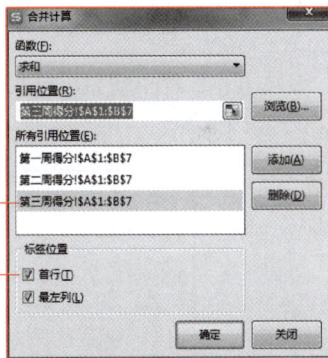

图 4.5.13
"合并计算"
对话框相关
设置 3

图 4.5.14
"合并计算"
对话框相关
设置 4

⑤ 单击"合并计算"对话框中的"确定"按钮，完成数据合并，结果如图 4.5.15 所示。

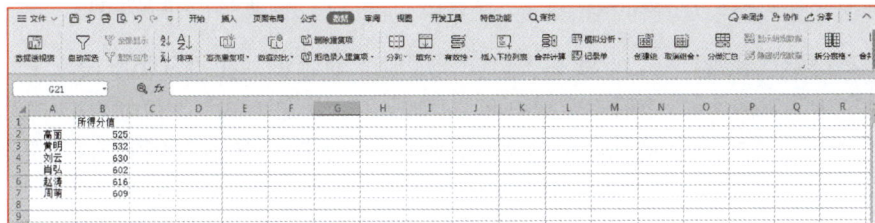

图 4.5.15
完成数据合并

4.5.2　分类汇总

为进一步了解学生党员"学习强国"平台每个模块的学习情况，学院选取了"学习强国"平台中 4 个模块对学生党员每周的得分情况进行统计。现在想要将统计的数据信息按照一定的标准分组，并对同组数据进行相应的统计或计算，这里便可以使用到 WPS 表格的分类汇总功能。

微课 4-16
分类汇总

1. 简单分类汇总

① 在工作簿文件"学生党员'学习强国'学习情况统计表"中，选择"四大模块学习情况"工作表。选择数据区域 A1:D73，单击功能区中的"数据"选项卡→"升序"按钮，对"党员姓名"列进行升序排序，如图 4.5.16 所示。

图 4.5.16
选择数据区域并进行升序排序

② 确保当前单元格在数据区域中，单击功能区中的"数据"选项卡→"分类汇总"按钮，如图 4.5.17 所示。

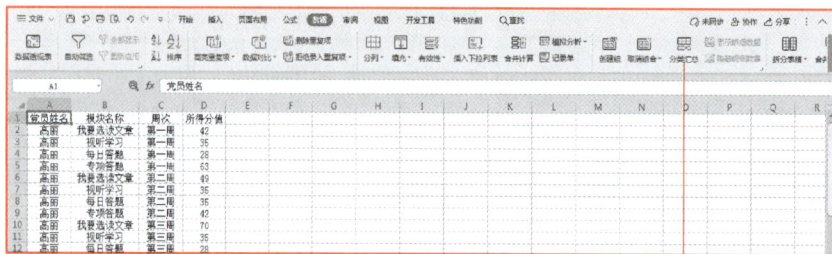

图 4.5.17
单击"分类汇总"按钮

图 4.5.18
"分类汇总"
对话框

③ 打开"分类汇总"对话框，在"分类字段"下拉列表框中选择"党员姓名"字段，在"汇总方式"下拉列表框中选择"求和"选项，在"选定汇总项"列表框中选择"所得分值"复选框，选中"替换当前分类汇总"和"汇总结果显示在数据下方"两个复选框，如图 4.5.18 所示。

④ 单击"确定"按钮，完成分类汇总，显示每位学生党员 4 个模块前 3 周所得的总分和 6 位学生党员的总计得分，如图 4.5.19 所示。

⑤ 再次打开"分类汇总"对话框，单击"全部删除"按钮，删除分类汇总结果，显示原表格。

(a)

党员姓名	模块名称	周次	所得分值
高丽	我要选读文章	第一周	42
高丽	视听学习	第一周	35
高丽	每日答题	第一周	28
高丽	专项答题	第一周	63
高丽	我要选读文章	第二周	49
高丽	视听学习	第二周	35
高丽	每日答题	第二周	35
高丽	专项答题	第二周	42
高丽	我要选读文章	第三周	70
高丽	视听学习	第三周	35
高丽	每日答题	第三周	28
高丽	专项答题	第三周	63
高丽 汇总			525
黄明	我要选读文章	第一周	84
黄明	视听学习	第一周	35
黄明	每日答题	第一周	28
黄明	专项答题	第一周	35
黄明	我要选读文章	第二周	56
黄明	视听学习	第二周	21
黄明	每日答题	第二周	28
黄明	专项答题	第二周	70
黄明	我要选读文章	第三周	49
黄明	视听学习	第三周	21
黄明	每日答题	第三周	35
黄明	专项答题	第三周	70
黄明 汇总			532
刘云	我要选读文章	第一周	84
刘云	视听学习	第一周	42
刘云	每日答题	第一周	28
刘云	专项答题	第一周	63
刘云	我要选读文章	第二周	84
刘云	视听学习	第二周	42
刘云	每日答题	第二周	35
刘云	专项答题	第二周	70
刘云	我要选读文章	第三周	56
刘云	视听学习	第三周	28
刘云	每日答题	第三周	35
刘云	专项答题	第三周	63
刘云 汇总			630

(b)

党员姓名	模块名称	周次	所得分值
肖弘	我要选读文章	第一周	84
肖弘	视听学习	第一周	35
肖弘	每日答题	第一周	35
肖弘	专项答题	第一周	56
肖弘	我要选读文章	第二周	56
肖弘	视听学习	第二周	28
肖弘	每日答题	第二周	35
肖弘	专项答题	第二周	70
肖弘	我要选读文章	第三周	84
肖弘	视听学习	第三周	42
肖弘	每日答题	第三周	21
肖弘	专项答题	第三周	56
肖弘 汇总			602
赵涛	我要选读文章	第一周	84
赵涛	视听学习	第一周	42
赵涛	每日答题	第一周	35
赵涛	专项答题	第一周	70
赵涛	我要选读文章	第二周	84
赵涛	视听学习	第二周	42
赵涛	每日答题	第二周	0
赵涛	专项答题	第二周	70
赵涛	我要选读文章	第三周	56
赵涛	视听学习	第三周	42
赵涛	每日答题	第三周	28
赵涛	专项答题	第三周	63
赵涛 汇总			616
周萌	我要选读文章	第一周	84
周萌	视听学习	第一周	42
周萌	每日答题	第一周	35
周萌	专项答题	第一周	70
周萌	我要选读文章	第二周	77
周萌	视听学习	第二周	28
周萌	每日答题	第二周	56
周萌	我要选读文章	第三周	63
周萌	视听学习	第三周	35
周萌	每日答题	第三周	28
周萌	专项答题	第三周	63
周萌 汇总			609
总计			3514

图 4.5.19　简单分类汇总结果

2. 嵌套分类汇总

① 在删除简单汇总的工作表"四大模块学习情况"中，选择数据区域 A1:D73，单击功能区中的"数据"选项卡→"排序"按钮，打开"排序"对话框，设置"主要关键字"为"党员姓名"、"排序依据"为"数值"、"次序"为"升序"，单击"添加条件"按钮，设置"次要关键字"为"周次"、"排序依据"为"数值"、"次序"为"升序"，单击"确定"按钮，如图 4.5.20 所示。

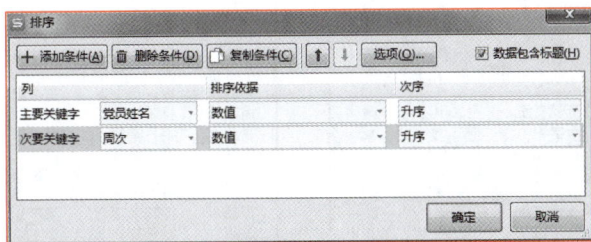

图 4.5.20　进行多关键字排序

② 确保当前单元格在数据区域中，单击功能区中的"数据"选项卡→"分类汇总"按钮，打开"分类汇总"对话框，在"分类字段"下拉列表框中选择"党员姓名"字段，在"汇总方式"下拉列表框中选择"求和"选项，在"选定汇总项"列表框中选择"所得分值"复选框，选中"替换当前分类汇总"和"汇总结果显示在数据下方"两个复选框，单击"确定"按钮，如图 4.5.21 所示。

③ 再次打开"分类汇总"对话框，在"分类字段"下拉列表框中选择"周次"字段，在"汇总方式"下拉列表框中选择"求和"选项，在"选定汇总项"列表框中选择"所得分值"复选框，取消选中"替换当前分类汇总"复选框，如图 4.5.22 所示。

④ 单击"确定"按钮，完成嵌套分类汇总，在显示每位学生党员 4 个模块前 3 周所得的总分和 6 位学生党员的总计得分的同时，又嵌套显示每位学生党员每个周次 4 个模块所得总分，如图 4.5.23 所示。

图 4.5.21
第一次分类汇总设置

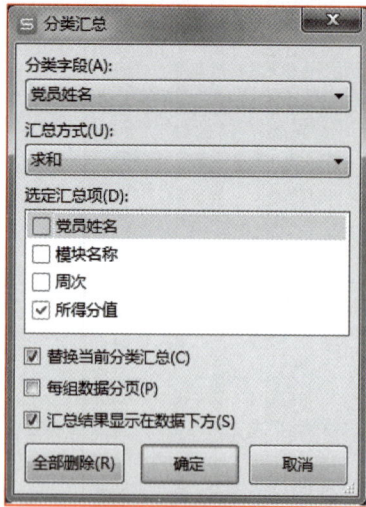

图 4.5.22
第二次分类汇总设置

图 4.5.23
完成嵌套分类汇总

(a)

党员姓名	模块名称	周次	所得分值
高丽	我要选读文章	第二周	49
高丽	视听学习	第二周	35
高丽	每日答题	第二周	35
高丽	专项答题	第二周	42
		第二周 汇总	161
高丽	我要选读文章	第三周	70
高丽	视听学习	第三周	35
高丽	每日答题	第三周	28
高丽	专项答题	第三周	63
		第三周 汇总	196
高丽	我要选读文章	第一周	42
高丽	视听学习	第一周	35
高丽	每日答题	第一周	28
高丽	专项答题	第一周	63
		第一周 汇总	168
高丽 汇总			525
黄明	我要选读文章	第二周	56
黄明	视听学习	第二周	21
黄明	每日答题	第二周	28
黄明	专项答题	第二周	70
		第二周 汇总	175
黄明	我要选读文章	第三周	49
黄明	视听学习	第三周	21
黄明	每日答题	第三周	35
黄明	专项答题	第三周	70
		第三周 汇总	175
黄明	我要选读文章	第一周	84
黄明	视听学习	第一周	35
黄明	每日答题	第一周	28
黄明	专项答题	第一周	35
		第一周 汇总	182
黄明 汇总			532
刘云	我要选读文章	第二周	84
刘云	视听学习	第二周	42
刘云	每日答题	第二周	35
刘云	专项答题	第二周	70
		第二周 汇总	231
刘云	我要选读文章	第三周	56
刘云	视听学习	第三周	28
刘云	每日答题	第三周	35
刘云	专项答题	第三周	63
		第三周 汇总	182
刘云	我要选读文章	第一周	84
刘云	视听学习	第一周	42
刘云	每日答题	第一周	28
刘云	专项答题	第一周	63
		第一周 汇总	217
刘云 汇总			630

(b)

党员姓名	模块名称	周次	所得分值
肖弘	我要选读文章	第二周	56
肖弘	视听学习	第二周	28
肖弘	每日答题	第二周	35
肖弘	专项答题	第二周	70
		第二周 汇总	189
肖弘	我要选读文章	第三周	84
肖弘	视听学习	第三周	42
肖弘	每日答题	第三周	21
肖弘	专项答题	第三周	56
		第三周 汇总	203
肖弘	我要选读文章	第一周	84
肖弘	视听学习	第一周	35
肖弘	每日答题	第一周	35
肖弘	专项答题	第一周	56
		第一周 汇总	210
肖弘 汇总			602
赵涛	我要选读文章	第二周	84
赵涛	视听学习	第二周	42
赵涛	每日答题	第二周	0
赵涛	专项答题	第二周	70
		第二周 汇总	196
赵涛	我要选读文章	第三周	56
赵涛	视听学习	第三周	42
赵涛	每日答题	第三周	28
赵涛	专项答题	第三周	63
		第三周 汇总	189
赵涛	我要选读文章	第一周	84
赵涛	视听学习	第一周	42
赵涛	每日答题	第一周	35
赵涛	专项答题	第一周	70
		第一周 汇总	231
赵涛 汇总			616
周萌	我要选读文章	第二周	77
周萌	视听学习	第二周	28
周萌	每日答题	第二周	28
周萌	专项答题	第二周	56
		第二周 汇总	189
周萌	我要选读文章	第三周	63
周萌	视听学习	第三周	35
周萌	每日答题	第三周	28
周萌	专项答题	第三周	63
		第三周 汇总	189
周萌	我要选读文章	第一周	84
周萌	视听学习	第一周	42
周萌	每日答题	第一周	35
周萌	专项答题	第一周	70
		第一周 汇总	231
周萌 汇总			609
总计			3514

取消选中"替换当前分类汇总"复选框

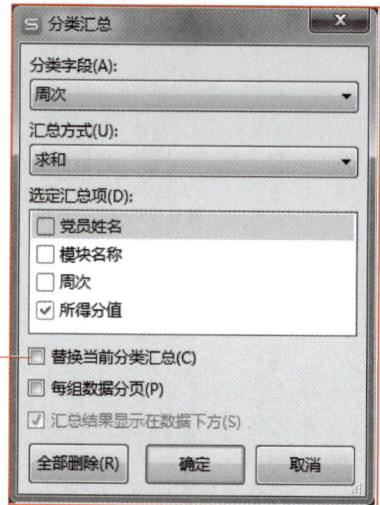

4.5.3　分级显示

分类汇总的结果可以形成分级显示。使用分级显示可以快速显示摘要行或摘要列，或者显示每级的明细数据。

① 在完成嵌套分类汇总的工作表"四大模块学习情况"中，单击分类汇总区域左上角的数字按钮 2，此时可查看第 2 级的汇总结果，如图 4.5.24 所示。

微课 4-17
分级显示

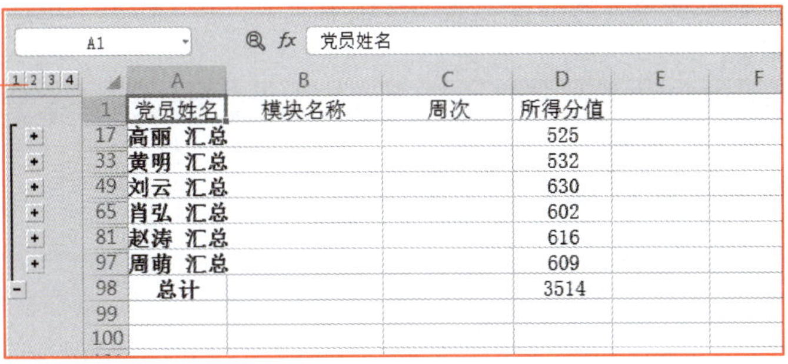

单击数字按钮2，显示2级

图 4.5.24
单击数字按钮 2 显示第 2 级

② 单击功能区中的"数据"选项卡→"取消组合"下拉按钮，在打开的下拉列表中选择"清除分级显示"选项，删除分级显示，如图 4.5.25 所示。

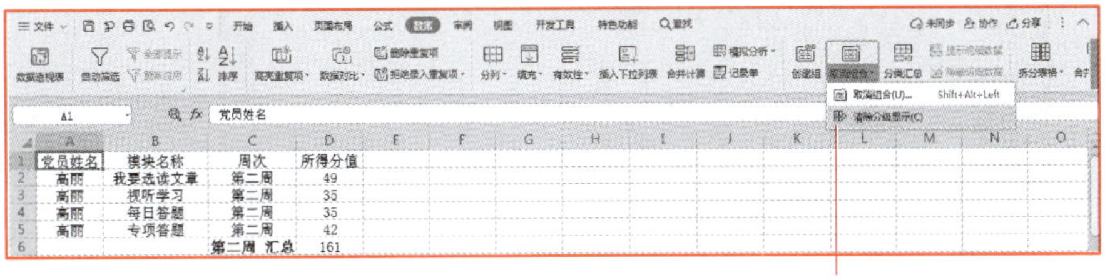

选择"清除分级显示"选项

图 4.5.25
删除分级显示

③ 确保当前单元格在分类汇总数据区域中，再次打开"分类汇总"对话框，单击"全部删除"按钮，删除分类汇总结果，显示原表格。

4.5.4 数据透视表和数据透视图

为了提高数据分析效率，更加灵活地分析展现数据，可以使用 WPS 表格中的数据透视表和数据透视图功能。

1. 数据透视表

① 在工作簿文件"学生党员'学习强国'学习情况统计表"中选择已删除分类汇总的"四大模块学习情况"工作表。

② 选择单元格区域 A1:D73，单击功能区中的"插入"选项卡→"数据透视表"按钮，如图 4.5.26 所示。

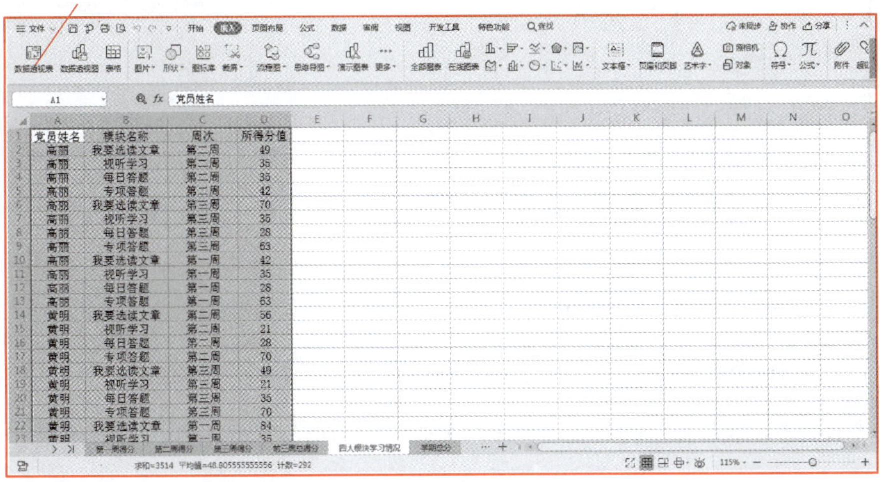

微课 4-18
数据透视表和
数据透视图

单击"数据透视表"按钮

图 4.5.26
单击"数据透视表"按钮

③ 打开"创建数据透视表"对话框，在"请选择要分析的数据"选项区域中选中"请选择单元格区域"单选按钮，其参数框中显示的单元格区域是已选中工作表中的所有数据区域 A1:D73。在"请选择放置数据透视表的位置"选项区域中选中"新工作表"单选按钮，如图 4.5.27 所示。

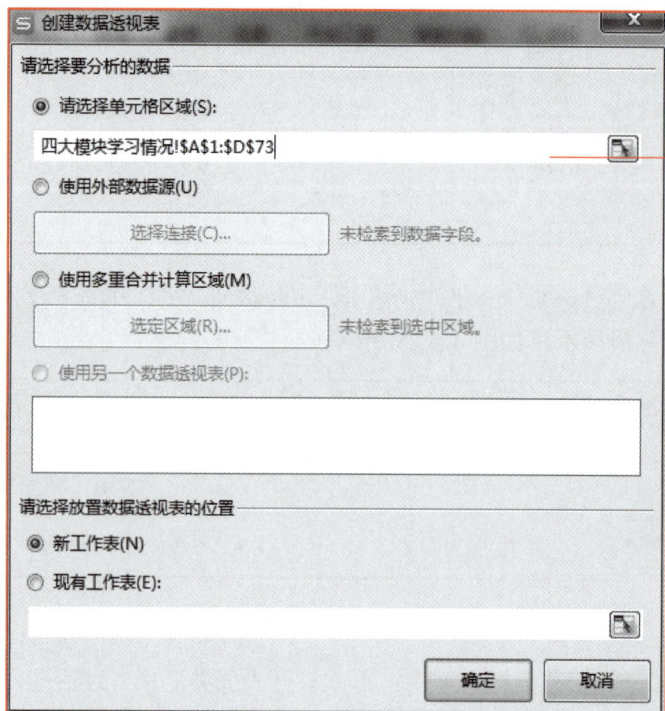

注意: 是所有数据区域的绝对引用

图 4.5.27
"创建数据透视表"对话框

注意:

选择"新工作表"单选按钮，数据透视表将放置在新插入的工作表中；选择"现有工作表"单选按钮，然后在其参数框中指定放置数据透视表区域的第一个单元格，数据透视表将放置到已有工作表的指定位置。

④ 单击"确定"按钮，完成空白数据透视表的创建，如图 4.5.28 所示。

字段列表区

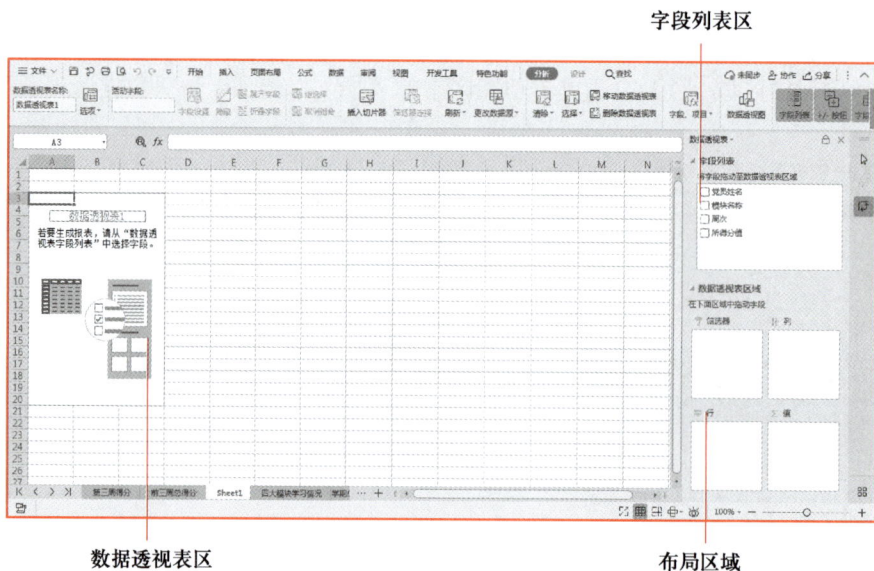

图 4.5.28
在新工作表中创建空白数据透视表

数据透视表区

布局区域

⑤ 在"数据透视表"窗格的"字段列表"列表框中选择"党员姓名""周次"和"所得分值"

3 个字段，数据透视表将会自动汇总每位学生党员每周的学习分数和 3 周总得分，如图 4.5.29 所示。

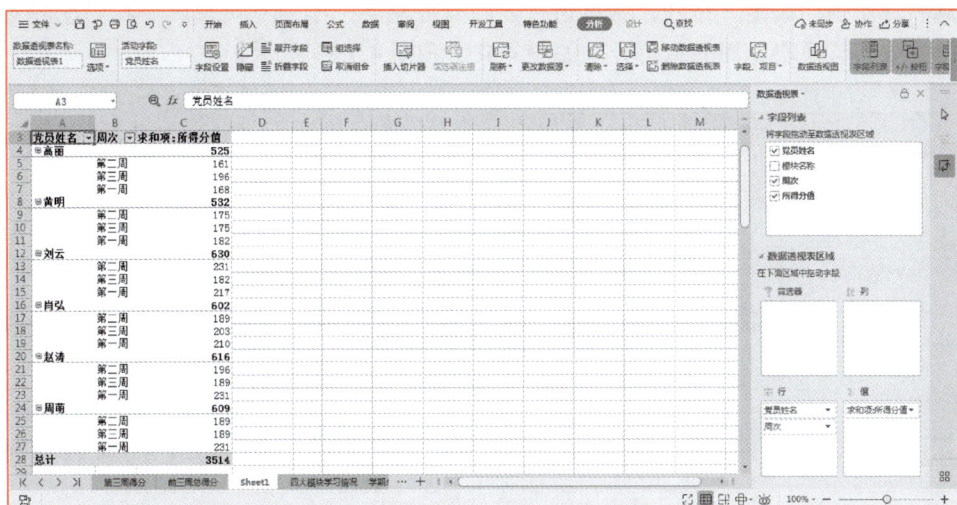

图 4.5.29
为数据透视表
添加字段并显
示相应结果

⑥ 在"数据透视表"窗格中，可以使用鼠标拖动的方法调整字段所在区域以及数据透视表的布局。选中"周次"字段，将其拖至"列"区域中。选中"模块名称"字段，将其拖至"筛选器"区域中，此时在数据透视表的最上方添加了用于筛选模块的报表字段"模块名称"，如图 4.5.30 和图 4.5.31 所示。

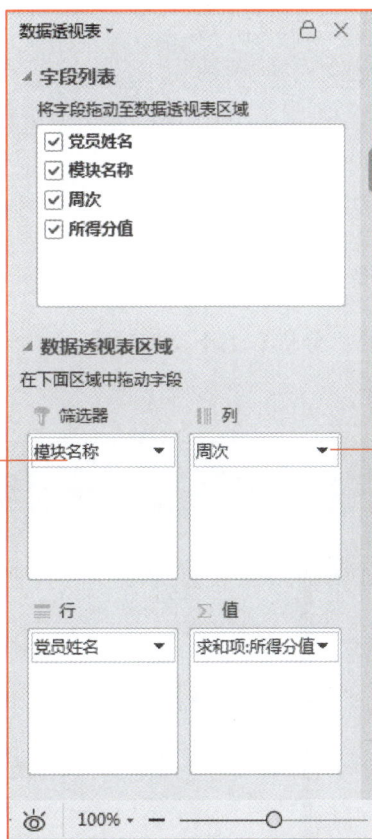

图 4.5.30
拖动字段和添加报表字段

将"模块名称"字段拖到"筛选器"区域

将"周次"字段拖到"列"区域

模块名称	(全部)			
求和项:所得分值	周次			
党员姓名	第二周	第三周	第一周	总计
高丽	161	196	168	525
黄明	175	175	182	532
刘云	231	182	217	630
肖弘	189	203	210	602
赵涛	196	189	231	616
周萌	189	189	231	609
总计	1141	1134	1239	3514

图 4.5.31
拖动字段和
添加报表字
段后的数据
透视表

注意：

　如果想要删除字段，只需在"字段列表"列表框中取消选中该字段的复选框即可。

⑦ 单击报表筛选字段"模块名称"旁的下三角按钮，在打开的下拉列表中选择"我要选读文章"选项，单击"确定"按钮，数据透视表将只汇总各个学生党员每周"我要选读文章"模块的所得分数和该模块 3 周的总得分，如图 4.5.32 和图 4.5.33 所示。

图 4.5.32
筛选字段

图 4.5.33
筛选结果

⑧ 选中数据透视表任意单元格，单击功能区中的"设计"上下文选项卡，选择"数据透视表样式"库中的"数据透视表样式浅色 17"，如图 4.5.34 所示，相应样式应用到当前数据透视表中。

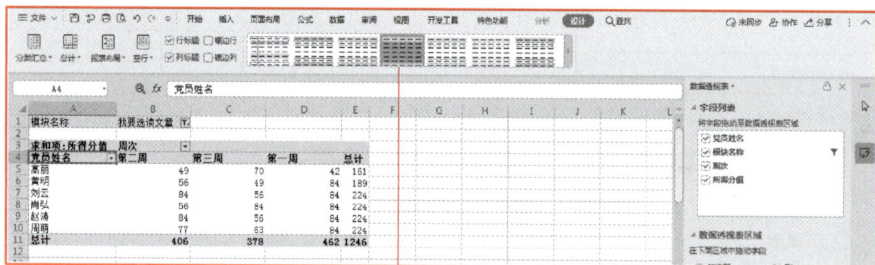

图 4.5.34
设置数据透视表样式

选择"数据透视表样式浅色17"

⑨ 选中数据透视表任意单元格，单击功能区中的"分析"上下文选项卡→"插入切片器"按钮，打开"插入切片器"对话框，如图 4.5.35 所示。

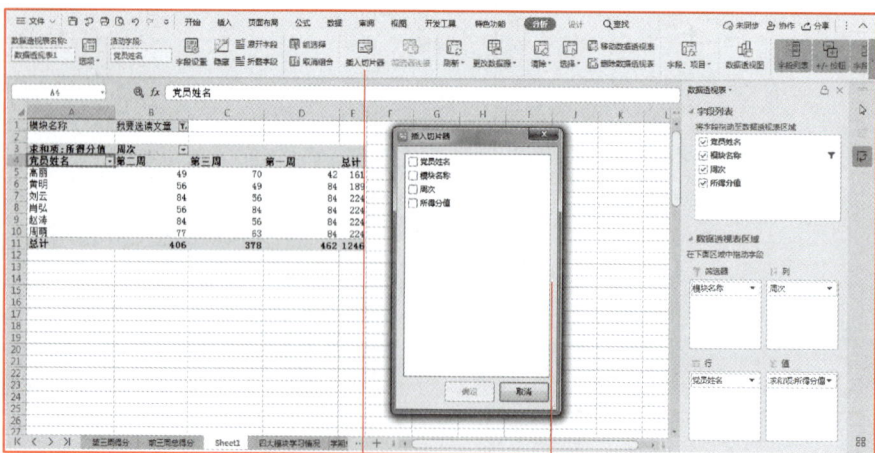

图 4.5.35
"插入切片器"对话框

单击"插入切片器"按钮   打开"插入切片器"对话框

⑩ 在"插入切片器"对话框中选择"党员姓名"复选框，单击"确定"按钮，打开"党

216

员姓名"对话框。选择其中一位党员"高丽"，透视表中则只显示"高丽"的信息。单击"党员姓名"对话框右上角的"清除筛选器"按钮，可以清除筛选，如图 4.5.36～图 4.5.38 所示。

图 4.5.36
使用切片器分析数据

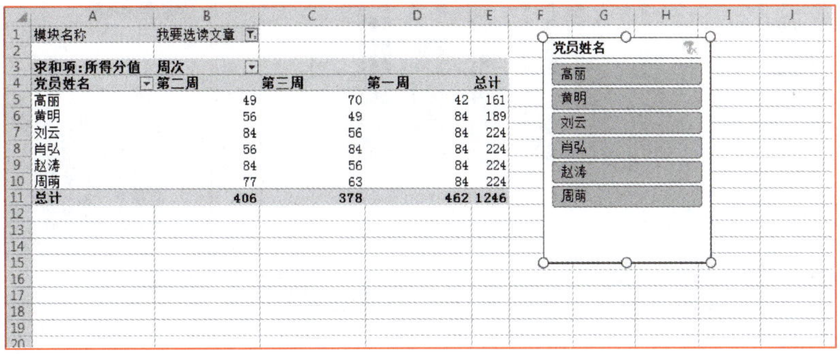

图 4.5.37
筛选字段

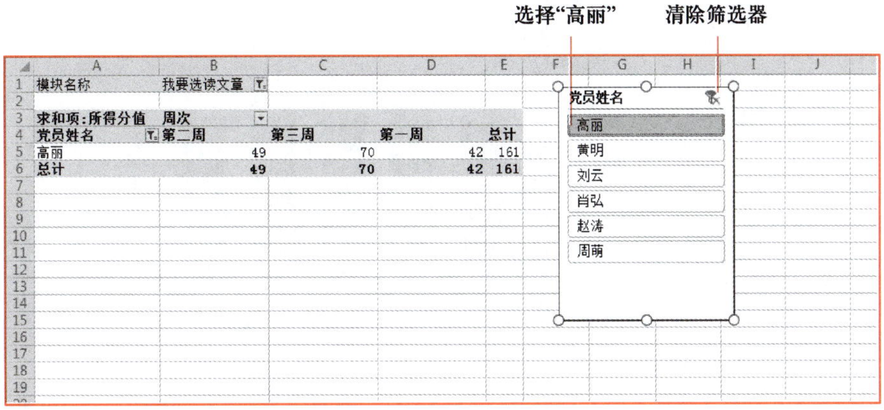

选择"高丽"　　　清除筛选器

图 4.5.38
清除筛选

2. 数据透视图

① 选中数据透视表任意单元格，单击功能区中的"分析"上下文选项卡→"数据透视图"按钮，如图 4.5.39 所示。

单击"数据透视图"按钮

图 4.5.39
单击"数据透视图"按钮

② 打开"插入图表"对话框，在右侧列表框中选择"柱形图"选项，设置图表子类型为"簇状柱形图"，如图 4.5.40 所示。

③ 单击"插入"按钮，将数据透视图插入当前数据透视表，单击数据透视图中的"模块名称""周次"和"党员姓名"字段筛选器，可更改图表中显示的数据，如图 4.5.41 和图 4.5.42 所示。

图 4.5.40
"插入图表"
对话框

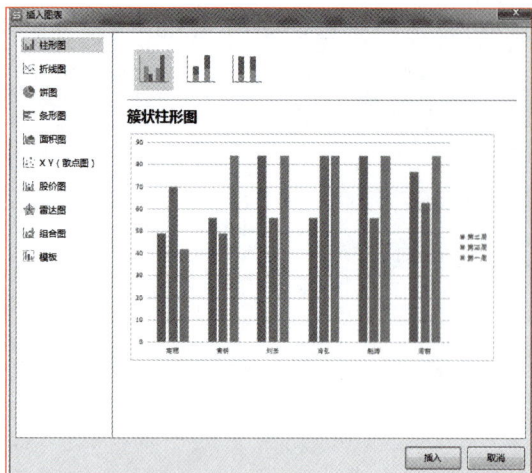

图 4.5.41
数据透视图

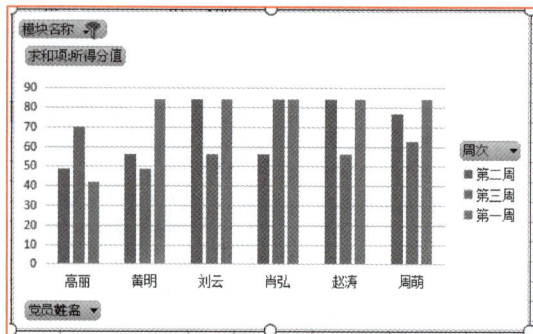

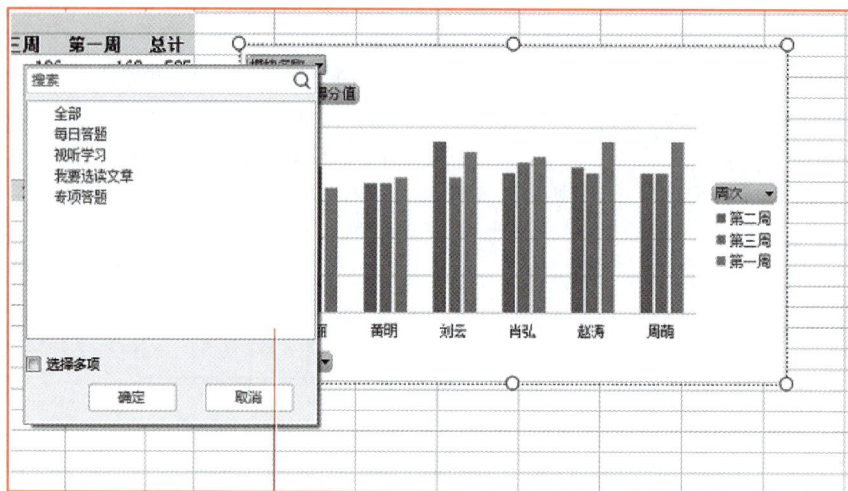

图 4.5.42
筛选数据透视图中的字段

单击图表区字段筛选

4.5.5　单变量求解

已知一个学期共有 18 周，如果每位学生党员都对自己学期末"学习强国"平台的总得分有一个预期分数值，那么为了达到这个预期分数值，平均每周需要获得多少分呢？WPS 表格中的单变量求解可以来解决这个问题。

微课 4-19
单变量求解

① 在工作簿文件"学生党员'学习强国'学习情况统计表"中选择"学期末总分"工作表。在 D2 单元格中输入计算"学期末预期得分"的公式，学期末预期得分=每周平均得分×所有周次，如图 4.5.43 所示。

② 选中计算公式所在的单元格 D2，单击功能区中的"数据"选项卡→"模拟分析"下拉按钮，在打开的下拉列表中选择"单变量求解"选项，打开"单变量求解"对话框，如图 4.5.44 所示。

③ 在"单变量求解"对话框的"目标单元格"参数框中选择包含计算公式的单元格 D2，在"目标值"文本框中输入高丽同学的预期分数"1080"分，在"可变单元格"参数框中选择单元格 B2，单击"确定"按钮，打开"单变量求解状态"对话框，单击"确定"按钮，显示最终的计算结果"60"，如图 4.5.45～图 4.5.47 所示。

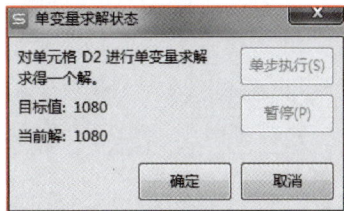

图 4.5.43 输入计算公式

图 4.5.44 "单变量求解"对话框

图 4.5.45 设置"单变量求解"参数

图 4.5.46 "单变量求解状态"对话框

④ 重复上述步骤，计算出其他学生党员为达到预期目标每周需要获得的平均分，如图 4.5.48 所示。

图 4.5.47 求解结果

图 4.5.48 "单变量求解"计算其他党员

4.5.6 规划求解

高丽同学某一天"学习强国"平台得分 54 分，但是她忘记了这个分数是学习哪几个模块得到的。已知当天高丽同学学习的模块得分都是满分，"学习强国"平台一共有 14 个可得分模块，每个模块的分值各不相同，如何去求解一个学习组合使得学习这几个模块得分加起来刚好是 54 分呢？WPS 表格中的规划求解功能可以解决这个问题。

微课 4-20 规划求解

① 在工作簿文件"学生党员'学习强国'学习情况统计表"中选择"模块组合"工作表。在 D2 单元格中输入公式"SUMPRODUCT (B2:B15,C2:C15)"，该公式表示用 B2～B15 的值分别乘以 C2～C15 的值，然后再相加。单元格 C2～C15 将分别存储数字 0 或 1，其中 0 表示不学习所对应的模块，1 表示学习所对应的模块，如图 4.5.49 所示。

图 4.5.49 "模块组合"工作表

② 选中公式所在的单元格 D2，单击功能区中的"数据"选项卡→"模拟分析"下拉按钮，在打开的下拉列表中选择"规划求解"选项，如图 4.5.50 所示。

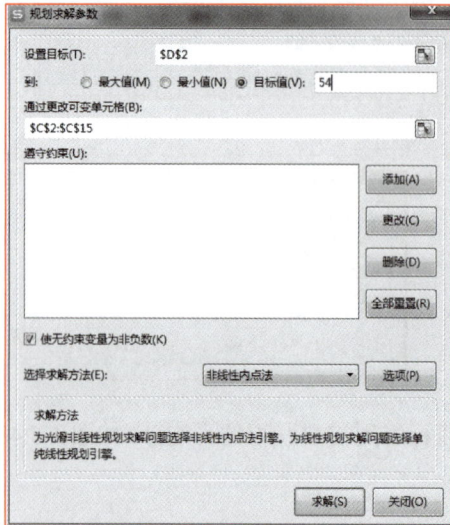

图 4.5.50
"规划求解"命令

③ 打开"规划求解参数"对话框，在"设置目标"参数框中选择单元格 D2，选中"目标值"单选按钮，并在其文本框中输入数值"54"，在"通过更改可变单元格"参数框中选择数据区域 C2:C15，如图 4.5.51 所示。单击"添加"按钮，打开"添加约束"对话框。

④ 在"添加约束"对话框中的"单元格引用"参数框中选择单元格区域 C2:C15。在约束条件组合框中的下拉列表中选择"<="，在"约束"文本框中输入"1"，设置 C2～C15 单元格的值小于或等于 1，单击"添加"按钮；重复操作步骤，设置第二个约束条件为 C2～C15 单元格的值大于或等于 0，单击"添加"按钮；再次重复操作步骤，设置第 3 个约束条件为 C2～C15 单元格的值为整数，此时单击"确定"按钮；将设置的 3 个约束条件添加至"规划求解参数"对话框的"遵守约束"参数框中，表明 C2～C15 单元格的值只能为 0 或 1；单击"求解"按钮，开始规划求解，如图 4.5.52～图 4.5.55 所示。

图 4.5.51
"规划求解参数"对话框

图 4.5.52
添加约束条件 1

图 4.5.53
添加约束条件 2

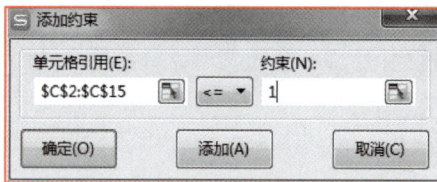

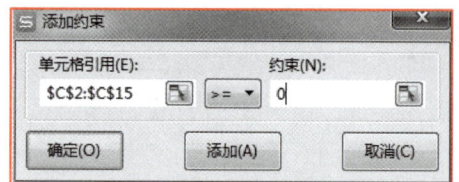

图 4.5.54
添加约束条件 3

图 4.5.55
将约束条件添加至对话框

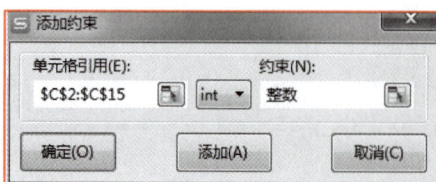

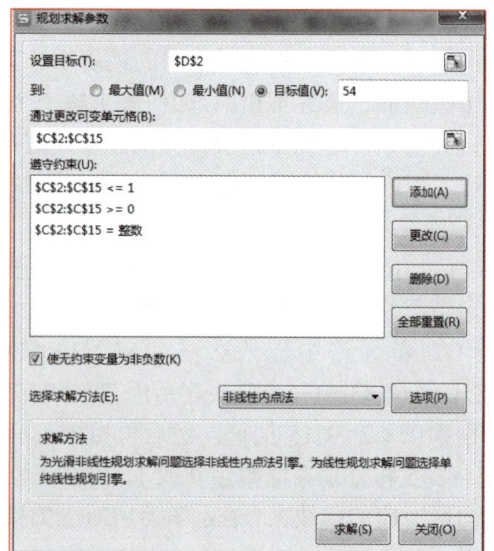

⑤ 在打开的"规划求解结果"对话框中，选中"保留规划求解的解"单选按钮，单击"确定"按钮，完成规划求解，如图 4.5.56 所示。此时数据区域 C2:C15 中，显示 1 表示学习该模块，显示 0 表示不学习该模块，如图 4.5.57 所示。

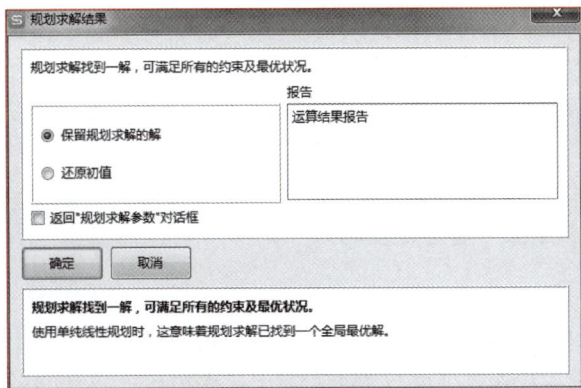

图 4.5.56
"规划求解
结果"对话框

图 4.5.57
规划求解结果

【背景知识】

1. 合并计算

合并计算是指用来汇总一个或多个源区域中数据的方法。合并计算不仅可以进行求和汇总，还可以进行求平均值、计数统计和求标准差等运算，利用它可以将各单独工作表中的数据合并计算到一个主工作表中。单独工作表可以与主工作表在同一个工作簿中，也可以位于其他工作簿中。

要想合并计算数据，首先必须为合并数据定义一个目标区，用来显示合并后的信息，此目标区域可以位于与源数据相同的工作表中，也可以在另一个工作表中。其次，需要选择要合并计算的数据源，此数据源可以来自单个工作表、多个工作表或多个工作簿。

WPS 表格中可以按位置合并计算，也可以按分类合并计算。按位置合并计算要求源区域中的数据使用相同的行标签和列标签，并按相同的顺序排列在工作表中，且没有空行或空列。当源区域中的数据没有相同的组织结构，但有相同的行标签或列标签时，可采用按分类合并计算方式进行汇总。

2. 分类汇总

分类汇总是把数据表中的数据分门别类地统计处理，无须建立公式，WPS 表格会自动对各类别的数据进行求和、求平均值、统计个数、求最大值（最小值）和总体方差等多种计算。并且分级显示汇总结果，从而增加了工作表的可读性，使用户能更快捷地获得需要的数据并做出判断。

要进行分类汇总的数据表的第一行必须有列标签，而且在分类汇总之前必须对数据进行排序，以使数据中拥有同一类关键字的记录集中在一起，然后再对记录进行分类汇总排列。

分类汇总分为简单分类汇总、多重分类汇总和嵌套分类汇总 3 种。

① 简单分类汇总指对数据表中的某一列或以一种汇总方式进行分类汇总。例如，要汇总进货表中不同经手人所进货物的数量和金额总计。

注意：

在"分类字段"下拉列表中进行选择时，该字段必须是已经排序的字段，如果选择没有排序的列标题作为分类字段，最后的分类结果是不正确的。此外，在"分类汇总"对话框中进行设置时，在"选定汇总项"列表框中选择的汇总项要与"汇总方式"下拉列表框中选择的汇总方式相符合，如文本是不能进行平均值计算的。

② 多重分类汇总是指对工作表中的某列数据选择两种或两种以上的分类汇总方式或汇总项进行汇总。也就是说，多重分类汇总每次用的"分类字段"总是相同的，而汇总方式或汇总项不同，而且第二次汇总运算是在第一次汇总运算的结果上进行的。

③ 嵌套分类汇总是指在一个已经建立了分类汇总的工作表中再进行另外一种分类汇总，两次分类汇总的字段是不同的，其他项可以相同也可以不同。在建立嵌套分类汇总前，首先对工作表中需要进行分类汇总的字段进行多关键字排序，排序的主要关键字应该是第 1 级汇总关键字，排序的次要关键字应该是第 2 级汇总关键字，其他以此类推。有几套分类汇总就需要进行几次分类汇总操作，第 2 次汇总是在第 1 次汇总的结果上进行操作，第 3 次汇总操作是在第 2 次汇总的结果上进行，以此类推。

在实际工作中，用户可能需要将分类汇总结果复制到其他表中另行处理，此时不能使用一般的复制、粘贴操作，否则会将数据与分类汇总结果一起进行复制。

3. 分级显示

对工作表的数据执行分类汇总后，WPS 表格会自动按汇总的分类分级显示数据。

① 分级显示明细数据：如在"1、2、3、4"分级显示符号 1 2 3 4 中，单击所需级别的数字，较低级别的明细数据会隐藏起来。

② 隐藏与显示明细数据：单击工作表左侧的折叠按钮 — 可以隐藏原始数据，此时该按钮变为 ＋ ，单击该按钮将显示其中的原始数据。

③ 清除分级显示：不需要分级显示时，可以根据需要将其部分或全部分级删除。

4. 数据透视表

数据透视表是一种对大量数据快速汇总和建立交叉表的交互式表格，用户可以旋转其行或列以查看对源数据的不同汇总，也可以通过显示不同的行标签来筛选数据，或者显示所关注区域的明细数据，它是 WPS 表格强大数据处理能力的具体体现。

数据透视表建好后，通过功能区中的"分析"和"设计"这两个上下文选项卡，可对数据透视表进行相应设置。

5. 数据透视图

数据透视图的作用与数据透视表相似，不同的是它可以将数据以图形方式表示出来。数据透视图通常有一个使用相同布局的相关联的数据透视表，两个报表中的字段相互对应。

创建数据透视图后，单击功能区中的各上下文选项卡，可以对数据透视图进行各种编辑操作。

6. 单变量求解

单变量求解用来解决以下问题：先假定一个公式的计算结果是某个固定值，当其中引用的变量所在单元格应取值为多少时该结果才成立。

用户根据所提供的目标值，不断调整引用单元格的值，按照当时所用公式，测算结果（即目标值）会随之不断变化，直至达到所需要求的目标值时，变量值才确定。

7. 规划求解

规划求解是根据已知的约束条件求最优化结果，或者可以理解为通过更改变量单元格来确定目标单元格的最大值、最小值或目标值，要求目标单元格必须有公式，且这个公式必须与变量相关，同时必须要有约束条件。

规划求解是一组命令的组成部分，这些命令有时也称为假设分析，借助规划求解，可求得工作表上某个单元格的最优值。规划求解将对直接或间接与目标单元格中公式相关联的一组单元格中的数值进行调整，最终在目标单元格公式中求得期望的结果。规划求解通过调整所指定的可更改的单元格（可变单元格）中的值，从目标单元格公式中求得所需的结果。

素材文件

【课后练习】

1. 请以"学生党员'学习强国'学习情况统计表"工作簿中的"四大模块学习情况"工作

表为素材，进行分类汇总，创建数据透视表及数据透视图，参数、样式自定义。

2. 毕业生小李在外实习，从事销售工作，假设销售产品单价为 98.00 元/个，销售产品成本为 69.00 元/个，请利用单变量求解回答，当小李的产品销量为多少时，利润才能达到 15000.00 元？

4.6 任务 23 掌握宏功能和共享的应用

【任务描述】

志愿服务是社会文明进步的重要标志，"奉献、友爱、互助、进步"的志愿服务精神，是社会主义核心价值观的重要体现。大学生参加志愿服务活动，不仅传递了爱心，传播了文明，也丰富了自己的生活体验，给自己更多的锻炼机会。为进一步调动学生们参与志愿服务的积极性，计信学院就近段时间开展的各项志愿服务活动，对相关同学进行志愿服务的时长进行了统计，根据时长多少评定相应的星级并进行表彰。

【考点分析】

① 掌握 WPS 表格中宏功能的运用。
② 掌握共享工作簿的操作流程。
③ 掌握保护工作簿和查看修订的方法。

PPT：任务 23 掌握宏功能和共享的应用

【最终效果】

本任务的最终效果如图 4.6.1 所示。

文本：效果文件

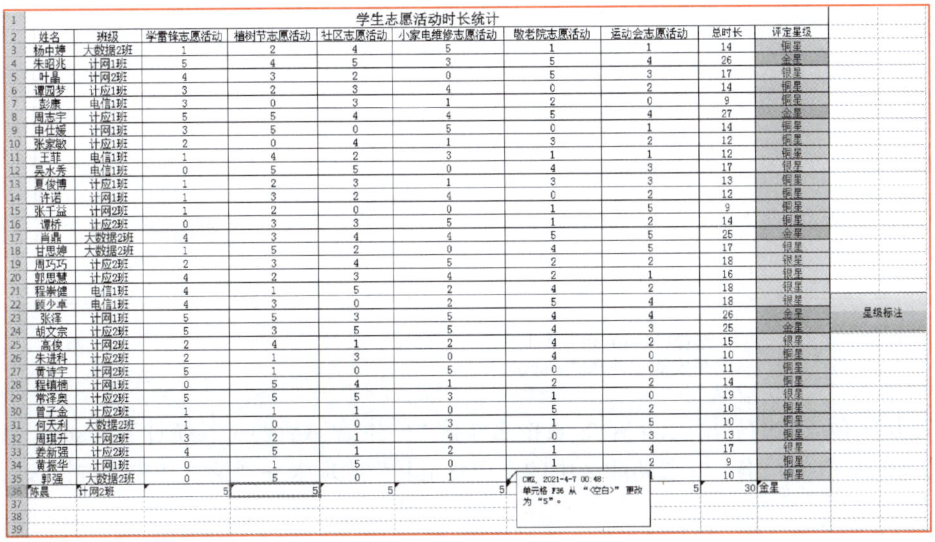

图 4.6.1 最终效果图

【任务实现】

•4.6.1 录制与使用宏

为在表格中直观地分辨出不同的星级，提高工作效率，可以使用 WPS 表格中的宏功能自动识别不同星级并突出该单元格。

1. 录制宏

① 由于需要使用到宏命令，因此 WPS 表格文件需要保存为启用宏的文件。打开素材文件夹中的工作簿文件"学生志愿活动时长统计表.xlsx"，选择功能区中的"文件"下拉菜单→"另

素材文件

存为"→"其他格式"选项，打开"另存为"对话框，选择"文件类型"下拉列表框中的"Microsoft Excel 启用宏的工作簿（*.xlsm）"，单击"保存"按钮，如图 4.6.2 和图 4.6.3 所示。

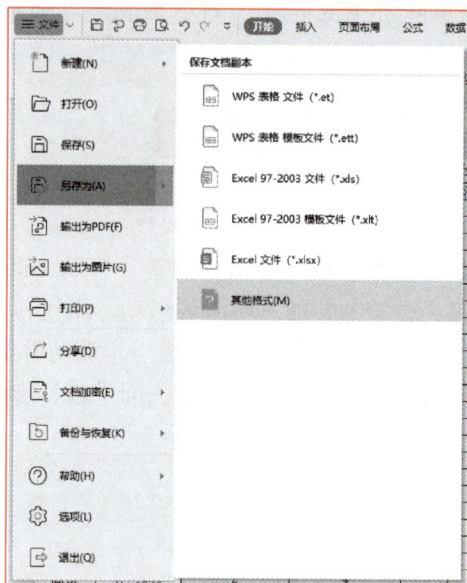

微课 4-21
录制与
使用宏

图 4.6.2
将表格另存为启用宏的文件

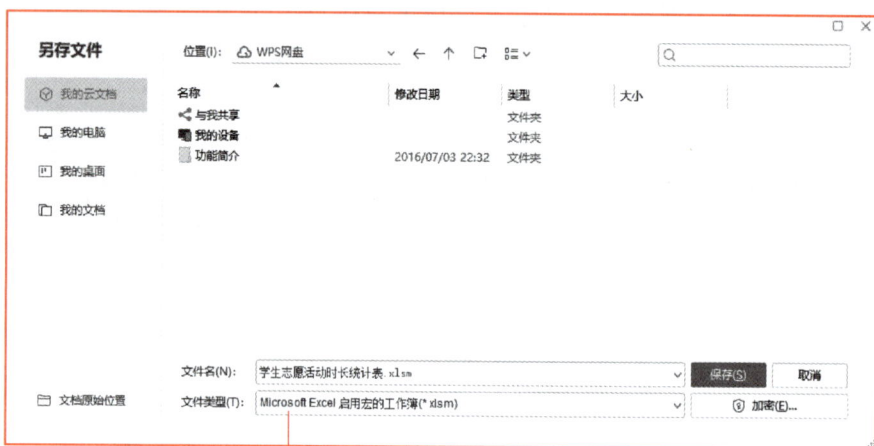

图 4.6.3
"另存为"对话框

选择"Microsoft Excel
启用宏的工作簿(*.xlsm)"

　② 打开保存成功的启用宏的 WPS 表格工作簿"学生志愿活动时长统计表.xlsm"。单击数据列表外的任意空白单元格，单击功能区中的"开发工具"选项卡→"录制新宏"按钮，如图 4.6.4 所示。

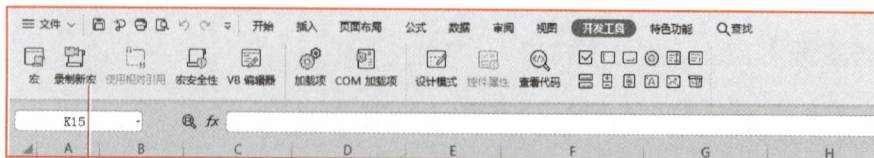

图 4.6.4
单击"录制新宏"按钮

单击"录制新宏"按钮

　③ 打开"录制新宏"对话框，在"宏名"文本框中输入名称"星级标注"，在"快捷键"文本框中可以输入一个快捷键方式，此处选择不输入，在"保存在"下拉列表框中选择用来保存宏的位置，此处选择"当前工作簿"，在"说明"文本框中可以对该宏进行相关说明，如图 4.6.5 所示。

④ 单击"确定"按钮，退出对话框，同时进入宏的录制过程。

⑤ 单击功能区中的"开始"选项卡→"条件格式"下拉按钮在打开的下拉列表中选择"突出显示单元格规则"→"文本包含"选项，如图 4.6.6 所示。

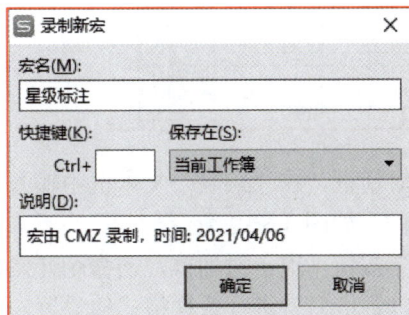

图 4.6.5
"录制新宏"
对话框

图 4.6.6
"条件格式"
按钮选择

⑥ 打开"文本中包含"对话框，在"为包含以下文本的单元格设置格式"文本框中输入文字"金星"，在"设置为"下拉列表框中选择"浅红填充色深红色文本"选项，如图 4.6.7 所示。单击"确定"按钮，退出对话框，完成对星级为"金星"的单元格条件格式的设置。

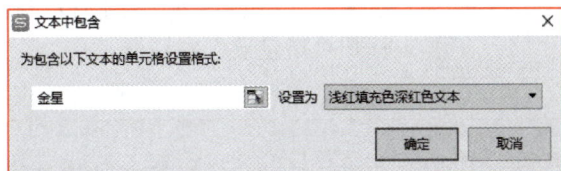

图 4.6.7
"文本中包含"对话框

⑦ 重复步骤⑤和⑥的操作，为"银星"和"铜星"设置条件格式，如图 4.6.8 和图 4.6.9 所示。

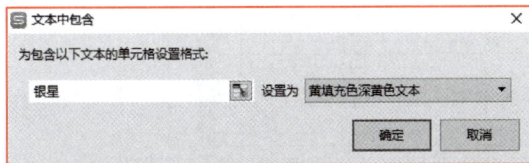

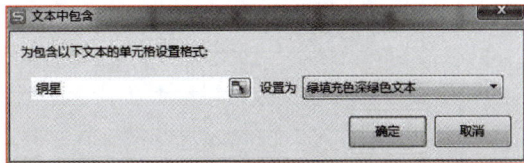

图 4.6.8
为"银星"
设置条件格式

图 4.6.9
为"铜星"
设置条件格式

⑧ 操作完成后，单击功能区中的"开发工具"选项卡→"停止录制"按钮，如图 4.6.10 所示，完成宏的录制。

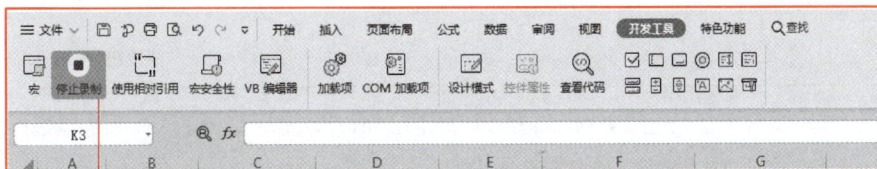

单击"停止录制"按钮

图 4.6.10
单击"停止录制"按钮

2. 执行宏命令

① 选中数据区域 J3:J17，要利用宏命令对该单元格区域设置条件格式。单击功能区中的"开发工具"选项卡→"宏"按钮，如图 4.6.11 所示。

单击"宏"按钮

图 4.6.11
单击"宏"按钮

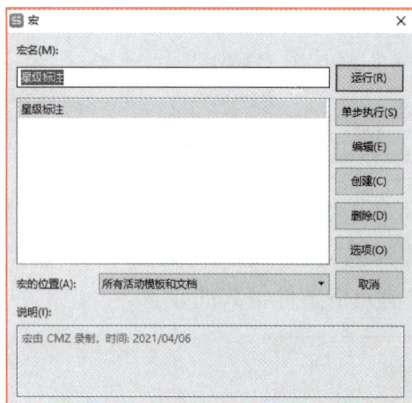

图 4.6.12
"宏"对话框

② 打开"宏"对话框，在"宏名"文本框中输入新录制的宏"星级标注"，如图 4.6.12 所示。

③ 单击"运行"按钮，退出对话框，宏命令开始执行，为选中的数据区域 J3:J17 进行条件格式的设置，如图 4.6.13 所示。

3. 添加宏命令执行按钮

① 单击功能区中的"插入"选项卡→"按钮"按钮，在数据区域外绘制按钮控件，如图 4.6.14 所示，打开"指定宏"对话框。

图 4.6.13
执行宏命令

"按钮"按钮

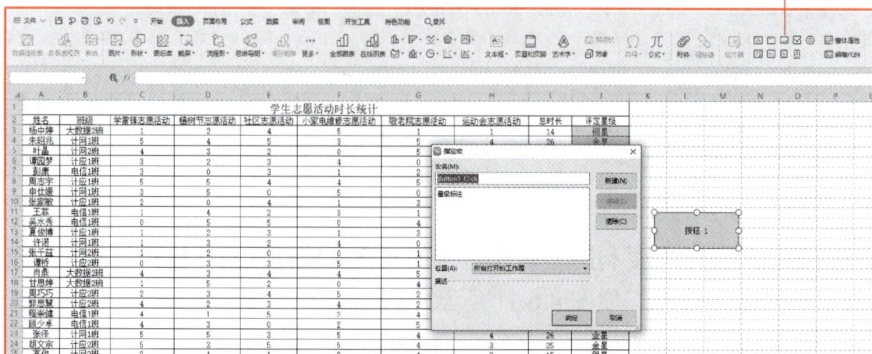

图 4.6.14
绘制按钮控件

② 在"指定宏"对话框的"宏名"文本框中输入新录制的宏"星级标注",单击"确定"按钮退出对话框,如图 4.6.15 所示。

③ 在按钮控件的文字中插入光标,输入文字"星级标注",修改按钮控件的名称。

④ 单击功能区中的"开发工具"选项卡→"退出设计"按钮,如图 4.6.16 所示。

⑤ 选中数据区域 J18:J35,单击"星级标注"宏命令按钮,将利用宏命令自动识别选中数据区域 J3:J17 中的星级并进行相应的条件格式设置,如图 4.6.17 所示。

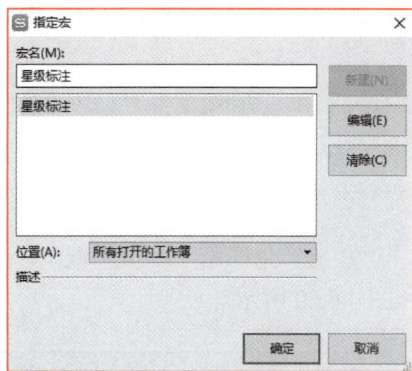

图 4.6.15 "指定宏"对话框

"退出设计"按钮

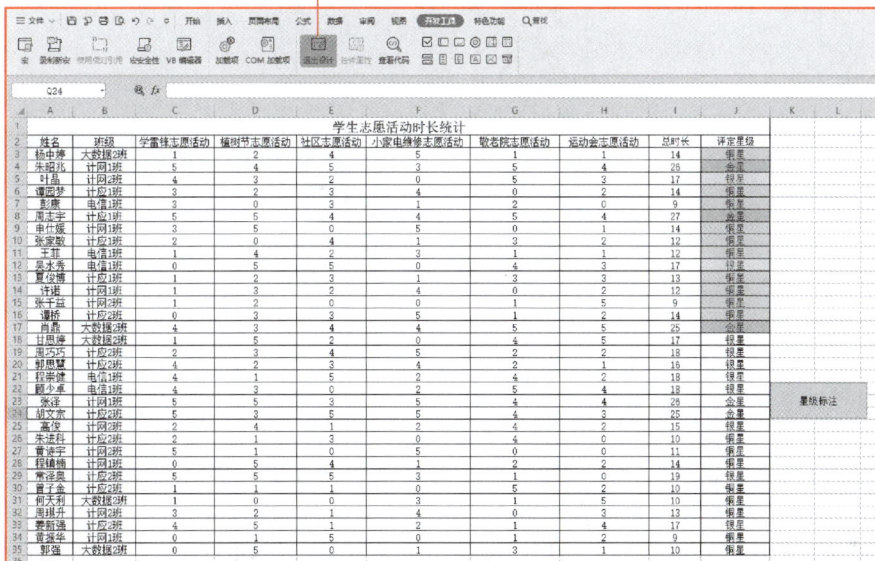

图 4.6.16 单击"退出设计"按钮

图 4.6.17 执行宏命令

4.6.2 共享和保护 WPS 表格文件

将表格进行共享,让每位参与志愿活动的同学都可以共享查看和添加自己的志愿服务信息,让信息的统计和传递更加高效、及时。

1. 共享和保护

① 在共享工作簿前,为避免重要信息被修改,可以事先设定共享的区域。单击功能区中的"审

微课 4-22 共享和保护 WPS 表格文件

阅"选项卡→"允许用户编辑区域"按钮，如图 4.6.18 所示，打开"允许用户编辑区域"对话框。

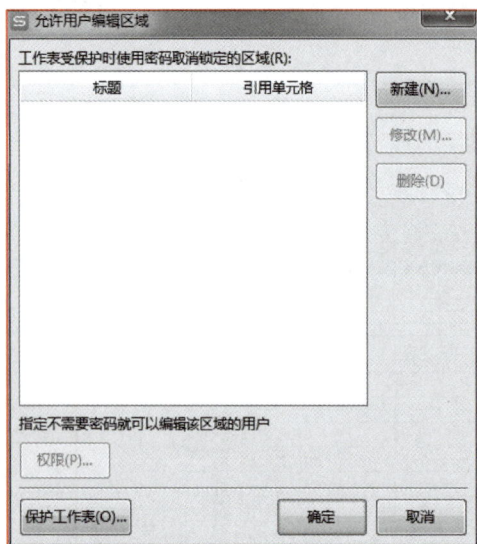

图 4.6.18
"允许用户编辑区域"按钮

"允许用户编辑区域"按钮

② 在"允许用户编辑区域"对话框中单击"新建"按钮，打开"新区域"对话框，如图 4.6.19 和图 4.6.20 所示。

图 4.6.19
"允许用户编辑
区域"对话框

图 4.6.20
"新区域"对话框

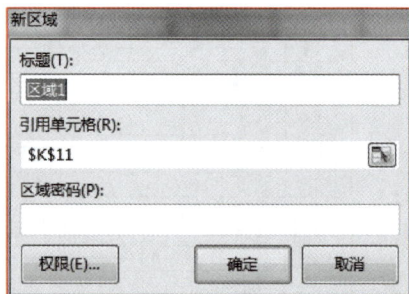

③ 在"新区域"对话框的"引用单元格"参数框中选择单元格区域 A36:J36，该区域是数据下方的空白区域，表示用户不能更改表中已有的信息，但是可以在空白地方添加新信息，单击"确定"按钮，退出"新区域"对话框，同时将单元格区域 A36:J36 添加到"允许用户编辑区域"对话框中，如图 4.6.21 和图 4.6.22 所示。

图 4.6.21
选定可编辑的区域

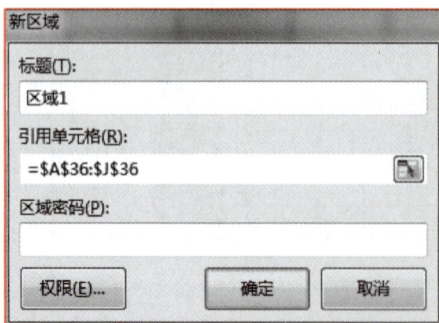

图 4.6.22
将可编辑的区域
添加到对话框

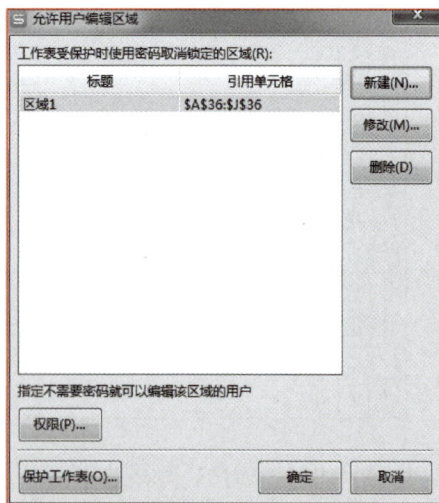

④ 给工作表设置一个保护密码，单击"允许用户编辑区域"对话框左下方的"保护工作表"按钮，打开"保护工作表"对话框，如图 4.6.23 所示，在"密码"文本框中输入工作表的保护密码，此处输入"123"，在"允许此工作表的所有用户进行"列表框中选中"选定锁定单元格"和"选定未锁定的单元格"两个复选框。单击"确定"按钮，打开"确认密码"对话框，在"重

新输入密码"文本框中再次输入密码"123"，单击"确定"按钮，完成对工作表的密码保护设置，如图 4.6.24 所示。

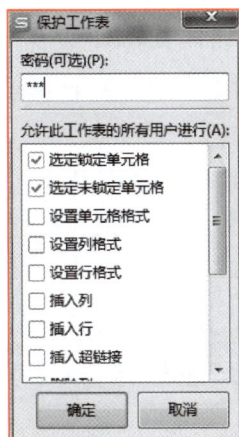

图 4.6.23
保护工作表设置

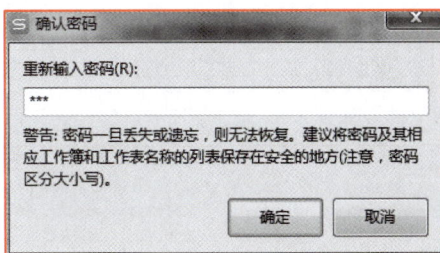

图 4.6.24
"确认密码"对话框

⑤ 单击功能区中的"审阅"选项卡→"共享工作簿"按钮，如图 4.6.25 所示，打开"共享工作簿"对话框。

图 4.6.25
"共享工作簿"按钮

⑥ 在"共享工作簿"对话框中，选中"允许多用户同时编辑，同时允许工作簿合并"复选框，单击"确定"按钮，此时文档便实现共享，文件名称中带有"共享"二字，此时在不允许修改的单元格上修改数据会弹出警告信息，如图 4.6.26～图 4.6.28 所示。

图 4.6.26
"共享工作簿"对话框

图 4.6.28
警告信息

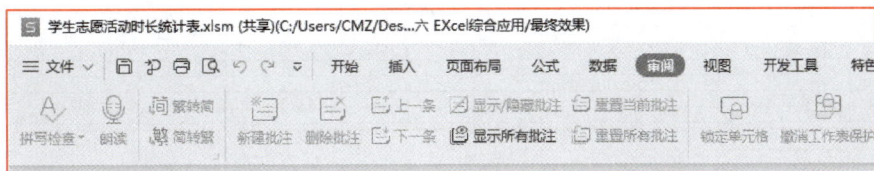

图 4.6.27
共享文件

2. 记录共享工作簿的修订信息

① 单击功能区"审阅"选项卡→"保护共享工作簿"按钮，如图 4.6.29 所示，此时成功对工作簿进行了共享保护，并显示"撤销对共享工作簿的保护"字样，如图 4.6.30 所示。

图 4.6.29
"保护共享工作簿"
切换按钮

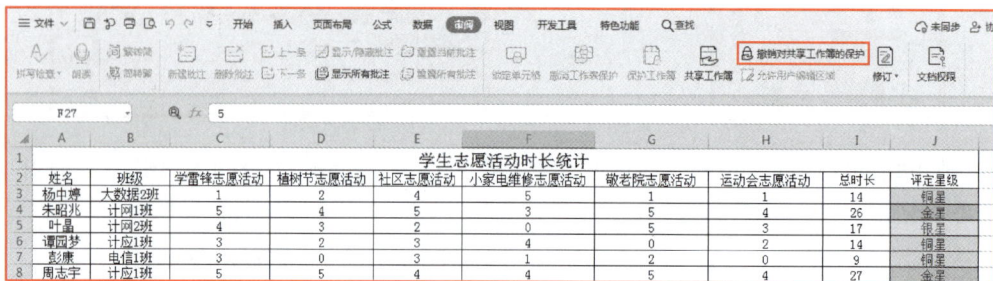

图 4.6.30
"撤销对共享工作簿的保护"字样

② 突出显示他人对工作簿的修改。单击功能区"审阅"选项卡→"修订"下拉按钮，在打开的下拉列表中选择"突出显示修订"选项，如图 4.6.31 所示。

图 4.6.31
"突出显示修订"
选项

③ 在打开的"突出显示修订"对话框中，选中"修订人"复选框，并在其右侧下拉列表框中选择"每个人"选项，选中"位置"复选框，并在其右侧参数框中选择前期设定的可编辑的单元格区域 A36:J36。单击"确定"按钮，退出对话框，如图 4.6.32 所示。

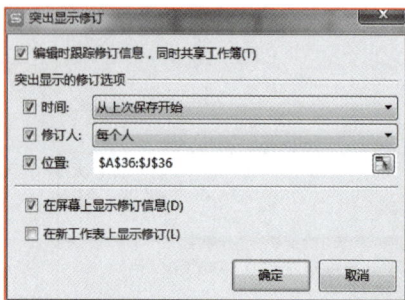

④ 在可编辑的单元格区域 A36:J36 中输入一行新的志愿者志愿服务时长信息，将光标放到添加的内容上，会显示什么人在什么时间对这个单元格内容进行了修改，如图 4.6.33 和图 4.6.34 所示。

图 4.6.32
"突出显示修订"对话框

图 4.6.33
突出显示修改内容的信息

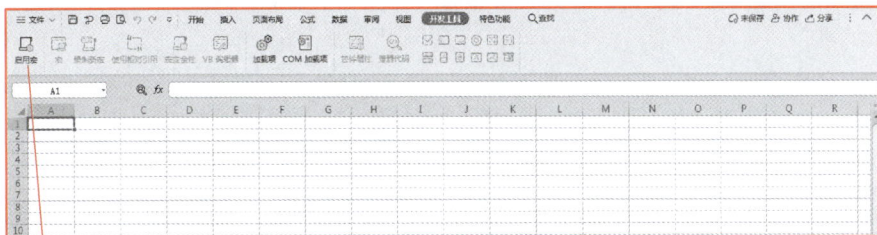

図 4.6.34
显示修改内容的
相关信息

【背景知识】

WPS 表格中的宏，可以理解为一个自动记录的小程序，让常用到的重复任务自动化，从而提高办公效率。有些宏仅仅是记录键击或鼠标单击操作，但开发人员可以编写宏代码，实现更加强大的功能。

WPS 表格在初始状态下没有办法直接使用宏。当第一次使用宏时，要进行相关的操作。单击功能区中的"开发工具"选项卡→"启用宏"按钮，如图 4.6.35 所示，会弹出说明界面，对启用宏的操作进行相关说明。根据操作说明即可完成宏的启动。

"启用宏"按钮

图 4.6.35
"启用宏"按钮

【课后练习】

在工作簿文件"学生志愿活动时长统计表.xlsx"中，录制一个自动运行的宏对各志愿者总时长进行排序，并自动标识出总时长的前 3 名，最后将工作簿共享。

素材文件

第 5 章　WPS 演示文稿

5.1　任务 24　掌握演示文稿的基本操作

【任务描述】

为了激发学生热爱生活、建设家乡、报效祖国的雄心壮志，武汉某高校计算机应用技术专业 2020 级 3 班即将召开《我的家乡》主题班会，需要大家制作自己家乡简介的演示文稿并上台讲解。该班李萱萱同学的家乡正好是学校所在地——武汉，她非常喜欢一位诗人对自己家乡江滩美景的赞颂："两江四堤八林带，火树银花不夜天"。她准备以《魅力江城武汉》为题，介绍自己的家乡。于是她准备搜集、整理相关素材，结合 WPS 制作演示文稿的方法，完成该任务。

PPT：任务 24 掌握演示文稿的基本操作

PPT

【考点分析】

① 掌握演示文稿的基本功能和基本操作，幻灯片的组织与管理，演示文稿的视图模式和使用。

② 掌握演示文稿中幻灯片的主题应用、背景设置。

③ 掌握幻灯片中文本的编辑和应用。

④ 设置幻灯片切换效果。

⑤ 分析图文素材，并根据需求提取相关信息引用到 WPS 演示文稿中。

【最终效果】

本任务的最终效果如图 5.1.1 所示。

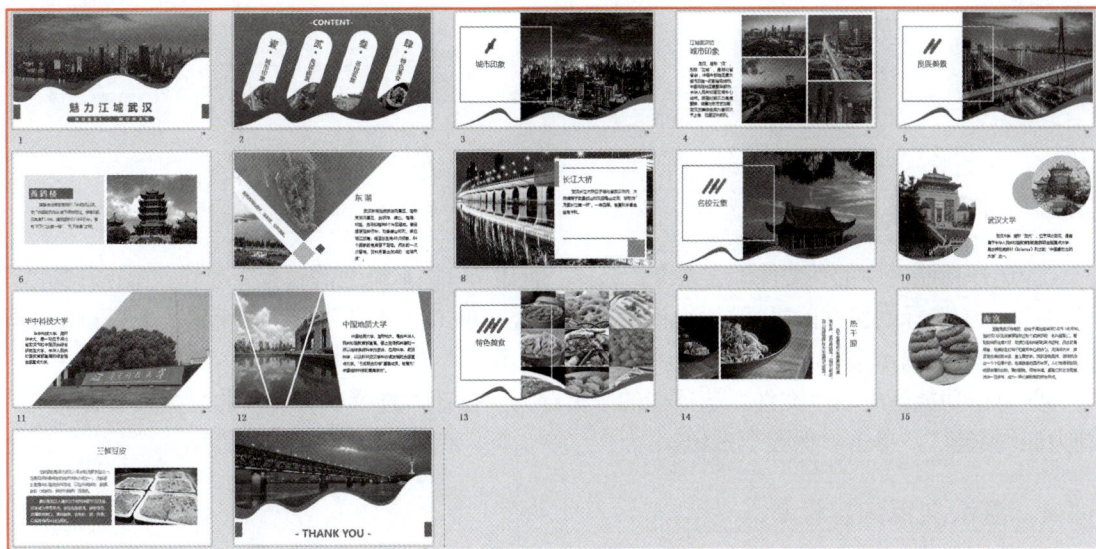

文本：效果文件

图 5.1.1
《魅力江城武汉》演示文稿最终效果

【任务实现】

5.1.1　素材的收集与分析

1. 收集素材

李萱萱同学在网上经过大量的搜索，收集了许多素材，包括城市介绍、景点等图片及文字资料，还包括许多优秀的 WPS 演示文稿模板。

2. 分析素材

经过对素材的分析，结合本演示文稿的主题内容，将素材大致分为城市介绍、景点介绍、名校介绍、美食介绍四大类，也准备了相应的演示文稿模板。李萱萱同学对收集到的模板非常喜欢，决定按模板制作演示文稿。

5.1.2　演示文稿模板的应用

① 双击打开素材中命名为"模板"的 WPS 演示模板文件。

② 选择功能区中的"开始"选项卡，选择"另存为"→"WPS 演示 模板文件（*.dpt）"选项，在打开的"另存文件"对话框中保存本模板，并命名为"武汉-模板"，单击"保存"按钮，如图 5.1.2 和图 5.1.3 所示。

图 5.1.2
另存为模板
文件

图 5.1.3
保存为模板

5.1.3　新建演示文稿

① 选择功能区中的"文件"选项卡，选择"新建"→"本机上的模板"选项，在打开的"模板"对话框中选择刚保存的"武汉-模板"主题模板，单击"确定"按钮，新建一个以自定义模板为主题模板的演示文稿，如图 5.1.4 和图 5.1.5 所示。

② 单击功能区中的"文件"选项卡的"另存为"按钮，选择保存文件的位置，文件命名为"魅力江城武汉"，单击"保存"按钮。

5.1.4　演示文稿内容设置

演示文稿首页幻灯片和其他幻灯片，类似于书本封面和内容。

图 5.1.4
从"本机上的模板"
新建演示文档

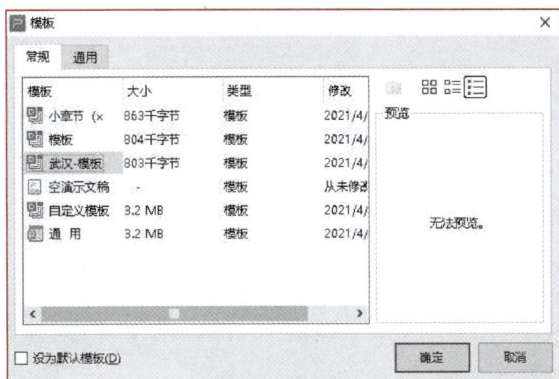

图 5.1.5
"模板"
对话框

1. 幻灯片操作

① 按照制作思路本演示文稿共 17 张幻灯片，其中第 1 张为封面页（首页），第 2 张为目录页；共分为 4 个章节，每个章节开始前有 1 张节标题页，第 1 章节有 1 张内容页，第 2～4 章节各有 3 张内容页，最后 1 张为结束页。

② 按照以上的演示文稿的组成思路，将打开模板中的第 3 页作为章节标题页，因此共需要 4 张，需要复制 3 张，操作如下：

在导航窗格中选择第 3 张幻灯片，右击，在弹出的快捷菜单中选择"复制幻灯片"命令，直接在第 3 张幻灯片下复制了一张幻灯片。重复操作 3 次，如图 5.1.6 所示。

③ 拖动鼠标，将复制的幻灯片移到相应的位置。

2. 首页幻灯片的制作（选中第 1 张幻灯片）

（1）输入标题

① 选中第一张幻灯片中的"PPT 模板"和"PPT template"文本框，分别输入"魅力江城武汉"和"HUBEI·WUHAN"。

② 选中文字"魅力江城"，在弹出的浮动工具栏中单击"字体颜色"的下拉按钮，从中选择标准色"蓝色"，如图 5.1.7 所示。

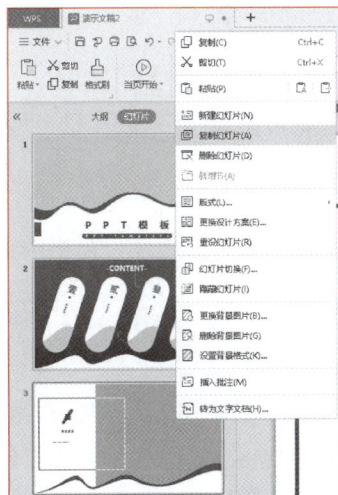

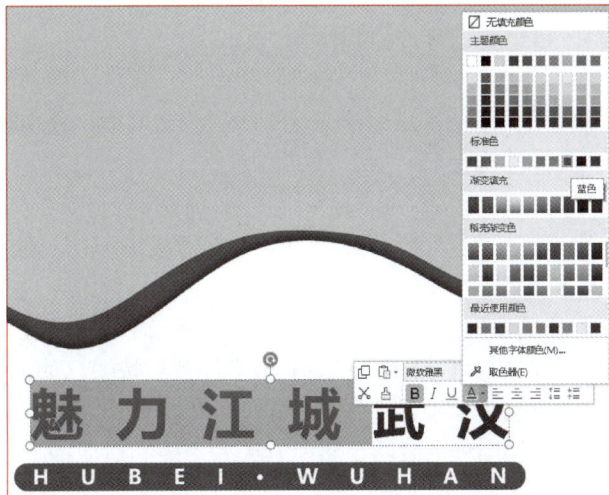

图 5.1.6
在快捷菜单中，
选择"复制幻
灯片"命令

图 5.1.7
输入标题和
更改字体颜色

（2）背景设置

单击功能区中的"设计"选项卡→"背景"按钮，在右侧"对象属性"窗格中选中"图片或纹理填充"单选按钮，在"图片填充"下拉列表框中选择"本地文件"选项，在打开的对话框中选择存放素材的位置，选择素材图片"封面.jpg"，单击"打开"按钮，如图 5.1.8 和图 5.1.9 所示。

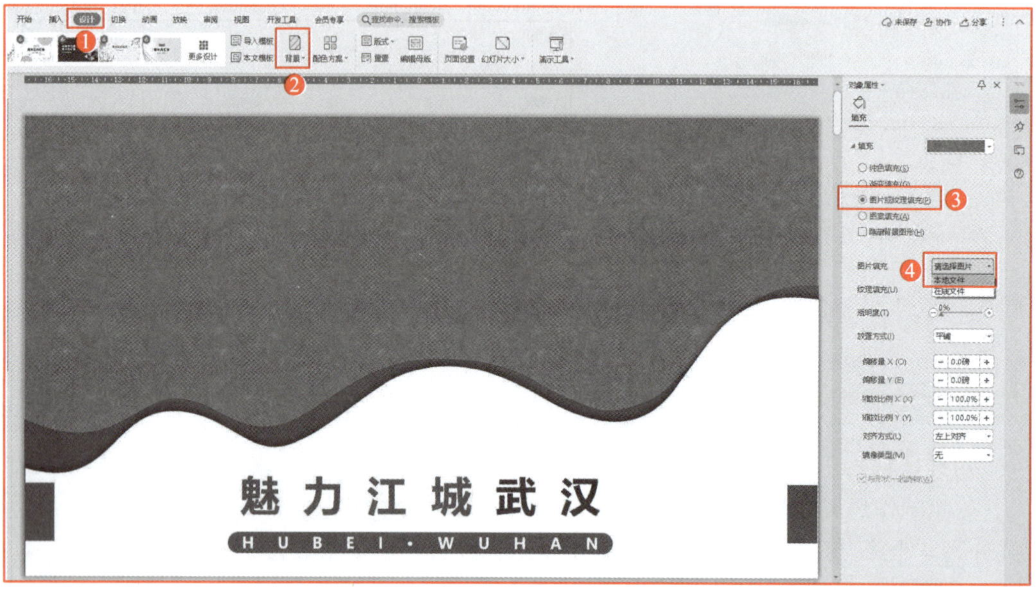

图 5.1.8
设置首页背景

调整背景并设置"放置方式"为"拉伸"，填充偏移的数据，根据图片实际效果适当微调，效果如图 5.1.10 所示。

图 5.1.9
"选择纹理"
对话框

图 5.1.10
填充背景后的
首页效果

3．目录页幻灯片的制作

（1）输入文本

选中幻灯片相对应"壹"～"肆"的文本框，分别输入文字"城市印象""良辰美景""名校云集""特色美食"。

（2）背景设置

① 选中"壹"所在圆角矩形下方形状图形（灰色区域），在右侧"对象属性"窗格中选择"形状选项"→"填充与线条"选项卡，单击"填充"按钮，选中"图片或纹理填充"单选按钮，在"图片填充"下拉列表框中选择"本地文件"选项，在打开的对话框中选择存放素材的位置，选择素材图片"目录 1.jpg"，单击"打开"按钮，如图 5.1.11 和图 5.1.12 所示。

② 调整背景设置"放置方式"为"拉伸"，填充偏移的数据，根据图片实际效果适当微调。

③ 使用同样的方法，将"贰"～"肆"对应的形状图形进行图片填充，分别使用素材图片"目录 2.jpg""目录 3.jpg"和"目录 4.jpg"。完成后的效果如图 5.1.13 所示。

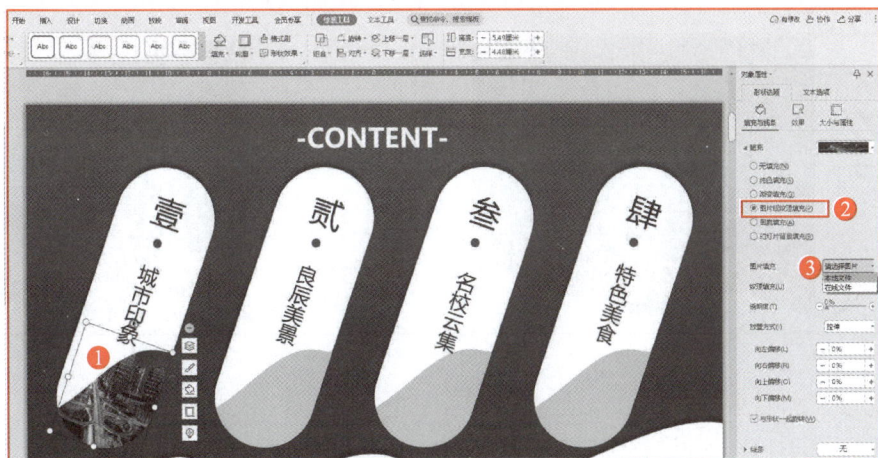

图 5.1.11
设置目录页背景

图 5.1.12
"选择纹理"
对话框

图 5.1.13
目录页效果图

4. 章节标题页（1～4）幻灯片的制作

（1）输入文本

选中对应的幻灯片（第 3 页），在对应"壹"的文本框中输入文字"城市印象"，删除下方介绍内容的文本框。

（2）背景设置

① 选中"壹"右侧的形状图形（灰色区域），使用前面所述的方法对背景进行填充操作，选择素材图片为"章节标题 1.jpg"。

② 调整背景并设置"放置方式"为"拉伸"，填充偏移的数据，根据图片实际效果适当微调。

③ 使用同样的方法对第 2～4 章对应的章节标题页进行设置，分别使用素材图片"章节标题 2.jpg""章节标题 3.jpg"和"章节标题 4.jpg"，并输入对应的文本。对于表示章节序号的斜向圆角矩形的数量，可以采用复制后粘贴方式完成，点击斜向圆角矩形形状，在键盘上按 Ctrl+C 组合键进行复制，并按 Ctrl+V 组合键进行粘贴，单击复制出来的形状，移动到合适的位置，完成后的效果如图 5.1.14～图 5.1.17 所示。

微课 5-3
章节标题页
幻灯片的
制作

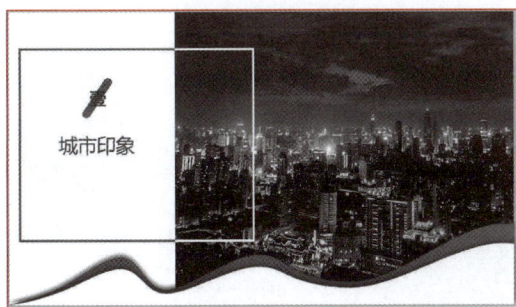

图 5.1.14
第 1 章节标题
页效果图

图 5.1.15
第 2 章节标题
页效果图

图 5.1.16
第 3 章节标题
页效果图

图 5.1.17
第 4 章节标题
页效果图

5. 内容页幻灯片的制作

选中第 4 张幻灯片，并进行编辑。

（1）输入文本

在对应的文本框中输入文字"江城武汉的""城市印象"以及城市介绍的段落文字，此处的文字可以从素材"魅力江城武汉.docx"文档中复制，并粘贴到对应的文本框中。

（2）背景设置

① 选中右侧的图片区域，使用前面所述方法对背景进行填充操作，选择素材图片为"城市印象 1.jpg""城市印象 2.jpg""城市印象 3.jpg""城市印象 4.jpg"。

② 调整背景并设置"放置方式"为"拉伸"，填充偏移的数据，根据图片实际效果适当微调。

（3）同类页面的制作

使用同样的方法对第 2～4 章对应的章节内容页进行如下设置。

- "东湖"内容页使用素材图片"东湖 1.jpg""东湖 2.jpg"。
- "长江大桥"内容页使用素材图片"长江大桥.jpg"。
- "武汉大学"内容页使用素材图片"武汉大学 1.jpg""武汉大学 2.jpg"。
- "华中科技大学"内容页使用素材图片"华中科技大学.jpg"。
- "中国地质大学"内容页使用素材图片"中国地质大学.jpg"。

在素材"魅力江城武汉.docx"文档中复制对应的文字，并粘贴到对应的文本框。完成后的效果如图 5.1.18～图 5.1.23 所示。

图 5.1.18
"城市印象"
内容页效果图

图 5.1.19
"东湖"内容页
效果图

图 5.1.20
"长江大桥"
内容页效果图

图 5.1.21
"武汉大学"
内容页效果图

图 5.1.22
"华中科技
大学"内容页
效果图

图 5.1.23
"中国地质
大学"内容页
效果图

6. 其他内容页幻灯片的制作

(1)新建幻灯片

选中第 5 张幻灯片并右击，在弹出的快捷菜单中选择"新建幻灯片"命令，新建一张幻灯片，如图 5.1.24 所示。

(2)插入图片

单击功能区中的"插入"选项卡→"图片"按钮，在打开的对话框中选择存放素材的位置，选择素材图片"黄鹤楼.jpg"，单击"打开"按钮，调整图片的大小和位置，如图 5.1.25 所示。

(3)插入图形

① 单击功能区中的"插入"选项卡→"形状"按钮，在打开的下拉面板中选择"矩形"选项，在页面图片左侧的空白处插入图形，调整图形的大小和位置，如图 5.1.26 所示。

② 设置该图形为"纯色填充"，颜色为自定义色 RGB（222,240,250），如图 5.1.27 所示。

微课 5-4
其他内容页
幻灯片的
制作

图 5.1.24
选择"新建
幻灯片"命令

图 5.1.25
插入图片

图 5.1.26
插入矩形图形

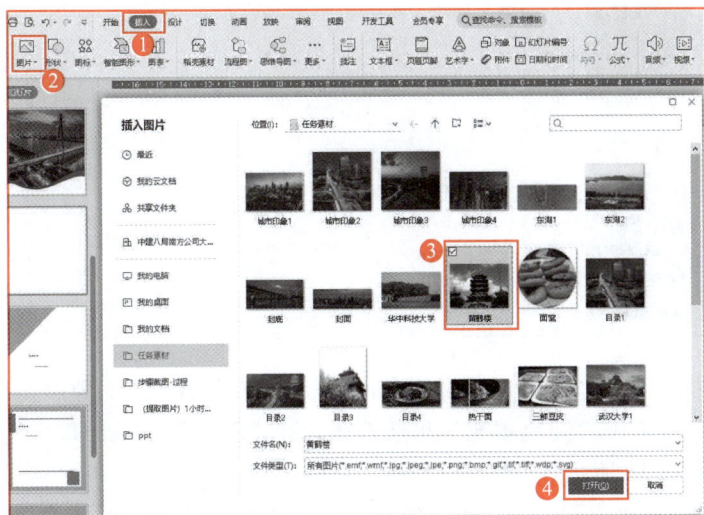

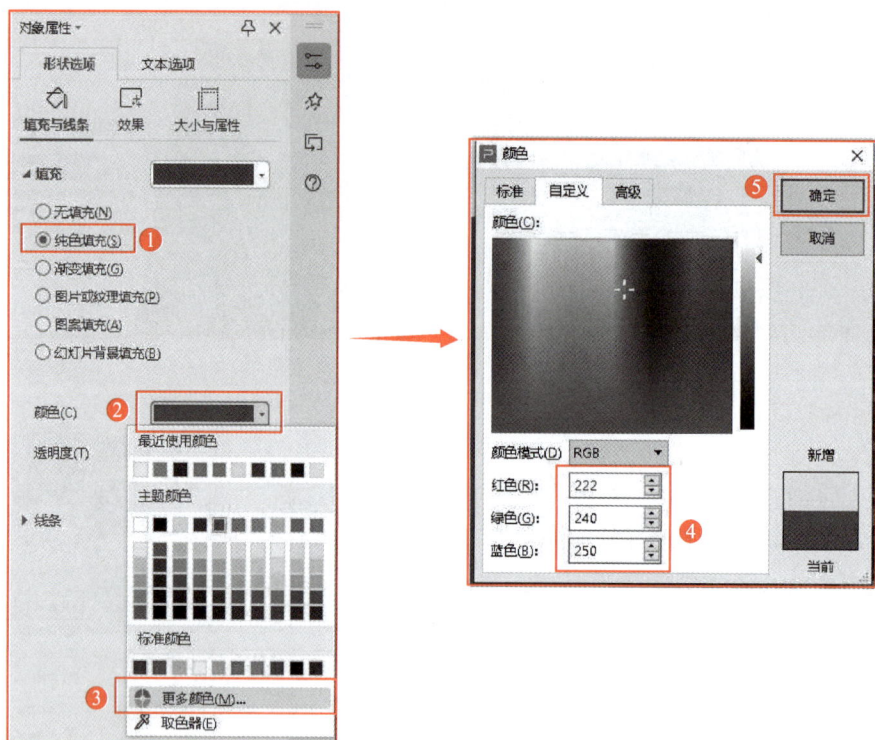

图 5.1.27
设置图形填充颜色

（4）插入文字

① 在素材"魅力江城武汉.docx"文档中复制文字"黄鹤楼"，并单击新建的页面空白区域，按 Ctrl+V 组合键进行粘贴，页面中出现了含有文字"黄鹤楼"的文本框，如图 5.1.28 所示。

② 选中文字"黄鹤楼"，单击功能区中的"开始"选项卡，在"字体"选项组中设置字体格式：字体为"微软雅黑"、字号为 36、颜色为"白色"、"粗体"显示、左对齐，如图 5.1.29 所示。

图 5.1.28
插入"黄鹤楼"文字

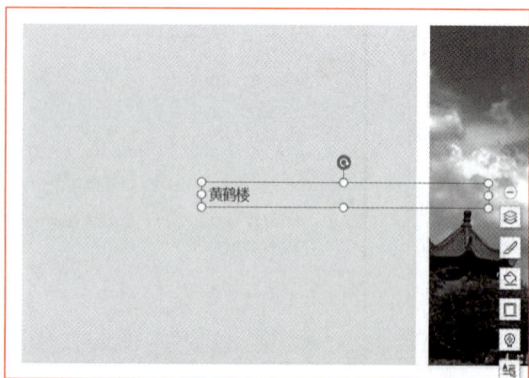

图 5.1.29
设置"黄鹤楼"文字格式

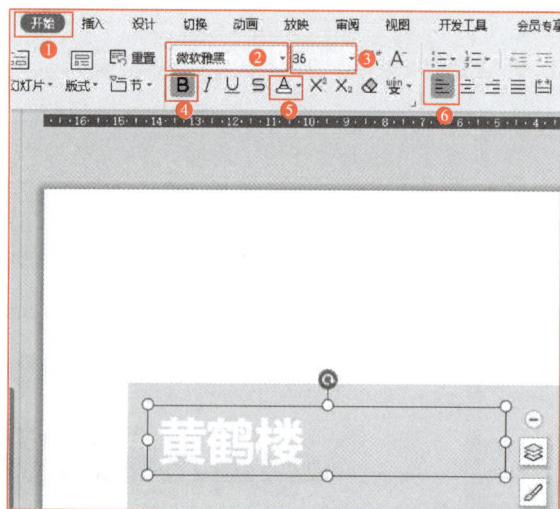

③ 右击该文本框，在弹出的快捷菜单中选择"设置对象格式"命令，在打开的"对象属性"任务窗格中选择"形状选项"选项卡，选中"纯色填充"单选按钮，在"颜色"下拉面板中选择标准色"蓝色"，如图 5.1.30 和图 5.1.31 所示。

④ 使用同样的方法插入黄鹤楼的简介文字，并设置字体格式：字体为"微软雅黑"、字号为 18、颜色为"黑色"、左对齐。

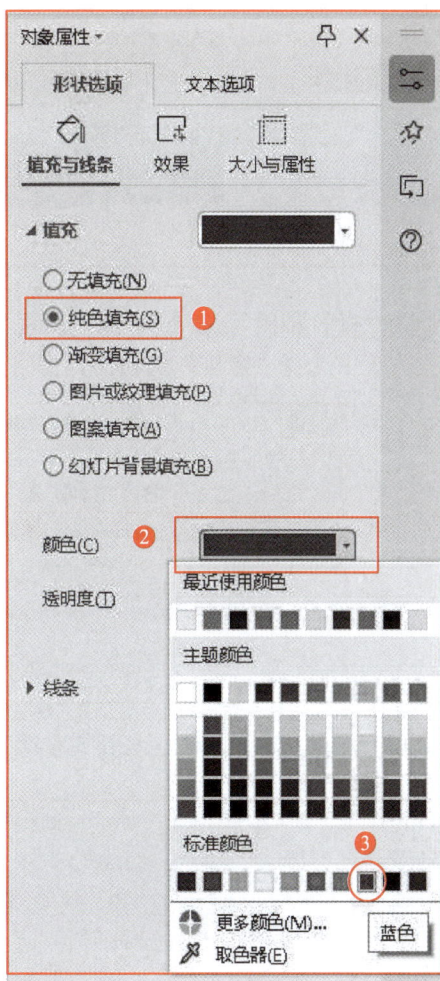

图 5.1.30
选择"设置对象
格式"命令

图 5.1.31
设置文本框填充
颜色

⑤ 全选该段文字，右击，在弹出的快捷菜单中选择"段落"命令，在打开的"段落"对话框中设置"缩进"为"首行缩进"，"度量值"为"2 字符"，"多倍行距"设置值为"1.60"，如图 5.1.32 和图 5.1.33 所示。调整好两个文本框的位置和大小，使用空格调整好标题"黄鹤楼"3

图 5.1.32
选择"段落"命令

图 5.1.33
"段落"
对话框

图 5.1.34
"黄鹤楼"内
容页效果图

个字的间距，本页制作完成后的效果如图 5.1.34 所示。

（5）制作"热干面"内容页

① 插入图片：使用上述方法插入素材中的图片"热干面.jpg"，并调整大小和位置。

② 插入文字。使用上述方法插入文字"热干面"，选中文字"热干面"，单击功能区中的"开始"选项卡，在"字体"选项组中设置字体格式：字体为"微软雅黑"、字号为 36、颜色为"黑色"、左对齐。单击"文字方向"按钮，在弹出的下拉列表中选择"竖排"选项，将文字竖向排列，如图 5.1.35 所示。

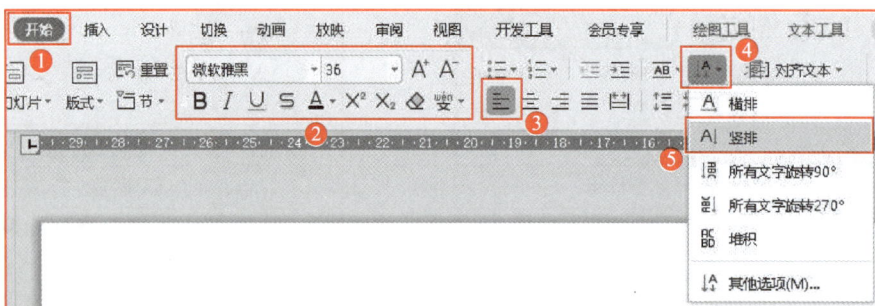

图 5.1.35
文字竖向排列设置

使用同样的方法输入素材提供的文档中关于热干面的介绍文字。设置字体格式：字体为"微软雅黑"、字号为 18、颜色为"黑色"、左对齐、文字方向为"竖排"。

③ 插入直线：单击功能区中的"插入"选项卡→"形状"按钮，在打开的下拉面板中选择"直线"选项，按住 Shift 键在页面上绘制直线。设置"线条"颜色为"蓝色"，"宽度"为"2 磅"，如图 5.1.36 和图 5.1.37 所示。调整好文本框、直线的大小和位置，完成后效果如图 5.1.38 所示。

（6）制作"面窝"内容页

① 插入图片：使用上述方法插入素材中的图片"面窝.jpg"，并调整大小和位置。

② 插入文字：使用上述方法插入文字"面窝"，设置字体格式：字体为"微软雅黑"、字号为 36、颜色为"白色"、左对齐；选择文

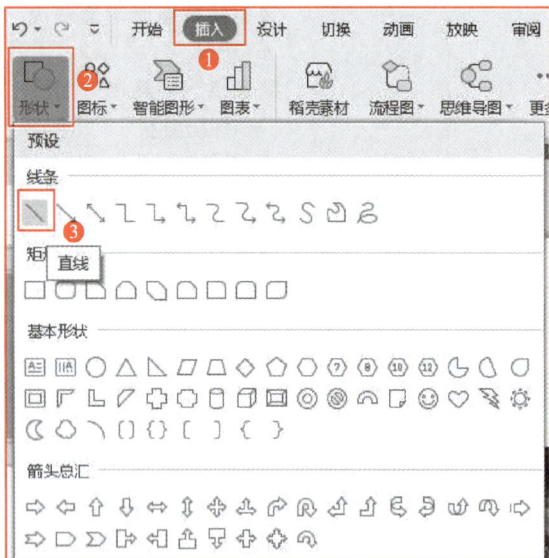

图 5.1.36
插入直线

本框，设置填充为"纯色填充"，颜色为"蓝色"；并插入面窝的介绍文字，设置字体格式：字体为"微软雅黑"、字号为 18、颜色为"黑色"、左对齐；设置段落格式："缩进"为"首行缩进"、"度量值"为"2 字符"。

③ 使用同样的方法制作"三鲜豆皮"内容页。制作完成的 2 个页面的效果如图 5.1.39 和图 5.1.40 所示。

7. 结束页幻灯片的制作

同理，设置页面上半部分为图片填充，填充的图片为"封底.jpg"。其制作完成后的效果如图 5.1.41 所示。

图 5.1.37
设置线条样式

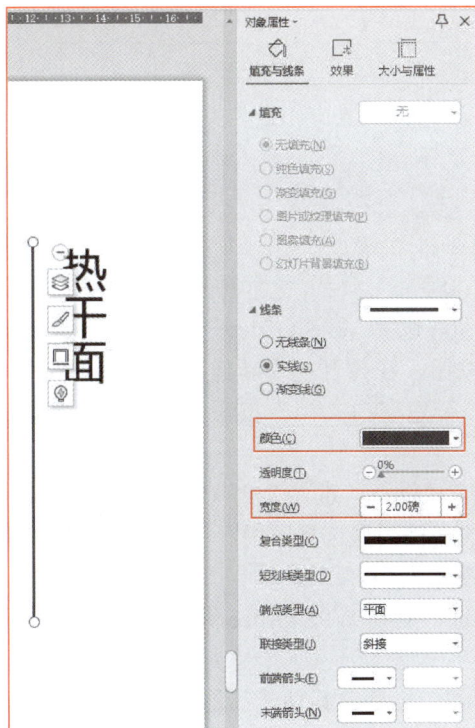

图 5.1.38
"热干面"
内容页效果图

图 5.1.39
"面窝"
内容页效果图

图 5.1.40
"三鲜豆皮"
内容页效果图

8. 设置各幻灯片的切换效果

单击导航窗格中的任意一张幻灯片，按 Ctrl+A 组合键全选幻灯片，单击功能区中的"切换"选项卡，在"切换效果"库中选择"随机"选项，将所有页面的切换效果设置为"随机"，效果如图 5.1.42 所示。

图 5.1.41
结束页效果图

图 5.1.42
页面"切换"
效果设置

5.1.5　保存演示文稿

单击快速工具栏上的"保存"按钮，保存文件。

【背景知识】

1．WPS 演示的基本知识

（1）启动 WPS 演示

下面以 WPS 整合模式的 WPS 演示启动为例进行详解。

方法 1：单击 Windows 窗口左下角的"开始"按钮，选择 WPS Office→WPS Office 选项，进入 WPS Office 界面，单击主导航区中的"新建"按钮，在打开的"新建"标签页的文档类型选择区中，单击"演示"按钮，在下方区域单击"新建空白文档"按钮，建立一个新演示文档。

方法 2：双击 Windows 桌面上的 WPS Office 快捷方式图标，进入 WPS Office 界面，单击主导航区中的"新建"按钮，在打开的"新建"标签页的文档类型选择区中，单击"演示"按钮，在下方区域单击"新建空白文档"按钮，建立一个新演示文档。

方法 3：双击计算机中已存在的 WPS 演示文稿文件，启动 WPS Office 并打开该演示文稿。

（2）WPS 演示的窗口

WPS 演示的工作界面与 WPS 文字、WPS 表格有类似之处，其功能都是通过窗口实现。工作窗口界面如图 5.1.43 所示。

1）快速访问工具栏

快速访问工具栏在功能区的左上角，以图标形式提供了"新建""打开""保存""打印""打印预览""撤销"等常用的工具按钮，方便用户使用。利用工具栏右侧的"自定义快速访问工具栏"按钮，可以自行增加或更改按钮，如图 5.1.44 所示。

图 5.1.43
WPS 演示的
窗口

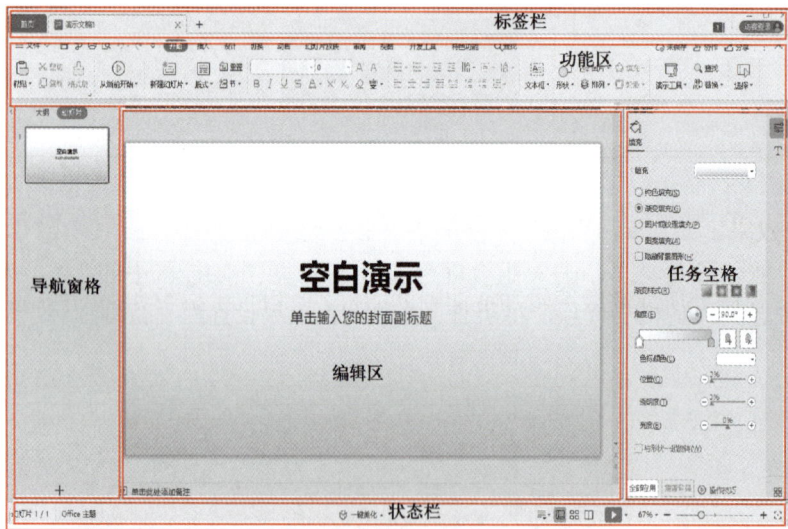

图 5.1.44
自定义快速
访问工具栏

2）标签栏

标签栏位于窗口顶部，用于标签切换和窗口控制，包括标签区（访问/切换/新建文档、网页、服务）、工作区、窗口控制区（切换/缩放/关闭工作窗口、登录/切换/管理账号）。

3）功能区

功能区承载了各类功能入口，包括功能区选项卡、文件菜单、快速访问工具栏（默认置于功能区内）、快捷搜索框、协作状态区等，如图 5.1.45 所示。

图 5.1.45
功能区

根据操作对象的不同，还会增加相应的选项卡，称为"上下文选项卡"。例如，在幻灯片插入某艺术字，选择该艺术字会增加"绘图工具""文本工具"上下文选项卡，如图 5.1.46 所示。

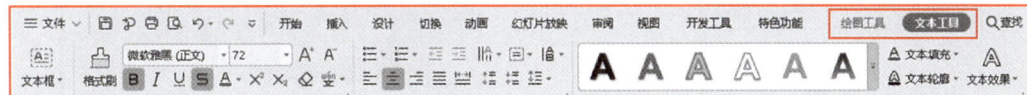

图 5.1.46
上下文选项卡

4）编辑区

编辑区位于功能区的下方，是内容编辑和呈现的主要区域，包括文档页面、标尺、滚动条等，WPS 演示组件中还包括备注窗格，主要给幻灯片添加备注，给演讲者提供更多的信息，如图 5.1.47 所示。

标尺　　文档页面　　滚动条

魅力江城武汉

单击输入您的封面副标题

艺术字

备注窗格

图 5.1.47
编辑区界面

5）导航窗格和任务窗格

导航窗格和任务窗格提供视图导航或高级编辑功能的辅助面板，一般位于编辑界面的两侧，执行特定命令操作时将自动展开显示。

① 导航窗格。导航窗格中有幻灯片和大纲两种浏览方式。单击"幻灯片"选项卡，可以显示所有幻灯片缩略图，利用幻灯片浏览窗口，可以对幻灯片进行新建、复制、删除等操作，如图 5.1.48 所示。单击"大纲"选项卡，可以显示各幻灯片的标题和正文信息，如图 5.1.49 所示。

② 任务窗格。任务窗格是提供高级编辑功能的辅助面板，功能很强大，一般位于编辑区右侧，可以自行定义窗格的显示内容，如图 5.1.50 所示。可以通过单击任务窗格右下角的"管理任务窗格"按钮 ，打开"任务窗格设置中心"对话框，对任务窗格进行设置，如图 5.1.51 所示。

6）状态栏

状态栏位于窗口底部，如图 5.1.52 所示，主要显示当前幻灯片的序号、总张数、主题、"隐藏或显示备注"按钮、视图模式按钮组件、"幻灯片播放"按钮、"显示比例"按钮等内容。在不同的视图模式下显示的内容也略有不同。

图 5.1.48
幻灯片浏览

图 5.1.49
大纲浏览

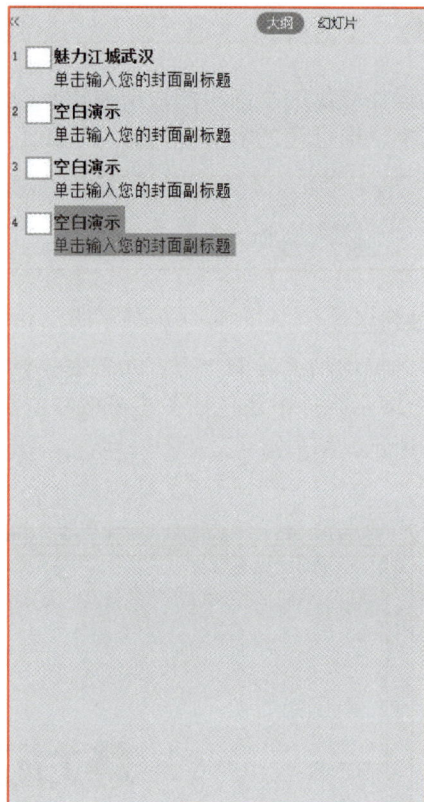

图 5.1.50
任务窗格

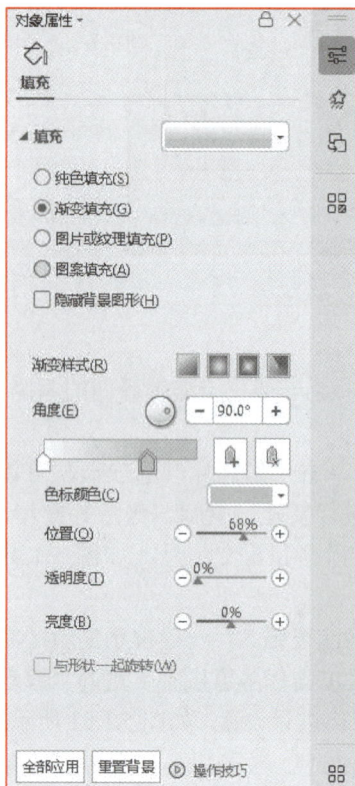

图 5.1.51
"任务窗格
设置中心"
对话框

图 5.1.52
状态栏

视图切换按钮的主要功能是用来选择不同的显示方式，共有"普通视图"（默认视图显示方式）、"幻灯片浏览"和"阅读视图"3 个按钮。在缩放比例控制区中，单击显示比例的+和–按钮，可以调整幻灯片在窗口中的显示比例，也可拖动中间的滑块来调整显示比例。WPS 系统中还有一个"最佳显示比例"按钮 ，单击此按钮系统将自动调整显示比例，以达到最佳显示效果。

（3）WPS 演示的视图模式

为了方便用户使用，WPS 演示提供了 4 种视图模式，分别是"普通视图""幻灯片浏览""备注页"和"阅读视图"。

视图模式的切换有两种方法。一种是单击窗口底部的视图切换按钮 ，另一种是单击"视图"选项卡中的视图显示工具组 中的不同按钮来实现切换。

1）普通视图

普通视图是默认的视图模式，用户的操作大部分是在此模式下进行的。在普通视图模式中，左侧显示导航窗格，中间区域显示当前的"幻灯片"窗口，右侧显示任务窗格，下方显示备注窗格，用户可以根据需要调整窗口。图 5.1.43 所示就是普通视图。

2）幻灯片浏览视图

在该视图下，演示文稿中的所有幻灯片会整齐排列，有利于用户进行整体浏览，对幻灯片进行新建、插入、复制、移动、删除、设置背景等操作比较方便。

3）备注页视图

备注页视图上方显示的是该幻灯片内容，下方则带有备注页方框，用户可以为该幻灯片添加备注信息。

在该视图模式下，可以按 PgUp 键移到上一张幻灯片，按 PgDn 键移到下一张幻灯片；也可按上下左右方向键切换幻灯片，或拖动窗口最右侧的垂直滚动条进行定位选择。

4）阅读视图

阅读视图可将演示文稿进行适应窗口大小的幻灯片放映播放，单击切换到下一张幻灯片，直到最后一张幻灯片退出阅读视图。中途也可按 Esc 键退出。

（4）退出 WPS 演示

退出 WPS 演示有以下 4 种方法。

方法 1：单击窗口标签栏右侧的 "关闭"按钮。

方法 2：单击功能区中的"文件"选项卡→"退出"按钮。

方法 3：按 Alt+F+Q 组合键。

方法 4：按 Ctrl+W 组合键。

2．WPS 演示文稿的基本操作

（1）新建演示文稿

演示文稿由一系列幻灯片组成，包括醒目的标题、合适的文字说明、生动的图片以及音乐视频等多媒体组件等元素。

1）建立空白演示文稿

在 WPS Office 中，可以通过以下几种方式来新建空白演示文档。

方法 1：启动 WPS Office 或以桌面快捷方式打开软件后，选择功能区中的"文件"菜单中的"新建"选项，在右侧弹出的菜单中选择"新建"命令，在打开的"新建"标签页的文档类型选择区中，单击"演示"按钮，在下方区域单击"新建空白文档"按钮，建立一个新的空白演示文档。

方法 2：启动 WPS Office 或以桌面快捷方式打开软件后，单击标签栏的"首页"标签页，在左侧导航栏中单击"新建"按钮，在打开的"新建"标签页的文档类型选择区中，单击"演示"按钮，在下方区域单击"新建空白文档"按钮，建立一个新的空白演示文档。

方法 3： 启动 WPS Office 或以桌面快捷方式打开软件后，单击标签栏的文档标签右侧的+按钮，在打开的"新建"标签页的文档类型选择区中，单击"演示"按钮，在下方区域单击"新建空白文档"按钮，建立一个新的空白演示文稿。

方法 4： 启动 WPS Office 或以桌面快捷方式打开软件后，按 Ctrl+N 组合键，建立一个新的空白演示文稿。

2）根据模板及主题新建演示文稿

一个好的演示文稿在于其专业性和华丽性，能抓住观众的眼球，如果用户没有太多的美术基础，可以使用 WPS 系统自带的模板和丰富的在线设计方案来构建专业的演示文稿，方法如下。

① 根据模版新建：选择功能区中的"文件"菜单，选择"新建"选项→"本机上的模板"命令，在打开的"模板"对话框中选择合适的模板，单击"确定"按钮。

② 根据在线设计方案新建：单击功能区中的"文件"菜单→"新建"命令，在打开的"新建"标签页的文档类型选择区中，单击"演示"按钮，在下方模板资源区域中选择合适的模板。

（2）保存演示文稿

方法 1： 单击快捷访问工具栏中的"保存"按钮。

方法 2： 单击功能区的"文件"选项卡→"保存"或"另存为"按钮。

方法 3： 按 Ctrl+S 组合键。

方法 4： 在关闭未保存文件时，在弹出的对话框中选择"保存"或"另存为"命令。

（3）放映演示文稿

WPS 有多种放映幻灯片的方法。

● 从头开始播放：按 F5 键或者选择功能区的"幻灯片放映"选项卡→"从头开始"命令。

● 从当前页播放：可以按 Shift+F5 组合键，或双击幻灯片略缩图，或单击略缩图下方的播放按钮，或单击右下方状态栏中的放映按钮，或单击功能区中的"幻灯片放映"选项卡→"从头开始"命令，都可以进行放映。

3．幻灯片的基本操作

演示文稿建立好后，用户需要根据设计需求对幻灯片进行相应的设置。

（1）选择幻灯片

对任意幻灯片进行操作，首先要将其选中。

● 在"普通视图"的导航窗格中或"幻灯片浏览"视图中，单击某张幻灯片，即可选中该幻灯片。

● 按住 Shift 键，可连续选中多张幻灯片；按住 Ctrl 键，可选择不连续的多张幻灯片。

● 如果需要选择所有幻灯片，可按 Ctrl+A 组合键。

（2）新建幻灯片/添加幻灯片

视图模式："普通视图"的导航窗格中或"幻灯片浏览"视图。

方法 1： 选中某张幻灯片，单击功能区中的"开始"选项卡→"新建幻灯片"按钮，从打开的对话框中选择所需版式，即可在该幻灯片之后插入一张新幻灯片。

方法 2： 选中某张幻灯片，单击功能区中的"插入"选项卡→"新建幻灯片"按钮，从打开的对话框中选择所需版式，即可在该幻灯片之后插入一张新幻灯片。单击缩略图下的"+"按钮也可新建幻灯片。

方法 3： 选中某张幻灯片，右击，在弹出的如图 5.1.53 所示的快捷菜单中选择"新建幻灯片"命令，即可在该幻灯片之后

图 5.1.53
幻灯片的
快捷菜单

复制(C)	Ctrl+C
剪切(T)	Ctrl+X
粘贴(P)	Ctrl+V
粘贴为图片(P)	
选择性粘贴(S)...	
新建幻灯片(N)	
复制幻灯片(A)	
删除幻灯片(D)	
新增节(A)	
更多设计方案(E)...	
幻灯片版式(L)...	
重置(R)	
设置背景格式(K)...	
更换背景图片(B)...	
删除背景图片(G)	
幻灯片切换(F)...	
隐藏幻灯片(I)	
转为文字文档(H)...	

插入一张新幻灯片。

方法 4：选中某张幻灯片，按 Enter 键或 Ctrl+M 组合键即可在该幻灯片之后插入一张新幻灯片。

（3）复制幻灯片

视图模式："普通视图"的导航窗格中或"幻灯片浏览"视图。

方法 1：选中需要复制的幻灯片，单击功能区的"开始"选项卡→"复制"按钮，再单击"粘贴"按钮即可。

方法 2：选中需要复制的幻灯片，右击，在弹出的如图 5.1.53 所示的快捷菜单中选择"复制幻灯片"命令。

方法 3：选中需要复制的幻灯片，按 Ctrl+C 组合键复制幻灯片，按 Ctrl+V 组合键粘贴幻灯片。

（4）移动幻灯片

在导航窗格或"幻灯片浏览"视图中选中要移动的幻灯片，然后按住鼠标左键并拖动，这时在幻灯片之间会出现一条长直线，这就是插入点，到达需要的位置后松开鼠标即可。也可以通过"剪切"和"粘贴"命令来实现幻灯片的移动。

（5）删除幻灯片

先选中需要删除的某张或某几张幻灯片，然后使用下列方法进行操作。

方法 1：按 Delete 键。

方法 2：右击，在弹出的如图 5.1.53 所示的快捷菜单中选择"删除幻灯片"命令。

（6）幻灯片的版式应用

WPS 演示自带了丰富的版式，明确了幻灯片内容的布置，满足用户的需求。选择版式有两种方法。

视图模式："普通视图"的导航窗格中。

方法 1：选中需要设置版式的幻灯片，右击，在弹出的如图 5.1.53 所示的快捷菜单中选择"幻灯片版式"命令，在右侧列表中根据需要进行选择。

方法 2：选中需要设置版式的幻灯片，单击功能区中的"开始"选项卡→"版式"按钮，在打开的下拉列表中根据需要进行选择，见图 5.1.54 所示。

注意：

确定幻灯片版式后，可在相应的栏目和对象框中添加或插入文本、图片、表格、多媒体元素。如图 5.1.55 所示，显示的是"标题和内容"版式效果，幻灯片的上部分可以添加标题，下部分可以根据需要添加相应的元素。

图 5.1.54
幻灯片版式选择

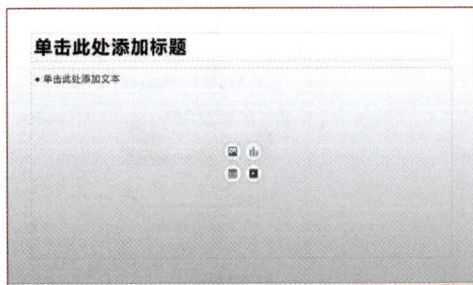

图 5.1.55
幻灯片版式

4．WPS 演示文稿的外观设计

（1）设计方案

WPS 演示提供了丰富的在线模板，每种模板包含相应的背景图形、字体样式及对象效果的组合，但是 WPS 规定很多的在线模板只有成为稻壳会员才能使用，非稻壳会员的注册用户可以使用免费模板，而非注册用户可以使用系统自带的本地模板。用户可以通过自定义方式修改模板的颜色、背景、字体等，形成用户自定义模板。

1）使用程序自带模板

① 新建时选择模板：选择功能区中的"文件"菜单栏→"新建"菜单→"本机上的模板"命令，在打开的"模板"对话框中选择需要的模板。

② 对当前幻灯片选择模板：单击功能区中的"设计"选项卡→"导入模板"按钮，在打开的"应用设计模板"对话框中选择需要的模板，如图 5.1.56 所示。

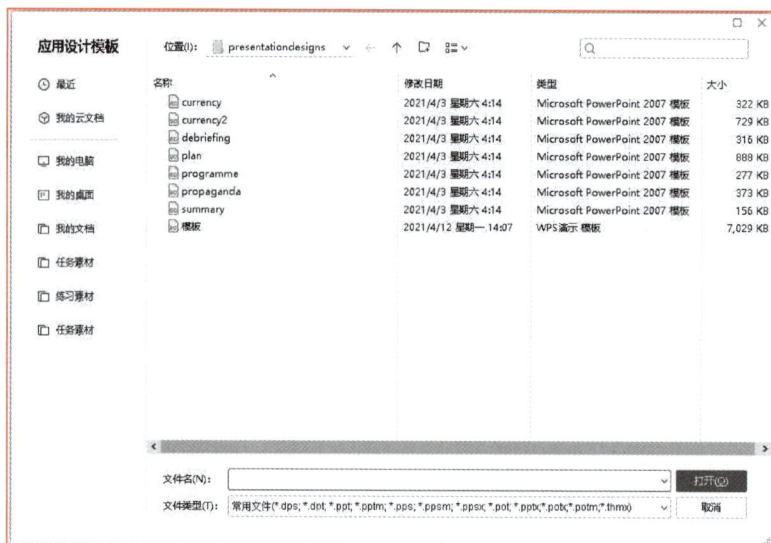

图 5.1.56
"应用设计模板"对话框

2）使用外部模板

WPS 的注册用户选择还可以使用在线模板。单击功能区中的"设计"选项卡→"设计方案"库→"更多设计"按钮，在打开的"在线设计方案"选择面板中可选择在线设计方案。在线设计方案库中，有很多免费的设计方案可供选择，单击"免费专区"按钮，可以查看所有免费的设计方案，如图 5.1.57 所示。

图 5.1.57
"在线设计方案"选择面板

注意：

这些在线设计方案只对注册用户开放，选中喜欢的设计风格后，单击"应用风格"时会弹出登录界面，可以用 WPS 账号、微信、QQ 等多种方式注册并登录 WPS 演示。

3）修改模板

● 自定义模板颜色：单击功能区中的"设计"选项卡→"配色方案"下拉按钮，在打开的下拉面板中选择一款内置颜色，如果选择"颜色推荐"或"更多颜色"选项时，可以使用会员专享的模板颜色，如图 5.1.58 所示。

● 自定义文字字体：单击功能区中的"设计"选项卡→"演示工具"下拉按钮，在打开的下拉列表中有 3 个选项，分别是"替换字体""批量设置字体""自定义母版字体"，均可以对模板内的字体进行设置，如图 5.1.59～图 5.1.62 所示。

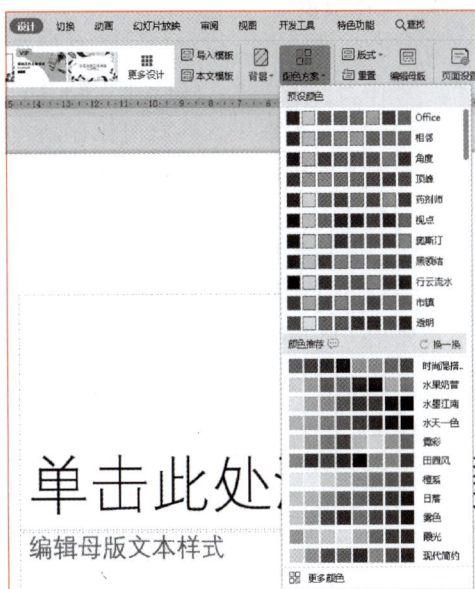

图 5.1.58
"配色方案"
下拉面板

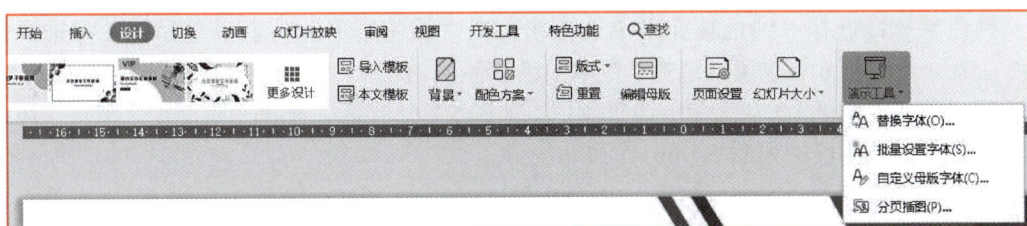

图 5.1.59
"演示工具"
下拉列表

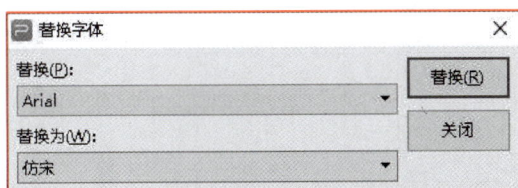

图 5.1.60
"替换字体"对话框

图 5.1.61
"批量设置字体"对话框

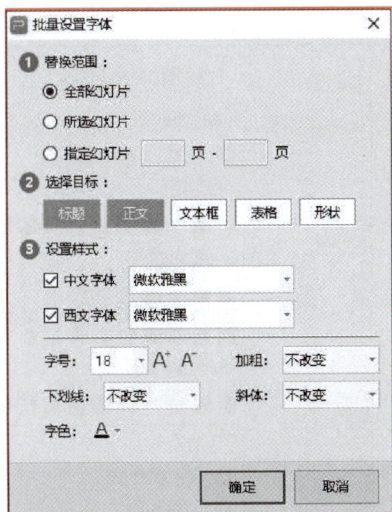

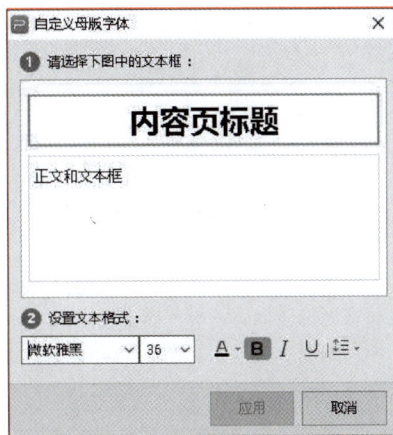

图 5.1.62
"自定义母版
字体"对话框

- 自定义背景：单击功能区中的"设计"选项卡→"背景"按钮，在右侧"对象属性"任务窗格中可以设置背景效果。

4）保存模板

在修改完成自定义模板后，可以保存为本地模板，方便以后直接使用。选择"开始"菜单中的"另存为"菜单项，选择"WPS 演示 模板文件.(*.dpt)"选项，在打开的默认模板存放目录中保存自定义模板。这样就可以在新建演示文稿时通过选择功能区的"文件"→"新建"菜单→"本机上的模板"命令，在打开的"模板库"中选择自定义的模板。

（2）背景

背景样式设置可以改变主题背景，也可以改变用户自定义幻灯片的背景，以满足个性化的需要。背景样式设置通过单击功能区"设计"选项卡中的"背景"按钮，在任务窗格中弹出与设置背景相关的窗口，内容包括纯色填充、渐变填充、图片或纹理填充、图案填充。

① 启动设置背景的"对象属性"窗格，如图 5.1.63 所示。

方法 1： 单击功能区中的"设计"选项卡→"背景"按钮，在任务窗格中弹出"对象属性"窗格。

方法 2： 右击需要修改背景的幻灯片，在弹出的快捷菜单中选择"设置背景格式"命令，在任务窗格中弹出"对象属性"窗格。

方法 3： 选择需要修改背景的幻灯片，在任务窗格中单击"对象属性"按钮 ，打开"对象属性"窗格。

② 修改背景颜色，打开"对象属性"窗格。

- 纯色填充：选择"纯色填充"单选按钮，在"颜色"下拉列表中选择一种背景颜色，如图 5.1.64 所示。也可以选择"更多颜色"选项，打开"颜色"对话框，通过"标准""自定义"和"高级"3 个选项卡设置颜色，如图 5.1.65 所示。拖动"透明度"滑块，可以改变颜色的透明度，如图 5.1.66 所示。

图 5.1.63
设置背景的"对象属性"窗口

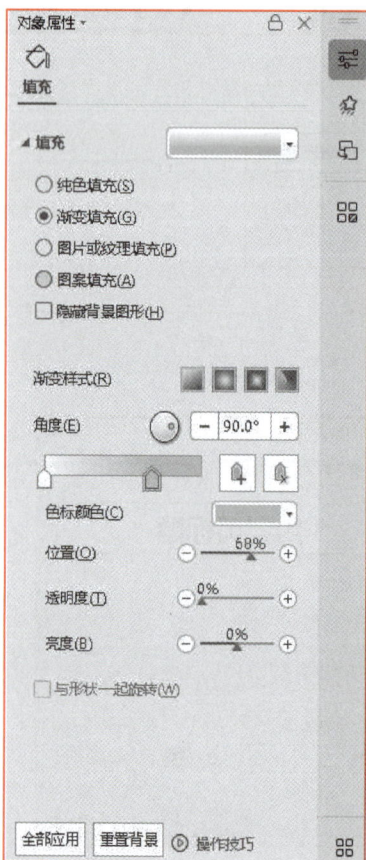

图 5.1.64
纯色填充的颜色设置

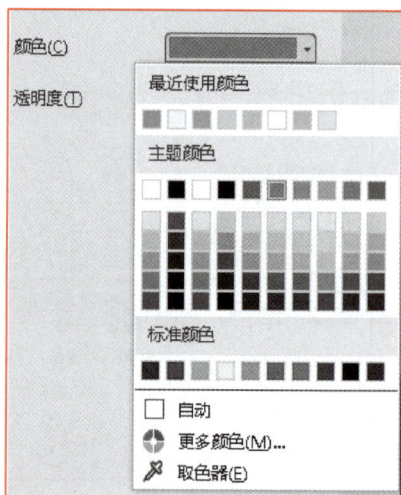

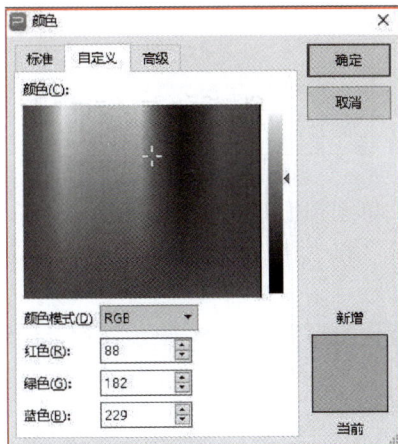

图 5.1.65
"颜色"对话框

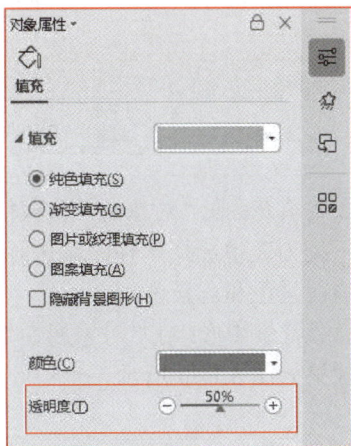

图 5.1.66
透明度设置

- 渐变填充：在"对象属性"窗格中选择"渐变填充"单选按钮，如图 5.1.67 所示，在"填充"下拉列表中选择一种渐变颜色；单击"渐变样式"右侧的 4 个预设按钮选择渐变类型，系统预设的渐变类型从左到右分别是"线性渐变"▨、"射线渐变"▨、"矩形渐变"▨、"路径渐变"▨；单击"角度"右侧的-和+按钮，可以调整渐变方向，也可以直接输入角度数据改变渐变方向，还可以按住鼠标左键在调整圆盘〇上直接调整渐变方向；单击"渐变光圈"右侧的"增加渐变光圈"按钮▨或"删除渐变光圈"按钮▨，可以增加或减少渐变光圈个数，单击某一个渐变光圈滑块，在"色标颜色"下拉列表中可以设置颜色，还可以调整其亮度和透明度。拖动滑块可以调节渐变效果，如图 5.1.68 所示。
- 图片或纹理填充：在"对象属性"窗格选择"图片或纹理填充"单选按钮，如图 5.1.69 所示，在"填充"下拉列表中选择一种纹理进行填充；在"图片填充"下拉列表中选择"请选择图片"→"本地文件"选项，可以选择计算机或外置磁盘中的图片进行填充；拖动"透明度"滑块，可以改变颜色的透明度；在"放置方式"下拉列表中可以选择"拉伸"和"平铺"两种方式，如图 5.1.70 所示。另外，还可以对填充的图片进行位置调整，如图 5.1.71 所示。

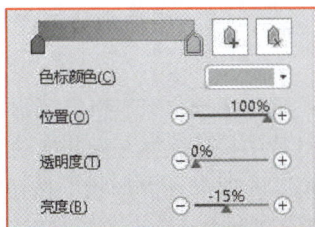

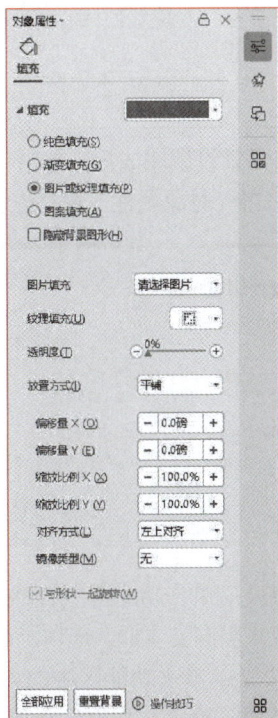

图 5.1.67
渐变填充
图 5.1.68
渐变光圈调整
图 5.1.69
图片或纹理填充

图 5.1.70
放置方式选择
图 5.1.71
放置位置调整

- 图案填充：在"对象属性"窗格选择"图案填充"单选按钮，如图 5.1.72 所示，在"填充"下拉列表中选择一种图案进行填充；通过"前景"和"背景"下拉列表可以自定义图案的前景色和背景色。
- 隐藏背景图形：在"对象属性"窗格选中"隐藏背景图形"复选框，表示将背景图形隐藏，效果如图 5.1.73 所示。

图 5.1.72
图案填充

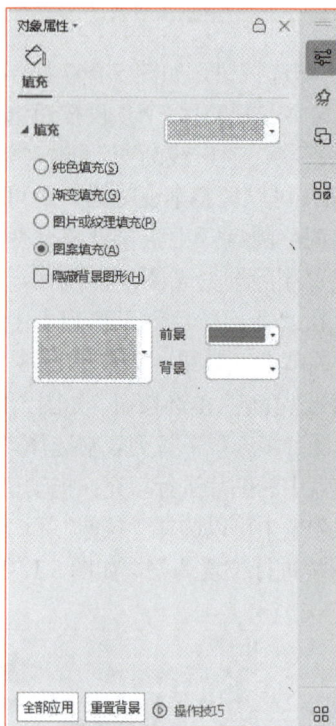

图 5.1.73
选中"隐藏背景图形"
复选框

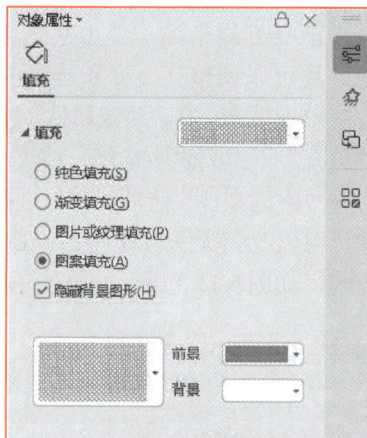

③ 背景设置完成后，单击任务窗格"对象属性"窗格右上角的"关闭"按钮 × 退出背景设置，也可以单击"对象属性"窗格左下角的"全部应用"按钮 ，将设置好的背景用于全部幻灯片。

图 5.1.74
各种占位符

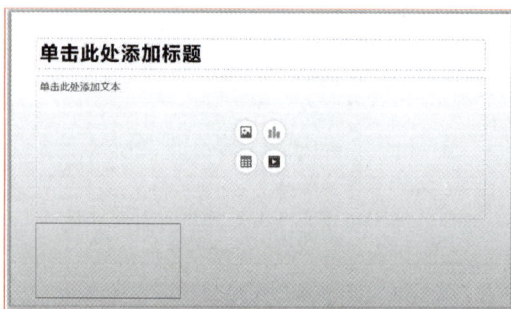

5. 幻灯片的文本设置

一般来说，演示文稿都会包含一定的文本信息，因此为了符合相应要求，需要对这些文本进行相应设置。

（1）文本来源

① 利用占位符直接输入。占位符是指幻灯片中被虚线框起来的部分，效果如图 5.1.74 所示。

② 插入文本框输入文本。

方法 1：单击功能区中的"插入"选项卡→"文本框"按钮，在打开的下拉列表中选择"横向文本框"或"竖向文本框"选项，在幻灯片中按住鼠标左键并拖动，插入一个文本框，进行文本输入。

方法 2：单击功能区中的"插入"选项卡→"形状"按钮，在打开的下拉列表中选择"横排文本框"或"垂直文本框"选项，在幻灯片中插入一个文本框，进行文本输入，如图 5.1.75 所示。

③ 导入或复制外部文件的文本。

方法 1：单击功能区中的"插入"选项卡→"对象"按钮，从打开的对话框中单击"浏览"按钮，在打开的对话框中选择所需插入的文件，如图 5.1.76 所示。

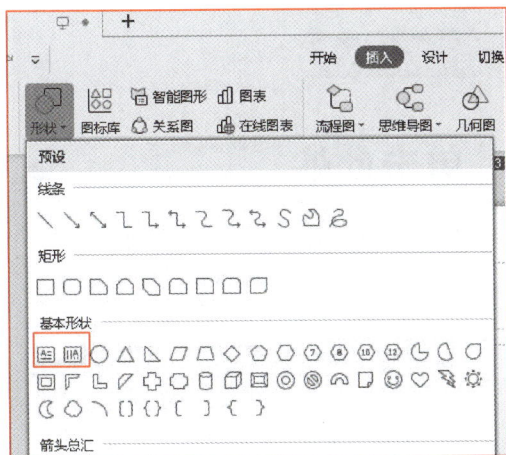

图 5.1.75
"形状"下拉列表

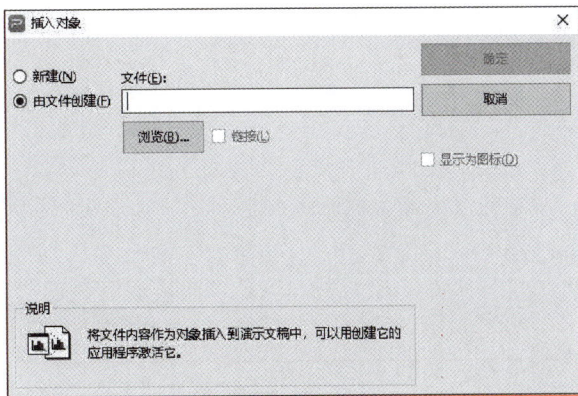

图 5.1.76
插入外部文字

方法 2：复制外部文字，在幻灯片中选择"粘贴"命令复制外部文本。

（2）文本设置的 4 种方法

- 选中文字，单击功能区中的"开始"选项卡，进行字体、字号、字形、加粗、文字颜色等设置，也可以单击右下角的对话框按钮 ，打开"字体"对话框，对文本进行属性设置，如图 5.1.77 所示。

- 选中文字，单击功能区中的"开始"选项卡，进行段落、项目符号和编号、对齐方式等设置，也可以单击右下角的对话框按钮 ，打开"段落"对话框，对文本进行段落属性设置，如图 5.1.78 所示。

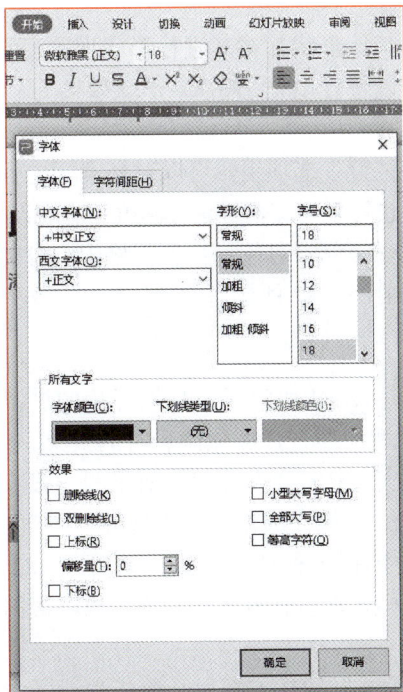

图 5.1.77
"字体"对话框

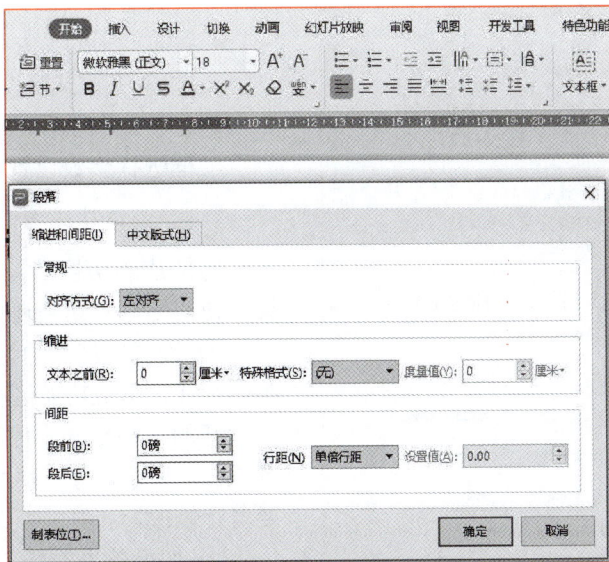

图 5.1.78
"段落"对话框

- 选中文字后，WPS 演示会弹出"浮动工具栏"，可以进行常见的文本和段落属性设置，如图 5.1.79 所示。

● 选中文字后，右击，在弹出的快捷菜单中选择"字体"或"段落"命令，打开"字体"或
"段落"对话框，如图 5.1.80 所示。

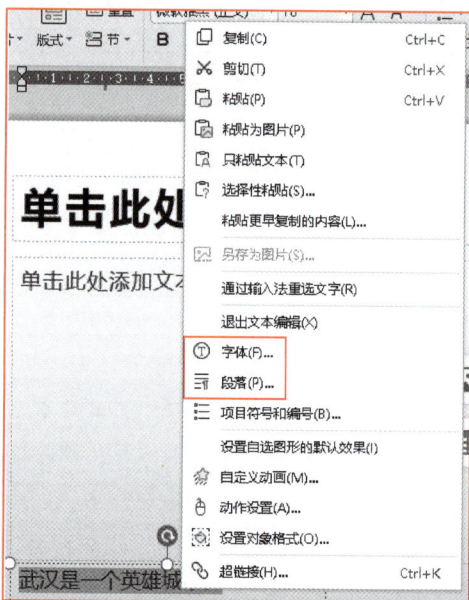

图 5.1.79
文本的"浮动
工具栏"

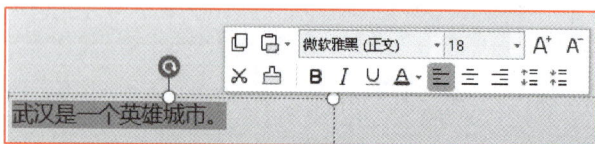

图 5.1.80
文本快捷菜单

（3）文本框设置

文本框中文本设置参照文本设置。

选中文本框，单击功能区中的"绘图工具"上下文选项卡进行设置，如图 5.1.81 所示。

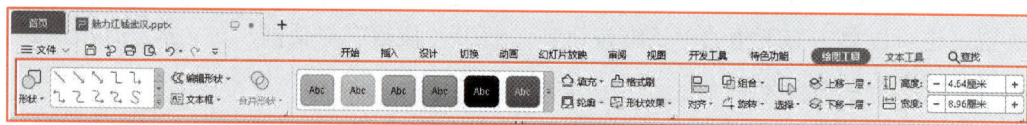

图 5.1.81
"绘图工具"上
下文选项卡

● 前面两个为"设置形状格式"选项组，对文本框插入其他形状并对其进行形状设置，可以
更改形状和外观样式，也可以进行填充、轮廓、形状效果（阴影、三维等）设置。

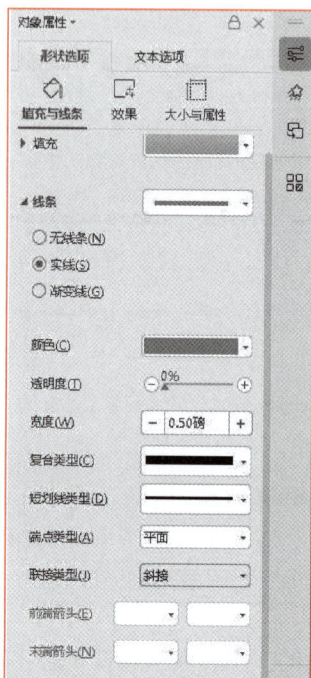

  ● 后面一个为"大小和位置"选项组，可以对文本框进行层次、对齐方式等设置，也可以对文本框进行高度和宽度设置。
  ● 选中文本框后，可以在右侧"对象属性"窗格中，对文本框进行参数设置，如图 5.1.82 所示。

6. 幻灯片的切换

幻灯片的切换是指上一张幻灯片到下一张幻灯片的过渡效果，使用幻灯片切换还可以增加声音，美化演示时的效果。

① 设置幻灯片的切换：选中需要设置切换效果的一张或多张幻灯片，单击功能区中的"切换"选项卡→"展开"按钮，在打开的"切换样式库"中选择一种切换样式，如图 5.1.83 和图 5.1.84 所示。每一种切换样式都包括其默认设置，也可根据需要自行修改。

② 切换效果的选项：设置好切换方案后，单击功能区中的"切换"选项卡→"效果选项"按钮，从打开的下拉列表中选择一种效果，如图 5.1.85 所示。

图 5.1.82
文本框的"对
象属性"任务
窗格

256

图 5.1.83
"切换"选项卡

图 5.1.84
"切换样式库"的内容

③ 也可以通过单击任务窗格中的"幻灯片切换"按钮，打开"幻灯片切换"窗格，在其中选择切换样式以及设置各种参数，如图 5.1.86 所示。

图 5.1.85
"效果选项"
下拉列表

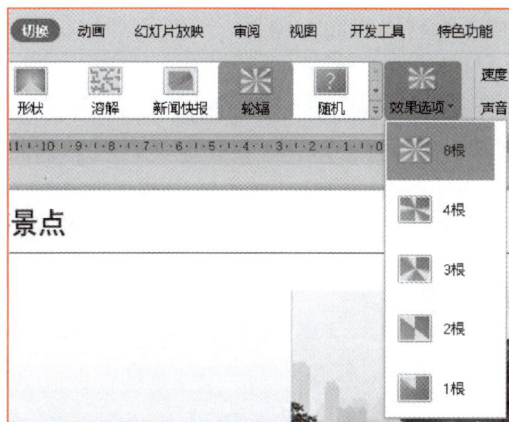

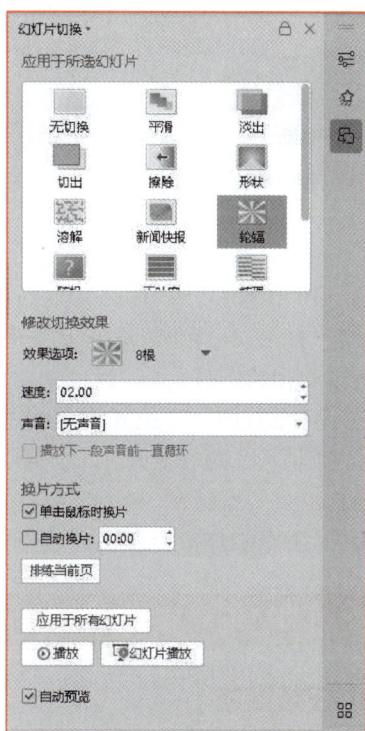

图 5.1.86
"幻灯片切换"窗格

④ "计时"选项组：在功能区中的"切换"选项卡→"计时"选项组中，可以设置切换时有无声音、切换时间、是否全部幻灯片应用、换片方式（一种是鼠标单击，一种是自动换片）的设置，如图 5.1.87 所示。

⑤ 预览切换效果：设置好切换方案后，单击功能区中的"切换"选项卡→"预览效果"按钮，可以查看切换效果，也可以设置为自动预览，如图 5.1.88 所示。

图 5.1.87
"计时"选项组

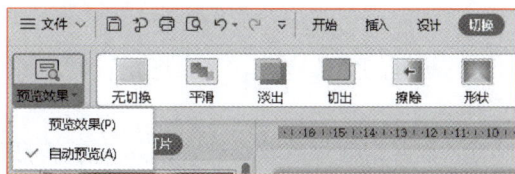

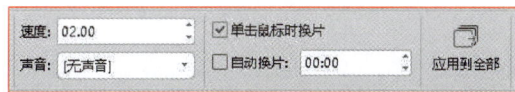

图 5.1.88
"预览效果"
下拉列表

7. 收集与分析图文素材

在网络上有大量的素材资源，包括图片、图形、音频、视频、动画、文案、字体和演示模板等，要养成良好的习惯，在日常生活中善于归类收集并分析各方面的素材，系统地形成自己的素材库，并根据实际需求提取相关信息引用到 WPS 演示文档中，不断总结经验，掌握各种素材的引用技巧和方法，使得自己制作的演示文稿更加美观、更加切合主题、更能打动观众。

【课后练习】

根据素材制作演示文稿《动物世界》，效果如图 5.1.89 所示。具体要求如下。

素材文件

图 5.1.89
练习效果图

文本：效果文件

① 背景："背景"图片填充（应用所有幻灯片）。

② 第一张幻灯片：标题文本为"动物世界"、字体为"微软雅黑"，字号为50，填充为"填充-金色，着色 2，轮廓-着色 2"。利用占位符插入素材"封面"图片，放在幻灯片左侧，右侧插入 3 张动物的图片。

③ 其他幻灯片：版式为"两栏内容"，标题文本字体为"微软雅黑"、字号为40，正文文本字体为"微软雅黑"、字号为 18，左侧插入动物图片、大小自定义，右侧输入动物介绍。

④ 对所有幻灯片设置切换效果（切换效果为淡出）。

5.2　任务 25　制作与使用演示文稿母版

【任务描述】

武汉某高校计算机与电子信息工程学院张孔同学参加"蓝桥杯"全国高校视觉艺术设计大赛，其手机壁纸设计作品《星空》荣获初赛一等奖，有幸入围全国总决赛。依据大赛章程，决赛采用现场展示作品并答辩的方式进行，需要张孔同学制作《学生参赛作品汇报》演示文稿并准备讲解、答辩。为了帮助张孔同学能在全国总决赛中取得好成绩，请大家和他一起，按照大赛要求，结合 WPS 制作演示文稿的方法，完成该任务。

PPT：任务25
制作与使用演示文稿母版

PPT

【考点分析】

① 掌握母版制作和使用。

② 掌握幻灯片中艺术字、图形、智能图形、图像（片）、图表、音频、视频等对象的编辑和应用。

③ 掌握幻灯片放映设置，演示文稿的打包和输出。

【最终效果】

本任务最终效果如图 5.2.1 所示。

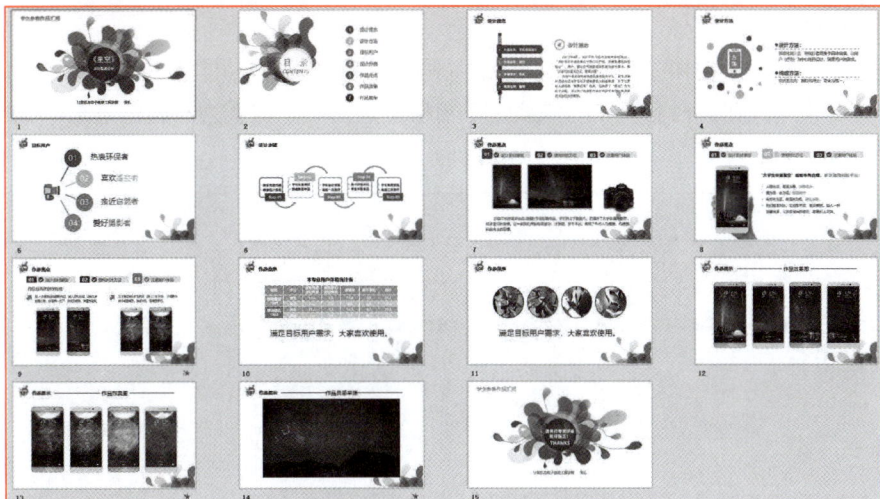

图 5.2.1
学生参赛作品汇报的
最终效果图

【任务实现】

5.2.1 新建演示文稿

① 单击 Windows 窗口左下角的"开始"按钮，选择 WPS Office→WPS Office 命令，进入 WPS Office 界面，单击左侧主导航区中的"新建"按钮，在打开的"新建"标签页的文档类型选择区中，单击"演示"按钮，在下方区域单击"新建空白文档"按钮，建立一个新的空白演示文档。

② 单击快速工具栏中的"保存"按钮，选择保存路径后保存文件，并将文件命名为"学生参赛作品汇报"。

微课 5-5
新建演示
文稿

5.2.2 演示文稿母版设置

1. 进入幻灯片母版窗口

单击功能区中的"视图"选项卡→"幻灯片母版"按钮，进入幻灯片母版设计窗口，如图 5.2.2 所示。

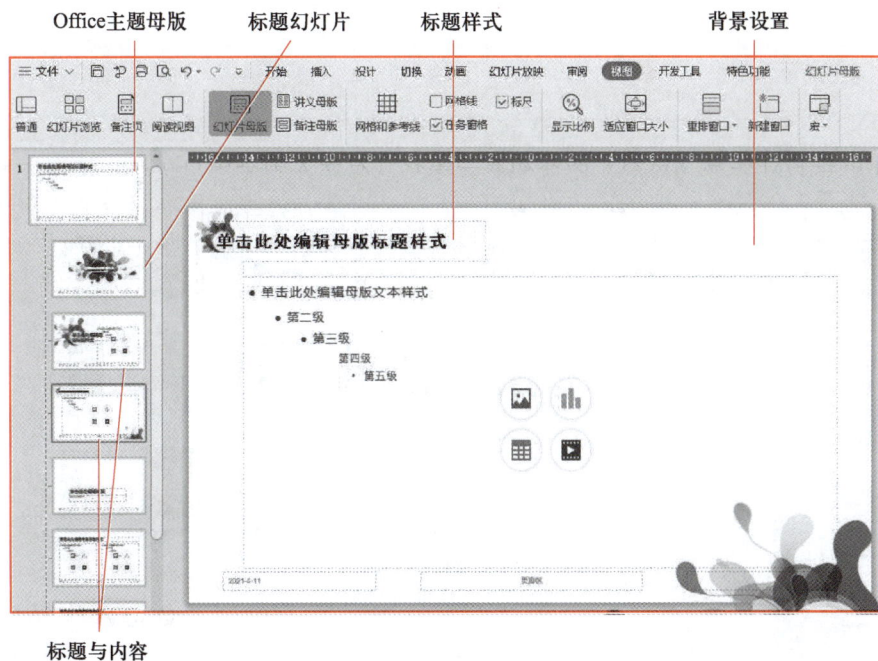

图 5.2.2
幻灯片母版设置

259

2．设置背景

选择图 5.2.2 中左窗格中的第一张"Office 主题　母版"，单击功能区中的"幻灯片母版"上下文选项卡→"背景"按钮，在右侧"对象属性"窗格中选择填充样式为"纯色填充"，单击"填充"下拉面板，选择"白色，背景 1"，如图 5.2.3 所示。

图 5.2.3
设置母版背景

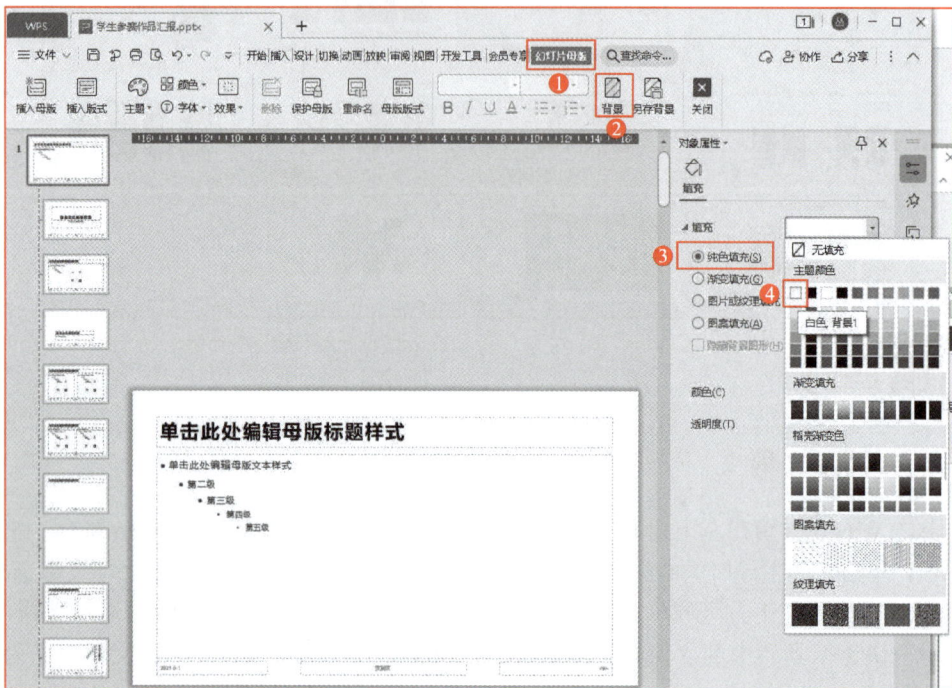

3．设置封面页版式

① 选中左侧第 2 张"标题幻灯片"母版，单击功能区中的"插入"选项卡→"图片"按钮，在打开的对话框中找到素材存放的位置，选择素材图片"背景.png"，使用鼠标或者键盘上的↑、↓、←、→方向键把图片移到合适的位置，使图片中的圆形居中。右击，在弹出的快捷菜单中选择"置于底层"→"置于底层"命令，如图 5.2.4 和图 5.2.5 所示。

素材文件

图 5.2.4
插入背景图片

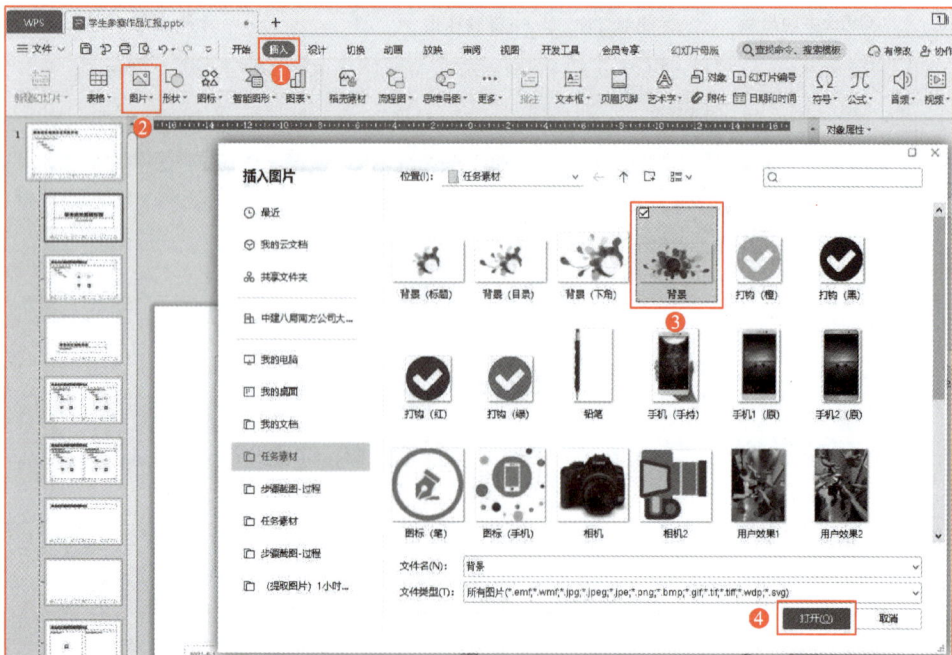

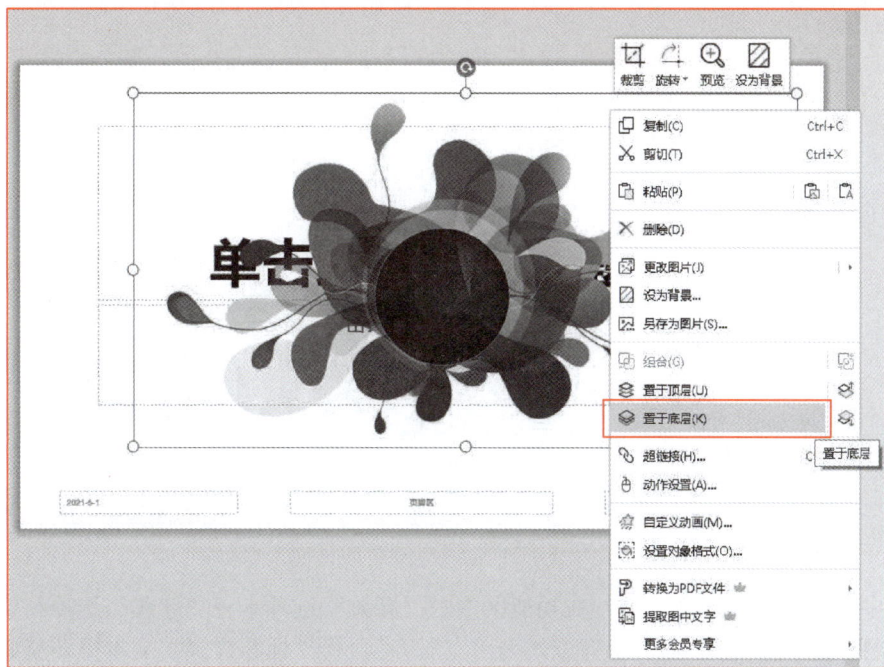

图 5.2.5
右键菜单选择
"置于底层"命令

② 选中"标题样式"文本框，在功能区中的"开始"选项卡的"字体"选项组中，设置字体为"黑体"、字号为 36、颜色为"白色"、对齐方式为"居中对齐"。将"标题样式"文本框调整好大小并移到合适的位置，如图 5.2.6 所示。

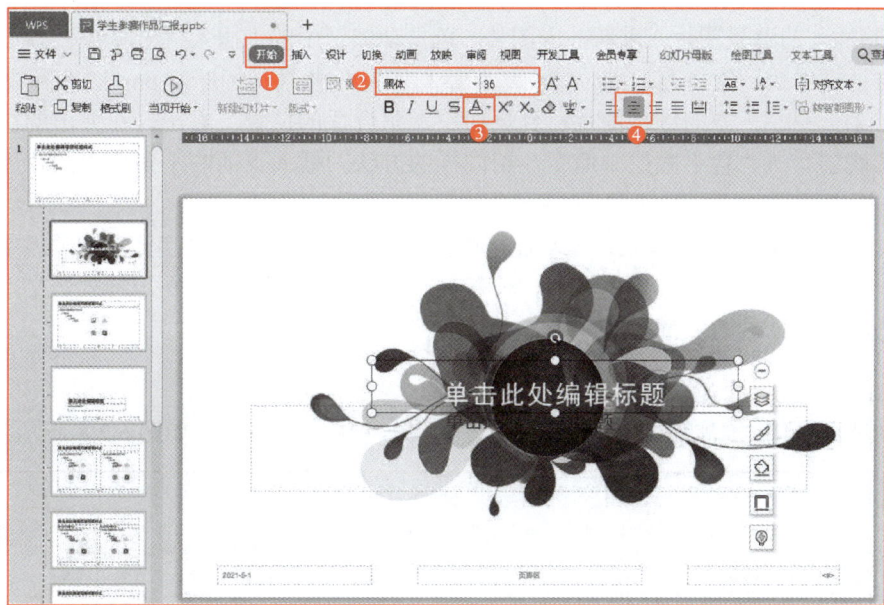

图 5.2.6
标题字体格式设置

③ 用同样的方法，设置"副标题样式"文本框的字体为"黑体"、字号为 18、颜色为"白色"、对齐方式为"居中对齐"。

4. 设置目录页版式

① 选中左侧第 3 张"标题与内容"母版，单击功能区中的"插入"选项卡→"图片"按钮，在打开的对话框中找到素材存放的位置，选择素材图片"背景（目录）.png"，使用鼠标或者键盘上的 ↑、↓、←、→方向键把图片移到合适的位置。右击，在弹出的快捷菜单中选择"置于底层"→"置于底层"命令，如图 5.2.7 所示。

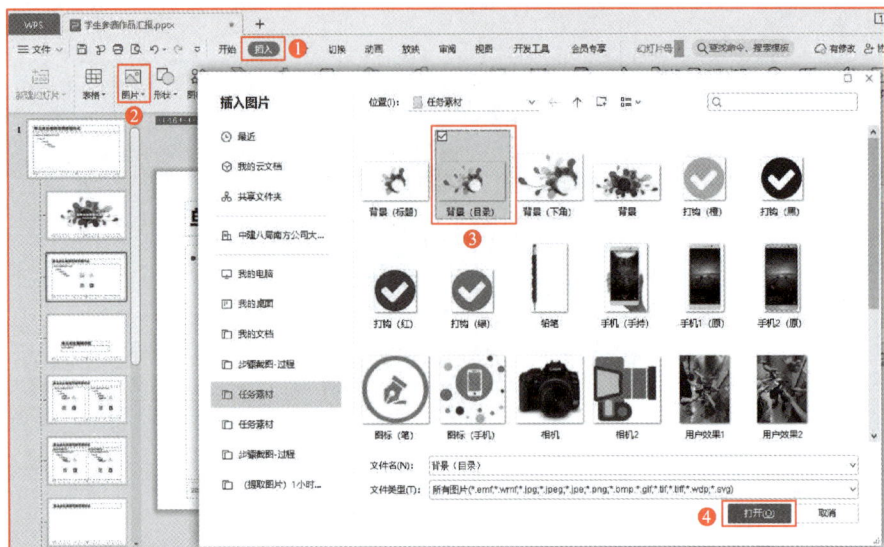

图 5.2.7
插入目录页背景图片

② 选中"标题样式"文本框，在功能区中的"开始"选项卡→"字体"选项组中，设置字体为"微软雅黑"、字号为 44、对齐方式为"左对齐"。将"标题样式"文本框调整好大小并移到合适的位置，删除其他占位符。

5. **设置正文页版式**

① 选中左侧第 3 张"标题与内容"母版，右击，在弹出的快捷菜单中选择"复制"命令，在第 3 张和第 4 张母版的空白处右击，在弹出的快捷菜单中选择"粘贴"命令。

② 删除插入的背景图片，重新插入图片。单击功能区中的"插入"选项卡→"图片"按钮，在打开的对话框中找到素材存放的位置，选择素材图片"背景（标题）.png"，使用鼠标或者键盘上的↑、↓、←、→方向键把图片移到页面左上角合适的位置。右击，在弹出的快捷菜单中选择"置于底层"→"置于底层"命令。用同样的方法，插入页面右下角背景图片"背景（下角）.png"。

③ 选中"标题样式"文本框，在功能区中的"开始"选项卡→"字体"选项组中，设置字体为"黑体"、字号为 24、"加粗"显示、对齐方式为"左对齐"。将"标题样式"文本框调整好大小并移到左上角合适的位置。

6. **退出幻灯片母版**

单击功能区中的"幻灯片母版"上下文选项卡→"关闭"按钮，如图 5.2.8 所示。

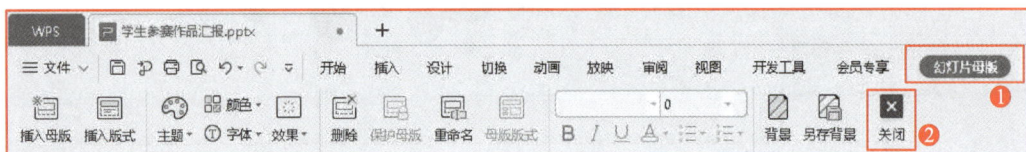

图 5.2.8
退出幻灯片母版
制作

5.2.3 演示文稿内容制作

1. **首页幻灯片的制作**

（1）设置主副标题

单击"主标题"文本框，输入"《星空》"；单击"副标题"文本框，输入"手机壁纸设计"。

（2）添加艺术字

① 插入艺术字：单击功能区中的"插入"选项卡→"艺术字"按钮，在弹出的"预设

微课 5-6
演示文稿
内容制作

样式"下拉列表中选择"渐变填充-亮石板灰"样式，在艺术字文本框中输入"学生参赛作品汇报"，如图 5.2.9 所示。

图 5.2.9
插入艺术字

② 设置艺术字字体格式：全选"学生参赛作品汇报"文本框中的文字，在"文本工具"上下文选项卡中设置字体为"微软雅黑"、字号为 26、对齐方式为"左对齐"，如图 5.2.10 所示。

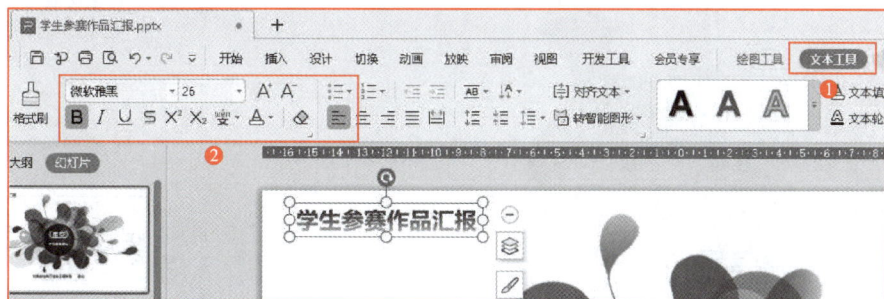

图 5.2.10
设置艺术字字体格式

③ 使用鼠标或者键盘上的↑、↓、←、→方向键把艺术字文本框移到页面左上角合适的位置。

（3）添加汇报者署名栏

① 插入文本框：单击功能区中的"插入"选项卡→"文本框"按钮，在页面下方绘制文本框，在文本框中输入"计算机与电子信息工程学院　　张孔"，如图 5.2.11 所示。

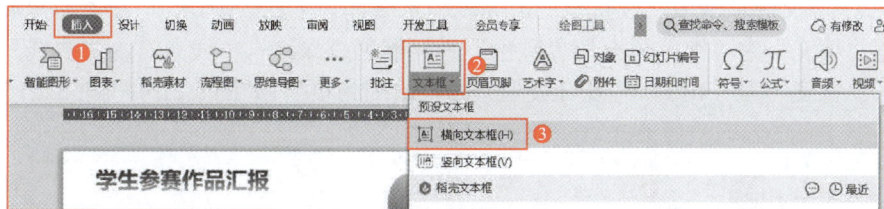

图 5.2.11
插入文本框

② 设置字体格式：全选"计算机与电子信息工程学院　　张孔"文本框中的文字，在"文本工具"上下文选项卡中设置字体为"微软雅黑"、字号为 18、对齐方式为"居中对齐"。

③ 使用鼠标或者键盘上的↑、↓、←、→方向键把文本框移到页面下方合适的位置。

封面页效果如图 5.2.12 所示。

2. 目录页幻灯片的制作

（1）新建目录页

单击功能区中的"开始"选项卡→"新建幻

图 5.2.12
封面页效果

灯片"按钮，在导航窗格中新建一张在母版中设置好的目录页幻灯片。

（2）设置标题

① 输入"目录"文字：单击编辑区中"单击此处添加标题"标题文本框，输入文字"目录"。

② 插入 CONTENTS 文本框：单击功能区中的"插入"选项卡→"文本框"按钮，在"目录"文本框下方绘制文本框，在文本框中输入 CONTENTS。

③ 设置文字格式：在标题文本框中全选文字"目录"，单击"对象属性"任务窗格中"文本选项"选项卡的"填充与线条"按钮，选中"图片或纹理填充"单选按钮，单击"图片填充"下拉按钮，在弹出的下拉列表中选择"本地文件"选项，在打开的对话框中找到素材存放的位置，选择素材图片"背景.jpg"，设置放置方式为"平铺"、缩放比例 X 为 86%、缩放比例 Y 为 62%、对齐方式为"居中对齐"。用同样的方法，对文字 CONTENTS 进行填充设置，如图 5.2.13 所示。

图 5.2.13
设置"目录"文字格式

（3）制作圆形目录序号

① 插入图形：单击功能区中的"插入"选项卡→单击"形状"按钮，从打开的下拉列表中选择"椭圆"形状，在幻灯片编辑区，按住 Shift 键，拖动鼠标插入一个"正圆形"，在功能区"绘图工具"上下文选项卡中，设置该图形高度和宽度都为"1.33 厘米"，在"对象属性"任务窗格中设置"填充"为"纯色填充"、"颜色"为标准色"深红"、"线条"为"实线"、"颜色"为"深红"、"宽度"为"4 磅"、"复合类型"为"由细到粗"，如图 5.2.14 和图 5.2.15 所示。

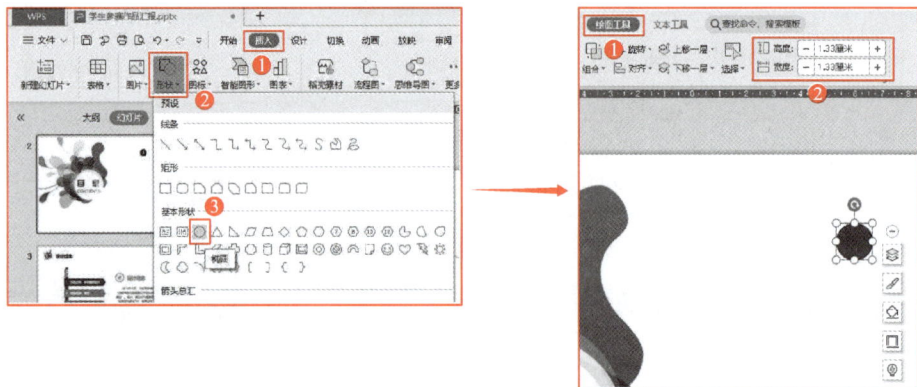

图 5.2.14
插入图形

② 输入文字：选择该"圆形"图形，输入数字"1"，设置字体为 Arial、字号为 24、"加粗"显示。

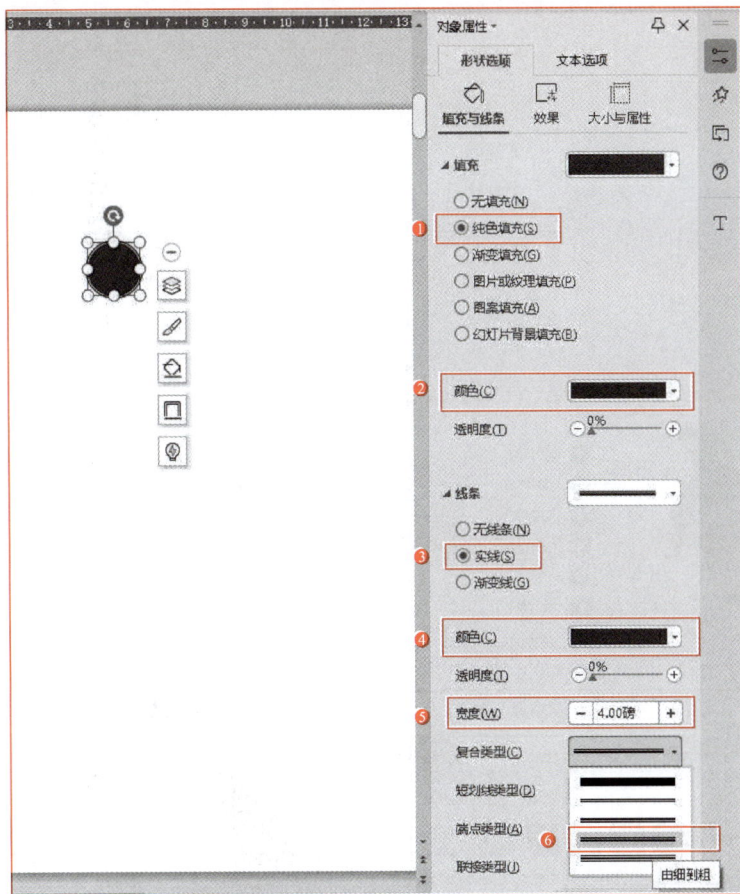

图 5.2.15
设置序号图形填充及线条样式

③ 使用"复制"和"粘贴"命令，复制出同样的圆形图形，并将颜色依次改为"橙色""绿色""浅蓝""深蓝"、自定义色 RGB（237,125,49）、"紫色"，并将数字序号改为从 2～7。

（4）输入目录项

① 如前面所述方法，插入一个"文本框"，输入文字"设计理念"，设置字体为"微软雅黑"、字号为 24。

② 使用"复制"和"粘贴"命令，复制出同样的文本框，将内容改依次为"设计方法""目标用户""设计步骤""作品亮点""作品效果""作品展示"。

（5）排列目录项

将目录序号和文字目录项按顺序排列整齐，效果如图 5.2.16 所示。

3. 正文第 1 页幻灯片的制作

（1）新建正文页

单击功能区中的"开始"选项卡→"新建幻灯片"按钮，在导航窗格中新建一张在母版中设置好的正文页幻灯片。

（2）设置标题

单击编辑区中"单击此处添加标题"标题文本框，输入文字"01 设计理念"，并调整好文本框的位置。

（3）绘制左侧图形

① 如前面所述方法，插入素材中的铅笔图片"铅笔.PNG"，并调整好图片大小和位置。

② 如前面所述方法，插入一个"箭头汇总：五边形"图形，设置图形参数："高度"为"1.5厘米"、"宽度"为"8.65 厘米"、纯色填充、"颜色"为"深红"、"线条"为"无线条"，如图 5.2.17和图 5.2.18 所示。

微课 5-7
正文第 1～2
页幻灯片的
制作

图 5.2.16
目录页效果

图 5.2.17
插入"五边形"
图形

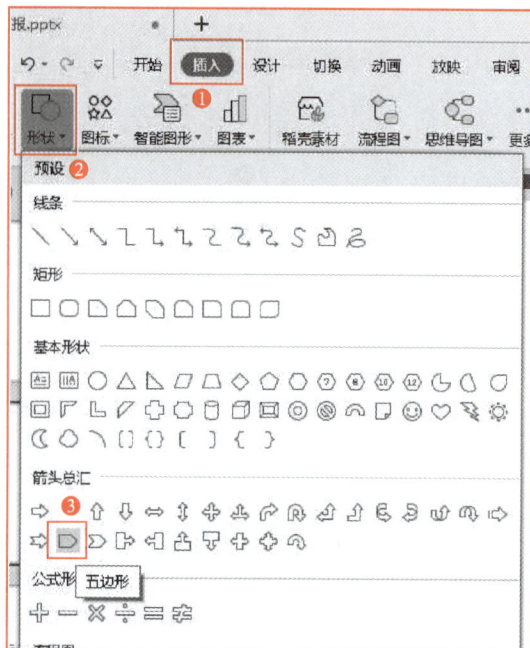

图 5.2.18
设置五边形图形参数

③ 如前面所述方法，插入文本框，在文本框中输入文字"1 作品分类：手机壁纸设计"，设置字体为"微软雅黑"、字号为 16、"加粗"显示、左对齐。调整好文本框的位置，使其与铅笔图片相对应，效果如图 5.2.19 所示。

④ 使用"复制"和"粘贴"命令，复制出同样的五边形图形和文本框，并将颜色依次改为自定义色 RGB（237,125,49）、"绿色""蓝色"，并将文本框中文字依次改为"2 作品名称：星空""3 参赛学生：张孔""4 指导老师：曹菁"，效果如图 5.2.20 所示。

（4）插入右侧文字

① 插入文字标题及图标：如前面所述方法，插入素材中的图片"标题（笔）.png"，调整好位置。插入文本框，输入文字"设计理念"，设置字体为"微软雅黑"、字号为 28、"加粗"显示、左对齐、"颜色"为自定义色 RGB（237,125,49）。

图 5.2.19
第一个图形的效果

图 5.2.20
全部图形的效果

② 插入文字：插入文本框，将素材中的文档"学生参赛作品汇报.docx"中设计理念的内容进行复制，粘贴到文本框中，设置字体为"微软雅黑"、字号为 16、两端对齐、"颜色"为"黑色"，并调整好文本框的大小和位置。

正文第 1 页的效果如图 5.2.21 所示。

4. 正文第 2 页幻灯片的制作

（1）新建正文页

如前面所述方法，新建正文页幻灯片。

（2）设置标题

如前面所述方法，将标题文本框的文字改为"02 设计方法"，并调整好位置。

图 5.2.21
正文第 1 页
效果

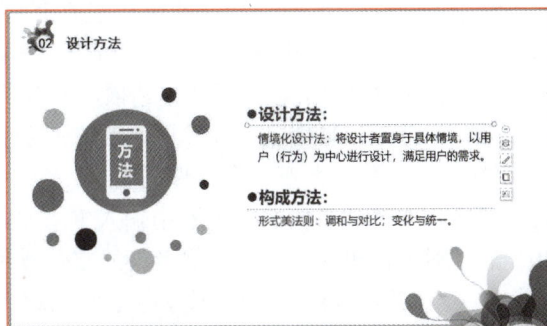

（3）制作左侧区域

① 如前面所述方法，插入素材里的图片"图标（手机）.png"，调整好图片大小和位置，并置于底层。

② 在图片中插入竖向文本框，输入文字"方法"，设置字体为"微软雅黑"、字号为 28、"颜色"为"白色"、"加粗"显示、左对齐，调整好文本框的位置。

（4）制作右侧区域

① 插入文本框，输入文字"设计方法："，设置字体为"微软雅黑"、字号为 28、"颜色"为"深红"、"加粗"显示、左对齐，单击"文本工具"上下文选项卡中的"项目符合"右侧下拉按钮，在弹出的下拉面板中选择第一个"带填充效果的大圆形项目符号"，调整好文本框的位置。

② 插入文本框，将素材中的文档"学生参赛作品汇报.docx"中设计方法的内容进行复制，粘贴到文本框中，设置字体为"微软雅黑"、字号为 20、"颜色"为"黑色"、左对齐，将其中突出显示的文字"情境化设计法"的字体颜色改为"深红"，调整好文本框的位置。

③ 插入虚线：插入"直线"线条形状，按住 Shift 键拖动绘制正直线，修改线条属性："颜色"为"黑色"、"宽度"为"0.5 磅"、"短画线类型"为"短画线"，调整好线条位置。

④ 使用上述方法，插入"构成方法："文本框、内容文本框和线条，字体颜色为"紫色"。

正文第 2 页幻灯片的最终效果如图 5.2.22所示。

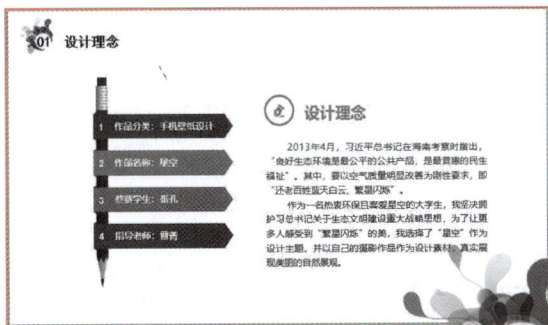

图 5.2.22
正文第 2 页
效果

5．正文第 3 页幻灯片的制作

（1）新建正文页

如前面所述方法，新建正文页幻灯片。

（2）设置标题

如前面所述方法，将标题文本框的文字改为"03 目标用户"，并调整好位置。

（3）插入智能图形

① 单击功能区中的"插入"选项卡的"智能图形"按钮，在打开的"选择智能图形"对话框中选择"关系"类型，单击"射线列表"按钮。选中左侧主圆形区域，单击"浮动工具栏"中"添加项目"按钮，在打开的列表框中选择"在后面添加项目"，如图 5.2.23 和图 5.2.24 所示。

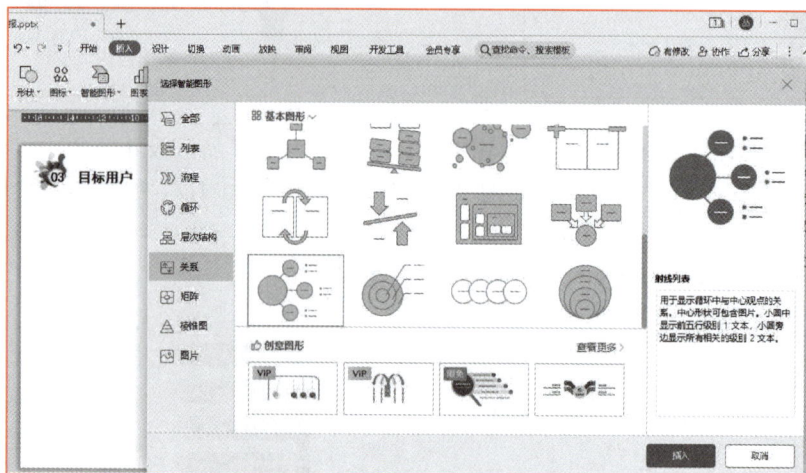

图 5.2.23
插入"射线列表"
智能图形

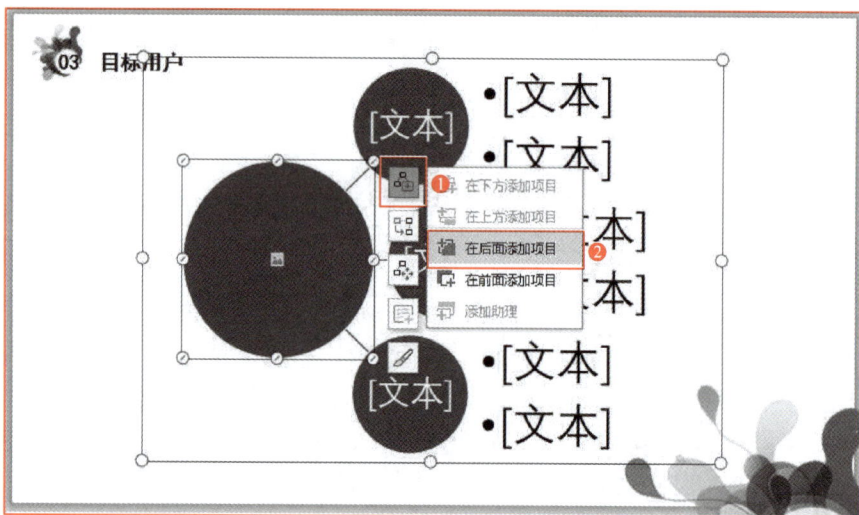

图 5.2.24
为"射线列表"
添加项目

② 选中左侧主圆形区域，单击功能区"格式"上下文选项卡的"填充"右侧的下拉按钮，在下拉面板中选择"无填充颜色"选项，单击"轮廓"右侧的下拉按钮，在下拉面板中选择"无边框颜色"选项，如图 5.2.25 和图 5.2.26 所示。

③ 选中右侧关系第一个组件的文本，输入数字"01"，设置字体为"微软雅黑"、字号为 40、居中对齐，在组件后面的文本框中输入文字"热衷环保者"，设置字体为"微软雅黑"、字号为 40、居中对齐，更改文字"环保者"的字体颜色为"深红"，其他文字字体颜色为黑色。

④ 选中第一个组件，单击功能区"格式"上下文选项卡的"填充"右侧的下拉按钮，在下拉面板中选择标准色"深红"选项，单击"轮廓"右侧的下拉按钮，在下拉面板中选择"无线条颜色"选项，如图 5.2.27 所示。

微课 5-8
正文第 3～4
页幻灯片的
制作

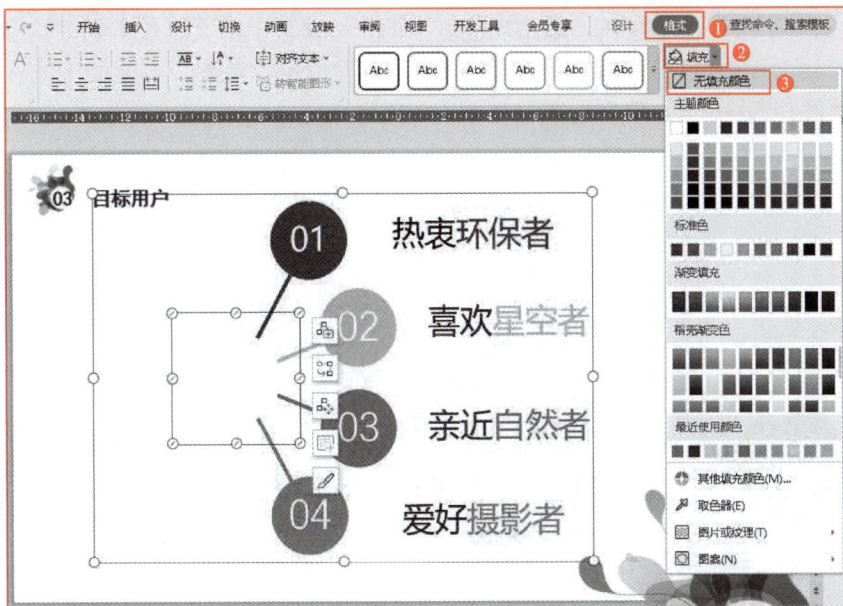

图 5.2.25
项目填充效果设置

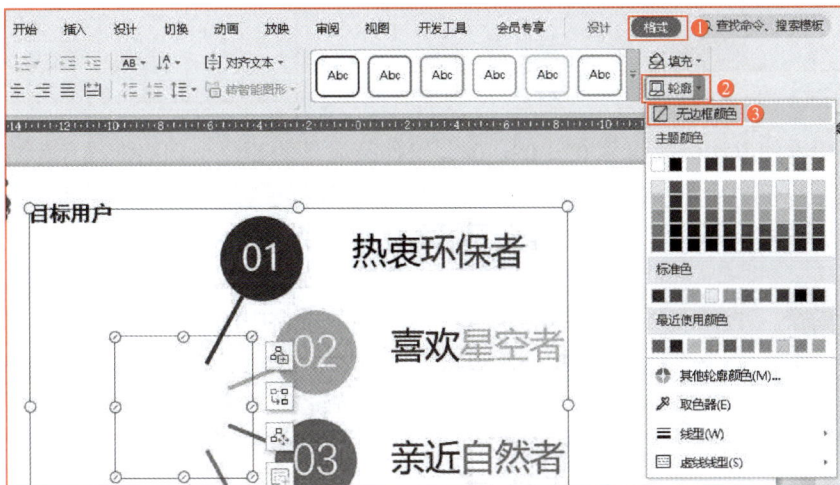

图 5.2.26
项目轮廓效果设置

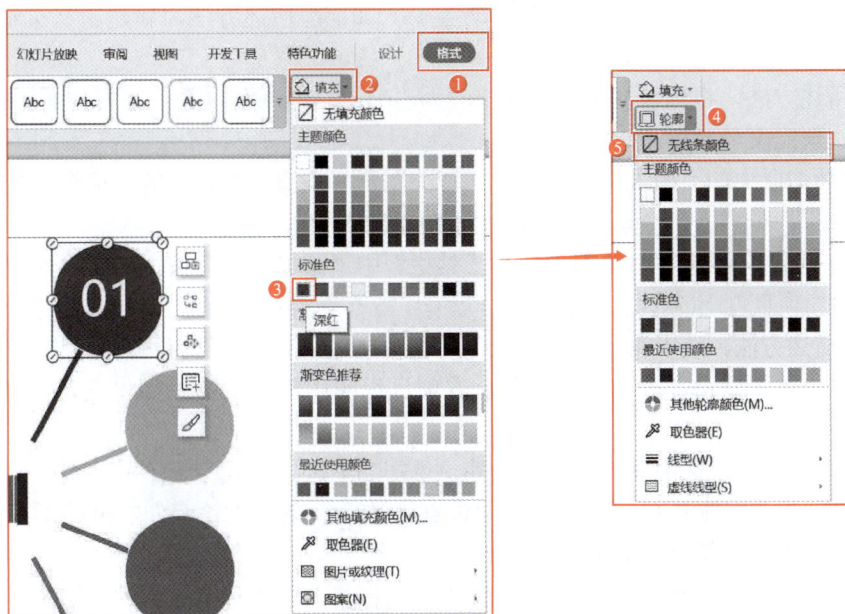

图 5.2.27
项目 01 填充及轮廓设置

⑤ 选中第一个组件左侧线条，单击功能区中的"格式"上下文选项卡的"轮廓"右侧的下拉按钮，在下拉面板中选择标准色"深红"选项，再次单击"轮廓"右侧的下拉按钮，在下拉面板中选择"线型"→"4.5 磅"选项，如图 5.2.28 所示。

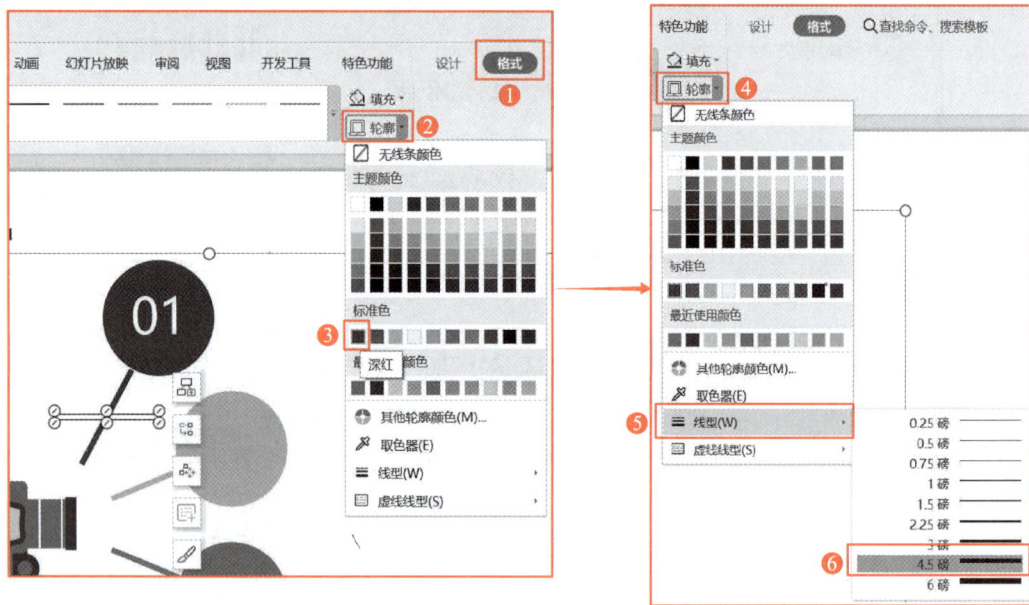

图 5.2.28
项目 01 连线
轮廓设置

⑥ 使用同样的方法修改组件 02、03、04，组件及线条的颜色分别为标准色"橙色""绿色""蓝色"，文字分别改为"喜欢星空者""亲近自然者""爱好摄影者"，并把需要突出的文字颜色改成和对应组件一样的颜色。

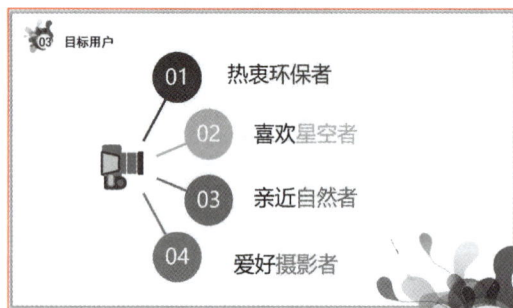

图 5.2.29
正文第 3 页
效果

（4）插入相机图片

插入素材中的图片"相机 2.png"，并调整好图片大小和位置。

完成后的效果如图 5.2.29 所示。

6．正文第 4 页幻灯片的制作

（1）新建正文页

如前面所述方法，新建正文页幻灯片。

（2）设置标题

如前面所述方法，将标题文本框的文字改为"04 设计步骤"，并调整好位置。

（3）插入智能图形

① 单击功能区中的"插入"选项卡→"智能图形"按钮，在打开的"选择智能图形"对话框中选择"流程"类型→"交替流"选项，如图 5.2.30 所示。

② 选中左侧的一个组件，单击"浮动工具栏"中"添加项目"按钮，在打开的列表框中选择"在后面添加项目"。重复以上操作，这样就有了 5 个组件的交替流程图形，如图 5.2.31 所示。

③ 按照前述方法，选中第一个项目组件，输入文字"Step 01"，设置字体为"微软雅黑"、字号为 18、"粗体"显示、居中对齐。在上方项目说明中输入文字"师生交流沟通　确定设计理念"。

④ 按照前述方法，选中第一个项目组件，单击功能区"格式"上下文选项卡→"填充"右侧的下拉按钮，在下拉面板中选择标准色"深红"选项，单击"轮廓"右侧的下拉按钮，在下拉面板中选择"无边框颜色"选项。

⑤ 按照前述方法，选中第一个项目组件上方的框格，单击功能区中的"格式"上下文选项

卡的"轮廓"右侧的下拉按钮，在下拉面板中选择标准色"深红"选项。

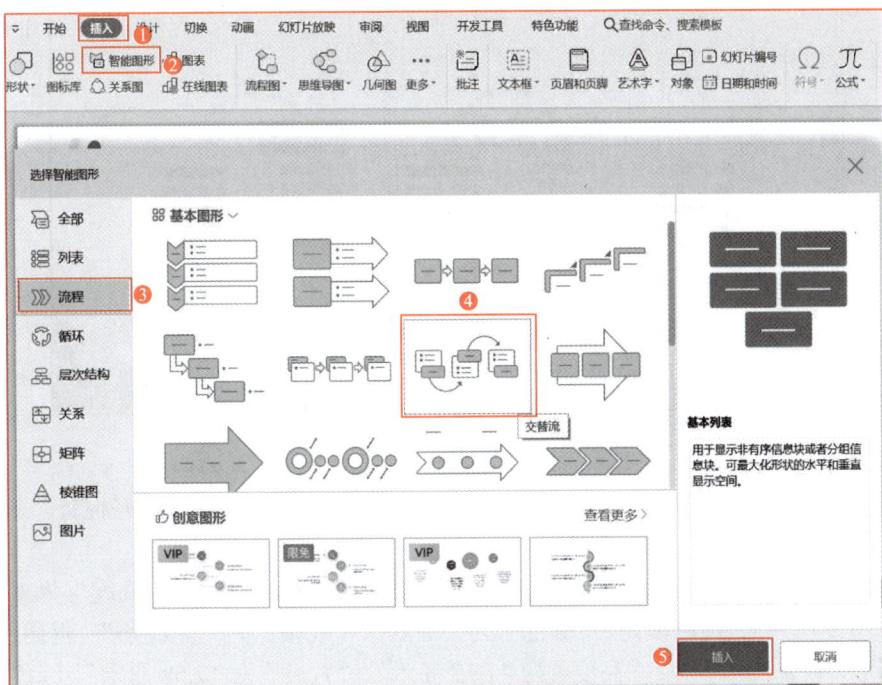

图 5.2.30
插入"智能图形：
交替流"

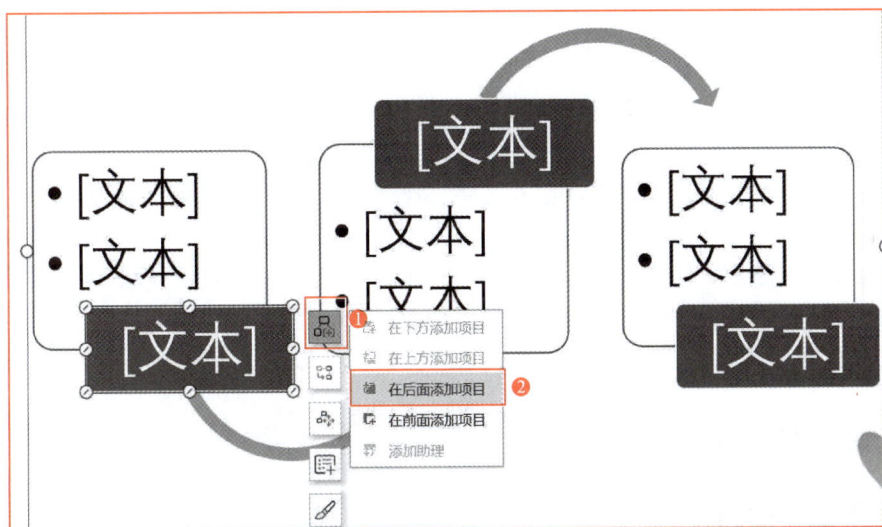

图 5.2.31
为"交替流"添加项目

⑥ 按照前述方法，选中第一个项目间的连接箭头，单击功能区中的"格式"上下文选项卡
→"填充"右侧的下拉按钮，在下拉面板中选择主题色"白色，背景 1，深色 35%"选项，单击
"轮廓"右侧的下拉按钮，在下拉面板中选择"无边框颜色"选项。重复以上操作，把后面的 3
个箭头全部更改为统一的颜色。

⑦ 使用同样的方法，把后面的项目名称改为"Step 02""Step 03""Step 04""Step 05"，在
对应的项目说明中输入相应的文字。

⑧ 使用同样的方法，把其他项目的颜色分别改成"橙色""绿色""浅蓝色""蓝色"。
完成后的效果如图 5.2.32 所示。

7. 正文第 5 页幻灯片的制作

（1）新建正文页
如前面所述方法，新建正文页幻灯片。

微课 5-9
正文第 5～6
页幻灯片的
制作

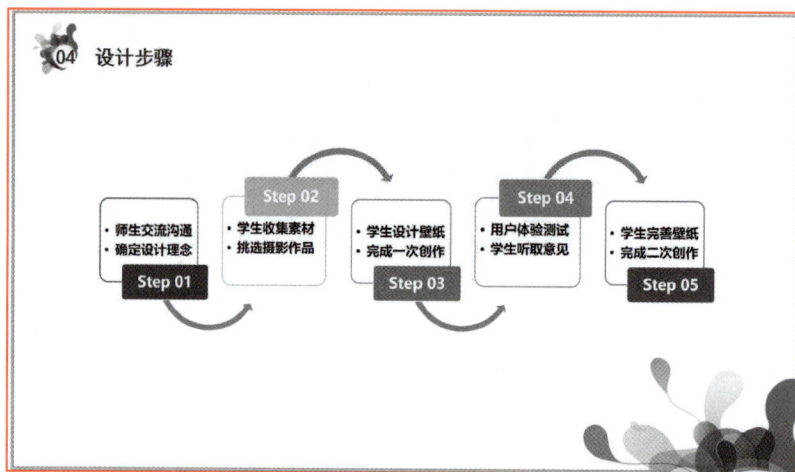

图 5.2.32
正文第 4 页效果

（2）设置标题

如前面所述方法，将标题文本框的文字改为"05 作品亮点"，并调整好位置。

（3）插入标签图形

① 如前面所述方法，插入一个"圆角矩形"图形，设置图形参数："高度"为"1.9 厘米"、"宽度"为"1.9 厘米"、纯色填充、"颜色"为"深红"、"线条"为"无线条"；再插入一个"圆角矩形"图形，设置图形参数："高度"为"1.17 厘米"、"宽度"为"7.58 厘米"、纯色填充、"颜色"为主题色"白色，背景，深色 5%"、"线条"为"无线条"。

② 在第一个深红色的图形中输入文字"01"，设置字体为"微软雅黑"、字号为 24、"粗体"显示、居中对齐。

③ 如前面所述方法，插入素材中的图片"打勾（红）.png"，调整好图片大小和位置，并置于顶层。

④ 使用上述方法，插入文本框，输入文字"设计素材原创"，设置字体为"微软雅黑"、字号为 20、左对齐。

⑤ 用同样的方法，做出标签 02、标签 03，分别输入文字"使用对比方法""注重用户体验"。不同的是，标签 02、标签 03 前的圆角矩形设置参数："高度"为"1.18 厘米"、"宽度"为"1.92厘米"、纯色填充、"颜色"为"黑色"、"线条"为"无线条"；插入的是素材中的图片"打勾（黑）.png"。

完成后的效果如图 5.2.33 所示。

图 5.2.33
正文第 5 页标签栏效果

（4）复制页面及修改标签栏

由于连续 3 页幻灯片都是使用同类型的标签栏，只是颜色有所变化，所以制作好这一页标签栏后，在导航窗格中右击该幻灯片缩略图，在弹出的快捷菜单中单击"复制幻灯片"按钮，重复两次，复制出两页具有同样标签栏的幻灯片。

① 把正文页（6）中标签 02 的圆角矩形设置颜色为"橙色"，"高度"为"1.9 厘米"、"宽度"为"1.9 厘米"，插入图片更改为"打勾（橙）.png"。

② 把正文页（7）中标签 02 的圆角矩形设置颜色为"绿色"，"高度"为"1.9 厘米"、"宽度"为"1.9 厘米"，插入图片更改为"打勾（绿）.png"。使用前述方法，把这两页的标签 01 和标签 03 按普通标签修改为矩形和打勾图片。

标签栏修改完成后的效果如图 5.2.34 和图 5.2.35 所示。

图 5.2.34
正文第 6 页标签栏效果

图 5.2.35
正文第 7 页标签栏效果

（5）插入图片并设置格式

① 分别插入素材中的图片"作品亮点 1.jpg""作品亮点 2.jpg""相机.png"，并调整大小和位置。

② 设置边框：同时选中图片"作品亮点 1.jpg""作品亮点 2.jpg"，在"对象属性"任务窗格的"填充与线条"选项卡中，选中"纯色填充"单选按钮，在"颜色"下拉列表中选择主题色"白色，背景 1，深色 15%"，选中"实线"单选按钮，在"颜色"下拉列表中选择"白色"，"宽度"设置为"5 磅"，单击"效果"选项卡，在"阴影"下拉列表中，选择"外部：向下偏移"选项，如图 5.2.36 所示。

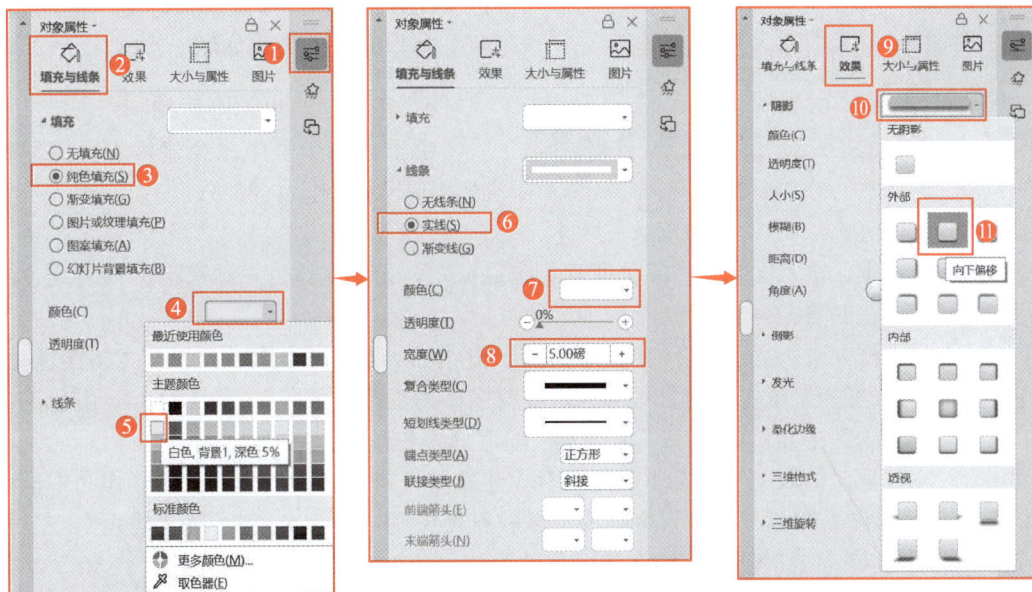

图 5.2.36
设置图片边框

（6）输入文字内容

插入文本框，将素材中的文档"学生参赛作品汇报.docx"中作品亮点 1 的相关内容进行复制，粘贴到文本框中，设置字体为"微软雅黑"、字号为 18、"颜色"为"黑色"、左对齐，将其中突出显示的文字"这组手机壁纸是由自己摄影作品改编而成，并非网上下载图片。"的字体颜色改为"深红"，调整好文本框的位置。

图 5.2.37
正文第 5 页
效果

制作完成的效果如图 5.2.37 所示。

8. 正文第 6 页幻灯片的制作

由于前面步骤中已经建好本页标签栏部分，接下来制作内容部分，制作好后的效果如图 5.2.38 所示。

（1）插入图片

① 如前面所述方法，插入素材中的图片"手机（手持）.png"，调整好图片大小和位置，并置于底层。

② 如前面所述方法，插入素材中的图片"作品 1.jpg"，调整好图片大小，并置于顶层，调整位置覆盖在第一张图片的手机屏幕上。

（2）插入文字内容

① 如前面所述方法，插入文本框，输入"'大学生仰望星空'画面布局合理，多次运用对比手法："，设置字体为"微软雅黑"、字号为22、颜色为"黑色"、左对齐，将其中突出显示的文字"多次运用对比手法："的字体颜色改为自定义色 RGB（237,125,49），调整好文本框的位置。

② 插入文本框，将素材中的文档"学生参赛作品汇报.docx"中作品亮点 2 的相关内容进行复制，粘贴到文本框中，设置字体为"微软雅黑"、字号为 18、颜色为"黑色"、左对齐，将其中突出显示的文字"动静结合；""明暗映衬；""颜色互补。"的字体颜色改为自定义色 RGB（237,125,49），调整好文本框的位置。

制作完成的效果如图 5.2.38 所示。

图 5.2.38
正文第 6 页
效果

9. 正文第 7 页幻灯片的制作

由于前面步骤中已经建好本页标签栏部分，接下来制作内容部分。

（1）插入文字内容

① 插入文本框，输入文字"作品分两次创作完成："，设置字体为"微软雅黑"、字号为20、颜色为"绿色"、左对齐。

微课 5-10
正文第 7～8
页幻灯片的
制作

② 插入文本框，输入文字"第一次直接选用摄影作品，放入手机使用，没有太多图像处理，便是独一无二、很美的壁纸，深邃且写实。"，设置字体为"微软雅黑"、字号为14、颜色为"黑色"、左对齐，其中突出显示的文字"第一次"的字体颜色改为"绿色"。

③ 插入文本框，输入文字"为了满足部分女生喜好，进行二次创作，在摄影作品中截图星空，添加特效，浪漫且梦幻。"，设置字体为"微软雅黑"、字号为14、颜色为"黑色"、左对齐，其中突出显示的文字"二次创作"的字体颜色改为"绿色"。

④ 插入"右箭头"图形，设置"高度"为"1.11 厘米"、"宽度"为"1.11 厘米"、"旋转"为"315°"，纯色填充，"颜色"为"绿色"，"线条"为"无线条"。复制一个做好的箭头，放在右侧，如图 5.2.39 所示。

（2）插入图片

① 如前面所述方法，插入素材中的图片"手机 1（原）.png"和"手机 2（原）.png"，调整好两张图片的大小和位置，放在左侧。复制这两张图片，粘贴后移动到右侧。

② 分别对应 4 张图片插入"作业 2.JPG""作业 3.JPG""作业 5.JPG"和"作业 6.JPG"素材图片。调整好图片大小，使其正好覆盖在手机图片的屏幕上。选中手机图框和对应的作业图片，在"图片工具"上下文选项卡中选择"组合"命令，在下拉列表中选择"组合"命令。重复操作，将对应的手机图框和作业图片一一组合完毕，方便后续操作。

（3）设置自定义动画

① 由于创作是分两次完成，所以演示时需要分先后顺序，从而加入动画效果。分成左、右侧进行设置，第一步设置左侧部分内容的动画效果。

● 单击功能区中的"动画"选项卡→"自定义动画"按钮，打开"自定义动画"任务窗格。

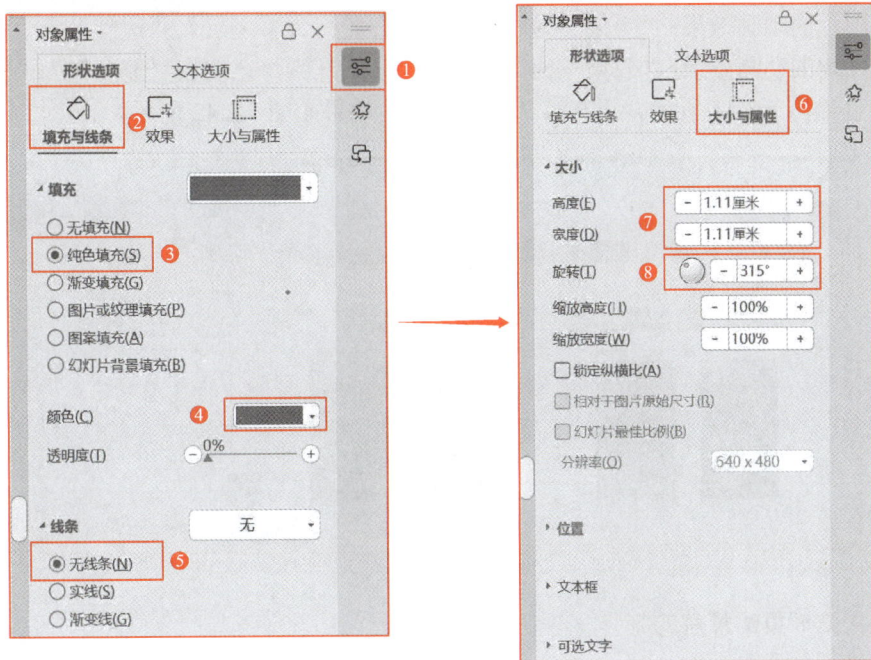

图 5.2.39
制作"箭头"形状

- 选中"作品分两次创作完成:"文本框,单击"自定义动画"任务窗格中"添加效果"下拉按钮,在弹出的下拉面板中选择"上升"选项,在"开始"下拉列表框中选择"单击时"选项,在"速度"下拉列表框选择"快速"选项,如图 5.2.40 所示。

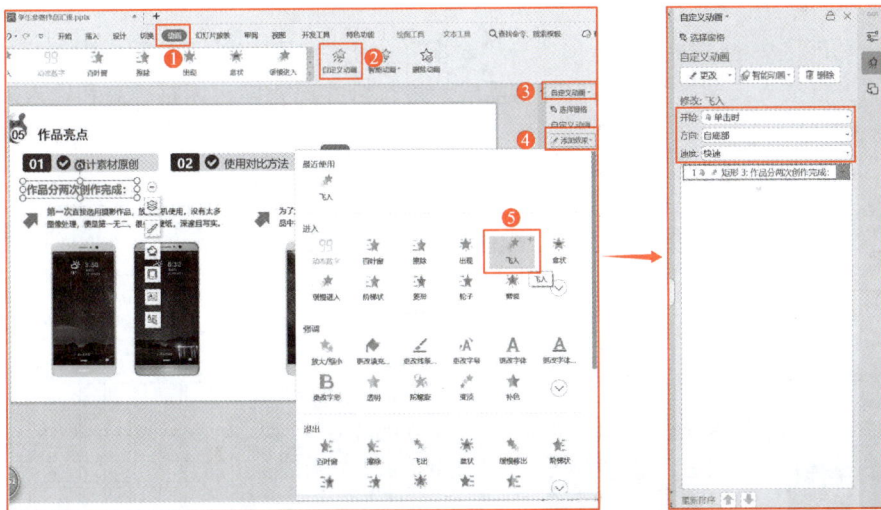

图 5.2.40
设置动画

- 使用同样的方法做出"箭头"图形的动画效果:"效果"为"飞入"、"开始"为"之前"、"方向"为"自左下部"、"速度"为"非常快"。
- "第一次……"文本框的动画效果:"效果"为"劈裂"、"开始"为"之后"、"方向"为"左右向中间收缩"、"速度"为"非常快"。
- 左侧图片的动画效果:"效果"为"上升"、"开始"为"之后"、"速度"为"非常快"。
- 右侧图片的动画效果:"效果"为"上升"、"开始"为"之前"、"速度"为"非常快"。
② 第二步设置右侧部分内容的动画效果。
- 使用同样的方法做出"箭头"图形的动画效果:"效果"为"飞入"、"开始"为"单击时"、"方向"为"自左下部"、"速度"为"非常快"。
- "为了满足……"文本框的动画效果:"效果"为"劈裂"、"开始"为"之后"、"方向"为"左右向中间收缩"、"速度"为"非常快"。

● 左侧图片的动画效果："效果"为"上升"、"开始"为"之后"、"速度"为"非常快"。

● 右侧图片的动画效果："效果"为"上升"、"开始"为"之前"、"速度"为"非常快"。

动画设置如图 5.2.41 所示。正文第 7 页制作后的效果如图 5.2.42 所示。

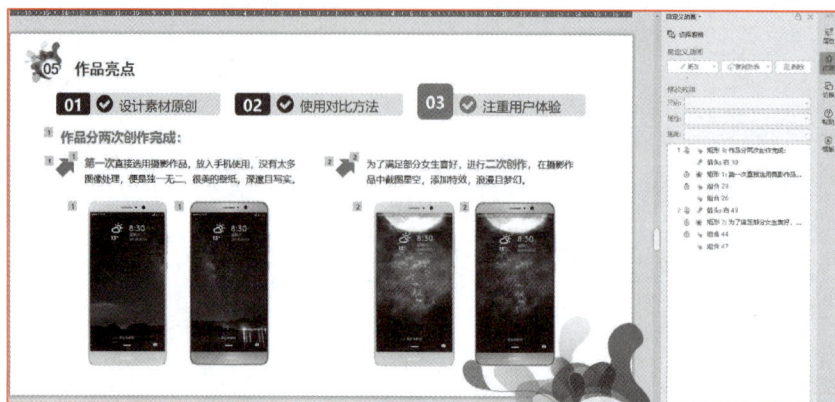

图 5.2.41
正文第 7 页动画设置

10. 正文第 8 页幻灯片的制作

（1）新建正文页

如前面所述方法，新建正文页幻灯片。

（2）设置标题

如前面所述方法，将标题文本框的文字改为"06 作品效果"，并调整好位置。

（3）插入表格

① 单击功能区中的"插入"选项卡→"表格"按钮，在弹出的下拉面板中选择行数为 5、列数为 7 的表格插入，并根据表格内容与需求，进行合并单元格、调整行高和输入表格文字等操作，如图 5.2.43 所示。

图 5.2.42
正文第 7 页
效果

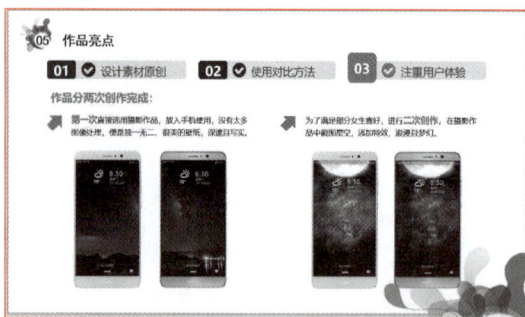

图 5.2.43
插入表格

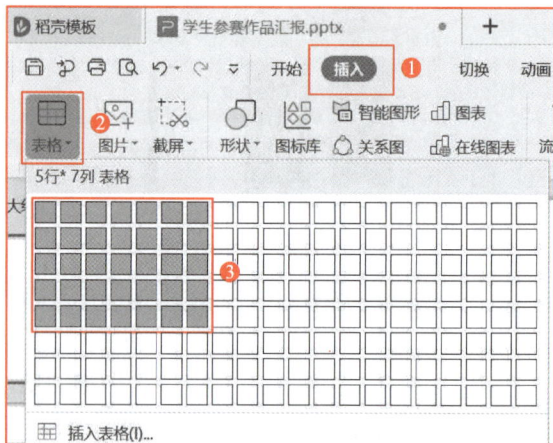

② 设置表格样式：设置字体为"微软雅黑"、字号为 18、颜色为"白色"、居中对齐，如图 5.2.44 所示。表格每行颜色从上到下分别为：自定义色 RGB（237,125,49）、自定义色 RGB（51,204,255）、自定义色 RGB（255,204,255）、自定义色 RGB（51,204,255）、自定义色 RGB（255,204,255）。两个"班级"表格的填充颜色为标准色"浅绿色"和"绿色"。

（4）插入文字

① 插入文本框，输入文字"本专业用户体验统计表"，设置字体为"微软雅黑"、字号为 24、颜色为"黑色"、"加粗"显示、居中对齐，并移动到表头合适位置。

② 插入文本框，输入文字"满足目标用户需求，大家喜欢使用。"，设置字体为"微软雅黑"、

字号为 40、颜色为"黑色"、"加粗"显示、居中对齐。把需要突出显示的文字"满足目标用户需求，"的字体颜色改为"深红"，并移动到合适位置。

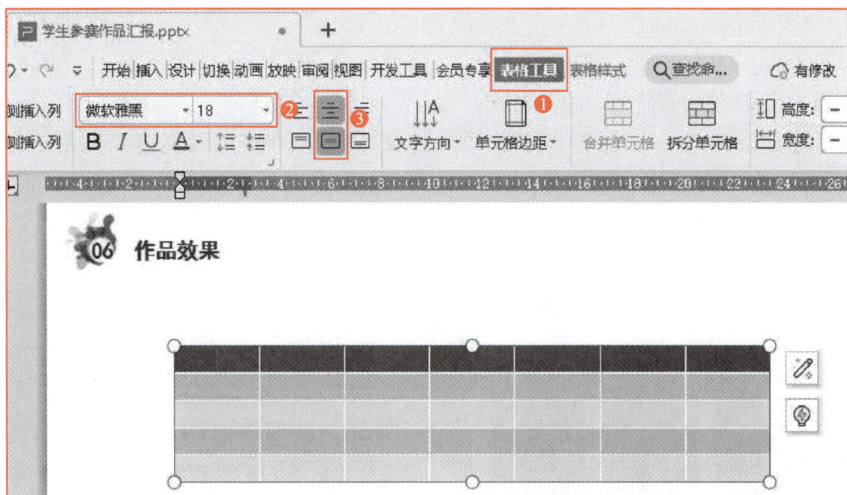

图 5.2.44
设置表格文字属性

本页制作完成后的效果如图 5.2.45 所示。

11．正文第 9 页幻灯片的制作

（1）新建正文页

由于正文第 8 页和第 9 页标题和文本一样，所以复制正文第 8 页。复制好之后删除表格及表格名称文本框。

（2）插入图片并进行裁剪

① 如前面所述方法，插入素材中的图片"用户效果 1.jpg"，并调整好图片大小和位置。

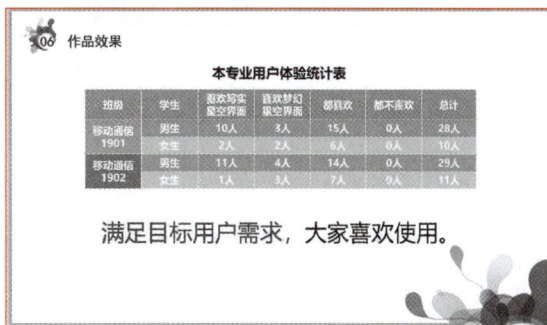

图 5.2.45
正文第 8 页
效果

② 单击功能区中的"图片工具"上下文选项卡→"裁剪"按钮，在弹出的浮动工具栏中选择"按形状裁剪"选项，单击"椭圆"按钮，调整裁剪形状和图片大小，得到理想的裁剪效果，如图 5.2.46 所示。

③ 使用同样的方法，将素材中的"用户效果 2.jpg""用户效果 3.jpg""用户效果 4.jpg"插入并裁剪。

（3）将 4 个裁剪好的图片调整好位置

正文第 9 页制作完成后的效果如图 5.2.47 所示。

微课 5-11
正文第 9～10
页幻灯片的
制作

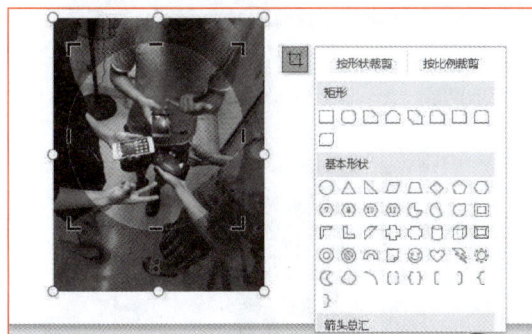

图 5.2.46
图片裁剪操作

图 5.2.47
正文第 9 页
效果

12．正文第 10 页幻灯片的制作

（1）新建正文页

如前面所述方法，新建正文页幻灯片。

（2）设置标题

如前面所述方法，将标题文本框的文字改为"07 作品展示"，并调整好位置。

（3）制作标题栏

① 插入文本框，输入文字"作品效果图"，设置字体为"微软雅黑"、字号为 28、颜色为"黑色"、居中对齐，并调整好图片大小和位置。

② 使用前面所述方法，在标题与刚才插入的文本框之间插入"直线"图形：单击"插入"选项卡→"形状"按钮，选择"直线"选项，按住 Shift 键拖动鼠标画出正直线，调整好"直线"的位置和长短，设置"直线"的"宽度"为"0.5 磅"。

（4）插入图片

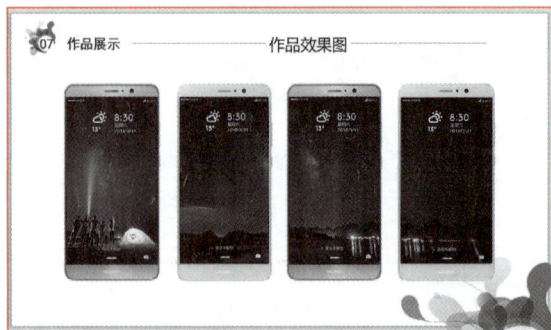

图 5.2.48
正文第 10 页
效果

① 如前面所述方法，插入素材中用作手机外框的图片"手机 1（原）.png"和"手机 2（原）.png"，分别插入两张，形成 4 个手机外壳，并调整好图片大小和位置。

② 从左到右依次插入素材中的作品展示图片"作品 1.jpg"～"作品 4.jpg"，并调整好图片大小，覆盖到前面插入的手机屏幕的位置上。

制作好的页面如图 5.2.48 所示。

13. 正文第 11 页幻灯片的制作

微课 5-12
正文第 11 页
至结束页幻
灯片的制作

（1）新建正文页

由于正文第 10 页和第 11 页标题一样，内容类似，只是展示的图片不一样，所以可以复制正文第 10 页幻灯片作为第 11 页幻灯片，并进行一些修改。

（2）更换插入的图片

① 选中左侧第一张作品图片（这里需要双击进行选择），单击"图片工具"上下文选项卡中的"更换图片"按钮，在打开的对话框中选择素材文件夹中的图片"作品 5.jpg"，单击"打开"按钮。

② 用同样的方法，依次把图片"作品 6.jpg""作品 7.jpg""作品 8.jpg"更换完成。

（3）设置幻灯片切换

单击"切换"选项卡，在"预设效果库"中选择"淡出"效果，将"速度"改为"00.70"秒，如图 5.2.49 所示。

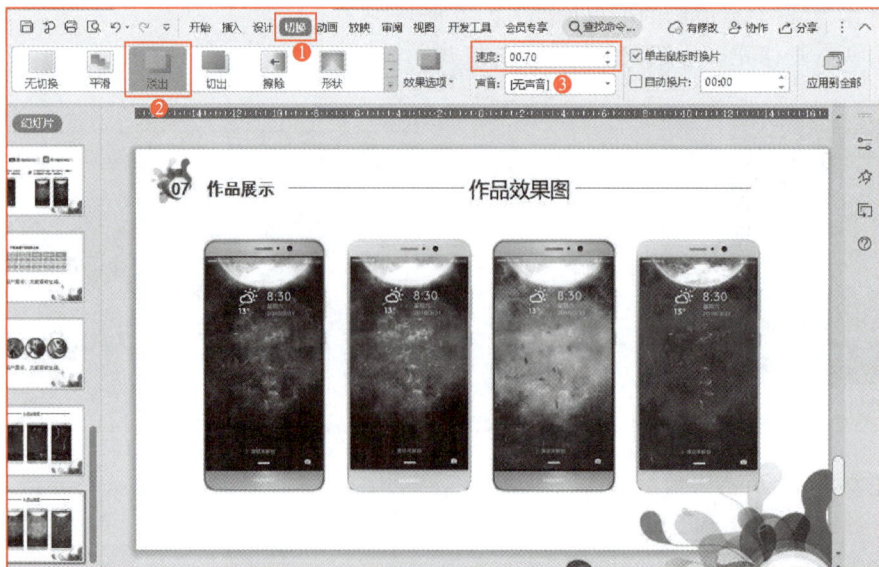

图 5.2.49
设置页面切换效果

278

正文第 11 页制作完成后的效果如图 5.2.50 所示。

14. 正文第 12 页幻灯片的制作

（1）新建正文页

复制正文第 11 页幻灯片作为第 12 页幻灯片，并进行一些修改。

（2）修改标题栏内容

将文字"作品效果图"修改为"作品灵感来源"，字体设置不变。

（3）插入视频对象

① 删除原页面中的图片，并插入素材中的视频文件"作品灵感来源.mp4"。

② 单击"视频工具"上下文选项卡→"开始："下拉按钮，在下拉列表中，选择"自动"选项，如图 5.2.51 所示。

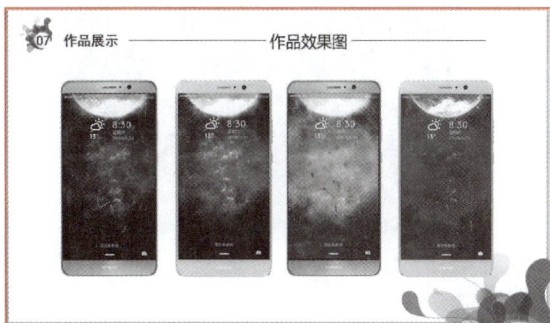

图 5.2.50
正文第 11 页
效果

图 5.2.51
视频文件设置

正文第 12 页制作完成后的效果如图 5.2.52 所示。

15. 结束页幻灯片的制作

复制封面页幻灯片作为结束页幻灯片，并进行一些修改。

（1）修改标题栏内容

将主标题文字修改为"请各位专家评委批评指正！"，设置字体修改为"微软雅黑"、字号为 22、颜色为"白色"、"粗体"显示、居中对齐。

（2）修改标题栏内容

将副标题文字修改为 THANKS，设置字体为"微软雅黑"、字号为 24、颜色为"白色"、"粗体"显示、居中对齐。

结束页制作完成后的效果如图 5.2.53 所示。

16. 保存演示文稿

单击快速工具栏上的"保存"按钮，保存文件。

图 5.2.52
正文第 12 页
效果

图 5.2.53
结束页效果

5.2.4　演示文稿的打包和输出

选择功能区中的"文件"菜单的"文件打包"命令，在弹出的列表中选择"将演示文稿打包成文件夹"选项，可以将演示文稿打包成文件夹，这样就避免了在播放过程中视频无法播放的现象，如图 5.2.54 所示。

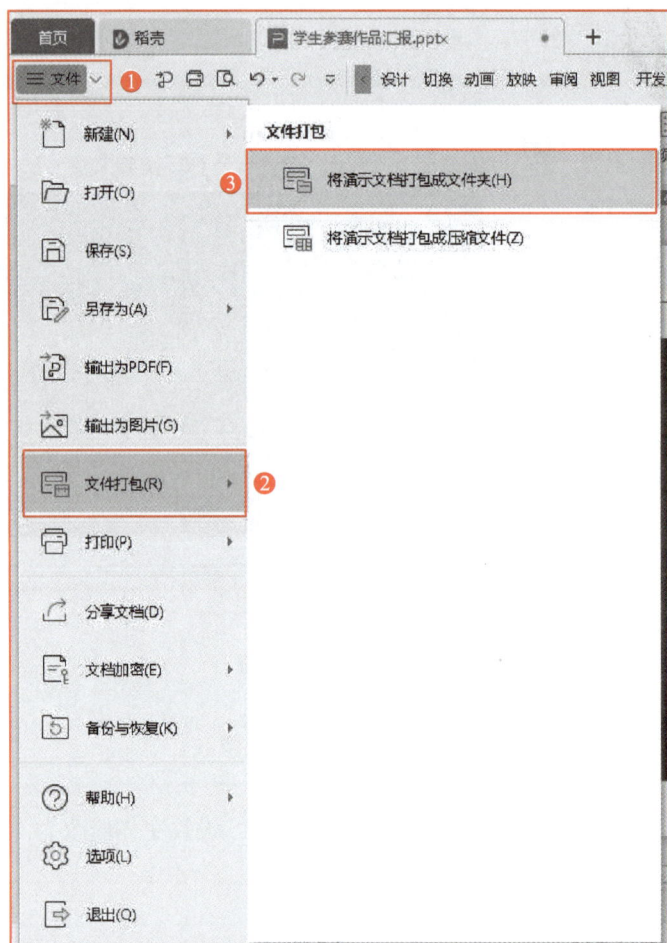

图 5.2.54
演示文稿的打包和输出

【背景知识】

1. 幻灯片的母版制作和应用
（1）幻灯片的母版制作
演示文稿一般要求具有统一的外观风格，通过对母版的制作可以快速实现这一要求。母版中包含了所有幻灯片共同出现的内容及元素，如标题、日期、页脚等，还可以在母版中设置背景，设置后的效果会在所有幻灯片中共同显示。

① 进入幻灯片母版。单击功能区中的"视图"选项卡→"幻灯片母版"按钮，利用"幻灯片母版"选项卡中的各选项组可以对母版进行编辑、版式、背景、页面等设置。

② 母版窗口：效果如图 5.2.55 所示。

● 左侧导航窗格显示不同类型的幻灯片母版缩略图。

● 中间窗口是编辑区，包括标题样式、副标题样式、日期、页脚等占位符。

● 可以选中不需要的占位符边框，按 Delete 键进行删除操作。WPS 演示文稿中并不能直接插入新的占位符，在默认的母版及其各版式中，已经有各种类型的占位符（标题占位符、文本占位符、竖排文字占位符、内容占位符、图片占位符等），所以可以通过复制原有版式，或者仅复制版式中特定的占位符，来添加新的占位符。

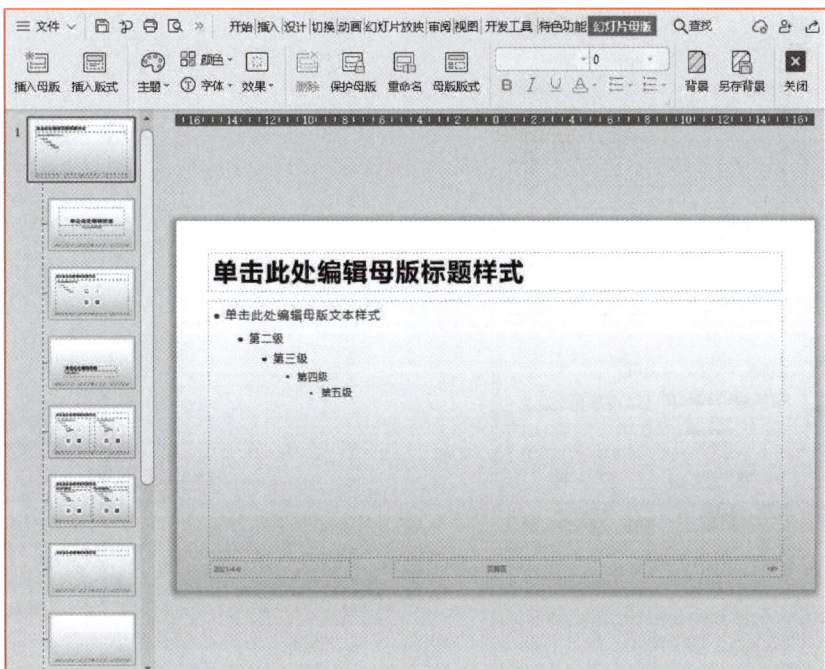

图 5.2.55
幻灯片母版窗口

说明：

标题相关的占位符（标题占位符、副标题占位符）是有数量限制的，每页幻灯片最多只能有一个。

③ 设计母版内容。

● 幻灯片母版（左侧幻灯片母版缩略图中第 1 张）：对其进行格式等更改，可以一次性更改所有幻灯片格式，如在编辑区插入一张图片或图形，那么所有幻灯片都会显示该图片或图形。

● 标题幻灯片（左侧幻灯片母版缩略图中第 2 张）：对其进行格式等更改，可以更改演示文稿第一张幻灯片的格式，有点像图书的封面。

● 标题和内容（左侧幻灯片母版缩略图第 3 张）：对其进行格式等更改，可以更改演示文稿除第一张以外所有幻灯片的格式。

④ 退出母版窗口。单击功能区中的"幻灯片母版"上下文选项卡→"关闭"按钮。

（2）幻灯片的母版的应用

WPS 演示的母版中包含了可出现在每一张幻灯片或者特定内容幻灯片上的显示元素，如文本占位符、图片、动作按钮等。幻灯片母版上的对象将出现在每张同类幻灯片的相同位置上。

使用母版可以方便地统一幻灯片的风格，如统一设置背景、添加 Logo、统一版式等，可以让用户更高效地制作出精美的演示文稿。

2．幻灯片的对象设置

WPS 演示文稿包含丰富的对象，可进行插入形状、图片、声音和视频等对象操作，使演示文稿看起来动感漂亮。

（1）表格

表格可以放置一些表格数据，也可以达到使文本整齐排列的效果。

① 插入表格。

方法 1： 单击功能区中的"插入"选项卡→"表格"按钮，在打开的下拉列表中选择"插入表格"选项，输入相应的列和行，效果如图 5.2.56 和图 5.2.57 所示。

图 5.2.56
插入表格

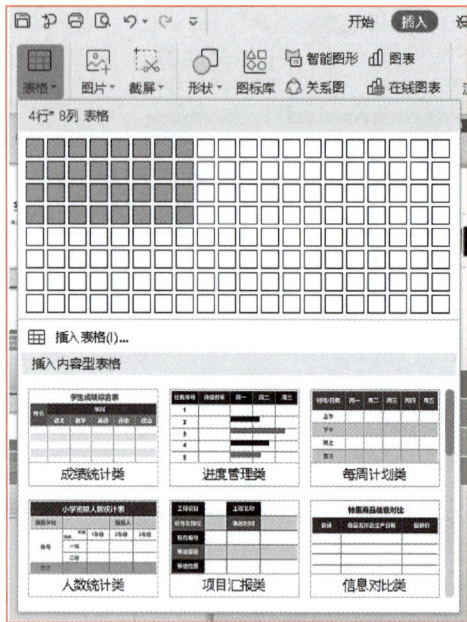

图 5.2.57
插入表格后的
效果

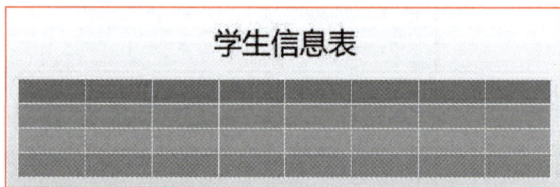

方法 2： 选择有占位符的版式，单击占位符中的"表格"按钮，输入相应的列和行，单击"确定"按钮，如图 5.2.58 所示。

图 5.2.58
通过占位符中的"表格"
按钮插入表格

单击

行数和列数较小的表格也可以快速生成，单击功能区的"插入"选项卡→"表格"按钮，在打开的下拉列表中直接用鼠标拖动相应的行和列即可，如图 5.2.56 所示。

② 设置表格。单击功能区中的"表格工具"上下文选项卡，可以对表格进行插入、删除、大小、对齐方式等设置。单击功能区的"表格样式"上下文选项卡，可以对表格进行样式、边框等设置，效果如图 5.2.59 和图 5.2.60 所示。

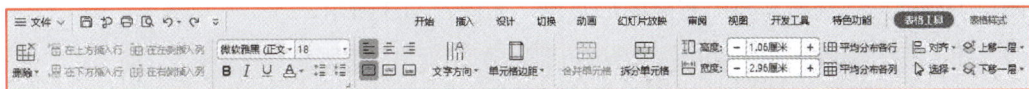

图 5.2.59
"表格工具"
上下文选项卡

图 5.2.60
"表格样式"
上下文选项卡

（2）图表

用图表来显示数据，可以起到直观的作用。插入图表方法如下。

方法 1：单击功能区中的"插入"选项卡→"图表"按钮，即可按照 Excel 的操作方法插入图表，效果如图 5.2.61 所示。

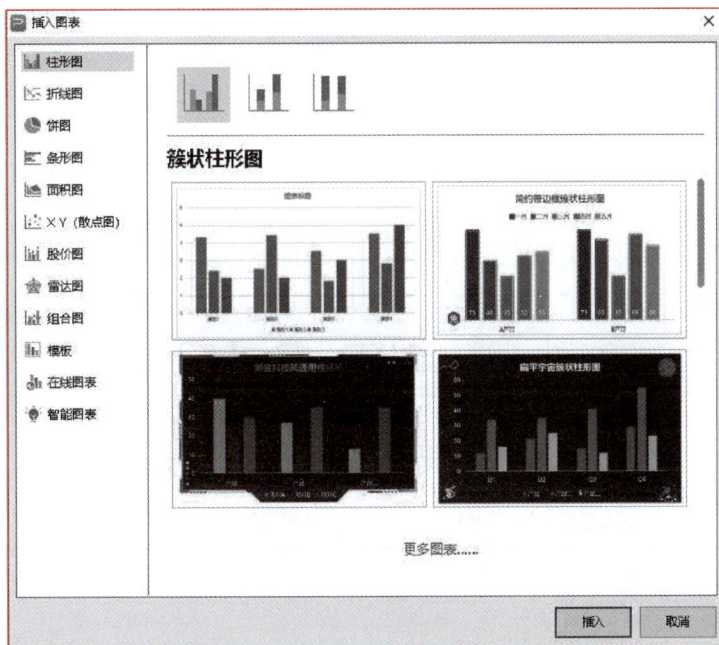

图 5.2.61
"插入图表"对话框

方法 2：选择有占位符的版式，单击占位符中的"图表"按钮，打开"插入图表"对话框，即可按照 Excel 的操作方式插入图表，如图 5.2.62 所示。

图 5.2.62
从占位符的图标
"图表"按钮插入图表

（3）智能图形

智能图形是 WPS 演示提供的智能化图形表达，它是已经组合好的文本框、形状和线条，可以向幻灯片插入包括列表、流程、循环、层次结构等对象。

① 插入智能图形。单击功能区中的"插入"选项卡的"智能图形"按钮，在打开的"选择智能图形"对话框中选择需要的智能图形对象，如图 5.2.63 所示。

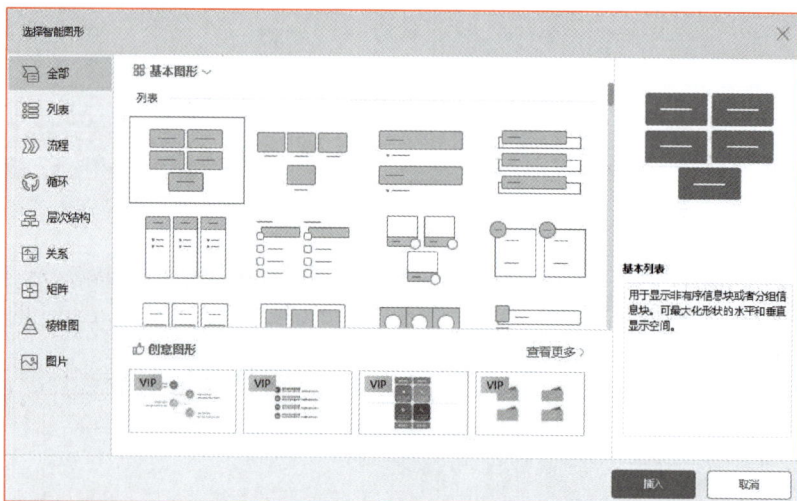

图 5.2.63
"选择智能图形"对话框

② 设置智能图形对象。插入一个智能图形对象后，可以对其进行编辑操作，如输入文本、对象大小、位置的调节等，也可以利用"智能图形/设计"和"智能图形/格式"上下文选项卡对智能图形对象进行设计和格式的设置，如图 5.2.64 和图 5.2.65 所示。

图 5.2.64
"智能图形/设计"
上下文选项卡

图 5.2.65
"智能图形/格式"
上下文选项卡

（4）图片

1）插入图片

方法 1： 单击功能区中的"插入"选项卡→"图片"按钮，在打开的对话框中指定图片位置进行插入。

方法 2： 选择有占位符的版式，单击占位符中的"插入来自文件的图片"按钮，在打开的对话框中指定图片位置进行插入，如图 5.2.66 所示。

方法 3： "复制"要插入的图片，在幻灯片中通过"粘贴"插入图片。

2）设置图片

● 改变大小：选中图片，用鼠标拖动图片控制点进行大小设置；若精确设置图片大小，单击功能区中的"图片工具"上下文选项卡（如图 5.2.67 所示）→"大小与位置"选项组，在"高度"和"宽度"数值框中直接输入数值，如果输入的是默认单位，则可直接输入数值，如果输入的不是默认单位，则需将数值和单位一并输入；单击功能区中的"图片工具"上下文选项卡→"大小和位置"选项组→"裁剪"按钮，则可对图片进行裁剪操作。此时编辑区弹出浮动工具栏，有"按形状裁剪"和"按比例裁剪"两个选项卡，可以选择其中一种裁剪方式进行裁剪，如图 5.2.68 和图 5.2.69 所示。也可以单击"裁剪"

下拉按钮，在弹出的下拉列表中也有"按形状裁剪"和"按比例裁剪"两个选项卡，可以实现特殊裁剪，如图 5.2.70 和图 5.2.71 所示。

图 5.2.66
通过占位符"图片"
按钮插入图片

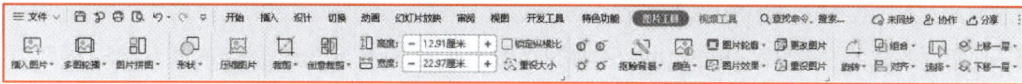

图 5.2.67
"图片工具"上下
文选项卡

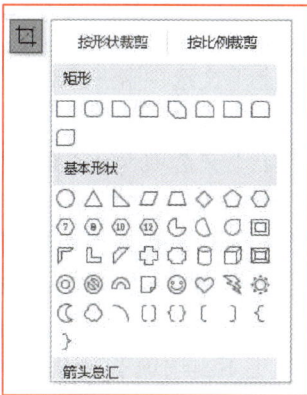

图 5.2.68
浮动工具栏中"按形状
裁剪"

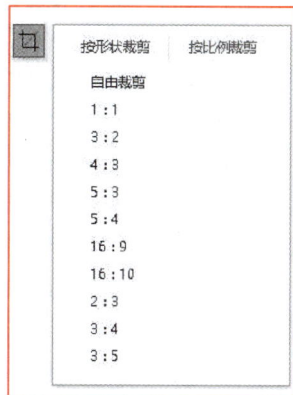

图 5.2.69
浮动工具栏中"按比例
裁剪"

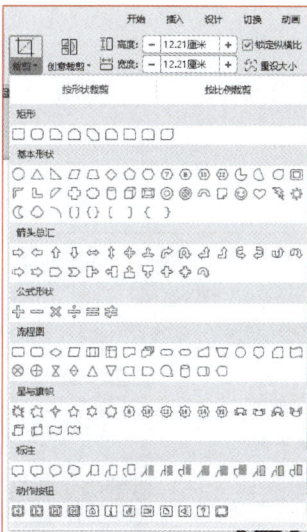

图 5.2.70
"按形状裁剪"选项卡

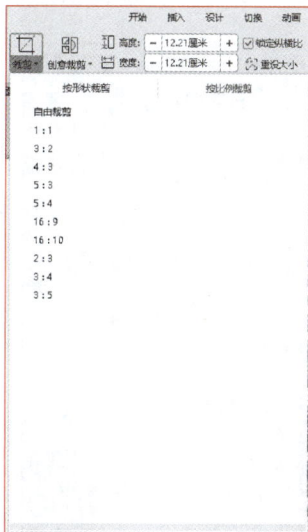

图 5.2.71
"按比例裁剪"选项卡

- 旋转角度：选中图片，单击图片上面灰色的受控点 ⊙，按住鼠标左键并移动，可以进行角度的旋转；精确角度可以使用"对象属性"任务窗格的"大小与属性"选项卡，在"旋转"文本框中输入精确的角度；或者单击功能区的"图片工具"上下文选项卡→"旋转"按钮，在打开的下拉列表中进行系统设定的旋转选择，如图 5.2.72 和图 5.2.73 所示。

图 5.2.72
任务窗格中旋转
角度的调整

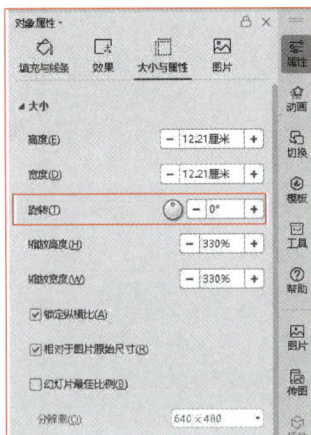

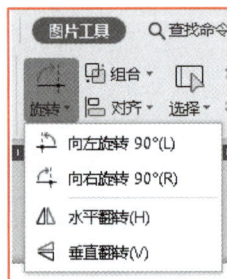

图 5.2.73
系统设定的旋转下拉列表

- 改变层次：选中图片，单击功能区中的"图片工具"上下文选项卡→"上移一层"或"下移一层"按钮来改变层次；也可以选中图片，右击，在弹出的快捷菜单中选择"置于顶层"或"置于底层"命令来进行层次选择。单击图片后，在图片右侧的浮动功能按钮（上下文功能按钮）中的叠放次序按钮也可进行层次设置。
- 对齐方式：选中图片，单击功能区中的"图片工具"上下文选项卡→"对齐"按钮，在打开的下拉列表中可以对多个对象进行对齐方式的选择。
- 组合：选中多个图片，单击功能区中的"图片工具"上下文选项卡→"组合"按钮，可以将多张图片或图形组合成一个整体，也可以取消组合。
- 图片轮廓：选中图片，单击功能区中的"图片工具"上下文选项卡→"图片轮廓"下拉按钮，在打开的下拉列表中可以选择对应的选项设置图片轮廓（轮廓颜色、线型等），也可以设置图片边框，如图 5.2.74 所示。
- 图片效果：选中图片，单击功能区中的"图片工具"上下文选项卡→"图片效果"按钮，可以设置图片特定效果（阴影、发光、三维等），如图 5.2.75 所示，也可以在"对象属性"任务窗格的"效果"选项卡中设置图片的效果。

图 5.2.74
"图片轮廓"的下拉菜单

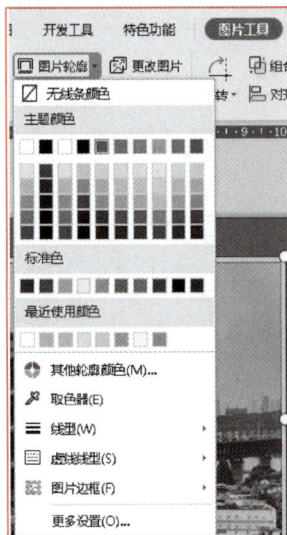

图 5.2.75
"图片效果"的下拉菜单

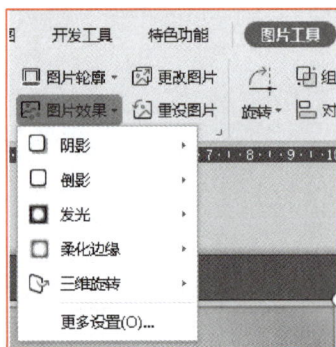

286

- 图片调整：选中图片，分别单击功能区中的"图片工具"上下文选项卡→"扣除背景"按钮/"颜色"按钮/对比度调节按钮/亮度调节按钮，可以删除图片背景，对图片颜色、对比度、亮度进行设置。

此外，WPS 演示还提供了"手机传图"等插入图片的方式；也提供了"多图轮播""图片拼图""创意裁剪"等高级设置，如图 5.2.76～图 5.2.79 所示。

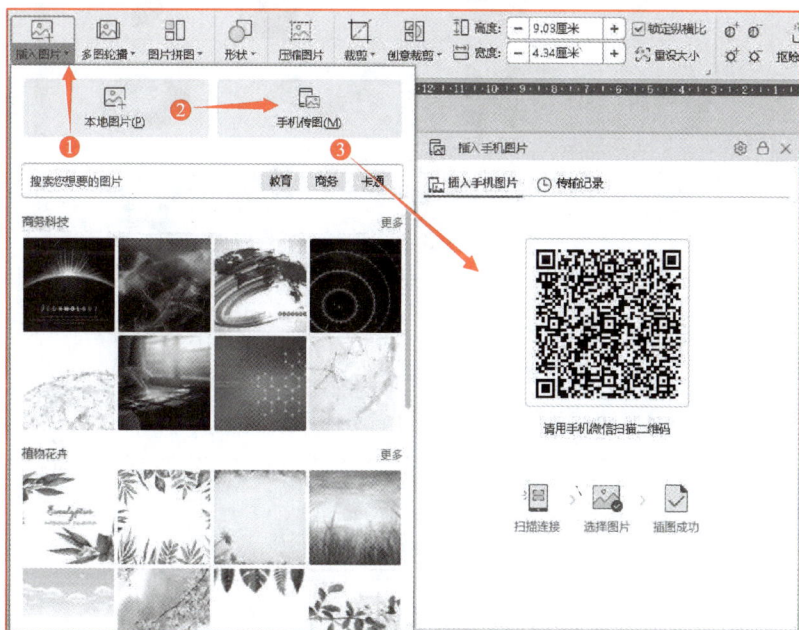

图 5.2.76
手机传图

图 5.2.77
多图轮播

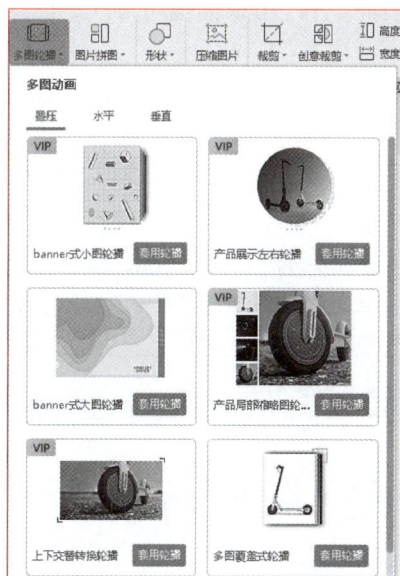

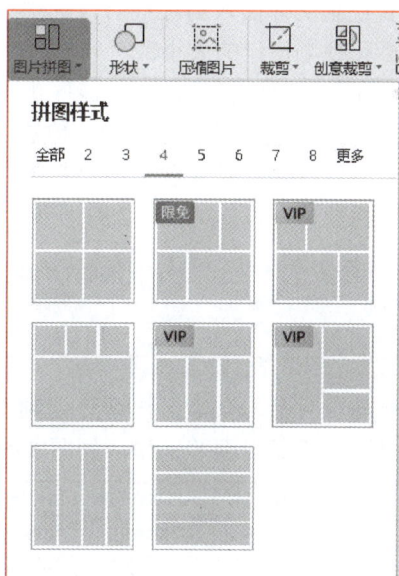

图 5.2.78
图片拼图

（5）音频与视频

在幻灯片中添加声音和视频，可以提高观众注意力，为演示文稿增加活力。WPS 演示支持的音频格式有 MP3、WAV、WMA 及其他类型，支持的视频格式有 MP4、AVI、MPG、MPEG、WMV 及其他类型。

在 WPS 中，插入多媒体有以下两种方式。

- 嵌入：将整个文件嵌入，会成为演示文稿的一部分，发送至其他设备也可播放（文件大小会因为音视频文件而变大）。

● 链接：不嵌入文件，仅存储链接，如需要在别的设备上播放，则需要打包（文件大小较小）。

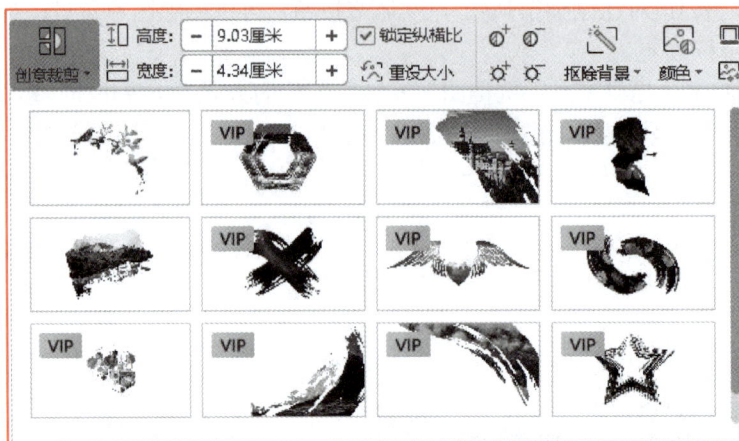

图 5.2.79
创意裁剪

1）插入音频和视频

方法 1： 单击功能区中的"插入"选项卡→"音频"或"视频"按钮，在打开的下拉列表中选择"嵌入音频"或"嵌入本地视频"选项进行音频和视频文件的插入，如图 5.2.80 所示。

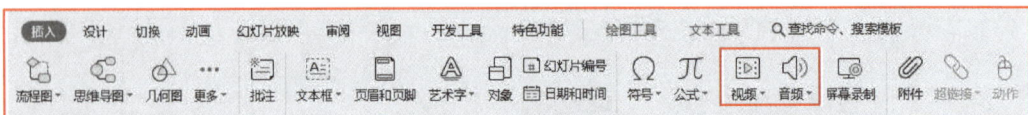

图 5.2.80
插入音频和视频

方法 2： 选择有占位符的版式，单击占位符中的"插入媒体"按钮，进行视频文件的插入。

2）编辑音频和视频

音频和视频文件插入幻灯片后，选中该音频或视频文件，用鼠标拖动边框定位点，可以改变音频图标和视频窗口的大小。

选中音频和视频文件后，在功能区出现"图片工具"上下文选项卡，可以对音频和视频文件进行边框、形状等格式设置，具体与上文中讲述的"图片工具"上下文选项卡一致（见图 5.2.67）。

选中音频文件后，功能区出现"音频工具"上下文选项卡，可以对音频进行剪裁、放映时隐藏、循环播放等操作，如图 5.2.81 所示。

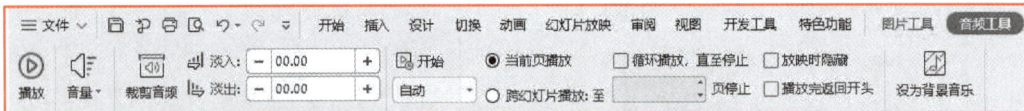

图 5.2.81
"音频工具"
上下文选项卡

选中视频文件后，功能区出现"视频工具"上下文选项卡，可以对视频进行剪裁、全屏播放、循环播放、视频封面等操作，如图 5.2.82 所示。

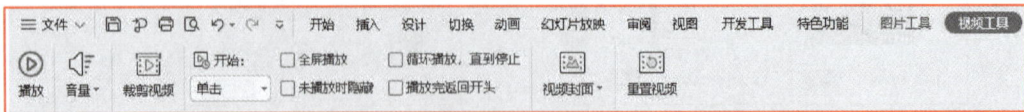

图 5.2.82
"视频工具"
上下文选项卡

设置音频开始播放的方式：选中音频，单击功能区中的"音频工具"上下文选项卡→"开始"下拉按钮，在打开的下拉列表中进行选择。

● "自动"：跟随幻灯片一并运行。
● "单击"：鼠标单击才播放。
● "当前页播放"：音频只在当前页播放。
● "跨幻灯片播放"：可以从当前幻灯片到设定页幻灯片连续播放，当需要音频在某几张幻灯片间播放，则选中该选项，在"至　页停止"（需要在哪张幻灯片停止，就输入该幻灯片的页数）。

- "循环播放，直至停止"：则重复播放音频，直到停止。
- "放映时隐藏"：播放幻灯片时隐藏音频图标。
- "播放完返回开头"：音频播放完成后自动返回音频开头。

另外，还可以通过"淡入"和"淡出"微调按钮设置音频在开头和结尾设定时间内的淡入/淡出效果。

在"视频工具"上下文选项卡可以对视频文件进行音量、全屏播放、未播放时隐藏、循环播放等播放设置。

（6）图形

WPS 演示提供了丰富的图形样式供用户使用。

1）插入图形

单击功能区中的"插入"选项卡→"形状"按钮，在打开的下拉列表中选择需要的形状进行插入，如图 5.2.83 所示。

图 5.2.83
单击"形状"
下拉按钮

2）编辑图形

选中插入的图形，在功能区的"绘图工具"上下文选项卡中可以对图形进行编辑操作，如图 5.2.84 所示。

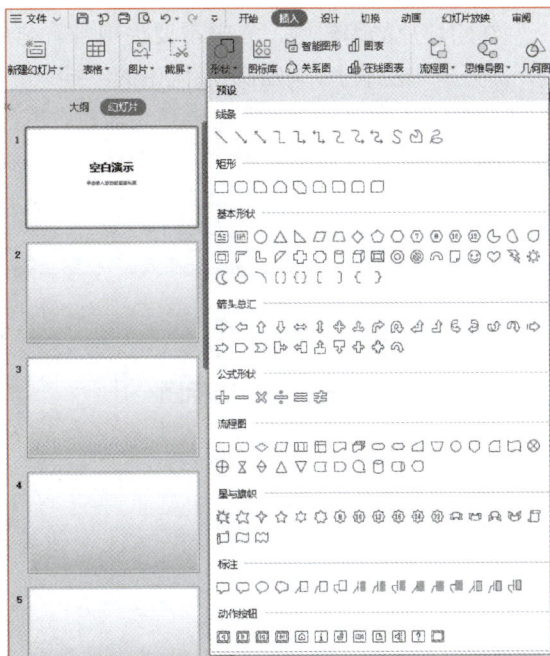

图 5.2.84
"绘图工具"
上下文选项卡

- "设置形状格式"选项组：对图形插入其他形状或文本框，可以编辑形状，也可对图形选择一种内置形状样式，对形状进行填充（颜色、渐变、图片或纹理、图案填充）、轮廓（轮廓颜色、线型、粗细）和形状效果（阴影、发光、三维等）的设置，如图 5.2.85 所示。

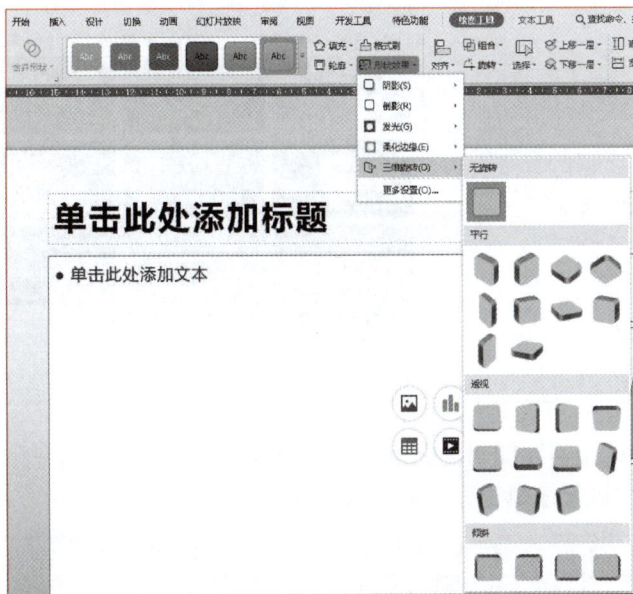

图 5.2.85
设置形状效果

● "大小和位置"选项组：可以对图形的对齐方式、旋转进行设置，也可以将多个图形和图片进行组合和取消组合的设置，还可以设置图形层次以及图形的高度和宽度。

（7）艺术字

在幻灯片的编辑中，有时需要使用带有艺术效果的文字增加幻灯片的美感。

① 插入艺术字。单击功能区中的"插入"选项卡→"艺术字"按钮，在弹出的下拉面板中选择合适的艺术效果（如填充－亮天蓝色，着色－2，轮廓－着色2），这时在幻灯片上会出现一个艺术字编辑框，选中并删除"请在此处输入文字"，输入需要的文字即可，如图 5.2.86 所示。

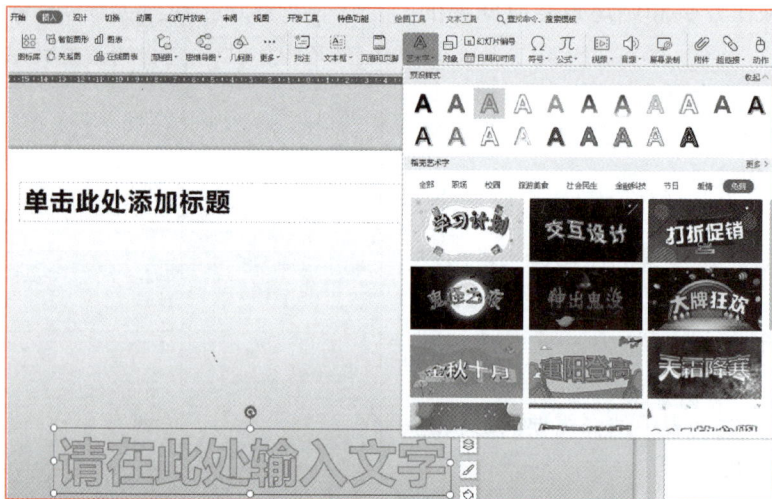

图 5.2.86
插入艺术字

如果想将幻灯片中已经存在的普通文本转为艺术字，选择文本，单击功能区的"文本工具"上下文选项卡→"艺术字"下拉按钮，在打开的下拉列表的"预设样式"中选择合适的艺术样式，如图 5.2.87 所示。

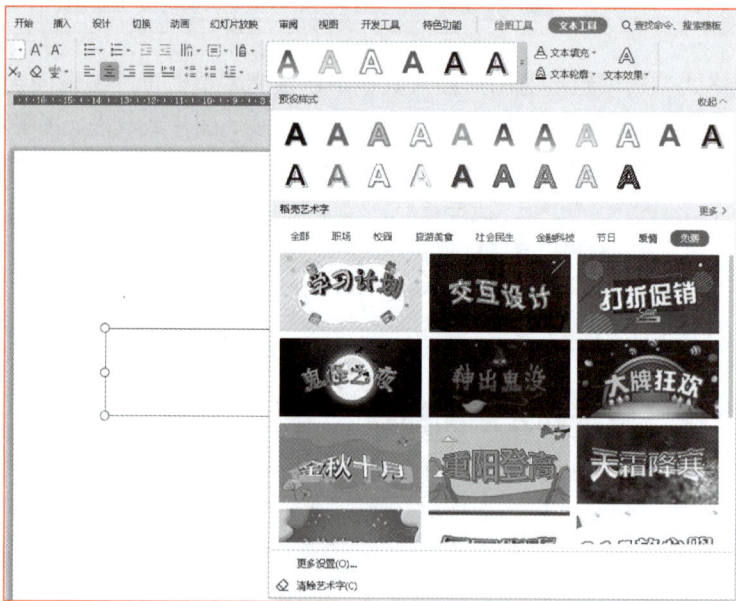

图 5.2.87
将普通文本转变成艺术字

② 编辑艺术字。选中需要编辑的艺术字，在功能区的"绘图工具"和"文本工具"上下文选项卡中可以对艺术字进行编辑操作，如图 5.2.88 和图 5.2.89 所示。

图 5.2.88
"绘图工具"
上下文选项卡

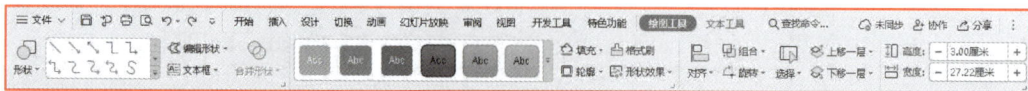

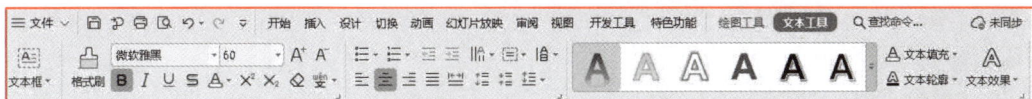

图 5.2.89
"文本工具"
上下文选项卡

- "绘图工具"上下文选项卡→"设置形状格式"选项组：插入其他形状或文本框，可以进行形状编辑，也可以针对艺术字轮廓和底纹进行设置，选择一种内置形状样式，对形状进行填充（颜色、渐变、图片或纹理、图案填充）、轮廓（轮廓颜色、线型、粗细）和效果（阴影、发光、三维等）的设置。
- "绘图工具"上下文选项卡→"大小和位置"选项组：可以对图形层次、对齐方式、旋转进行设置，也可以将多个艺术字、图形等进行组合或取消组合设置，还可以设置艺术字文本框的高度和宽度。
- "文本工具"上下文选项卡：主要针对艺术字文字的字体、段落进行设置，可以选择一种艺术字样式，对艺术字文字进行填充（颜色、渐变、图片或纹理、图案填充）、边框（边框颜色、线型、粗细）和效果（阴影、发光、三维等）的设置。

（8）其他对象

WPS 演示还提供了很多实用的对象插入功能，如插入"图标库""关系图""在线图表""流程图""思维导图""几何图""条形码""二维码""地图"等，如图 5.2.90 所示。

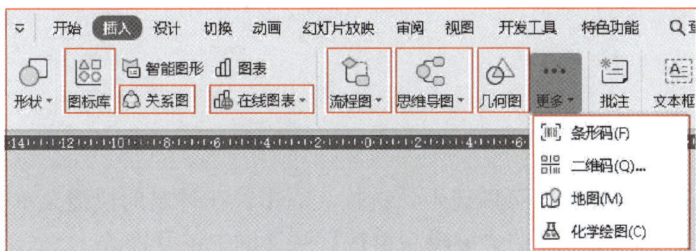

图 5.2.90
插入其他对象

3．创建动作按钮和超链接

WPS 演示文稿可以通过在事先设置好的超链接和动作，在放映时跳转到指定的幻灯片、文档、外部程序或网页。

（1）动作按钮

单击功能区中的"插入"选项卡→"形状"按钮，从打开的下拉列表中选择最下方的"动作按钮"选项，在幻灯片中拖动鼠标即可插入动作按钮，如"上一页""下一页""首页"等，如图 5.2.91 所示。

（2）设置超链接

在首次插入超链接时，右击对象，在弹出的快捷菜单中选择"超链接"命令，即可打开"插入超链接"对话框，或者单击功能区中的"插入"选项卡→"超链接"按钮，打开"插入超链接"对话框，如图 5.2.92 所示。

在左侧可以设置超链接的类型，具体如下。

- 原有文件或网页：跳转到已有的文件或网页。
- 本文档中的位置：跳转到本演示文稿中的任意一张幻灯片。
- 电子邮件地址：跳转到一个电子邮件地址。

例如，在幻灯片中插入一个文本框，输入文字"重来一遍?"，选中文字"重来一遍?"，右击，在弹出的快捷菜单中选择"超链接"命令，打开"插入超链接"对话框"本文档中的位置"右边的第一张幻灯片，单击"确定"按钮。在演示过程中单击"重来一遍?"，就会自动跳转到第一张幻灯片重新演示，效果如图 5.2.92 所示。

图 5.2.91
插入"动作
按钮"选项

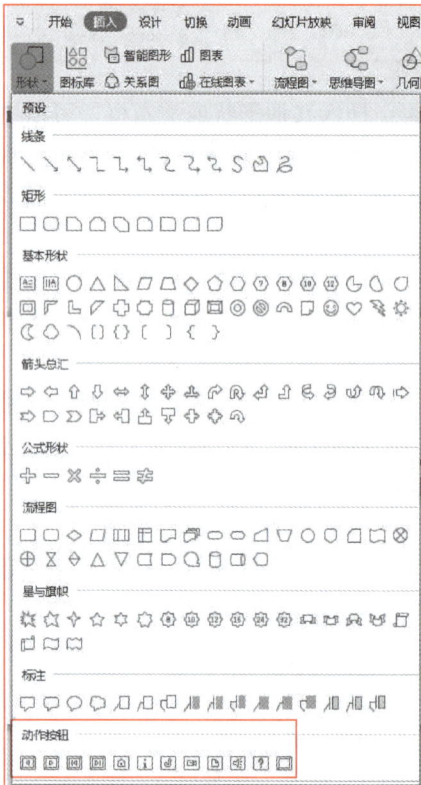

图 5.2.92
"插入超链接"
对话框

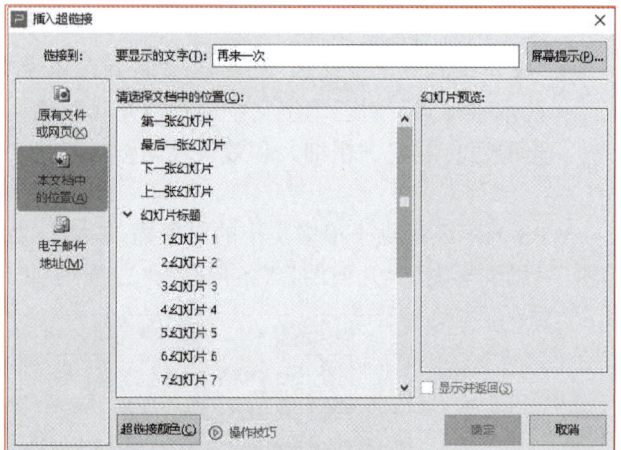

如果要修改设置的超链接，可以选中该链接，右击，在弹出的快捷菜单中选择"超链接"→"编辑超链接"命令，在打开的"编辑超链接"对话框中进行修改。

（3）设置动作

在幻灯片中选择动作启动的图形、图片等，单击功能区中的"插入"选项卡→"动作"按钮，打开"动作设置"对话框，可以设置"单击鼠标"或"鼠标移过"来进行动作操作。

例如在倒数第二张幻灯片中插入一个"回到第二页"的文本框，选中文字，打开"动作设置"对话框，在"鼠标单击"选项卡中设置"超链接到"为"幻灯片..."，在打开的对话框中选择"2. 幻灯片 2"选项，单击"确定"按钮。在演示过程中单击文本"回到第二页"时，就会自动跳转到第二页，图 5.2.93 所示。

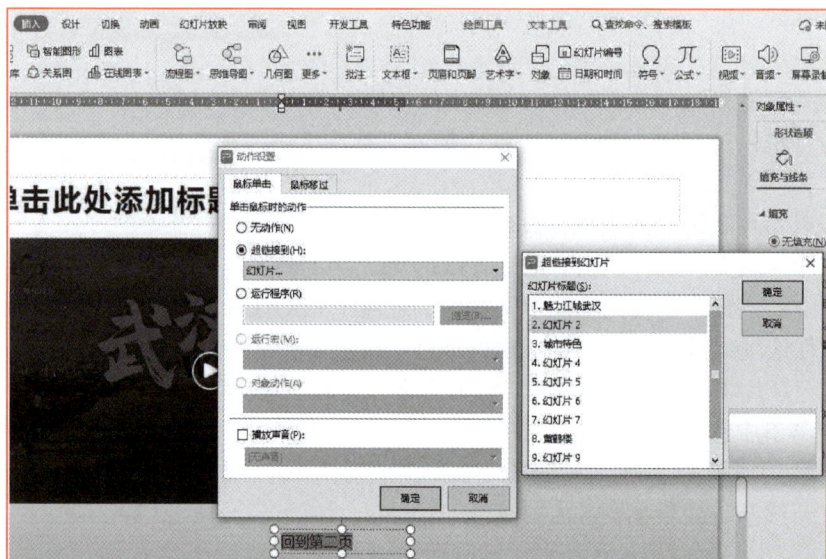

图 5.2.93
"动作设置"对话框

4．幻灯片的放映设置

制作演示文稿的最终目的是放映给观众观看，不同场合对放映要求有所不同，因此要对幻灯片的放映方式进行设置。

（1）利用"设置放映方式"对话框设置

单击功能区中的"幻灯片放映"选项卡→"设置幻灯片放映"按钮，打开"设置放映方式"对话框如图 5.2.94 所示。

① 放映类型：有"演讲者放映（全屏幕）""展台自动循环放映（全屏幕）"两种（只能选择一种放映类型）。

- 演示者放映（全屏幕）：默认放映类型，全屏幕放映，适合会议或教学等场合，放映节奏由演示者自行控制。
- 展台自动循环放映（全屏幕）：全屏幕放映，此种放映类型只能观看，不能控制，比较适合产品展示。

② 放映幻灯片范围：如图 5.2.94 所示，在"放映幻灯片"选项区域中可以选择放映全部幻灯片，也可以自行指定范围，输入幻灯片起始序号和终止序号。

③ 换片方式："演讲者放映（全屏幕）"放映类型换片方式通常为"手动"，"展台自动循环放映（全屏幕）"放映类型进行了事先排练，可设置为"如果存在排练时间，则使用它"换片方式，可自行播放。

④ 显示演示者视图：在"多监视器"选项区域中有一个"显示演示者视图"复选框，如果选中该复选框，在播放幻灯片时，在操作演示文稿的设备中显示演示者视图，可以显示备注等内容，而在播放演示文稿的设备上展示的是播放视图中的内容。

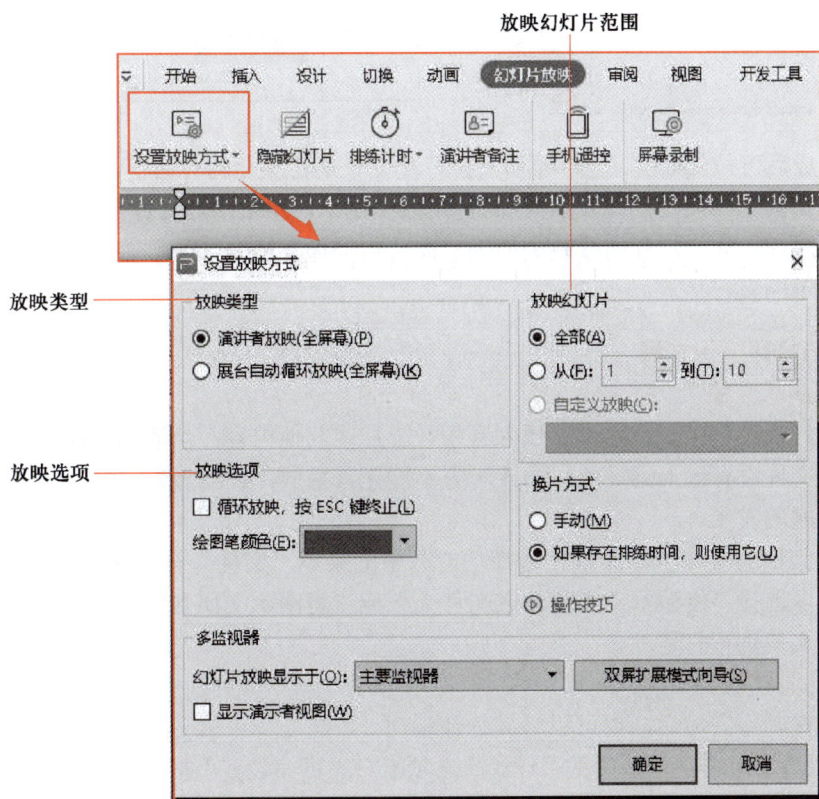

图 5.2.94
"设置放映方式"对话框

（2）自定义幻灯片放映

单击功能区中的"幻灯片放映"选项卡→"自定义放映"按钮，在打开的"自定义放映"对话框中单击"新建"按钮，打开"定义自定义放映"对话框，新建需要的放映方案，如图 5.2.95 所示。

（3）设置放映时间

① 人工设置放映时间：单击功能区中的"切换"选项卡中"自动换片时间"复选框，在其微调框中输入需要切换的时间，如输入 5 s，则幻灯片 5 s 后自动切换放映。

② 排列计时设置放映时间。

● 单击功能区中的"幻灯片放映"选项卡→"排练计时"按钮，系统会进行幻灯片播放，在屏幕左上角出现"录制工具栏"，如图 5.2.96 所示。

图 5.2.95
"定义自定义放映"对话框

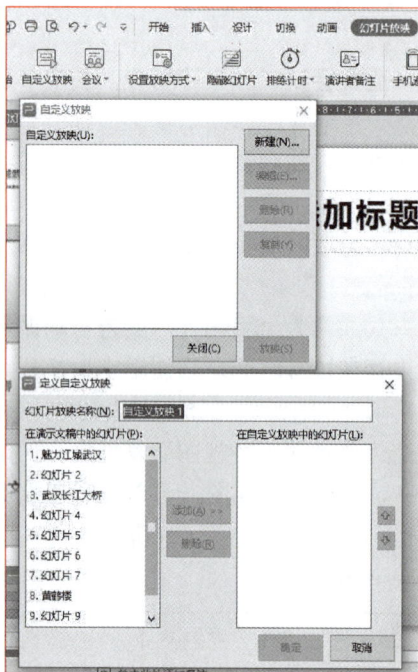

图 5.2.96
排练计时

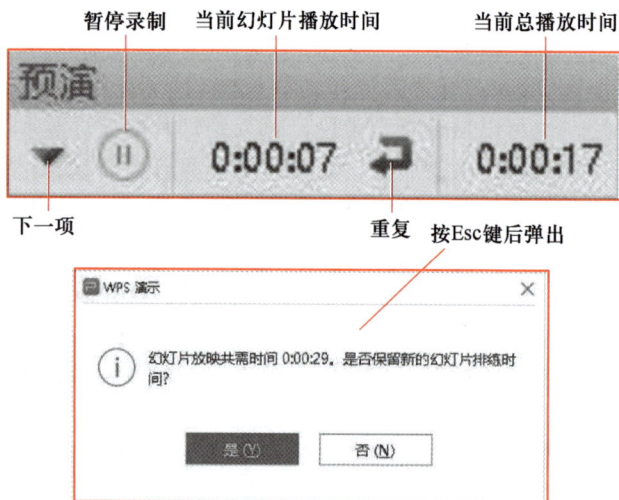

● 录制完成后可按 Esc 键，这时屏幕上会打开一个是否保存的对话框，如需保存则单击"是"按钮，如图 5.2.96 所示，这时在浏览视图模式下，每张幻灯片的左下角会显示该幻灯片的放映时间。如幻灯片的放映类型为"展台自动循环放映（全屏幕）"时，幻灯片会按照录制的时间自行播放。

5. 打包与打印演示文稿

（1）打包演示文稿

在制作幻灯片过程中，经常需要插入音乐、影片或其他内容，当演示文稿发送给其他人时，因为有些辅助文件没有嵌入幻灯片，导致对方不能正常播放，WPS 演示提供了打包的方式，有效避免此类问题的发生。

打包演示文稿的操作步骤如下：选择功能区中的菜单"文件"→"文件打包"命令，在弹出的列表中可以选择"将演示文稿打包成文件夹"或"将演示文稿打包成压缩文件"。图 5.2.97 所示为对演示文稿进行打包。

（2）打印演示文稿

演示文稿在制作完成后，也可以将其打印输出。

① 页面设置。单击功能区中的"设计"选项卡→"页面设置"按钮，从打开的"页面设置"对话框中可以对幻灯片的大小、方向、编号等进行设置，如图 5.2.98 所示。

② 打印演示文稿。演示文稿在打印之前可以进行相关的打印设置。

选择功能区中的菜单"文件"→"打印"→"打印"命令，在打开的"打印"对话框中可以对打印进行设置，如打印份数、打印机的选择、打印范围等，如图 5.2.99 所示。

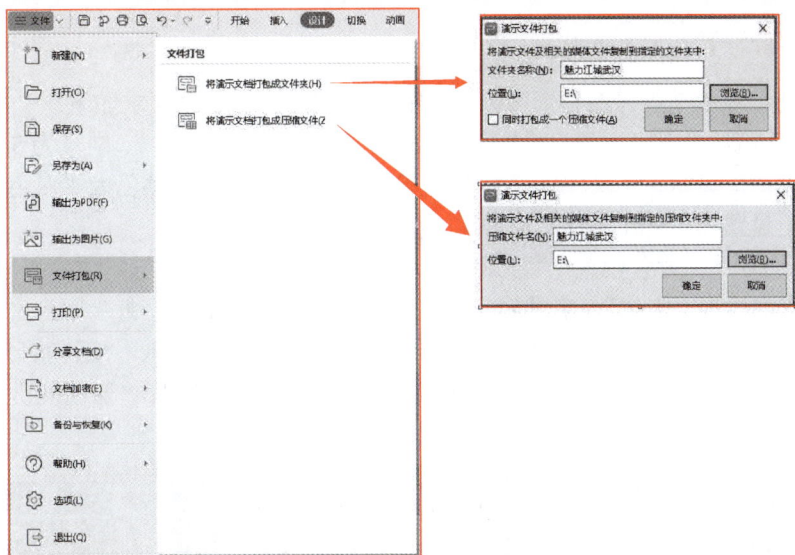

图 5.2.97
打包演示文稿

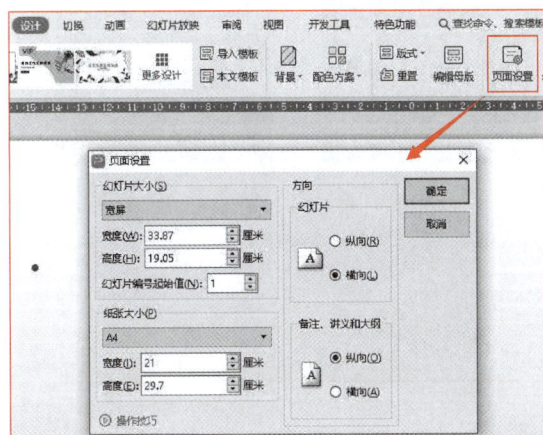

图 5.2.98
"页面设置"
对话框

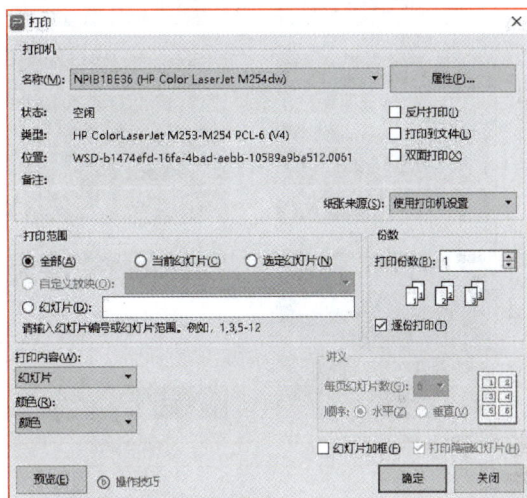

图 5.2.99
"打印"
对话框

　　此外，WPS 演示系统还提供了高级打印功能。选择功能区中的菜单"文件"→"打印"→"高级打印"命令，在打开的"打印"对话框中可以对打印进行更为详细的设置，如图 5.2.100 所示。

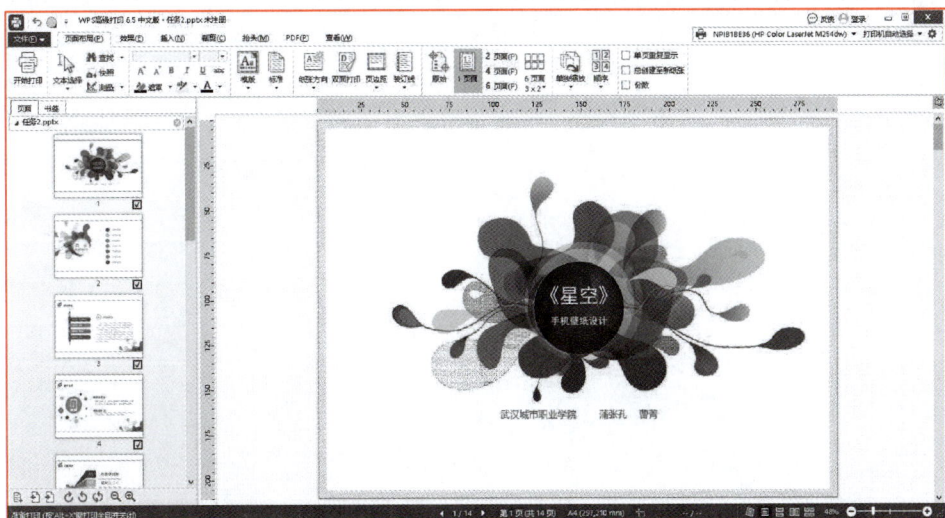

图 5.2.100
"高级打印"
对话框

【课后练习】

根据素材制作演示文稿《七彩云南》，效果如图 5.2.101 所示。要求如下。

① 母版："背景""母版背景"图片制作；标题文本字体为"宋体"、字号为 54、颜色为"白色"，阴影、"加粗"显示；正文文本字体为"黑体"，字号为 18，颜色为"白色"，阴影、"加粗"显示，行距设置为 1.5 倍。

② 第一张幻灯片：背景设置，"背景"图片填充；艺术字制作，输入文字"七彩云南"，选中艺术字，设置字体为"宋体"、字号为 80，阴影、"加粗"显示，"彩虹"图片文本填充；图片插入，"封面 1"～"封面 5"多张图片插入，给图片加白框；音乐插入，"云南音乐"音频插入。

③ 其他幻灯片：图片与文字插入，图片大小依据需要适当调整；"谢谢观赏"文本字体为"宋体"，字号为 60，颜色为"红色"，阴影、加粗、居中显示。

素材文件

文本：
效果文件

图 5.2.101
练习最终效果图

▮ 参考文献

[1] IT 新时代教育. WPS Office 办公应用 从入门到精通[M]. 北京：中国水利水电出版社，2019.

[2] 彭仲昆，徐军，丁志强. 办公软件英语（WPS Office 2013）[M]. 北京：电子工业出版社，2016.

[3] 向健极，肖静. Office 2010 办公自动化高级应用[M]. 北京：高等教育出版社，2014.

[4] 教育部考试中心. 全国计算机等级考试二级教程——WPS Office 高级应用与设计（2021 年版）[M]. 北京：高等教育出版社，2021.

[5] 周斌. WPS Office 效率手册[M]. 北京：人民邮电出版社，2018.